Operações unitárias em sistemas particulados e fluidomecânicos

Blucher

Marco Aurélio Cremasco

Operações unitárias em sistemas particulados e fluidomecânicos

3ª edição revista

Operações unitárias em sistemas particulados e fluidomecânicos

1ª edição - 2011
2ª edição - 2014
3ª edição - 2018
Editora Edgard Blücher Ltda.

Blucher

Rua Pedroso Alvarenga, 1245, 4º andar
04531-934 - São Paulo - SP - Brasil
Tel.: 55 11 3078-5366
contato@blucher.com.br
www.blucher.com.br

Segundo o Novo Acordo Ortográfico, conforme 5. ed. do *Vocabulário Ortográfico da Língua Portuguesa*, Academia Brasileira de Letras, março de 2009.

Dados Internacionais de Catalogação na Publicação (CIP)
Angélica Ilacqua CRB-8/7057

Cremasco, Marco Aurélio
Operações unitárias em sistemas particulados e fluidomecânicos e outros trabalhos / Marco Aurélio Cremasco. - 3. ed. - São Paulo : Blucher, 2018.
424 p. : il.

ISBN 978-85-212-0856-3 (e-book)
ISBN 978-85-212-1363-5 (impresso)

1. Engenharia química 2. Dinâmica dos fluídos 3. Partículas (física, química etc.) I. Título.

18-1552 CDD 660.2842

Índice para catálogo sistemático:
1. Engenharia química

Apresentação

A educação é a fonte criadora, transformadora e inovadora que nutre o ser humano. A necessidade da educação deve estar no topo das prioridades de qualquer nação, além de ser a base para a sustentabilidade dos progressos científicos e tecnológicos. O crescimento de uma nação, invariavelmente, está associado aos desenvolvimentos científicos e tecnológicos os quais estão presentes em todas as etapas na obtenção de um produto ou de um processo, desde a sua concepção até o instante no qual é posto no mercado.

A tecnologia, por sua vez, não está somente associada a inventos, mas também à contínua transformação, adaptação do já existente, buscando, sobretudo, o melhor, o mais barato, o otimizado e o sustentável. Tendo em vista tal necessidade, uma determinada tecnologia, ainda que com resultados satisfatórios comprovados, pode ser posta em xeque à medida que a curiosidade humana a questiona para aprimorá-la. Para tanto, é essencial o domínio da ciência para a sua aplicação como tecnologia. É nesse contexto que apresentamos o livro *Operações unitárias em sistemas particulados e fluidomecânicos*.

Este livro insere-se no campo de conhecimento das operações unitárias relativas ao fenômeno de transporte de quantidade de movimento e aborda um conjunto dessas operações, as quais envolvem o transporte de fluido (gás, vapor, líquido; ou a mistura de gases e líquidos e solução entre líquidos distintos), de sólidos, e da mistura sólido e fluido, assim como se refere à interação física presente em contatos fluido-fluido, fluido-sólido, sólido-sólido e sólido-fluido em operações de transporte, mistura, separação de partículas. Dessa maneira, o livro é dividido em duas partes: sistemas fluidomecânicos e sistemas particulados.

Sistemas fluidomecânicos são, usualmente, definidos como um conjunto formado por máquinas e/ou dispositivos cuja função é adicionar ou extrair energia para (ou de) um fluido de trabalho. São apresentadas, neste livro, noções sobre as operações unitárias em sistemas fluidomecânicos presentes na movimentação (transporte, agitação etc.) de fluidos ou mistura sólido-fluido por meio de máquinas de fluidos tais como bombas, compressores e sopradores. Tais sistemas são abordados a partir do segundo capítulo, em que há uma revisão básica de mecânica de fluidos, seguindo-se os capítulos relativos a bombas e compressores, até o quinto capítulo, no qual se apresenta a operação de agitação de líquidos. Inclui-se a agitação como um dispositivo fluidomecânico, na medida em que, para um sistema agitado, adiciona-se energia com o objetivo de promover mistura.

Já nos sistemas particulados existe a preocupação relativa ao entendimento fenomenológico da interação sólido-fluido e sólido-sólido, envolvendo ou não o efeito de dispositivos fluidomecânicos. Os sistemas particulados estão, portanto, presentes na caracterização de particulados, na dinâmica da partícula isolada, na fluidodinâmica da mistura fluido-partícula, assim como na separação de particulados, no escoamento de fluidos através de leitos fixos e móveis de partículas; fluidização, transporte pneumático e hidráulico de sólidos, sedimentação e filtração.

As operações unitárias referentes aos sistemas particulados são apresentadas do Capítulo 6 ao 14, e no sexto capítulo introduz-se a caracterização de partículas, tais como porosidade, diâmetro, esfericidade e distribuição granulométrica. No Capítulo 7 expõe-se a fluidodinâmica de uma partícula isolada, na qual se apresentam conceitos sobre velocidade terminal, coeficientes de arraste e força resistiva. No Capítulo 8 são apresentadas técnicas de separação de particulados tendo como fundamento a trajetória da partícula. Tais técnicas são baseadas na ação gravitacional, como é o caso de elutriação e câmara de poeira, e na ação centrífuga, em que se aborda a separação mecânica utilizando-se equipamentos ciclônicos (ciclones e hidrociclones). Estuda-se, no Capítulo 9, a fluidodinâmica de sistemas particulados a partir da definição de concentração de partículas, bem como da apresentação da teoria das misturas da mecânica do contínuo, visando à obtenção das equações da continuidade e do movimento para as fases fluida e particulada em uma dada mistura. São tais equações que possibilitarão a introdução da fluidodinâmica afeita às operações unitárias que seguirão nos capítulos subsequentes, como o Capítulo 10, no qual se trata do escoamento de fluidos em leitos fixos e colunas recheadas; no Capítulo 11, em que a fluidização, homogênea e heterogênea, é estudada, incluindo o contato em leito de jorro; no Capítulo 12, em que se apresenta o transporte de sólidos por arraste de fluidos, ou seja, os transportes pneumático e hidráulico. Os dois últimos capítulos referem-se ao escoamento de sólidos em meios deformáveis relativos à sedimentação e à filtração.

A proposta deste livro é a de apresentar, de forma simultânea, a formulação básica dos fenômenos que aparecem nas operações unitárias relativas ao transporte de quantidade de movimento, como também a sua imediata aplicação tecnológica. São fornecidos, ao longo dos capítulos, exemplos resolvidos para que o leitor (em particular o estudante) possa complementar o seu estudo. Apresenta-se, também, no final do livro, um conjunto de exercícios com os respectivos resultados.

Tendo em vista o formato apresentado neste livro, esta obra cobre boa parte da ementa normalmente proposta para a disciplina Operações unitárias I (ou à semelhança), a qual envolve o manuseio de particulados (sem transformação química e sem os efeitos de fenômenos de transferência de calor e de massa e daqueles processos que exigem o conhecimento de termodinâmica). A obra, portanto, pode ser utilizada em cursos de graduação e de pós-graduação, sendo neste, em especial, em tópicos relativos a sistemas particulados. Por consequência, este livro pode ser utilizado como material de apoio na formação de profissionais, assim como pelos já profissionais de engenharia química, de alimentos, mecânica, agrícola, de produção, química tecnológica, entre outras profissões.

Marco Aurélio Cremasco

Para

Solange Bonilha Ribeiro Cremasco,

minha esposa.

Conteúdo

Capítulo 1

Introdução às operações unitárias

1.1 Introdução

É fundamental para o(a) profissional de engenharia e de tecnologia compreender a natureza de um processo produtivo, desde aspectos microscópicos (propriedades físico-químicas da matéria envolvida em etapas de produção; grandezas termodinâmicas e fenomenológicas etc.), até aspectos macroscópicos (balanço de matéria e de energia, detalhamento de equipamentos e acessórios, instrumentação etc.). Assim, um dos elementos-chave na formação e na atuação desse(a) profissional é a compreensão do processamento de uma determinada matéria-prima para obter certo produto, conforme esquematizado na Figura 1.1.

Figura 1.1 Processo básico de transformação.

Ao se pensar em um produto, pode-se vislumbrá-lo tanto no resultado de alta tecnologia quanto no oriundo de processos artesanais ou mesmo em algo que todos utilizam (ou ao qual deveriam ter acesso) diariamente como é o caso da água tratada, na qual a matéria-prima corresponde à água bruta, coletada em um manancial, e o produto, a água de abastecimento às residências. Entre a água bruta e a tratada existe um processo (Figura 1.2). De maneira muito simplificada, pode-se descrever o tratamento de água por meio das seguintes etapas:

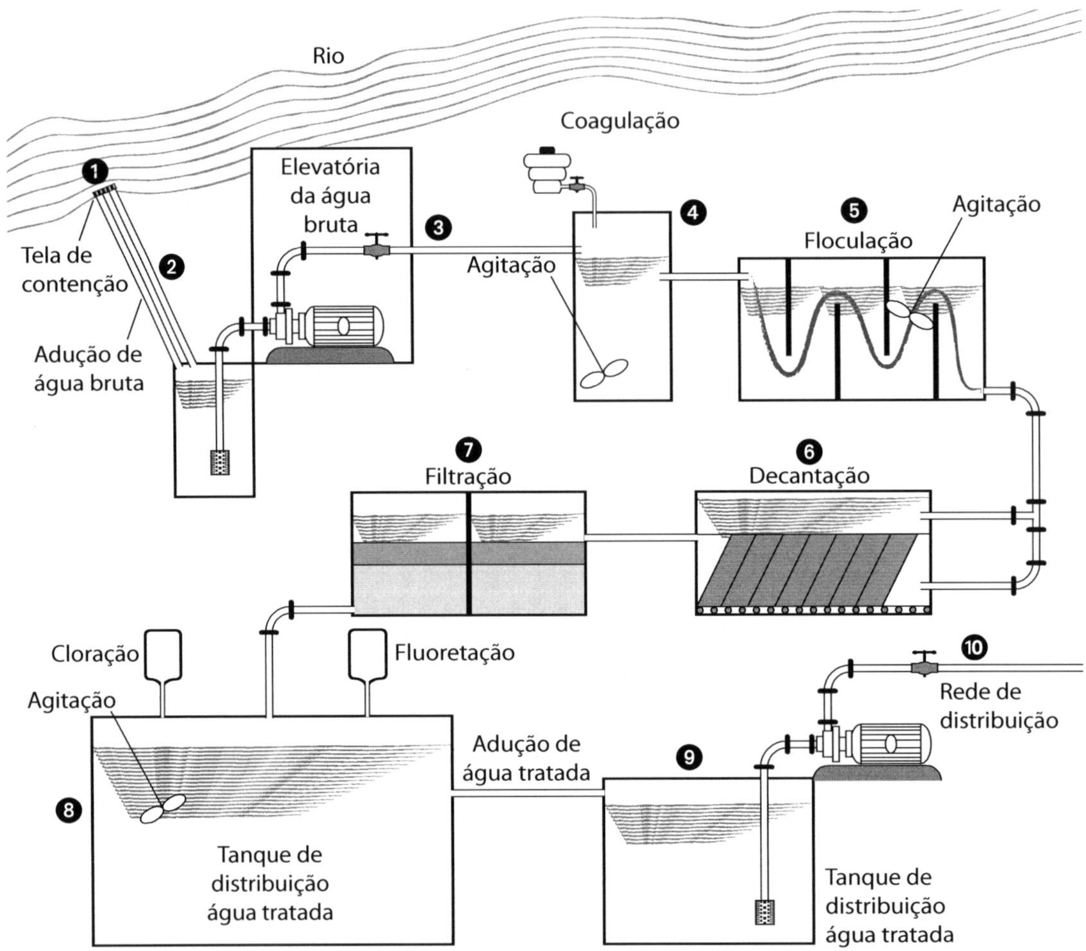

Figura 1.2 Processo simplificado de tratamento de água (baseada em O_2 ENGENHARIA E SANEAMENTO AMBIENTAL, 2011).

1. retenção macroscópica de sólidos utilizando-se dispositivos de contenção;
2. sucção (adução) da água bruta ao reservatório de água bruta;
3. bombeamento da água bruta a um reservatório de coagulação, com agitação intensa, no qual se adicionam agentes floculantes como o sulfato de alumínio, $Al_2(SO_4)_3$;
4. transporte da água bruta a um floculador;
5. floculadores, que são tanques com agitação suave, nos quais existe a aglutinação das partículas para facilitar a posterior decantação;
6. transporte da água floculada a um decantador (clarificador, no caso) para promover a separação de aglomerados de partículas;
7. transporte da água clarificada a um filtro para reter partículas de menores diâmetros;
8. transporte de água filtrada a um tanque agitado no qual existe adição de agentes antipatogênicos, como a cloração e a fluoretação;
9. adução de água tratada a um tanque de distribuição;
10. bombeamento de água tratada à rede de distribuição.

1.2 Processo

Ao observar as Figuras 1.1 e 1.2, constata-se que existe um *processo*, ou seja, uma atividade (Figura 1.1) ou um conjunto de atividades (Figura 1.2) em que houve um *input* (matéria-prima) para o qual foi agregado determinado valor (materiais e equipamentos utilizados no tratamento de água), de modo a gerar um *output* (produto) a um cliente (consumidor). Formalmente, define-se *processo* como um conjunto de atividades realizadas em sequência lógica com o objetivo de produzir um bem de consumo (ou de serviço) para atender as necessidades dos *stakeholders*, os quais são os vários públicos associados aos processo produtivo e de consumo. Processo é um conceito fundamental no projeto dos meios de uma empresa que pretende produzir e entregar seus produtos e/ou serviços aos *stakeholders*. A análise dos processos no *locus* de produção (indústria, universidade, laboratório etc.) implica identificar as diversas dimensões envolvidas em tal produção: fluxo (volume por unidade de tempo), sequência de atividades, esperas e duração do ciclo, dados e informações, pessoas envolvidas, relações e dependências entre as partes comprometidas no funcionamento do processo.

Shereve e Brink (1977) mencionam que, dentro da indústria química, o processamento tem por base a conversão química (ou reação), como na manufatura do ácido sulfúrico a partir do enxofre, bem como o processamento baseado tão somente na *modificação física*, como é o caso da destilação para separar e purificar frações de petróleo. Seja qual for a natureza da transformação (química e/ou física) da matéria-prima, pode-se entender o processamento químico segundo elementos industriais a ele relacionados. Torna-se, desta feita, fundamental o conhecimento e beneficiamento (físico e/ou químico) da matéria-prima bruta, para caracterizá-la com o objetivo de determinar propriedades físicas e/ou químicas utilizando-se ensaios de desempenho. É importante conhecer o estado físico das matérias-primas brutas e beneficiadas para verificar a necessidade de embalagem e mesmo de estocagem desse material. Depois de se processarem as matérias-primas por meio de equipamentos adequados de operação unitária e/ou reatores químicos, obtêm-se os produtos desejáveis ao mercado e aqueles que podem retornar ao processo. Tal descrição está ilustrada no *fluxograma* presente na Figura 1.3. Aqui, pode-se retomar a obra de Shereve e Brink (1977), na qual se encontra a definição de *fluxograma* como: uma sequência coordenada de conversões químicas e de operações unitárias, expondo, assim, aspectos básicos do processo químico. Indica os pontos de entrada das matérias-primas e de energia necessárias às etapas de transformação e também os pontos de remoção do produto e dos subprodutos.

1.3 Operações unitárias

Ao observar a Figura 1.1, nota-se uma etapa intermediária entre a matéria-prima (água bruta) e o produto (água tratada). Essa etapa, por sua vez, é caracterizada por diversas atividades ou etapas de tratamento, como pode ser notado por inspeção da Figura 1.2. Tais etapas de tratamento, em acordo com o fluxograma apresentado na Figura 1.3, são de naturezas física e/ou química. Ao se identificar determinado tratamento ou etapa de processo como sendo de *natureza física*, tem-se uma *operação unitária*.

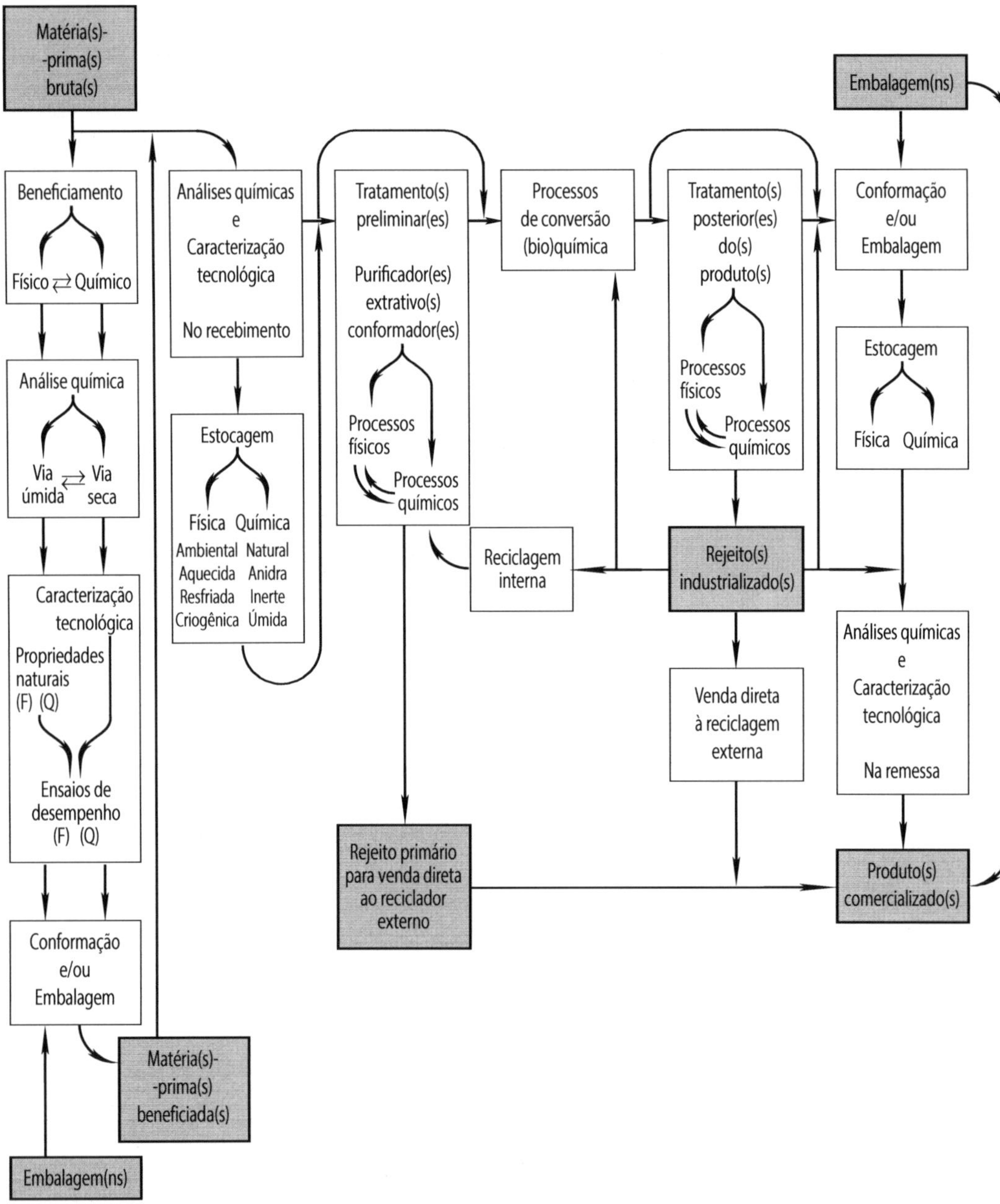

Figura 1.3 Fluxograma de um processo genérico (CREMASCO, 2010).

Dessa maneira, propõe-se a seguinte definição para operações unitárias:

> Operações unitárias constituem-se de etapas individuais, visando ao tratamento e/ou separação e/ou transporte físico de matéria e/ou energia, presentes em um processo (bio)químico. Este, por sua vez, diz respeito à transformação (bio)química e/ou física, qualquer que seja a escala, de uma determinada matéria-prima em um produto de valor agregado. Classificadas como conhecimentos tecnológicos, as técnicas das operações unitárias são baseadas nas ciências da engenharia, principalmente em fenômenos de transporte, o que permite que uma determinada operação unitária, ainda que presente em distintos processos (bio)químicos, mantenha sua unicidade e características, independentemente da natureza (bio)química dos componentes envolvidos e do processo (bio)químico em si.

Qualquer que seja o processo é constituído por passos, beneficiamento físico (e/ou químico) ou etapas que são iguais em outros tipos de processos de transformação, podendo ser analisados independentemente dos processos particulares nos quais estejam inseridos, conforme ilustra o Quadro 1.1. Por exemplo, etapas ou operações de evaporação, filtração, moagem e secagem poderiam ser estudadas independentemente do processo a que pertencem ou dos materiais a serem processados.

Quadro 1.1 Operações unitárias presentes em alguns processos de produção (CREMASCO, 2010)

Operações unitárias	Processos que envolvem a produção de
Evaporação	Adesivos e selantes; Antibióticos; Fertilizantes; Fibras artificiais; Verniz.
Filtração	Adesivos e selantes; Ácido sulfúrico; Antibióticos; Cerveja; Fibras artificiais; Resinas; Sabão; Tinta.
Moagem	Adesivos e selantes; Adubos; Fertilizantes; Fibras artificiais; Inseticidas; Perfumes; Resinas; Verniz.
Secagem	Adesivos e selantes; Adubos; Ácido sulfúrico; Antibióticos; Cerveja; Fármacos; Fertilizantes; Inseticidas; Papel; Resinas; Sabão; Tinta.

As operações unitárias, geralmente, são vistas como aplicações tecnológicas das ciências básicas (matemática, física, química e biologia) e ciências de engenharia. No caso da engenharia química, por exemplo, as ciências que fundamentam as operações unitárias são a termodinâmica e os fenômenos de transporte. As ciências da engenharia química fornecem os suportes conceituais à aplicação técnica das operações unitárias, caracterizando-as como tecnologias da engenharia química. A partir dessa relação entre ciência e tecnologia, é possível classificar as operações unitárias, tendo como base os principais fenômenos de transporte que as fundamentam, conforme ilustra a Figura 1.4.

No Quadro 1.2 encontram-se as relações entre ciência e tecnologia, exemplificadas por meio da vinculação entre algumas operações unitárias e os seus respectivos fenômenos de transporte, assim como os produtos característicos da indústria química e correlatas nos quais estão presentes.

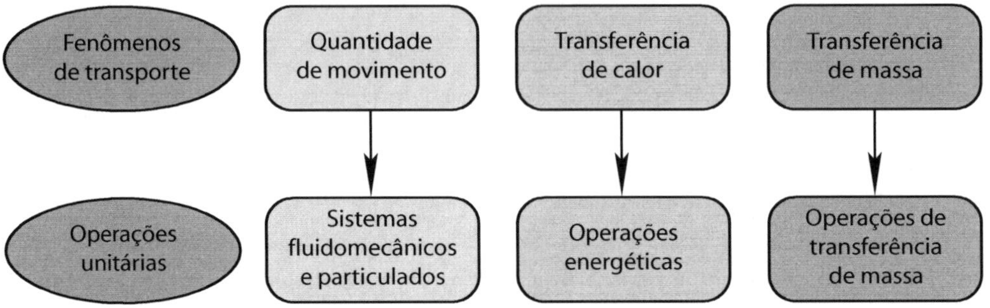

Figura 1.4 Relação entre fenômenos de transporte e operações unitárias.

1.4 Sistemas fluidomecânicos e particulados

Apesar da classificação pretendida na Figura 1.4, é importante ressaltar que as *operações unitárias de sistemas fluidomecânicos e particulados* poderiam ser classificadas como operações unitárias de quantidade de movimento, assim como outras denominações, desde que o conjunto dessas operações unitárias envolva o transporte de fluido (gás, vapor, líquido; ou a mistura de gases e líquidos e solução entre líquidos distintos), de sólidos, e da mistura sólido e fluido, assim como envolva a interação física presente em contatos fluido-fluido, fluido-sólido e sólido-sólido em operações de transporte, mistura, separação e modificação de tamanho de partículas.

Os sistemas *fluidomecânicos* são, usualmente, definidos como um conjunto formado por máquinas e/ou dispositivos cuja função está em adicionar ou extrair energia para (ou de) um fluido de trabalho. Esse fluido pode estar confinado entre as fronteiras do sistema formado pelo conjunto de máquinas e/ou dispositivos ou escoar através dessas fronteiras. Entende-se, portanto, como operações unitárias de *sistemas fluidomecânicos* as etapas de um processo no qual está presente a movimentação (transporte, agitação etc.) de fluidos ou mistura sólido-fluido por meio de *máquinas de fluidos*. Tais máquinas são dispositivos que promovem a troca de energia entre um sistema mecânico e um fluido, transformando energia mecânica em energia de fluido ou vice-versa. São exemplos clássicos de máquinas de fluido: bombas, compressores e sopradores. Por outro lado, na medida que em um sistema agitado adiciona-se energia a uma suspensão líquido-sólido, por exemplo, para que promova a sua mistura, o equipamento (o conjunto motor e impelidor) utilizado na operação de agitação também pode ser considerado como uma máquina de fluido e, portanto, um sistema fluidomecânico. No tratamento de água ilustrado na Figura 1.2 e considerando que a água tratada que abandona o filtro é isenta de particulados, identificam-se, como *apenas* sistemas fluidomecânicos, por exemplo, as etapas 8 (agitação) e 10 (bombeamento).

Quadro 1.2 Fenômenos de transporte e Operações Unitárias (CREMASCO, 2010)

Ciência	Tecnologia	Tipo	Descrição	Encontrado na fabricação de
Mecânica dos fluidos	Sistemas fluidodinâmicos e particulados	Centrifugação	Separação de líquidos utilizando-se a força centrífuga, com a qual a fase mais pesada deste líquido segue para a periferia do compartimento, enquanto a fase mais leve é concentrada no meio do compartimento da centrífuga.	Fármacos. Resinas.
Mecânica dos fluidos	Sistemas fluidodinâmicos e particulados	Ciclones	Separação de sólidos de tamanhos distintos por meio da ação centrífuga.	Fertilizantes. Sabão.
Mecânica dos fluidos	Sistemas fluidodinâmicos e particulados	Elutriação	Separação de partículas sólidas, tendo como base a diferença de diâmetro e de massa específica.	Fertilizantes. Extração de diamante.
Mecânica dos fluidos	Sistemas fluidodinâmicos e particulados	Filtração	Separação de particulados por diferença no tamanho entre as partículas e os poros ou interstícios do meio filtrante.	Adesivos. Fibras artificiais.
Mecânica dos fluidos	Sistemas fluidodinâmicos e particulados	Flotação	Separação de sólidos por meio da suspensão de matéria para a superfície de um líquido na forma de escuma e subsequente remoção.	Resinas. Tratamento de água.
Mecânica dos fluidos	Sistemas fluidodinâmicos e particulados	Sedimentação	Processo de separação de particulados por meio da deposição de material.	Papel. Tinta.
Transferência de calor	Operações energéticas	Aquecimento	Inserção de energia a um fluido ou sólido.	Adesivos. Fertilizantes.
Transferência de calor	Operações energéticas	Condensação	Mudança da fase vapor de um fluido para a de líquido.	Inseticidas. Derivados de petróleo.
Transferência de calor	Operações energéticas	Produção de vapor (Caldeiras)	Retirada de energia de um fluido ou sólido.	Açúcar. Adubos.
Transferência de calor	Operações energéticas	Refrigeração	Retirada de energia de um fluido ou sólido.	Alimentos. Bebidas.
Transferência de calor	Operações energéticas	Resfriamento	Retirada de energia de um fluido ou sólido.	Fertilizantes. Resinas.
Transferência de calor	Operações energéticas	Vaporização	Mudança da fase líquida de um fluido para a de vapor.	Antibiótico. Fibras artificiais.

(continua)

Quadro 1.2 Fenômenos de transporte e Operações Unitárias (*continuação*)

Ciência	Tecnologia	Tipo	Descrição	Encontrado na fabricação de
Transferência de massa	Operação de transferência de massa	Absorção	Separação preferencial de molécula(s) presente(s) em uma mistura gasosa, por meio da sua retenção em um líquido.	Ácido sulfúrico. Fertilizantes.
Transferência de massa	Operação de transferência de massa	Adsorção	Separação preferencial de molécula(s) presente(s) em um fluido (gás ou líquido), por meio da sua fixação em sólido adsorvente.	Fármacos. Resinas.
Transferência de massa	Operação de transferência de massa	Cristalização	Separação de um componente presente em uma solução, por meio da sua dissolução em um solvente.	Açúcar. Fármacos.
Transferência de massa	Operação de transferência de massa	Destilação	Separação de líquidos por aquecimento, baseada na diferença de seus pontos de ebulição (ou de pressão de vapor).	Derivados de petróleo. Tinta.
Transferência de massa	Operação de transferência de massa	Extração líquido-líquido	Separação preferencial de um líquido em mistura com outro(s) por ação de um terceiro líquido.	Fármacos. Derivados de Petróleo.
Transferência de massa	Operação de transferência de massa	Separação por membranas	Separação de moléculas de diferentes tamanhos utilizando-se uma barreira seletiva, capaz de permitir a passagem de determinados compostos, retendo as demais substâncias.	Aromas naturais. Bebidas.

Já nos *sistemas particulados* existe, necessariamente, a preocupação relativa ao entendimento fenomenológico da interação sólido-fluido e sólido-sólido envolvendo ou não o efeito de dispositivos fluidomecânicos. Os sistemas particulados estão, portanto, associados às operações de transporte, mistura, separação e modificação de tamanho de sólidos; escoamento de fluidos através de leitos fixos e móveis de partículas; centrifugação sólido-líquido; agitação de mistura sólido-líquido; separação de partículas por ciclones, hidrociclones, sedimentação, filtração; transporte pneumático e hidráulico de sólidos. No tratamento de água ilustrado na Figura 1.2, identificam-se, por exemplo, como *apenas* sistemas particulados as etapas 6 (sedimentação) e 7 (filtração).

Ressalte-se que os sistemas fluidomecânicos e particulados, usualmente, coexistem. Um exemplo característico é a etapa 5 (floculação) presente na Figura 1.2 em que há, concomitantemente, a adição de energia no sistema para haver a sua movimentação (agitação), assim como a formação de aglomerados de partículas (interação sólido-sólido e sólido-líquido, característica básica de sistemas particulados.

1.5 Bibliografia consultada

CREMASCO, M. A. **Vale a pena estudar engenharia química**. 2. ed. São Paulo: Blucher, 2010.

O_2 ENGENHARIA E SANEAMENTO AMBIENTAL. Disponível em: <www.o2engenharia.com.br>. Acesso em: 03 mar. 2011.

SHEREVE, R. N.; BRINK, J. A. **Indústria de processos químicos**. 4. ed. Trad. MACEDO, H. Rio de Janeiro: Guanabara, 1977.

Capítulo 2

Princípios de sistemas fluidomecânicos

2.1 Introdução

A essência das operações unitárias associadas aos sistemas fluidomecânicos é a movimentação de matéria (fluido ou partículas sólidas e da mistura entre ambas). No caso do transporte de fluidos, este normalmente ocorre no interior de tubulações, entendendo-as como o conjunto formado por dutos (usualmente tubos), acessórios (cotovelos, tês etc.) e dispositivos de controle de fluxo (válvulas). Esse tipo de transporte é responsável pelo deslocamento de fluidos entre os tanques de estocagem e as unidades de processamento nas plantas industriais e entre grandes distâncias, tais como minerodutos, oleodutos e gasodutos. O deslocamento de fluidos é promovido por bombas, no caso de fluidos incompressíveis, e compressores (ou ventiladores), no caso de fluidos compressíveis, os quais oferecem energia necessária para que se promova tal escoamento. O dimensionamento desses equipamentos depende do conhecimento das perdas de cargas ocasionadas nas seções retas e nos acessórios que compõem o sistema de escoamento (tubulação), bem como da própria natureza do fluido.

2.2 Fluidos e classificação reológica

A definição clássica de fluido está associada à capacidade de a matéria responder à ação de uma força externa aplicada sobre ela. A partir dessa resposta é possível classificar esse fluido por meio da *reologia*. A reologia estuda a deformação e o escoamento de um fluido quando submetido (ou não) a uma tensão externa. O comportamento reológico do fluido é descrito por relações entre a tensão de cisalhamento (τ) aplicada ao fluido e a sua respectiva deformação ($\dot{\gamma} \equiv du_x/dy$), resultando

$$\tau = \tau_0 + k(\dot{\gamma})^n \tag{2.1}$$

sendo τ_0 a tensão mínima de cisalhamento; k é o índice de consistência; n, índice de comportamento do fluido. Os fluidos (líquidos) não *newtonianos* são classificados de acordo com a resposta, no tempo, que oferecem ao cisalhamento.

Fluidos que não necessitam de tensão de cisalhamento inicial (τ_0) *para escoar.* O modelo mais comum é aquele descrito pela *lei da potência* ou equação de Ostwald de Waele:

$$\tau = k(\dot{\gamma})^n \tag{2.2}$$

Na situação em que $n = 1$ na Equação 2.2 têm-se os *fluidos newtonianos*, nos quais o índice de consistência k é identificado à viscosidade dinâmica μ. Neste caso, a Equação 2.2 é posta segundo

$$\tau = \mu \cdot \dot{\gamma} \tag{2.3}$$

Os fluidos que apresentam $\tau_0 = 0$ e $n \neq 1$ são classificados em *pseudoplásticos* ou *dilatantes* de acordo com o valor de n. Quando o valor de n for menor do que 1 têm-se os *fluidos pseudoplásticos*. Para n maior do que 1, são ditos *fluidos dilatantes*. No comportamento pseudoplástico, a consistência do fluido (k) diminui com o aumento da taxa de cisalhamento. Esse comportamento, como no caso de suspensões nos quais existem partículas dispersas (suspensão de leveduras, por exemplo), deve-se a fatores como: características físicas das partículas, área superficial, forma e dimensão das partículas, tipo de atração entre as partículas, concentração de partículas, massa molar e conformação do líquido em que as partículas estão suspensas. Entre esses fatores, o tipo de interação entre o líquido e a partícula é o principal responsável pelo aparecimento da pseudoplasticidade. Já o comportamento da dilatância é marcado pelo aumento da consistência do fluido (k). O comportamento é típico de suspensões com alta concentração de particulados. Para que exista o escoamento da suspensão, é necessário que o líquido escoe entre os espaços vazios entre as partículas, o que é relativamente fácil para baixas tensões de cisalhamento. Para altas taxas de cisalhamento, tal fluidez é dificultada pelo aumento do número de colisões entres as partículas, elevando, com isso, a consistência do fluido. Quanto mais próximas as partículas estiverem uma das outras, maior será o efeito da dilatância do fluido.

Fluidos que necessitam de uma tensão inicial (τ_0) *para escoar.* Os modelos mais simples dessa categoria são *os plásticos de Bingham*, que apresentam relação linear entre tensão de cisalhamento e taxa de deformação, após vencer a tensão de cisalhamento inicial (τ_0).

$$\tau = \tau_0 + \mu_p(\dot{\gamma}), \quad \text{para} \quad \tau > \tau_0 \tag{2.4}$$

em que μ_p é viscosidade dinâmica plástica.

Os fluidos Herschel-Bulkley, por sua vez, apresentam o comportamento tipo lei da potência com tensão de cisalhamento inicial, ou seja

$$\tau = \tau_0 + k(\dot{\gamma})^n \tag{2.5}$$

Fluidos não newtonianos e dependentes do tempo. Tais fluidos classificam-se em duas categorias: fluidos tixotrópicos e reopécticos. Esses tipos de fluidos são comuns, por exemplo, na indústria alimentícia. Os *fluidos tixotrópicos* (*ou afinantes*) apresentam estruturas que podem ser rompidas por ação cisalhante no tempo. Já os *fluidos reopécticos* (ou *espessantes*) são capazes de desenvolver ou rearranjar tais estruturas enquanto são submetidos à tensão de cisalhamento constante.

2.3 Dinâmica do escoamento de fluidos

O entendimento do escoamento de fluidos passa, necessariamente, por balanços de massa e momento aplicados ao desenvolvimento de equações apropriadas para os fenômenos a serem analisados. Essa análise pode, em princípio, englobar regimes transientes ou permanentes, assim como geometrias complexas (bi e tridimensionais) ou simples (unidimensionais). A descrição da fluidodinâmica, em termos de modelos matemáticos, dá-se por meio das equações de conservação da massa (continuidade) e as equações do movimento (*momentum*).

2.3.1 Equação da continuidade para um fluido homogêneo

A partir de uma determinada propriedade volumétrica $\psi(\mathbf{x}, t)$ associada a uma mistura, o *teorema do transporte de Reynolds* pode ser escrito tal como se segue (DAMASCENO, 2006; AROUCA, 2007)

$$\frac{D}{Dt}\iiint \psi[\mathbf{x}(t),t]\,dV = \iiint \frac{\partial \psi}{\partial t}\Big|_{\mathbf{x}} dV + \iint (\psi \mathbf{u})\cdot \mathbf{n}\,dS \tag{2.6}$$

em que t é o tempo, V é o volume, $\mathbf{x}$ é o vetor posição, $\mathbf{u}$ é o vetor velocidade da fase fluida e $\mathbf{n}$ é o vetor normal-unitário à superfície S. O primeiro membro da Equação 2.6 apresenta as variações da grandeza ψ segundo a concepção de Lagrange, cuja derivada substantiva (D/Dt) indica a variação da propriedade ψ com o tempo, tomando-se como base um referencial que acompanha as partículas de fluido; enquanto o segundo membro da Equação 2.6 apresenta as variações dessa mesma propriedade ψ com relação à coordenadas espaciais fixas (concepção de Euler). Para o caso específico do contato monofásico, no qual um fluido no interior de um volume material se move com velocidade $\mathbf{u}$, admitindo-se que não ocorre reação química, bem como se considerando a grandeza volumétrica como sendo aquela equivalente à massa específica (ou densidade), ou seja $\psi = \rho$, a Equação 2.6 é posta na forma

$$\frac{D}{Dt}\iiint \rho\,dV = \iiint \frac{\partial \rho}{\partial t}\Big|_{\mathbf{x}} dV + \iint (\rho \mathbf{u})\cdot \mathbf{n}\,dS \tag{2.7}$$

Admitindo-se sistema fechado (não ocorrem entradas ou saídas de material no volume material), tem-se a nulidade para o primeiro membro da Equação 2.7, a qual é retomada como

$$\iiint \frac{\partial \rho}{\partial t}\Big|_{\mathbf{x}} dV + \iint (\rho \mathbf{u})\cdot \mathbf{n}\,dS = 0 \tag{2.8}$$

Aplicando-se o teorema da divergência de Gauss, em que se transformam integrais de superfície em integrais de volume e vice-versa, $\iint(\rho\mathbf{u}) \cdot \mathbf{n}dS = \iiint\vec{\nabla} \cdot \rho\mathbf{u}dV$, obtém-se

$$\iiint\left[\frac{\partial\rho}{\partial t} + \vec{\nabla} \cdot \rho\mathbf{u}\right]dV = 0 \tag{2.9}$$

Tendo em vista $dV \neq 0$, a Equação 2.9 é reescrita como

$$\frac{\partial\rho}{\partial t} + \vec{\nabla} \cdot \rho\mathbf{u} = 0 \tag{2.10}$$

A Equação 2.10 representa a *equação conservativa da continuidade*. Em se tratando de fluido incompressível, ρ = cte, resulta-se da Equação 2.10

$$\vec{\nabla} \cdot \mathbf{u} = 0 \tag{2.11}$$

2.3.2 Equação do movimento para um fluido homogêneo

A equação do movimento para um sistema monofásico também pode ser obtida por intermédio do teorema do transporte de Reynolds, Equação 2.6, bastando fazer nesta $\psi = \rho\mathbf{u}$, de onde resulta

$$\frac{D}{Dt}\iiint\rho\mathbf{u}dV = \iiint\frac{\partial(\rho\mathbf{u})}{\partial t}\bigg|_{\mathbf{x}} dV + \iint(\rho\mathbf{u}\mathbf{u}) \cdot \mathbf{n}dS \tag{2.12}$$

O termo à esquerda na Equação 2.12 representa a variação temporal da quantidade de movimento em um determinado volume de controle. Este mesmo termo pode ser posto em termos da *segunda lei de Newton* na forma como se segue

$$\frac{D}{Dt}\iiint\rho\mathbf{u}dV = \frac{D}{Dt}(m\mathbf{u}) = \sum_j \mathbf{F}_j \tag{2.13}$$

sendo $\mathbf{F}_j$ as forças j que atuam no fluido presente em um dado elemento de volume. Depois de substituir a Equação 2.13 na Equação 2.12 obtém-se

$$\iiint\frac{\partial}{\partial t}(\rho\mathbf{u})dV + \iint(\rho\mathbf{u}\mathbf{u}) \cdot \mathbf{n}dS = \sum_j \mathbf{F}_j \tag{2.14}$$

Identificam-se na Equação 2.14, grupos de forças que atuam no elemento de fluido, sendo elas (DAMASCENO, 2006):

Forças de campo ($\mathbf{F}_b$): são as forças volumares, que atuam sobre o fluido, presentes no volume de controle considerado, tais como gravitacional, centrífuga, empuxo etc. Tais forças são identificadas na forma

$$\mathbf{F}_b = \iiint(\rho\vec{\nabla}\varphi)dV \tag{2.15}$$

em que $\vec{\nabla}\varphi$ está associado ao vetor intensidade do campo.

Forças de superfície ($\mathbf{F}_S$): são as forças de superfície que atuam sobre o fluido presente no elemento de volume de controle considerado e que, normalmente, são identificadas por contato físico, por meio das fronteiras do elemento de volume. Tais forças são descritas tal como se segue

$$\mathbf{F}_b = \iint \mathbf{T} \cdot \mathbf{n} dS \tag{2.16}$$

sendo $\mathbf{T}$ o tensor tensão exercido em um fluido e expresso por composição entre a pressão, p, exercida no fluido e a tensão extra ou dinâmica ou viscosa, τ, na forma

$$\mathbf{T} = -p\mathbf{I} + \tau \tag{2.17}$$

$\mathbf{I}$ é o tensor identidade. No caso da tensão viscosa, τ, para um fluido newtoniano, tem-se

$$\tau = \mu[\vec{\nabla}\mathbf{u} + \vec{\nabla}\mathbf{u}^T] - \frac{2}{3}\mu(\vec{\nabla} \cdot \mathbf{u})\mathbf{I} \tag{2.18}$$

lembrando que μ é a viscosidade dinâmica; $\vec{\nabla}\mathbf{u}^T$ é o tensor gradiente transposto de velocidade. Por via de consequência, o somatório das forças que atuam sobre o fluido, já considerando a Equação 2.17, será

$$\sum_j \mathbf{F}_j = \iiint \left(\rho\vec{\nabla}\varphi\right) dV - \iint p\mathbf{I} \cdot \mathbf{n}\, dS + \iint \tau \cdot \mathbf{n}\, dS \tag{2.19}$$

que, por sua vez, quando substituída na Equação 2.14, fornece

$$\iiint \frac{\partial}{\partial t}(\rho\mathbf{u})dV + \iint (\rho\mathbf{u}\mathbf{u}) \cdot \mathbf{n}\, dS = \iiint \left(\rho\vec{\nabla}\varphi\right) dV - \\ - \iint p\mathbf{I} \cdot \mathbf{n}\, dS + \iint \tau \cdot \mathbf{n}\, dS \tag{2.20}$$

Utilizando-se o teorema da divergência de Gauss na Equação 2.19 para transformar as integrais de superfície em integrais de volume, tem-se

$$\iiint \frac{\partial}{\partial t}(\rho\mathbf{u})dV + \iiint \vec{\nabla} \cdot (\rho\mathbf{u}\mathbf{u})\, dV = \iiint \left(\rho\vec{\nabla}\varphi\right) dV - \\ - \iiint \vec{\nabla} \cdot (p\mathbf{I})\, dV + \iiint (\vec{\nabla} \cdot \tau)\, dV \tag{2.21}$$

resultando, depois de constatar $\vec{\nabla} \cdot (\mathrm{p}\mathbf{I}) = \mathbf{I} \cdot \vec{\nabla}\mathrm{p} + \mathrm{p} \cdot \vec{\nabla}\mathbf{I} = \vec{\nabla}\mathrm{p}$,

$$\frac{\partial}{\partial t}(\rho\mathbf{u}) + \vec{\nabla} \cdot (\rho\mathbf{u}\mathbf{u}) = \rho\vec{\nabla}\varphi - \vec{\nabla}p + \vec{\nabla} \cdot \tau \tag{2.22}$$

o termo do lado esquerdo da Equação 2.22 é retomado como

$$\frac{\partial}{\partial t}(\rho \mathbf{u}) + \vec{\nabla} \cdot (\rho \mathbf{u}\mathbf{u}) = \left(\frac{\partial \mathbf{u}}{\partial t} + \mathbf{u} \cdot \vec{\nabla}\mathbf{u}\right) + \mathbf{u}\left(\frac{\partial \rho}{\partial t} + \mathbf{u} \cdot \vec{\nabla}\rho\mathbf{u}\right) \tag{2.23}$$

da qual é possível identificar a *equação da continuidade*, Equação 2.10, no segundo termo do lado direito da Equação 2.23. Dessa maneira, a Equação 2.22 é reescrita na forma da equação de *Navier-Stokes*, como

$$\rho\left(\frac{\partial \rho}{\partial t} + \mathbf{u} \cdot \vec{\nabla}\rho\mathbf{u}\right) = \rho\vec{\nabla}\boldsymbol{\varphi} - \vec{\nabla}p + \vec{\nabla} \cdot \boldsymbol{\tau} \tag{2.24}$$

que é a equação do movimento para o fluido.

2.4 Equação simplificada para a energia mecânica

Considerando escoamento unidimensional e normal na direção z, assim como se assume que o regime de escoamento do fluido venha ser permanente, $\partial u/\partial t = 0$, a Equação 2.24 é reescrita, depois de dividi-la pela massa específica do fluido, na forma

$$-\frac{d\varphi}{dz} + \frac{1}{\rho}\frac{dp}{dz} + \frac{d}{dz}\left(\frac{1}{2}u^2\right) = \frac{1}{\rho}\frac{d\tau}{dz} \tag{2.25}$$

na qual $\tau = \tau_{zz}$. Da Equação 2.25, pode-se identificar a *energia cinética* segundo

$$e_c = \frac{u^2}{2} \tag{2.26}$$

bem como a *energia gravitacional*

$$e_G = gz = -\varphi \tag{2.27}$$

e a *energia de pressão*

$$e_p = \int \frac{dp}{\rho} \tag{2.28}$$

Já a energia associada à tensão viscosa, lado direito da Equação 2.25, é retomada como o *trabalho da força viscosa*, e_L, por meio de

$$e_L = \int \frac{1}{\rho}\left(\frac{d\tau}{dz}\right)dz \cong \int \frac{\tau}{\rho}\left(\frac{P_e}{\text{Área}}\right)dz \tag{2.29}$$

sendo P_e o perímetro, e *Área*, a área da seção considerada para o escoamento, respectivamente. O integrando presente na Equação 2.29 refere-se à *energia dissipada por unidade de comprimento* ao longo do trajeto, de_L/dz

$$\frac{d}{dz}\left(e_c + e_g + e_p\right) = -\frac{d}{dz}e_L \tag{2.30}$$

O termo entre parêntesis na Equação 2.30 é reconhecido como *energia mecânica específica*, e_m, ou

$$e_m = e_c + e_g + e_p \tag{2.31}$$

A partir da identificação da *energia mecânica específica*, são estabelecidas as seguintes grandezas e terminologias:

Energia por unidade de volume – *pressão total:*

$$\rho e_m = p + \rho g z + \rho \frac{u^2}{2} \tag{2.32}$$

Cada termo presente na Equação 2.32 apresenta um *equivalente* à pressão, de onde resultam: p – pressão estática, ρgz – pressão piezométrica, $\rho u^2/2$ – pressão dinâmica.

Energia por unidade de peso – *carga:*

$$\frac{e_m}{g} = z + \frac{p}{\rho g} + \frac{u^2}{2g} \tag{2.33}$$

No caso específico da presença das forças viscosas, Equação 2.29, aparece o termo associado à carga (por unidade de peso), na forma da *perda de carga*, ou

$$\frac{e_L}{g} = h_L \tag{2.34}$$

A integração da Equação 2.30 fornece

$$e_{m_2} - e_{m_1} = \left(e_{L_2} - e_{L_1}\right) = e_L \tag{2.35}$$

ou em termos das energias elementares,

$$\left(gz + e_p + \frac{u^2}{2}\right)_2 - \left(gz + e_p + \frac{u^2}{2}\right)_1 = e_L \tag{2.36}$$

Na situação em que o fluido é *incompressível*, a energia de pressão, Equação 2.28, é vista como

$$e_p = \int \frac{dp}{\rho} = \frac{1}{\rho} \int dp = \frac{p}{\rho} \tag{2.37}$$

Ao se considerar a hipótese de *escoamento ideal* (*fluido invíscido*: $e_L = 0$), assim como admitindo a aplicabilidade da Equação 2.37, a Equação 2.36 pode ser retomada na forma

$$\left(gz + \frac{p}{\rho} + \frac{u^2}{2}\right)_1 = \left(gz + \frac{p}{\rho} + \frac{u^2}{2}\right)_2 \tag{2.38}$$

A Equação 2.38 é conhecida como a *equação de Bernoulli*, válida na situação em que se consideram: regime permanente, fluido invíscido e incompressível. No caso de fluido compressível, o processo durante a compressão de gases, por exemplo, conhecido no plano pV ou p/ρ, é descrito por

$$\frac{p}{\rho^{\delta}} = cte \tag{2.39}$$

sendo δ uma constante empírica, representando que nem sempre a compressão é adiabática. Dessa forma, ao se conhecer a pressão em determinada cota, tem-se

$$\frac{p}{\rho^{\delta}} = \frac{p_1}{\rho_1^{\delta}} \tag{2.40}$$

ao substituir ρ da Equação 2.40 na Equação 2.28, obtém-se

$$e_p = \frac{\rho_1}{p_1^{1/\delta}} \int_1^2 \frac{dp}{p^{1/\delta}} \tag{2.41}$$

supondo a situação de idealidade para o gás, em que $\rho_1 = Mp_1/RT_1$, e integrando a Equação 2.41 chega-se a

$$e_p = \left(\frac{\delta}{\delta - 1}\right)\frac{RT_1}{M}\left[\left(\frac{p_2}{p_1}\right)^{\frac{\delta-1}{\delta}} - 1\right] \tag{2.42}$$

A Equação 2.36 pode ser posta na forma

$$\left(gz + \frac{u^2}{2}\right)_2 = \left(gz + \frac{u^2}{2}\right)_1 + \left(\frac{\delta}{\delta - 1}\right)\frac{RT_1}{M}\left[\left(\frac{p_2}{p_1}\right)^{\frac{\delta-1}{\delta}} - 1\right] + e_L \tag{2.43}$$

A Equação 2.43 é o ponto de partida para a obtenção da equação característica de compressores (Capítulo 4), ou seja, está associada à energia transferida ao gás para movimentá-lo de uma seção (1) à seção (2) de uma determinada tubulação na qual escoa esse gás.

2.5 Atrito mecânico e perda de carga

No caso de se admitir que o fluido sujeito a um escoamento não é invíscido, é fundamental o conhecimento do resultado da ação das forças cisalhantes, tendo em vista a presença da viscosidade do fluido. Os resultados, usualmente, são expressos na forma do coeficiente de tensão viscosa, C_τ, o qual é definido por

$$C_\tau \equiv \frac{4\tau}{\rho u^2/2} \tag{2.44}$$

Com esse coeficiente, obtém-se a força viscosa e a energia dissipada por unidade de comprimento, que integrada fornece a *energia mecânica* perdida, de modo a

Equação 2.29 ser retomada, após considerar nesta a definição (2.44), como

$$e_L = \int_1^2 C_\tau \frac{u^2}{8} \frac{P_e}{Área} ds \tag{2.45}$$

Pode-se identificar na Equação 2.45 o diâmetro hidráulico, este assim definido:

$$D_H = 4\frac{Área}{P_e} \tag{2.46}$$

A Equação 2.45, portanto, é reescrita como

$$D_H = \int_1^2 \frac{C_\tau u^2}{2D_H} dz \tag{2.47}$$

No caso de um conduto circular reto (tubo), de área constante, a área e o perímetro são, respectivamente,

$$Área = \frac{\pi D^2}{4} \quad \text{e} \quad Pe = \pi D \tag{2.48}$$

Ao supor escoamento de um fluido incompressível, tem-se que a velocidade será constante e o coeficiente de dissipação, C_τ, não variará ao longo do comprimento do tubo. Dessa feita, ao integrar a Equação 2.47 no comprimento linear de 0 a L, e lembrando que o diâmetro hidráulico para uma tubulação circular é igual a seu diâmetro (Equação 2.48 na Equação 2.46), obtém-se

$$e_L = C_\tau \frac{u^2}{2}\left(\frac{L}{D}\right) \tag{2.49}$$

Uma informação importante em relação ao coeficiente de tensão viscosa ou de dissipação viscosa, C_τ, é que ele também é conhecido como *coeficiente de dissipação viscosa de Moody*; e associa-se a outro coeficiente, de mesma interpretação física, conhecido como *fator de atrito de Fanning*, segundo

$$f \equiv \frac{C_\tau}{4} \tag{2.50}$$

Dessa maneira, as Equações 2.45 e 2.49 podem ser expressas em termos do fator "f" por meio de, respectivamente,

$$f \equiv \frac{\tau}{\rho u^2/2} \tag{2.51}$$

$$e_L = 2fu^2 \frac{L}{D} \tag{2.52}$$

A *equação de Darcy-Weisbach*, em termos do fator de atrito de Fanning, advém diretamente da Equação 2.52 ao dividi-la pela constante gravitacional,

$$h_L = 2f \frac{u^2}{g} \frac{L}{D} \tag{2.53}$$

Nota-se na Equação 2.53 uma expressão para perda de carga, conforme anteriormente apresentada na Equação 2.34. Por outro lado, para que se obtenham valores para a perda de carga, torna-se necessária a estimativa do fator de atrito de Fanning. A Figura 2.1 apresenta o *diagrama de Moody* modificado, o qual permite obter o valor de f em função do número de Reynolds, o qual é definido por

$$\mathrm{Re} = \frac{\rho u D}{\mu} \tag{2.54}$$

Nota-se, na Figura 2.1, que, no regime turbulento (Re ≥ 4.000), o valor do fator de atrito de Fanning é influenciado pela rugosidade relativa da parede do conduto, a qual é definida como:

$$k_r = \frac{\varepsilon}{D} \tag{2.55}$$

em que ε é a rugosidade média da parede da tubulação.

Observa-se na Figura 2.1 a dependência do fator de atrito de Fanning com o número de Reynolds. Para o regime laminar essa relação (Re ≤ 2.100), para tubos, é posta como

$$f = \frac{16}{\mathrm{Re}} \tag{2.56}$$

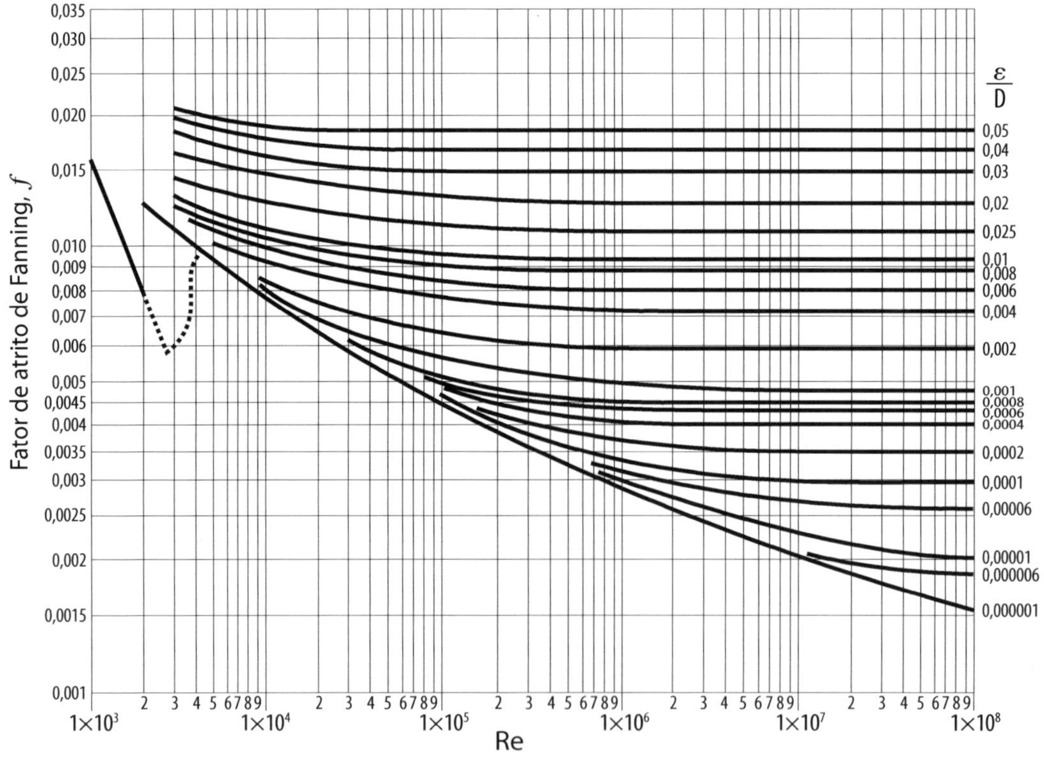

Figura 2.1 Diagrama de Moody: fator de atrito de Fanning para fluidos newtonianos (LEAL, 2005).

Para os regimes de transição (2.100 < Re < 4.000) e turbulento (Re ≥ 4.000), percebe-se uma dependência desse fator tanto do número de Reynolds quanto da rugosidade relativa. Essa dependência pode ser explícita na relação funcional como

$$f = f(\text{Re}, k_r) \tag{2.57}$$

O Quadro 2.1 apresenta algumas correlações para o fator de atrito de Fanning para os regimes turbulento e de transição.

Quadro 2.1 Correlações para o fator de atrito para fluidos *newtonianos* (LEAL, 2005)

Autor	Correlação		Rugosidade	Obs.
Blasius	$f = \dfrac{0{,}079}{\text{Re}^{0{,}25}}$	(2.58a)	Liso	Turbulento $4{,}0 \times 10^3 < \text{Re} < 1{,}0 \times 10^5$
von Karman	$\dfrac{1}{\sqrt{f}} = 4{,}06 \log\left(\text{Re}\sqrt{f}\right) - 0{,}60$	(2.58b)	Liso	Turbulento
von Karman	$\dfrac{1}{\sqrt{f}} = 4{,}06 \log(0{,}5/k_r) + 3{,}36$	(2.58c)	Rugoso	Turbulento $\left\lfloor (0{,}5/k_r)/\sqrt{f} \right\rfloor < 0{,}005$
Nikuradse	$\dfrac{1}{\sqrt{f}} = 4{,}0 \log\left(\text{Re}\sqrt{f}\right) - 0{,}40$	(2.58d)	Liso	Turbulento
Nikuradse	$\dfrac{1}{\sqrt{f}} = 4{,}0 \log(0{,}5/k_r) + 3{,}48$	(2.58e)	Rugoso	Turbulento $\left\lfloor (0{,}5/k_r)/\left(\text{Re}\sqrt{f}\right) \right\rfloor < 0{,}005$
Colebrook	$\dfrac{1}{\sqrt{f}} = 4{,}0 \log(0{,}5/k_r) - 4{,}0 \log\left(1 + 9{,}355\dfrac{0{,}5/k_r}{\text{Re}\sqrt{f}}\right) + 3{,}48$	(2.58f)	Rugoso	Transição $\left\lfloor (0{,}5/k_r)/\left(\text{Re}\sqrt{f}\right) \right\rfloor > 0{,}005$

Em se tratando de escoamento de fluidos não *newtonianos*, existem correlações válidas para o escoamento turbulento. No Quadro 2.2 estão contidas diversas correlações para o fator de atrito para aqueles fluidos que seguem o modelo de Ostwald de Waele ou lei da potência (Equação 2.2), nas quais o número de Reynolds modificado (Reynolds de Metzner e Reed) é definido como

$$\text{Re}' = \frac{\rho D^n u^{(2-n)}}{\dfrac{k}{8}\left[\dfrac{6n+2}{n}\right]^n} \tag{2.59}$$

Quadro 2.2 Correlações para o fator de atrito (fluido não *newtoniano*) (SANTANA, 1982)

Autores	Correlação	
Dodge e Metzner (1959)	$\frac{1}{\sqrt{f}} = \frac{2}{n^{0,75}} \log\left[\text{Re}'\left(\frac{f}{4}\right)^{(1-n/2)}\right] - \frac{0,2}{n^{1,2}}$	(2.60a)
Tomita (1959)	$\frac{1}{\sqrt{f}} = 2 \log\left[\text{Re}'\left(\frac{f}{4}\right)^{1/2}\right] - 0,2$	(2.60b)
Clapp (1961)	$\frac{1}{\sqrt{f}} = \frac{1,35}{n} - 1,48 + \frac{2,27}{n} \log\left[\text{Re}'\left(\frac{f}{4}\right)^{(1-n/2)}\right] + 0,34\left(\frac{5n-8}{n}\right)$	(2.60c)
Szilas *et al.* (1981)	$\frac{1}{\sqrt{f}} = -2 \log\left[\frac{10^{-\beta/2}}{\text{Re}'(f)^{(2-n)/2n}}\right] + \frac{1}{3,71}\left(\frac{e}{D}\right)$ com $\beta = 1,51^{1/n}\left(\frac{0,707}{n} + 2,12\right) - \frac{4,015}{n} - 1,057$	(2.60d)
Cremasco e Santana (1987)	$\frac{1}{\sqrt{f}} = \frac{-2}{n^{0,35}} \log\left[\frac{1}{3,71}\left(\frac{e}{D}\right) + \left(\frac{6,81}{\text{Re}'}\right)^{0,9}\right]$	(2.60e)
	e, rugosidade da tubulação.	

Exemplo 2.1

O Brasil, que sempre se destacou como produtor de açúcar, evidencia-se como o primeiro país a produzir e fazer uso de um biocombustível na sua frota automobilística. Esse advento é consequência da implantação de um programa conhecido como Proálcool (Programa Nacional do Álcool). A crise do petróleo nos anos 1970 motivou o governo brasileiro a desenvolver uma forma alternativa de combustível para substituir a gasolina. Nasceu o bioetanol, um combustível advindo da fermentação do caldo da cana-de-açúcar, melaço ou ambos. Incentivos foram oferecidos aos investidores do setor. Nos anos 1980, 85% dos carros nacionais eram movidos exclusivamente a álcool. A produção de etanol daquela década chegou a superar a produção de açúcar pelas usinas. As unidades instaladas atingiram, naquele período, capacidade para produzir 18 bilhões de litros de bioetanol por safra, volume este equivalente a 100 milhões de barris de gasolina. O programa, como estratégia de abastecimento energético, fracassou no final dos anos 1980. Por outro lado, o crescente interesse mundial pelo bioetanol, fruto da elevação nos preços do petróleo na década de 2000 e da preocupação mundial em relação à redução da emissão de gases de efeito estufa, motivou a retomada de pesquisas para tornar a produção mais eficiente, minimizando o consumo de energia. Em virtude da possibilidade da utilização do bioetanol como aditivo à gasolina e mesmo diretamente como combustível em motores ou *flex-fuel*, torna-se essencial o conhecimento científico do processamento desse biocombustível, em particular de termodinâmica, fenômenos de transporte e de operações unitárias. Considere, portanto, o sistema hipotético no qual se deseja avaliar a carga (h_L) em um tubo de aço de 3 m de comprimento e diâmetro interno igual 50 mm, rugosidade relativa de 0,0009, no qual escoa etanol líquido a 20 m³/h e 27 °C (ρ = 0,787 g/cm³). A viscosidade do etanol pode ser estimada por meio da seguinte correlação

$$\ell n\mu = -6{,}21 + \frac{1{,}614\times10^{3}}{T} + 6{,}18\times10^{-3}T - 1{,}132\times10^{-5}T^{2}$$

em que μ = viscosidade dinâmica, cP; T = temperatura do líquido, (K). Utilize a Figura 2.1 para obter o valor do fator de atrito de Fanning. Verifique a possibilidade de utilizar, para este exemplo, as correlações apresentadas no Quadro 2.1.

Solução

Trata-se da utilização da equação de Darcy-Weisbach modificada, Equação 2.53, posta como

$$h_L = 2f\frac{u^2}{g}\frac{L}{D} \tag{1}$$

Ressalte-se que na Equação 1, a velocidade do fluido, u, é calculada por

$$u = \frac{Q}{Área} \tag{2}$$

em que a vazão volumétrica é conhecida e igual a Q = 20 m³/h, e a área da seção transversal do fluido através da qual o fluido escoa

$$Área = \frac{\pi D^2}{4} \tag{3}$$

Tendo em vista que foi fornecido o valor do diâmetro interno do tubo D = 50 mm = 0,05 m, tem-se na Equação 3

$$Área = \frac{\pi(0{,}05)^2}{4} = 0{,}0019635\ \text{m}^2 \tag{4}$$

Substituindo o resultado (5) e Q = 20 m³/h na Equação 2, obtém-se a velocidade média

$$u = \frac{(20)}{(0{,}0019635)} = 10.185{,}89\ \text{m/h} = 282{,}94\ \text{cm/s} \tag{5}$$

Sabendo que L = 3 m = 300 cm; D = 50 mm = 5,0 cm e g = 981 cm/s², resta obter o valor do fator de atrito de Fanning, f, utilizando-se a Figura 2.1. Para tanto, deve-se conhecer o valor da abscissa desse gráfico, o qual é obtido da Equação 2.54, ou

$$\text{Re} = \frac{\rho u D}{\mu} \tag{6}$$

Para o cálculo do valor do número de Reynolds, Re, conhecem-se u = 282,94 cm/s, D = 5,0 cm e ρ = 0,787 g/cm³. O valor da viscosidade dinâmica do etanol advém de

$$\ell n\mu = -6{,}21 + \frac{1{,}614\times10^{3}}{T} + 6{,}18\times10^{-3}T - 1{,}132\times10^{-5}T^{2} \tag{7}$$

Sabendo que T = 27 °C = 300,15 K, tem-se na Equação 8

$$\ell n\mu = -6{,}21 + \frac{1{,}614\times 10^{3}}{(300{,}15)} + 6{,}18\times 10^{-3}(300{,}15) -$$

$$-1{,}132\times 10^{-5}(300{,}15)^{2} = 1{,}022 \text{ cP} = 0{,}01022 \text{ P} \tag{8}$$

Da Equação 6

$$\text{Re} = \frac{(0{,}787)(282{,}94)(5{,}0)}{(0{,}01022)} = 1.089\times 10^{5} \tag{9}$$

Como o valor da rugosidade relativa, k_r, é igual a 0,0009 e com Re = 1,089 × 10^5, entra-se na Figura 2.1 (veja a Figura 1 deste exemplo) e obtém-se

$$f = 0{,}0055 \tag{10}$$

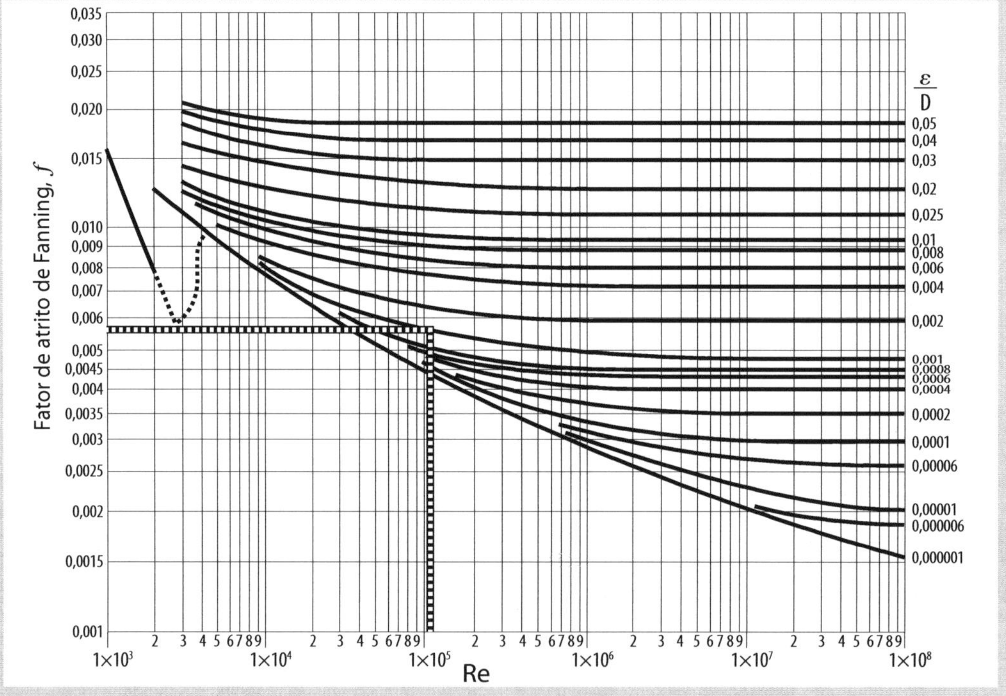

Figura 1 Obtenção de "f" por método gráfico.

Substituindo f = 0,0055; u = 282,94 cm/s, L = 300 cm; D = 5,0 cm e g = 981 cm/s^2 na Equação

$$h_L = (2)(0{,}0055)\frac{(282{,}94)^{2}}{(981)}\frac{(300)}{(5{,}0)} = 53{,}86 \text{ cm} \tag{11}$$

Pede-se, neste exemplo, para verificar a aplicabilidade das correlações apresentadas no Quadro 2.1. Tendo em vista que o tubo é rugoso, descarta-se a utilização das Equações 2.58a, 2.58b, 2.58d. Tendo em vista que Re = 1,089 × 10^5, descarta-se a utilização da Equação 2.58f. Dessa maneira, restam as Equações 2.58c e 2.58e válidas para tubos rugosos e escoamento em regime turbulento. Ambas as correlações exigem que $\lfloor (0{,}5/k_r)/\left(\mathrm{Re}\sqrt{f}\right) \rfloor < 0{,}005$. Sabendo que $k_r = 0{,}0009$; $\mathrm{Re} = 1{,}089 \times 10^5$ e $f = 0{,}0055$, verifica-se

$$\frac{0{,}5/k_r}{\mathrm{Re}\sqrt{f}} = \frac{(0{,}5)/(0{,}0009)}{\left(1{,}098 \times 10^5\right)\sqrt{(0{,}0055)}} = 0{,}069 > 0{,}005 \qquad (12)$$

ou seja, desaconselha-se o emprego das Equações 2.58c e 2.58e.

2.6 Perdas de energia ou de carga em acidentes

Um fluido em um sistema de escoamento, como aquele ilustrado na Figura 2.2, passa por tubos, válvulas, conexões, acessórios diversos e, também, podem ocorrer mudanças da área de escoamento. Haverá perda de carga em consequência do resultado do atrito com a parede, da alteração na direção do escoamento, obstruções na trajetória do fluido e mudanças abruptas ou graduais na área de escoamento. As perdas de carga, em virtude da presença de acessórios em uma tubulação, decorrem da separação de uma camada do escoamento e da formação de correntes turbulentas. Essas correntes transformam energia mecânica em energia cinética e esta se converte em calor que se dissipa. As perdas de energia decorrentes desses fenômenos denominam-se *perdas localizadas ou singulares ou em acidentes*. Pode-se estimar o valor dessas perdas de carga por dois métodos: método do coeficiente de perda de carga localizada (k_f); método do comprimento equivalente (L_{eq} ou L_{eq}/D).

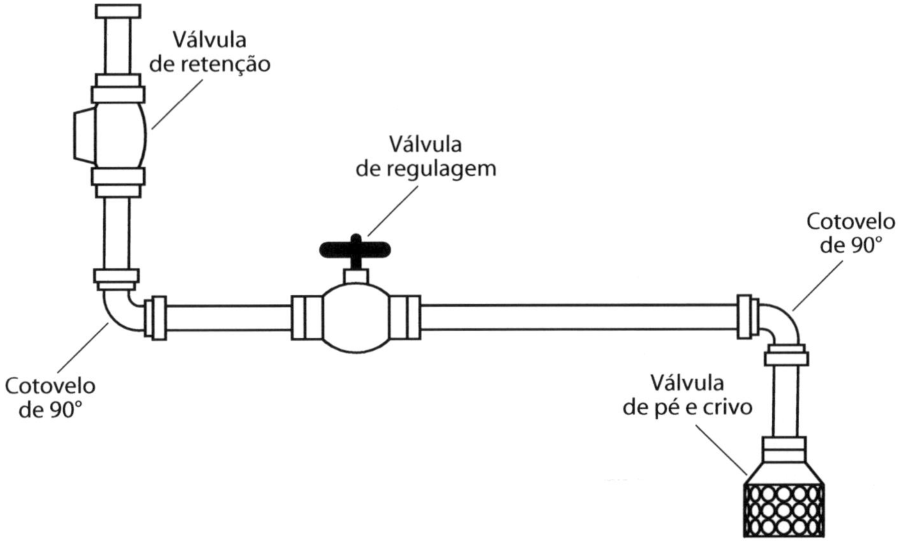

Figura 2.2 Representação de uma tubulação com vários acessórios (baseada em IGNÁCIO, 2011).

2.6.1 Coeficiente de perda de carga localizada

Experimentalmente, observa-se que a perda de carga em acessórios ($\Delta p/\rho$) é constante no regime turbulento e tem uma relação linear com *o termo de energia cinética*, $u^2/2$. Isso permite estabelecer a seguinte relação para o cálculo do valor da energia de atrito nesse regime

$$h_L = k_f \frac{u^2}{2g} \tag{2.61}$$

No regime laminar, como não há uma relação linear, a determinação de k_f é mais complexa e necessita de constatação experimental a diferentes números de Reynolds. A Tabela 2.1 apresenta valores de k_f para *válvulas e acessórios*, no regime turbulento.

Tabela 2.1 Valores de k_f de válvulas e acessórios: Diâmetro nominal – pol (mm)

	Parafusada				Flangeada				
	½ (13)	1 (25)	2 (50)	4 (100)	1 (25)	2 (50)	4 (100)	8 (200)	20 (500)
Válvulas (totalmente abertas)									
Globo	14,0	8,2	6,9	5,7	13	8,5	6,0	5,8	5,5
Gaveta	0,3	0,24	0,16	0,11	0,80	0,35	0,16	0,07	0,03
Retenção basculante	5,1	2,9	2,1	2,0	2,0	2,0	2,0	2,0	2,0
Em ângulo	9,0	4,7	2,0	1,0	4,5	2,4	2,0	2,0	2,0
Cotovelos (joelhos)									
45° normal	0,39	0,32	0,30	0,29	-	-	-	-	-
45° raio longo	-	-	-	-	0,21	0,20	0,19	0,16	0,14
90° normal	2,0	1,5	0,95	0,64	0,50	0,39	0,30	0,26	0,21
90° raio longo	1,0	0,72	0,41	0,23	0,40	0,30	0,19	0,15	0,10
180° normal	2,0	1,50	0,95	0,64	0,41	0,35	0,30	0,25	0,20
180° raio longo	-	-	-	-	0,40	0,30	0,21	0,15	0,10
Tês (T)									
Escoamento direto	0,90	0,90	0,90	0,90	0,24	0,19	0,14	0,10	0,07
Escoamento no ramal	2,50	1,80	1,40	1,10	1,0	0,80	0,64	0,58	0,41

Fonte: WHITE, 1988.

No caso de contrações e de expansões, parte da energia potencial se dissipa nos turbilhões formados na expansão ou na contração. Deve-se levar em consideração os diâmetros envolvidos e a velocidade média no tubo de menor diâmetro, como pode ser observado por inspeção da Figura 2.3, a qual é utilizada para obter o valor de k_f. Na situação de *contração total*, esta ocorre principalmente nas saídas de tanques e reservatórios. O valor da perda de carga em uma saída desses equipamentos depende da forma da saída. A contração pode ser suave ou abrupta.

Na contração, em escoamento turbulento, existe o fenômeno de separação de uma porção de uma camada do fluido em virtude da inércia, com a formação de uma *vena contracta* e a aceleração temporária do fluido. Esse fenômeno é mais intenso nas conexões com bordas retas ou cantos vivos, e menos acentuado quanto mais suave for a saída, havendo redução de redemoinhos (zona de separação).

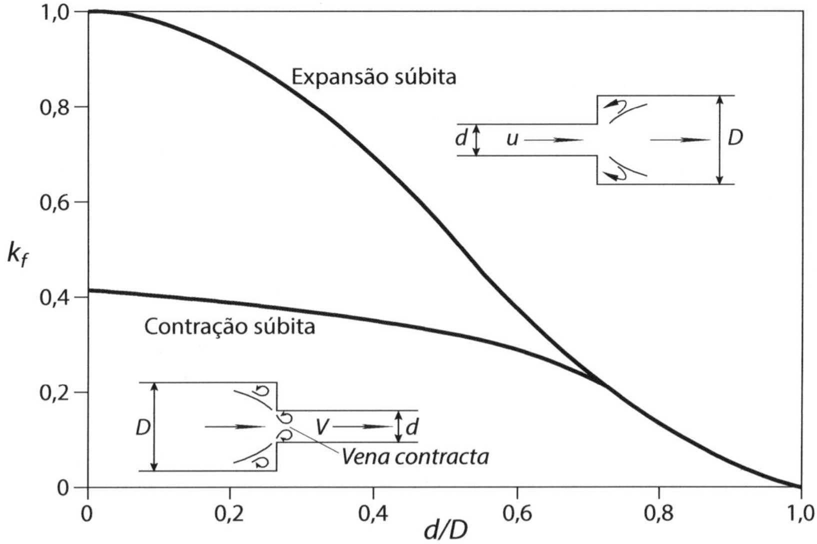

Figura 2.3 Obtenção de k_f para situações de expansão e contração do escoamento (WHITE, 1988).

2.6.2 Método do comprimento equivalente

Define-se L_{eq} como o comprimento de duto no qual o fluxo sofre a mesma perda que no "acidente", sob as mesmas condições; ou seja: é o *comprimento de tubo que apresentaria perda de carga igual a do acessório em questão* (veja a Figura 2.4). Como exemplo, pode-se citar a perda de carga de uma válvula globo de 2" totalmente aberta, que equivale à perda de carga em 17,4 m de tubulação reta.

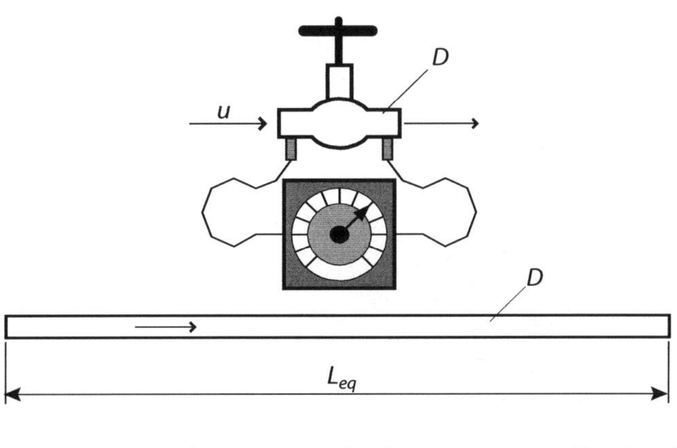

Figura 2.4 Comprimento equivalente a uma válvula globo totalmente aberta (BORDALO, 2006).

Assim, a perda de energia, a partir da Equação 2.53, é expressa por

$$h_L = 2f\frac{u^2}{g}\frac{L_{\text{eq}}}{D} \tag{2.62}$$

A Tabela 2.2 apresenta valores para o comprimento característico para diversos tipos de acessórios. É importante mencionar que o comprimento total de uma tubulação, considerando os acessórios nela contidos, será

$$L = L_{\text{reto}} + \sum_{i=1}^{n} L_{\text{eq}_i} \tag{2.63}$$

em que L_{reto} refere-se ao comprimento da tubulação sem acidentes. A Figura 2.5 ilustra a aplicação da Equação 2.63.

Tabela 2.2 Comprimento equivalente (metros)

Conexão		Diâmetro nominal (comprimento equivalente de canalização)									
		Material	3/4"	1"	1 1/4"	1 1/2"	2"	2 1/2"	3"	4"	5"
Curva 90°		PVC	0,5	0,6	0,7	1,2	1,3	1,4	1,5	1,6	1,9
		Metal	0,4	0,5	0,6	0,7	0,9	1,0	1,3	1,6	2,1
Curva 45°	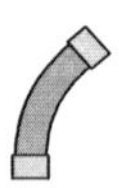	PVC	0,3	0,4	0,5	0,6	0,7	0,8	0,9	1,0	1,1
		Metal	0,2	0,2	0,3	0,3	0,4	0,5	0,6	0,7	0,9
Joelho 90°	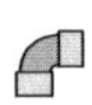	PVC	1,2	1,5	2,0	3,2	3,4	3,7	3,9	4,3	4,9
		Metal	0,7	0,8	1,1	1,3	1,7	2,0	2,5	3,4	4,2
Joelho 45°		PVC	0,5	0,7	1,0	1,3	1,5	1,7	1,8	1,9	2,5
		Metal	0,3	0,4	0,5	0,6	0,8	0,9	1,2	1,5	1,9
Tê de passagem direta	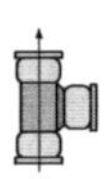	PVC	0,8	0,9	1,5	2,2	2,3	2,4	2,5	2,6	3,3
		Metal	0,4	0,5	0,7	0,9	1,1	1,3	1,6	2,1	2,7
Tê de saída lateral	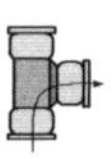	PVC	2,4	3,1	4,6	7,3	7,6	7,8	8,0	8,3	10,0
		Metal	1,4	1,7	2,3	2,8	3,5	4,3	5,2	6,7	8,4
Tê de saída bilateral	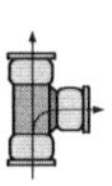	PVC	2,4	3,1	4,6	7,3	7,6	7,8	8,0	8,3	10,0
		Metal	1,4	1,7	2,3	2,8	3,5	4,3	5,2	6,7	8,4
União	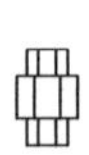	PVC	0,1	0,1	0,1	0,1	0,1	0,1	0,15	0,2	0,25
		Metal	0,01	0,01	0,01	0,01	0,01	0,01	0,02	0,03	0,04
Saída de canalização	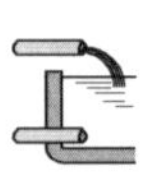	PVC	0,9	1,3	1,4	3,2	3,3	3,5	3,7	3,9	4,9
		Metal	0,5	0,7	0,9	1,0	1,5	1,9	2,2	3,2	4,0
Luva de redução		PVC	0,3	0,2	0,15	0,4	0,7	0,8	0,85	0,95	1,2
		Metal	0,29	0,16	0,12	0,38	0,64	0,71	0,78	0,9	1,07

(continua)

Tabela 2.2 Comprimento equivalente (metros) (*continuação*)

Conexão		Material	Diâmetro nominal (comprimento equivalente de canalização) 3/4"	1"	1 1/4"	1 1/2"	2"	2 1/2"	3"	4"	5"
Registo de gaveta ou esfera aberto		PVC	0,2	0,3	0,4	0,7	0,8	0,9	0,9	1,0	1,1
		Metal	0,1	0,2	0,2	0,3	0,4	0,4	0,5	0,7	0,9
Registro de globo aberto		Metal	6,7	8,2	11,3	13,4	17,4	21,0	26,0	34,0	43,0
Registro de ângulo aberto		Metal	3,6	4,6	5,6	6,7	8,5	10,0	13,0	17,0	21,0
Válvula de pé com crivo		PVC	9,5	13,3	15,3	18,3	23,7	25,0	26,8	28,8	37,4
		Metal	5,6	7,3	10,0	11,6	14,0	17,0	22,0	23,0	30,0
Válvula de retenção	Horizontal	Metal	1,6	2,1	2,7	3,2	4,2	5,2	6,3	6,4	10,4
	Vertical	Metal	2,4	3,2	4,0	4,8	6,4	8,1	9,7	12,9	16,1

Fonte: Schneider Motobombas, 2008.

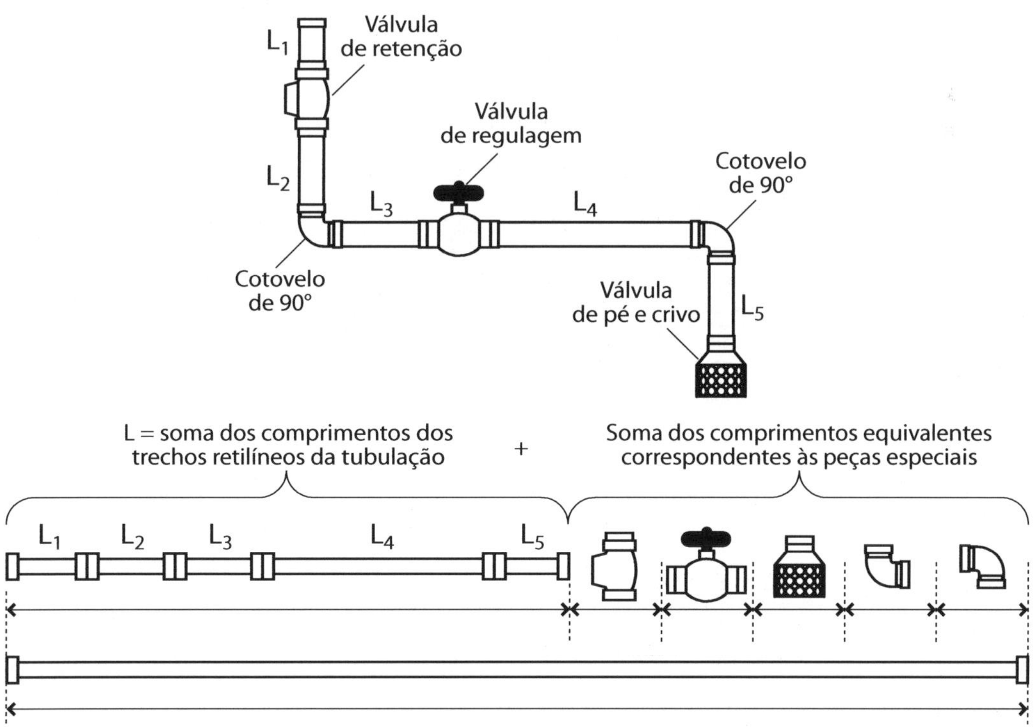

Figura 2.5 Ilustração sobre o comprimento total em uma linha fictícia (baseada em IGNÁCIO, 2011).

Exemplo 2.2

Considere o enunciado do Exemplo 2.1 supondo a tubulação esquematizada na Figura 2.5, sabendo que a válvula de retenção na vertical é do tipo portinhola, e a válvula de regulagem é do tipo globo. Assume-se que os diâmetros nominais dos acessórios são iguais ao do tubo presente no exemplo anterior. Os comprimentos dos trechos retilíneos são iguais a $L_1 = L_2 = 60$ cm, $L_3 = L_5 = 70$ cm e $L_4 = 300$ cm.

Solução

De igual modo ao Exemplo 2.1, trata-se da utilização da equação de Darcy-Weisbach, Equação 2.53, posta como

$$h_L = 2f\frac{u^2}{g}\frac{L}{D} \tag{1}$$

Os valores do fator de atrito, velocidade média do fluido e diâmetro da tubulação são conhecidos do Exemplo 2.1; resta, portanto, calcular os valores que compõem o comprimento L presente na Equação 1. Pode-se escrever, portanto, da Equação 2.63

$$L = L_{\text{reto}} + \sum_{i=1}^{n} L_{\text{eq}_i} \tag{2}$$

em que, da Figura 2.5,

$$L_{\text{reto}} = L_1 + L_2 + L_3 + L_4 + L_5 \tag{3}$$

Tendo em vista que $L_1 = L_2 = 60$ cm, $L_3 = L_5 = 70$ cm e $L_4 = 300$ cm, tem-se na Equação 4,

$$L_{\text{reto}} = 60 + 60 + 70 + 300 + 70 = 560 \text{ cm} \tag{4}$$

Os acessórios presentes na linha são de metal (aço) e de diâmetro igual ao do tubo (D = 50 mm = 2"). Tais acessórios, como pode ser observado por inspeção da Figura 2.5, são: dois cotovelos (joelhos de 90°); uma válvula de retenção que opera na vertical (tipo portinhola); uma válvula de regulagem do tipo globo. Desse modo, pode-se utilizar a Tabela 2.2 (para 2") e extrair os valores dos comprimentos equivalentes, os quais estão postos na Figura 1 do presente exemplo.

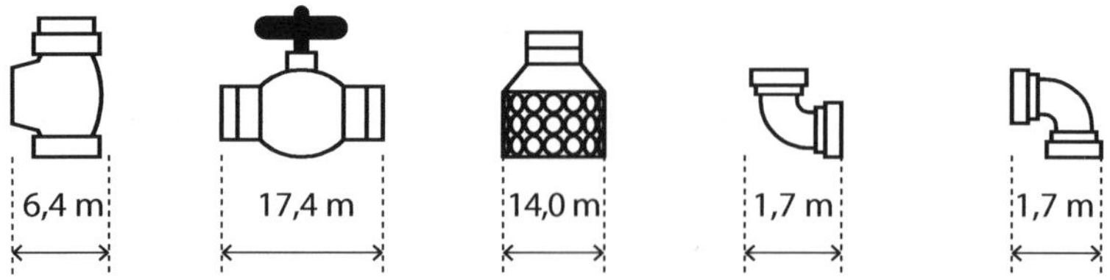

Figura 1 Valores dos comprimentos equivalentes relativos aos acessórios presentes na linha ilustrada na Figura 2.5.

Dessa maneira, o valor do comprimento equivalente total em razão das contribuições dos acessórios será

$$\sum_{i=1}^{n} L_{eq_i} = 6{,}4 + 17{,}4 + 14{,}0 + 1{,}7 + 1{,}7 = 41{,}2 \text{ m} = 4.120 \text{ cm} \quad (5)$$

Substituindo-se os resultados (4) e (5) na Equação 2,

$$L = 560 + 4.120 = 4.680 \text{ cm} \quad (6)$$

Substituindo-se $f = 0{,}0055$; $u = 282{,}94$ cm/s, $L = 4.680$ cm; $D = 5{,}0$ cm e $g = 981$ cm/s^2 na Equação 1

$$h_L = (2)(0{,}0055)\frac{(282{,}94)^2}{(981)}\frac{(4.680)}{(5{,}0)} = 840{,}21 \text{ cm} = 8{,}40 \text{ m} \quad (7)$$

2.7 Bibliografia consultada

ANDRADE, L. C. M.; HORTA, M. D. M. (coord.). **Mecânica**: acessórios de tubulação industrial. CPM – Programa de Certificação de Pessoal de Manutenção Senai/CST. Vitória: Senai – Serviço Nacional de Aprendizagem Industrial, 1996.

AROUCA, F. O. **Uma contribuição ao estudo da sedimentação gravitacional em batelada**. Tese de Doutorado. Uberlândia: Universidade Federal de Uberlândia, 2007.

BENNETT, C. O.; MYERS, J. E. **Fenômenos de transporte**. Rio de Janeiro: McGraw-Hill, 1978.

BIRD, R. B.; STEWART, W. E.; LIGHTFOOT, E. N. **Transport phenomena**. New York: John Wiley, 1960.

BORDALO, S. **Fenômenos de transporte**. Disponível em: <www.dep.fem.unicamp.br/~bordalo>. Acesso em: 14 abr. 2006.

COELHO, G. L. V. **Reologia e escoamento turbulento de suspensões de minério de ferro**. Dissertação de Mestrado. Campinas: Universidade Estadual de Campinas, 1982.

COULSON, J. M.; RICHARDSON, J. F. **Tecnologia química**, v. 3. 2. ed. Lisboa: Pergamon Press, 1979.

CRANE Company. **Flow of fluids through valves, fittings and pipe**. Technical Paper n. 410, 1976.

CREMASCO, M. A.; MELO, K. P. Rheologial characterization of recovery yeast (Sacchariomyces cerevisiae) cream from brewing process. **Chemical Engineering Transactions**, v. 21, p. 763, 2010.

Cremasco, M. A.; Santana, C. C. **Escoamento turbulento e redução no arraste de soluções de poliglicóis e carboxi-metil-celulose**. Anais do XV Encontro sobre Escoamento em Meios Porosos – Enemp, v. 1, p. 108, Uberlândia, 1987.

Damasceno, J. J. R. **Fenômenos de transportes**. Apostila do curso EQ107, Uberlândia: Universidade Federal de Uberlândia, 2006.

Dodge, D. W.; Metzner, A. B. **Turbulent flow of non-newtonian system**. Institute of Chemical Engineering Journal, v. 5, n. 2, p. 189, 1959.

Foust, A. S.; Wenzel, L. A.; Clump, W. M.; Andersen, L. B. **Princípios das operações unitárias**. 6. ed. Rio de Janeiro: Livros Técnicos e Científicos, 1982.

Fox, R. W.; McDonald, A. T. **Introdução à mecânica dos fluidos**. 4. ed. Rio de Janeiro: Guanabara Koogan, 1995.

Ignácio, R. F. **Método de comprimento equivalente**. Disponível em: <www.escoladavida. eng.br/mecfluiquimica/aulasfei>. Acesso em: 09 mar. 2011.

Leal, A. B. **Estudo do escoamento de fluidos não newtonianos em dutos**. Dissertação de Mestrado. Seropédica: Universidade Federal Rural do Rio de Janeiro, 2005.

Machado, J. C. V. **Reologia e escoamento de fluidos**. Rio de Janeiro: Interciência, 2002.

Macintyre, A. J. **Bombas e instalações de bombeamento**. Rio de Janeiro: Guanabara Dois, 1980.

McCabe, L. W.; Smith, J. C.; Harriott, P. **Unit operations of chemical engineering**. 5. ed., New York: McGrawHill, 1993.

Perry, R. H.; Green, D. W. **Perry's chemical engineers' handbook**. 7. ed. New York: McGraw-Hill, 1999.

Polizelli, M. A.; Menegalli, F. C.; Telis, V. R. N.; Telis, R. J. Friction losses in valves and fittings for power law fluids. **Brazilian Journal of Chemical Engineering**, v. 20, n. 4, p. 455, 2003.

Santana, C. C. **Transporte hidráulico e pneumático de partículas**. In: Tópicos especiais em sistemas particulados. São Carlos: Universidade Federal de São Carlos, 1982.

Schiozer, D. **Mecânica dos fluidos**. São Paulo: Araguaia, 1990.

Schneider Motobombas. **Manual técnico**. <www.schneider.ind.br>. Acesso em: 21/jul. 2008.

Silva, A. S. M. **Dosagem de concreto pelos métodos de empacotamento compressível e Aïtcin-Faury Modificado**. Dissertação de Mestrado. Rio de Janeiro: Universidade Federal do Rio de Janeiro, 2004.

Silva Telles, P. C. **Tubulações industriais**. 6. ed. Rio de Janeiro: Livros Técnicos e Científicos, 1982.

STREETER, V. L.; WYLIE, E. B. **Mecânica dos fluidos**. Rio de Janeiro: McGraw-Hill, 1982.

WHITE, F. M. **Fluid mechanics**. Singapore: McGraw-Hill, 1988.

2.8 Nomenclatura

Área	área da seção transversal	$[L^2]$
C_τ	coeficiente de tensão viscosa	adimensional
D	diâmetro	$[L]$
D_H	diâmetro hidráulico	$[L]$
e	energia (generalizado)	$[L^2 \cdot T^{-2}]$
f	fator de atrito de Fanning	adimensional
F	força que atua no fluido presente em um dado elemento de volume	$[M \cdot L \cdot T^{-2}]$
g	aceleração gravitacional; constante gravitacional	$[L \cdot T^{-2}]$
h_L	perda de carga	$[L]$
k	índice de consistência	$[M \cdot L^{-1} \cdot T^{-1}]$
k_f	coeficiente de perda de carga localizada	adimensional
k_r	rugosidade relativa	adimensional
L	comprimento característico	$[L]$
M	massa molar	$[M \cdot MOL^{-1}]$
n	índice de comportamento do fluido	adimensional
$\mathbf{n}$	vetor normal-unitário à superfície S	adimensional
p	pressão exercida no fluido	$[M \cdot L^{-1} \cdot T^{-2}]$
Pe	perímetro	$[L]$
S	superfície	$[L^2]$
t	tempo	$[T]$
T	temperatura	$[\theta]$
$\mathbf{T}$	tensor tensão exercido em um fluido	$[M \cdot L^{-1} \cdot T^{-2}]$
u	vetor velocidade	$[L \cdot T^{-1}]$
u	componente de velocidade na direção z; velocidade média	$[L \cdot T^{-1}]$
V	volume	$[L^3]$
$\mathbf{x}$	vetor posição	$[L]$
z	cota, altura	$[L]$

Letras gregas

ε rugosidade média da parede da tubulação .... $[L]$

$\dot{\gamma}$ taxa de deformação .... $[T^{-1}]$

μ viscosidade dinâmica .... $[M{\cdot}L^{-1}{\cdot}T^{-1}]$

ν viscosidade cinemática .... $[L^2{\cdot}T^{-1}]$

ρ massa específica .... $[M{\cdot}L^{-3}]$

τ tensão de cisalhamento .... $[M{\cdot}L^{-1}{\cdot}T^{-2}]$

$\boldsymbol{\tau}$ tensor tensão exercido em um fluido .... $[M{\cdot}L^{-1}{\cdot}T^{-2}]$

$\boldsymbol{\varphi}$ grandeza associada ao setor intensidade de campo .... $[L{\cdot}T^{-2}]$

ψ propriedade volumétrica genérica

Subscritos

b força volumar que atua em um elemento de fluido

c energia cinética

eq. comprimento equivalente

G energia gravitacional

j força qualquer que atua em um elemento de fluido

L trabalho da força viscosa

m energia mecânica específica

0 mínima de cisalhamento

p plástica; energia de pressão

reto comprimento reto

s força de superfície que atua em um elemento de fluido

z, z ação do tensor cisalhante

x local

Números Adimensionais

Re número de Reynolds

Re′ número de Reynolds modificado

Capítulo 3

Bombas

3.1 Introdução

Bombas são dispositivos fluidomecânicos que fornecem energia mecânica a um fluido incompressível (líquido) para transportá-lo de um lugar a outro. Essas máquinas geratrizes recebem energia de uma fonte qualquer e cedem parte dessa energia ao fluido na forma de energia de pressão, cinética ou ambas. São empregadas em diversas situações, cabendo ressaltar: abastecimento de água; sistema de esgotos e de tratamento de resíduos; sistemas de irrigação para fins agrícolas; nas indústrias química, petroquímica, alcoolquímica, farmacêutica, de alimentos, de petróleo, entre outras indústrias. A Figura 3.1 ilustra os componentes característicos de uma bomba (no caso, centrífuga).

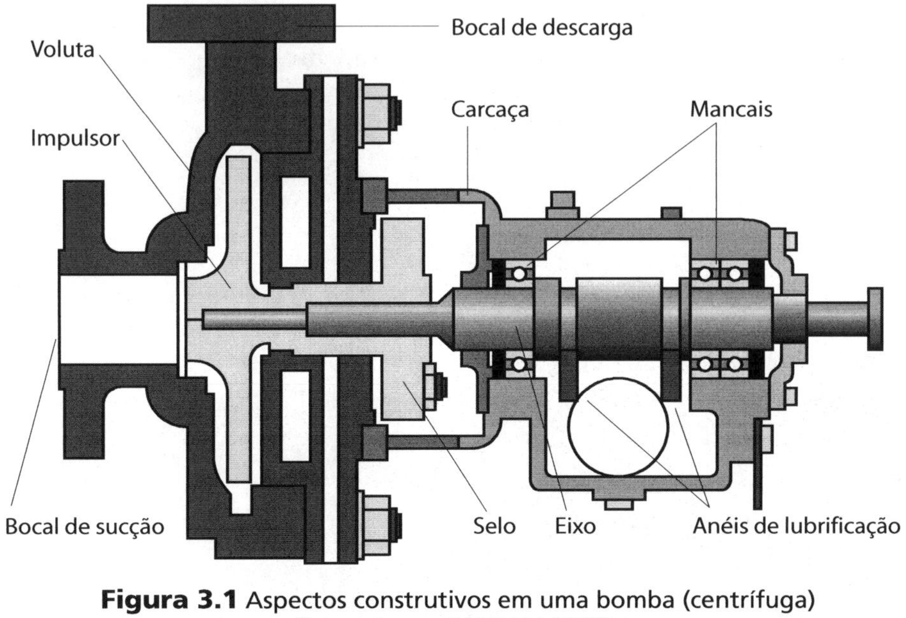

Figura 3.1 Aspectos construtivos em uma bomba (centrífuga) (baseada em SAHDEV, 2009).

3.2 Classificação de bombas

As bombas podem ser classificadas a partir do modo que se obtém energia a partir de trabalho mecânico, bem como do modo que essa energia é cedida ao fluido, no caso líquido. A Figura 3.2 ilustra a classificação dos principais tipos de bombas.

- **Bombas**
  - **Dinâmicas ou turbobombas**
    - Bombas centrífugas
      - Radiais ou puras
      - Tipo Francis
    - Bombas de fluxo misto
    - Bombas de fluxo axial
    - Bombas regenerativas ou periféricas
  - **Deslocamento positivo ou volumétricas**
    - Bombas alternativas
      - Pistão
      - Êmbolo
      - Diafragma
    - Bombas rotativas
      - Engrenagem
      - Lóbulos
      - Parafusos
      - Palhetas deslizantes

Figura 3.2 Classificação dos principais tipos de bombas (MATTOS; DE FALCO,1998).

3.2.1 Bombas dinâmicas ou turbobombas

No caso das *bombas dinâmicas* ou *turbobombas* fornece-se energia ao líquido por meio de um *impelidor* (*impulsor* ou *rotor*) de modo a aumentar a sua energia cinética que, por sua vez, é transformada em energia de pressão. O acesso do líquido, no interior da carcaça da bomba, dá-se de modo axial para, em seguida, dirigir-se em movimento radial em direção à saída da carcaça do equipamento, conforme ilustra a Figura 3.3.

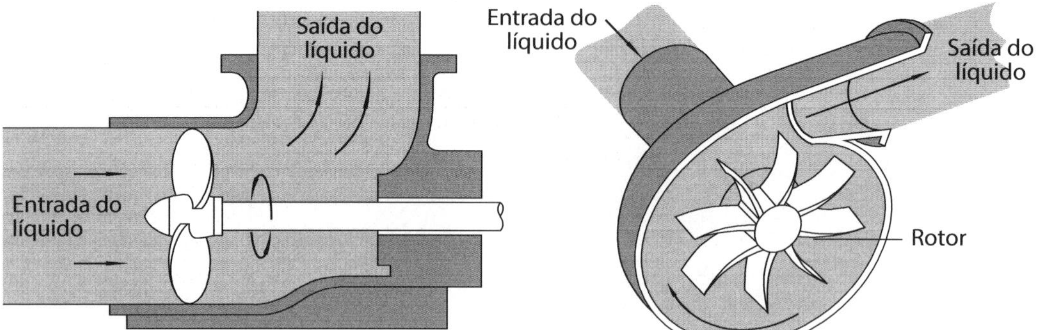

Figura 3.3 Funcionamento de uma bomba centrífuga (baseada em ORTEGA, 2008).

A energia cinética, em se tratando de *bombas centrífugas radiais*, advém somente de forças centrífugas que atuam no líquido e diferenciam-se das do tipo Francis por apresentar curvaturas nas palhetas do impelidor. Tais bombas desenvolvem altas pressões sendo, portanto, adequadas para baixas vazões. Já nas *bombas de fluxo axial* a energia transferida para o líquido é por meio da ação de forças de arraste. Esse tipo de bomba opera a altas vazões e, em consequência, opera a baixas pressões. Existem, por outro lado, bombas centrífugas nas quais a energia cinética é transferida ao líquido tanto por meio de forças centrífugas quanto por forças de arraste, sendo conhecidas como *bombas centrífugas mistas*. O Quadro 3.1 apresenta algumas vantagens e desvantagens das bombas centrífugas.

Quadro 3.1 Vantagens e desvantagens de bombas centrífugas (baseado em ORTEGA, 2008)

Vantagens	Desvantagens
(a) Construção simples. (b) Baixo custo. (c) O fluido é descarregado a uma pressão uniforme, sem pulsações. (d) A linha de descarga (ou de recalque) pode ser estrangulada (parcialmente fechada) ou completamente fechada sem danificar a bomba. (e) Permitem bombear líquidos com sólidos. (f) Podem ser acopladas diretamente a motores. (g) Não há válvulas envolvidas na operação de bombeamento. (h) Menores custos de manutenção que outros tipos de bombas. (i) Operação silenciosa (depende da rotação).	(a) Sujeitas à incorporação de ar e precisam ser escorvadas. (b) O máximo rendimento das bombas ocorre dentro de um intervalo limitado de condições. (c) Não bombeiam eficientemente líquidos muito viscosos.

As *bombas periféricas regenerativas* apresentam o impelidor com palhetas em sua periferia, permitindo gerar maior pressão do que as bombas centrífugas. As bombas que apresentam apenas um impelidor denominam-se de simples estágio. Aquelas, por outro lado, que apresentam vários impelidores que operam em série são reconhecidas como de *múltiplos estágios*, as quais permitem o desenvolvimento de altas pressões.

3.2.2 Bombas de deslocamento positivo

A diferença fundamental entre as turbobombas e as *bombas de deslocamento positivo* é que nesta não é necessária a transformação de energia cinética em energia de pressão, pois a energia fornecida ao líquido decorre da variação do volume do fluido contido na própria bomba, utilizando-se mecanismos mecânicos como no caso das bombas *alternativas* e *rotativas*.

As *bombas alternativas*, indicadas para operar pressões elevadas e vazões baixas, como nos tipos *pistão* (Figura 3.4), de *êmbolo* (Figura 3.5) e *diafragma* (Figura 3.6), caracterizam-se pelo movimento de sucção e descarga do líquido. A diferença básica entre esses tipos de bombas está no tipo do mecanismo que provoca tal movimento.

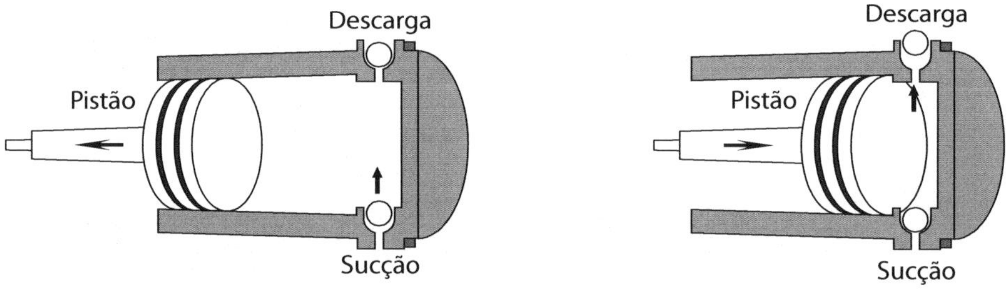

Figura 3.4 Bombas alternativas tipo pistão (baseada em ORTEGA, 2008).

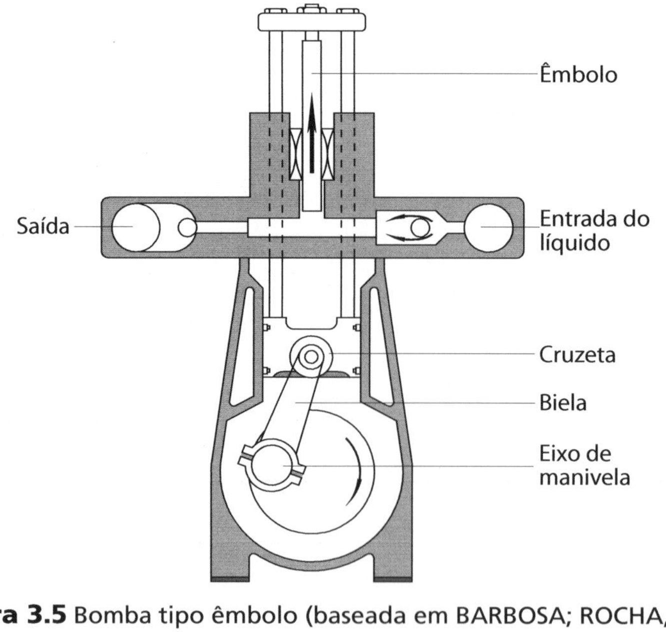

Figura 3.5 Bomba tipo êmbolo (baseada em BARBOSA; ROCHA, 2010).

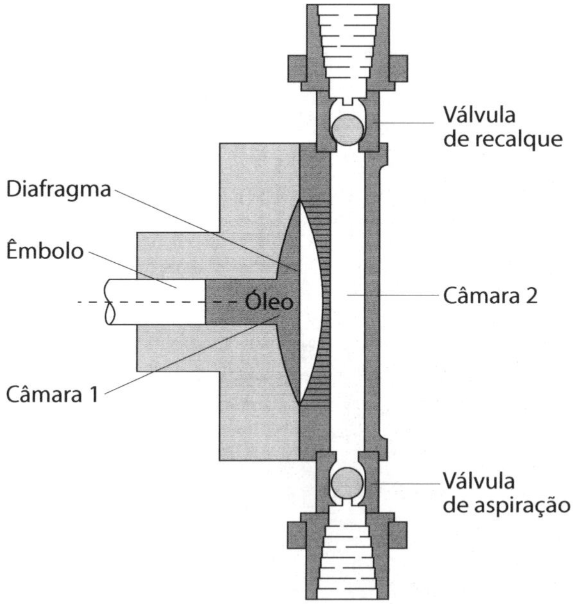

Figura 3.6 Bomba tipo diafragma (baseada em BARBOSA; ROCHA, 2010).

As bombas rotativas são caracterizadas por receber o líquido e descarregá-lo com base no movimento rotacional de dispositivos no interior da carcaça da bomba. O fluido, em se tratando das bombas dos tipos de *engrenagens* (Figura 3.7) e de *lóbulo* (Figura 3.8), ocupa os espaços entre os dentes (no caso da Figura 3.7) ou entre os lóbulos (Figura 3.8), é impelido para fora da carcaça em virtude de movimento de rotação dos dispositivos, permitindo que uma nova massa de líquido entre na carcaça e assim por diante.

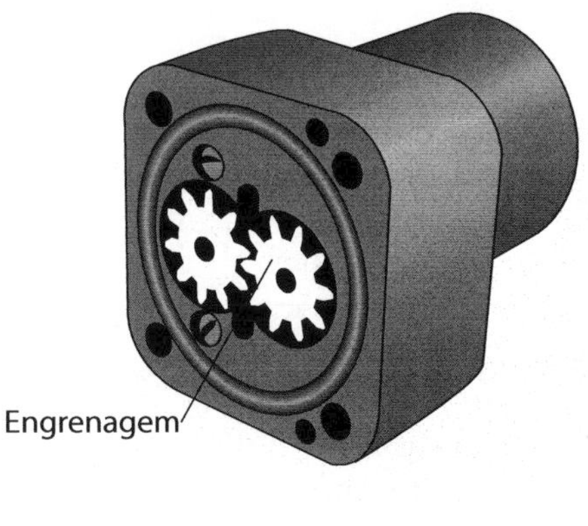

Figura 3.7 Bomba de engrenagens.

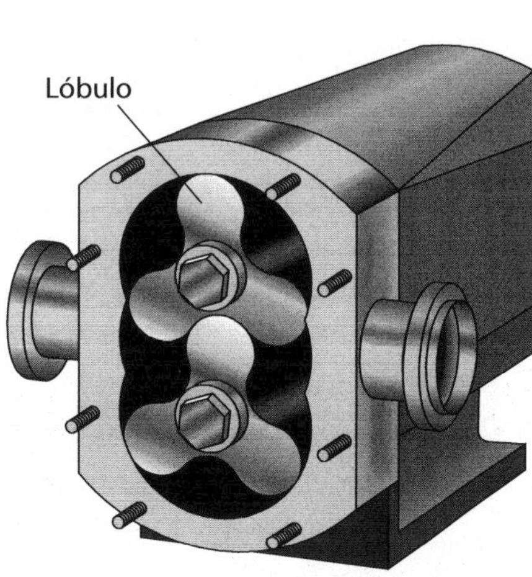

Figura 3.8 Bomba de lóbulos (baseada em BARBOSA; ROCHA, 2010).

As bombas rotativas de *parafusos* (também conhecidas como *helicoidais*), Figura 3.9, contêm parafusos que apresentam movimento sincronizado por ação de engrenagens. Alimenta-se o líquido a uma dada extremidade da bomba e, por meio da rotação das engrenagens, o fluido é levado à zona central do equipamento por onde é descarregado. Já as bombas rotativas de *palhetas deslizantes*, Figura 3.10, são compostas por um cilindro cujo eixo de rotação é excêntrico ao eixo da carcaça. Nesse tipo de bomba o impelidor contém ranhuras radiais nas quais as palhetas apresentam movimento nessa direção.

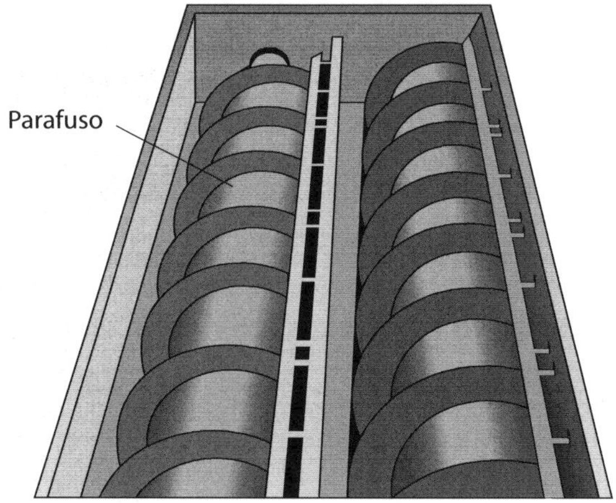

Figura 3.9 Bomba rotativa de parafuso.

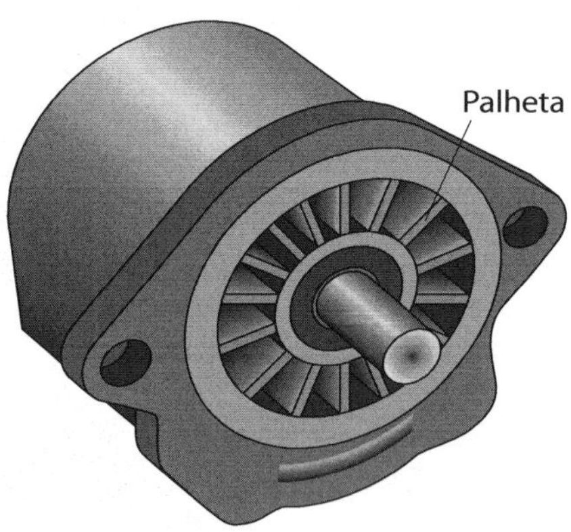

Figura 3.10 Bomba rotativa de palhetas.

3.3 Condições de utilização de bombas

Todas as bombas têm condições ótimas de utilização. Em outras palavras: são mais adequadas para um determinado tipo de fluido, em uma faixa de pressão e a uma dada vazão volumétrica. As bombas centrífugas são construídas para fornecer ampla faixa de vazões e de carga, conforme ilustra a Figura 3.11. Tais bombas trabalham com líquidos límpidos, líquidos com sólidos abrasivos ou, ainda, com alto conteúdo de sólidos, desde que o líquido não seja muito viscoso (~ 500 cP). As bombas de diafragma e as peristálticas são recomendadas, por sua vez, para líquidos corrosivos, soluções alcalinas, polpas, líquidos biológicos.

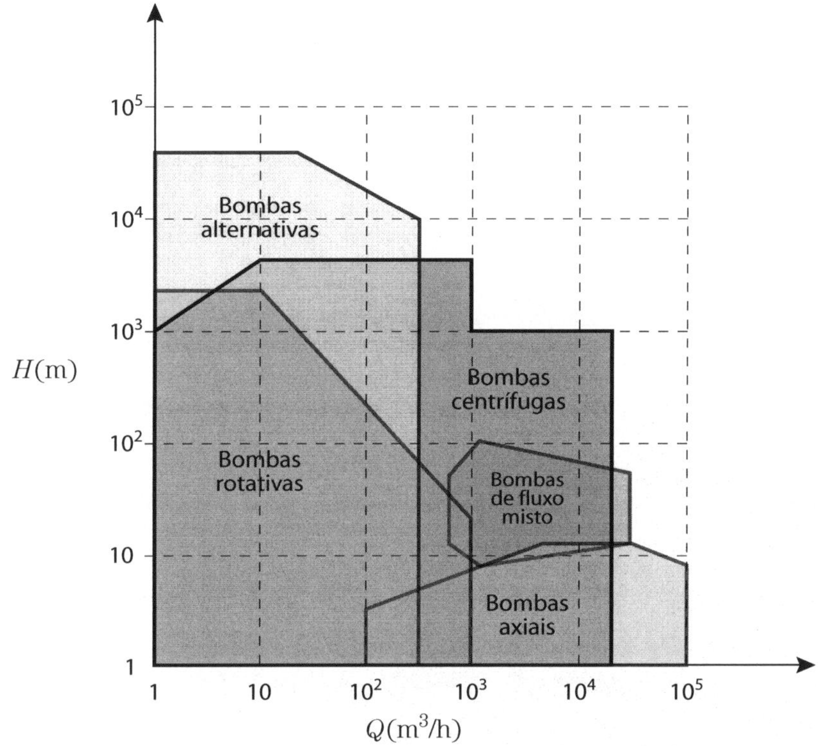

Figura 3.11 Campo de aplicação de bombas (baseada em LIVINGSTON, 1973).

3.4 Altura de projeto

Para especificar uma bomba para determinada aplicação é fundamental o conhecimento do valor do trabalho agregado desse dispositivo em certa linha de escoamento de fluido (Figura 3.12). O *trabalho mecânico*, em razão desse dispositivo, gera mudança nas energias de pressão, cinética e potencial do fluido, liberando calor em decorrência do atrito com o meio, o qual pode ser posto como

$$\begin{pmatrix}\text{trabalho}\\\text{agregado}\end{pmatrix} = \begin{pmatrix}\text{energia final}\\\text{do fluido}\end{pmatrix} - \begin{pmatrix}\text{energia inicial}\\\text{do fluido}\end{pmatrix} + \begin{pmatrix}\text{energia}\\\text{de atrito}\end{pmatrix} \tag{3.1}$$

O balanço de energia entre os pontos de sucção (1) e de descarga (2), por unidade de peso (ρg), admitindo-se a perda de carga, h_L, advém diretamente da Equação 2.33 em cada ponto na Figura 3.13, considerando na equação resultante o *trabalho agregado*, $\dot{W}/g$, em virtude da presença da bomba, na forma

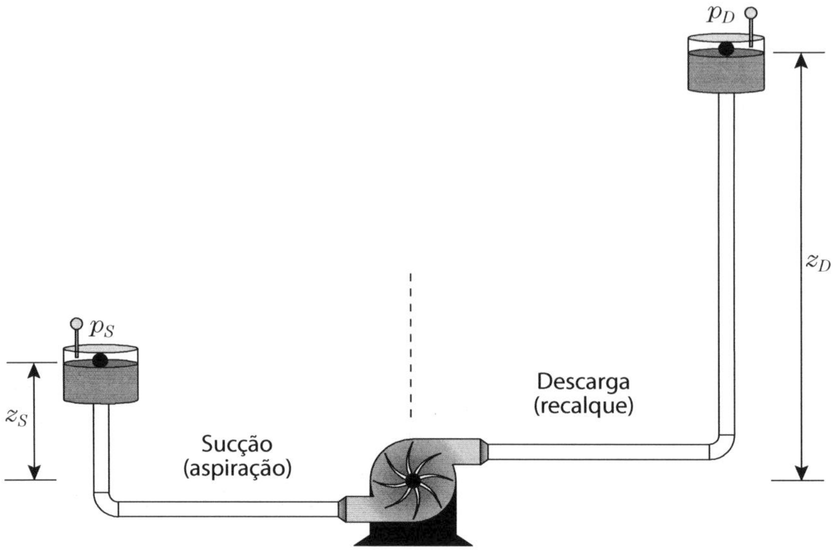

Figura 3.12 Diagrama de um sistema de escoamento impulsionado por uma bomba.

$$z_S + \frac{p_S}{\rho g} + \frac{u_S^2}{2g} - h_{L_S} + \frac{\dot{W}}{g} = z_D + \frac{p_D}{\rho g} + \frac{u_D^2}{2g} + h_{L_D} \tag{3.2}$$

Na Equação 3.2 o subscrito S refere-se ao ponto 1 (sucção) e o subscrito D ao ponto 2 (de descarga ou recalque). Verifica-se na Equação 3.2 que cada um dos termos que a compõem tem dimensão de comprimento ou altura.

Convencionam-se os termos $(p/\rho g)$ como altura de pressão; $u^2/2g$ altura de velocidade; z é a altura de posição; (h_L) é a altura de atrito, e $(\dot{W}/g)$ a altura total a ser fornecida pela bomba. Por outro lado, considerando-se a Figura 3.12, pode-se assumir que os diâmetros das tubulações nas seções de sucção e de descarga venham ser muito menores do que os raios dos tanques 1 e 2. Dessa maneira, a energia cinética por unidade de massa na tubulação será muito superior à energia cinética por unidade de massa à superfície do tanque, no que acarreta assumir que as velocidades nos pontos 1 e 2 possam ser consideradas desprezíveis. Por via de consequência, a Equação 3.2 é retomada, explicitando o trabalho agregado, tal como segue

$$\frac{\dot{W}}{g} = \left(\frac{p_D}{\rho g} + z_D \right) - \left(\frac{p_S}{\rho g} + z_S \right) + h_L \tag{3.3}$$

com $h_L = h_{L_D} + h_{L_S}$.

Em assim sendo, são definidos:

Altura na descarga:

$$H_D = \frac{p_D}{\rho g} + z_D + h_{L_D} \tag{3.4}$$

Altura na sucção:

$$H_S = \frac{p_S}{\rho g} + z_S - h_{L_S} \tag{3.5}$$

Altura de projeto:

$$\frac{\dot{W}}{g} = H \tag{3.6}$$

Identificando-se as Equações 3.4 a 3.6 na Equação 3.3, esta é retomada, em termos de altura de projeto, H, segundo

$$H = H_D - H_S \tag{3.7}$$

É importante ressaltar que a *altura de projeto* é o trabalho que deve ser fornecido ao fluido para a obtenção da vazão de projeto (ou capacidade). O Quadro 3.2 apresenta algumas relações entre a altura de projeto e a vazão operacional.

Quadro 3.2 Relação entre altura de projeto e vazão operacional

Descrição do sistema	Representação do sistema	Figura H vs. Q
Variação da altura de projeto em função da vazão para um sistema no qual há somente perdas por atrito. $H = h_L = h_{L_S} + h_{L_D}$	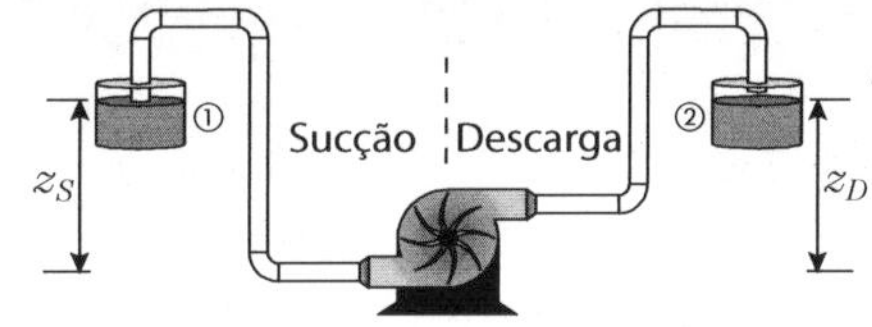	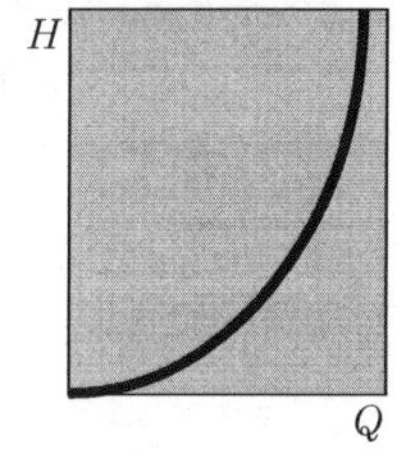
Variação da altura de projeto com a vazão para um sistema que tem acréscimo desfavorável de energia potencial. $H = (z_D - z_S) + (h_{L_D} + h_{L_S})$	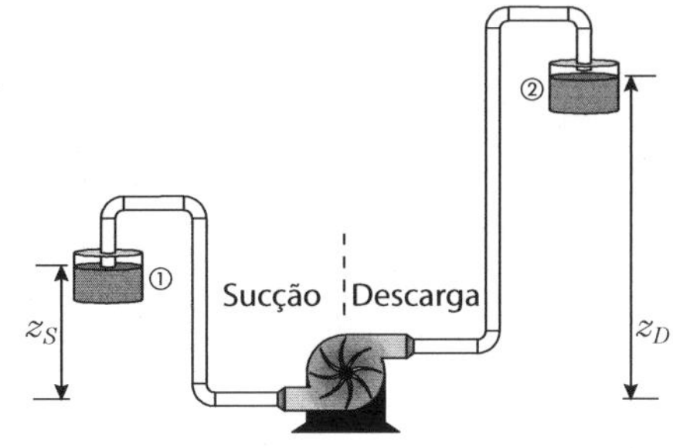	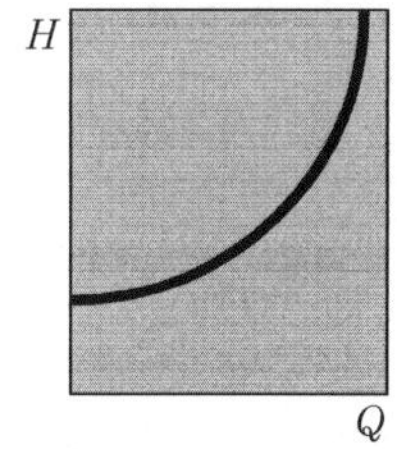
Há saldo positivo de energia potencial. É necessário adicionar energia, após certa vazão (Q_0). A ação gravitacional, sem a ajuda da bomba, fornece Q_0. $H = (-z_D - z_S) + (h_{L_D} + h_{L_S})$	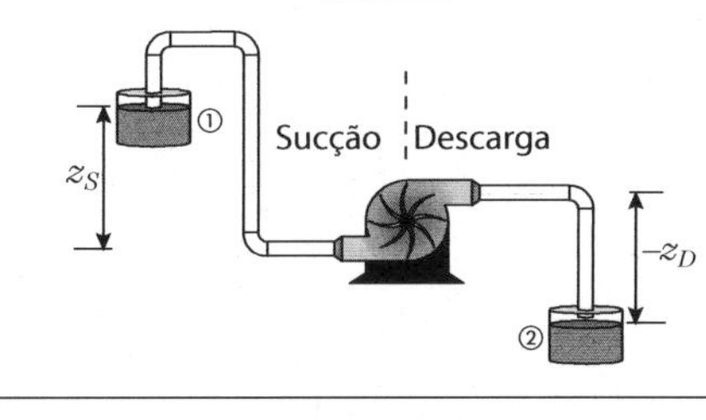	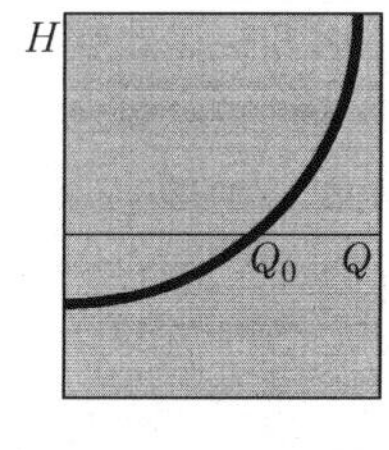

3.5 Potência e rendimentos de bombas

A potência de uma bomba está associada à taxa de consumo de energia para transportar uma quantidade de líquido. Define-se como *potência útil*, $\dot{W}_u$ como aquela a ser fornecida ao líquido que escoa com vazão mássica, $\dot{m}$, (ou volumétrica, Q), por meio de

$$\dot{W}_u = \dot{m}gH = \rho gQH \tag{3.8}$$

Em razão das perdas por atrito decorrentes das naturezas construtiva e fluidodinâmica das bombas, a potência que um determinado motor fornece ao eixo da bomba, denominada potência no eixo, ($\dot{W}_{\text{eixo}}$), deve ser maior que a potência útil transmitida ao líquido. A relação entre a energia ou trabalho útil produzido por um sistema e o trabalho consumido por ele é chamado rendimento, ou

$$\text{Rendimento} = \eta = \frac{\dot{W}_u}{\dot{W}_{\text{consumida}}} \tag{3.9}$$

Os tipos mais comuns de rendimentos, para bombas, encontram-se no Quadro 3.3.

Quadro 3.3 Tipos de rendimentos encontrados em bombas (baseado em ORTEGA, 2008)

Bombas centrífugas	Bombas rotativas	Bombas alternativas
(a) Rendimento da bomba ou rendimento mecânico. (b) Rendimento elétrico. (c) Rendimento global.	(a) Rendimento da bomba ou rendimento mecânico. (b) Rendimento do redutor. (c) Rendimento elétrico. (d) Rendimento global. (e) Rendimento volumétrico.	(a) Rendimento da bomba ou rendimento mecânico. (b) Rendimento elétrico. (c) Rendimento global. (d) Rendimento volumétrico.

Determinação dos rendimentos

Seja qual for o tipo de bomba, é necessário ter em mente que, para operá-la, deve-se succionar o líquido do ponto de sucção ao recalque, conforme ilustrado na Figura 3.12. Deve haver, portanto, um agente que a operacionalize em termo de energia a qual, normalmente, é a elétrica. Dessa maneira, a partir da Figura 3.13, haverá diversas categorias de rendimento de bombeamento, conforme apresentado no Quadro 3.4.

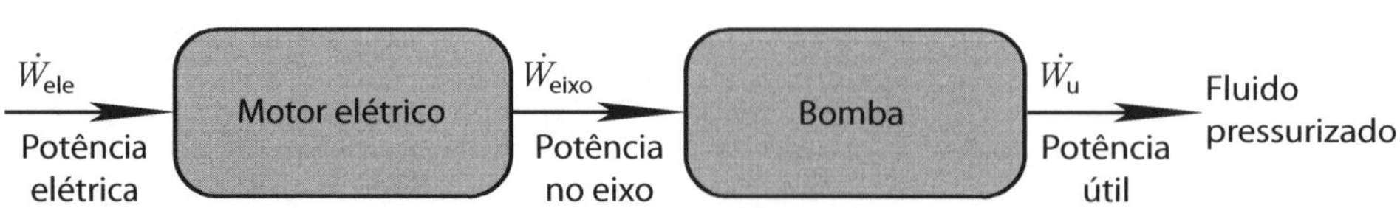

Figura 3.13 Potências envolvidas em uma operação de bombeamento (ORTEGA, 2008).

Quadro 3.4 Tipos de rendimento encontrados em uma operação de bombeamento

Rendimento da bomba ou mecânico	Rendimento elétrico	Rendimento global	Rendimento volumétrico
$\eta_{mec} = \dfrac{\dot{W}_u}{\dot{W}_{eixo}}$ (3.10)	$\eta_{ele} = \dfrac{\dot{W}_{eixo}}{\dot{W}_{ele}}$ (3.11)	$\eta_{glo} = \eta_{mec} \times \eta_{ele} = \dfrac{\dot{W}_u}{\dot{W}_{ele}}$ (3.12)	$\eta_{vol} = \dfrac{\text{volume descarregado}}{\text{volume succionado}}$ (3.13)

Os rendimentos dos *motores elétricos* são altos, geralmente em torno de 95%. Os *rendimentos volumétricos* para as bombas de deslocamento positivo variam entre 90% e 100%. O *rendimento mecânico* das bombas de deslocamento positivo varia de 40% a 50% em bombas pequenas e de 70% a 90% em bombas maiores. As bombas centrífugas apresentam rendimento mecânico entre 30 e 50% para fluidos de processo e de até 75% para água.

3.6 Altura de sucção disponível ou saldo positivo de carga de sucção (NPSH)

Altura de sucção disponível ou saldo positivo de carga de sucção ou *Net Positive Suction Head* (NPSH) representa a condição ideal para que ocorra sucção minimamente recomendável do líquido. Existe um limite de pressão de vácuo que pode se atingir na sucção de uma bomba, abaixo do qual haverá o fenômeno da *cavitação*. Este fenômeno está associado ao fato de o líquido ebulir sob determinadas condições de pressão de vácuo e de temperatura. Assim, formam-se bolhas de vapor que se deslocam da zona de sucção até a saída do impelidor. As bolhas colapsam e provocam erosão nas partes metálicas da bomba, além de causar perda de rendimento da mesma. A altura de sucção disponível, conforme esquematizado na Figura 3.14, é utilizada para avaliar a possibilidade de cavitação de uma bomba. A partir da definição da altura de sucção, Equação 3.4, têm-se para os pontos 1 e 2

$$H_S = \frac{p_1}{\rho g} + z_S - h_{L_S} \tag{3.14}$$

$$H_S = \frac{p_2}{\rho g} + \frac{u_2^2}{2g} \tag{3.15}$$

É importante ressaltar que as pressões p_1 e p_2 são manométricas e o valor da velocidade do fluido no ponto 1 é considerado desprezível.

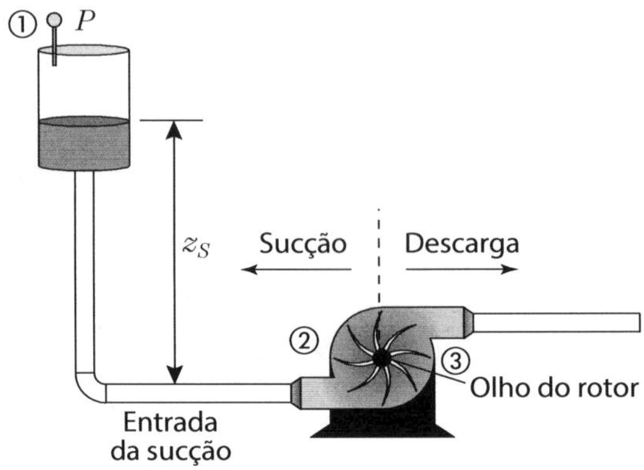

Figura 3.14 Diagrama representativo para o balanço energético relativo ao NPSH.

A energia em termos absolutos no flange de sucção (ponto 2) é

$$H_{S_{abs}} = H_S + \frac{P_A}{\rho g} \tag{3.16}$$

em que P_A é o valor da pressão atmosférica local. Se da energia expressa pela Equação 3.16 for subtraída a parcela de energia correspondente à perda de carga, h_{L_R}, entre o flange de sucção, ponto 2, e o *olho do impelidor*, ponto 3, obtém-se a energia em termos absolutos, neste último, como

$$H_{S_{rotor}} = H_S + \frac{P_A}{\rho g} - h_{L_R} \tag{3.17}$$

Na intenção de conhecer o valor da pressão mínima ou altura mínima no "olho do impelidor" para evitar a cavitação, deve-se subtrair da energia associada ao impelidor, uma parcela correspondente à perda de carga entre o flange de sucção e o olho do rotor, h_{L_R}, à energia cinética absoluta no mesmo $(u_3^2/2g)$, e uma parcela relativa à perda de carga local, fruto da aceleração sofrida pelo fluido ao entrar no "olho do impelidor" $(\varphi u_R^2/2g)$, em que φ refere-se a um valor empírico, que depende do projeto de sucção da bomba. Essa altura mínima fica, portanto,

$$H_{S_{mínima}} = H_S + \frac{P_A}{\rho g} - h_{L_R} - \frac{u_3^2}{2g} - \varphi\frac{u_R^2}{2g} \tag{3.18}$$

O início do fenômeno da cavitação pode ser estipulado quando a altura mínima de sucção venha a ser igual à altura relativa à pressão de vapor, p^{VAP}, ou

$$H_{S_{mínima}} = \frac{p^{VAP}}{\rho g} \tag{3.19}$$

Igualando-se as Equações 3.18 e 3.19, resulta

$$H_S + \frac{\left(P_A - p^{VAP}\right)}{\rho g} = h_{L_R} + \frac{u_3^2}{2g} + \varphi\frac{u_R^2}{2g} \tag{3.20}$$

Define-se, a partir da Equação 3.20, o saldo positivo de carga de sucção disponível ou NPSH disponível no sistema como

$$\text{NPSH}_D \equiv H_S + \frac{\left(P_A - p^{\text{VAP}}\right)}{\rho g} \tag{3.21}$$

O termo à direita da Equação 3.21 é reconhecido como o saldo positivo de carga de sucção requerido ou NPSH requerido pelo sistema, ou

$$\text{NPSH}_R = h_{L_R} + \frac{u_3^2}{2g} + \varphi \frac{u_R^2}{2g} \tag{3.22}$$

o qual é interpretado como a quantidade mínima de energia absoluta por unidade de peso acima da pressão de vapor, que deve existir no flange de sucção, para que não haja cavitação. Os fabricantes fornecem o valor do NPSH requerido pela bomba em função da vazão. Assim, a cavitação ocorre quando *NPSH disponível no sistema ≤ NPSH requerido pela bomba*. Portanto, deve-se operar o sistema a uma altura de sucção disponível maior que a requerida pela bomba. *NPSH disponível no sistema > NPSH requerido pela bomba*, ou $\text{NPSH}_D > \text{NPSH}_R$.

Exemplo 3.1

Os compostos orgânicos voláteis (COVs) são aqueles, exceto CO e o CO_2, presentes na atmosfera que apresentam, normalmente, pressão de vapor superior a 0,01 psia (0,0007 atm) e ponto de ebulição de até 260 °C. Boa parte dos compostos orgânicos com menos de 12 átomos de carbono são considerados COVs. São de fácil evaporação, tornando-os sérios poluentes a todo o tipo de atmosfera, incluindo a residencial. As emissões de COVs acarretam efeitos tóxicos e/ou carcinogênicos, como o benzeno. Na atmosfera, os COVs combinam com óxidos de nitrogênio (NO_x) na presença da luz solar, produzindo, entre outros compostos químicos, o ácido nítrico, responsável pela chuva ácida. Os COVs são divididos em duas classes: a de compostos orgânicos não metano (CONMs), em que estão aqueles orgânicos oxigenados, halogenados e os hidrocarbonetos; e a segunda classe na qual o metano faz parte. O metano é estudado separadamente, pois se trata do hidrocarboneto mais abundante na atmosfera. Os CONMs são emitidos tanto por fontes antropogênicas, quanto por biogênicas, estas caracterizadas por plantas, as quais emitem, por exemplo, terpenos à atmosfera. As principais fontes antropogênicas são oriundas de processos de combustão (emissão veiculares e de combustíveis fósseis), armazenamento e transporte de combustíveis, uso de solventes, emissões industriais e domésticas (produtos de limpeza, desodorizantes, corretivos, adesivos, plásticos, colas etc.). Tendo em vista a importância da conscientização sobre a emissão de COVs, considere o enunciado: uma indústria petroquímica foi instalada em uma região agrícola, rica na produção de cítricos. Após o início da sua operação, um pequeno agricultor apresentou problemas respiratórios. Técnicos, ao analisarem a qualidade do ar nas imediações da casa de um certo agricultor, verificaram alta concentração de COVs na atmosfera, principalmente de benzeno. Depois de inspecionarem a planta, detectou-se vazamento na linha do benzeno (Figura 1). Após os reparos, os técnicos resolveram refazer os cálculos relativos ao desempenho da bomba. Para tanto, constataram que o benzeno estava sendo bombeado a 37,8 °C (ρ = 865 kg/m^3; p^{VAP} = 26,2 kPa) através de uma tubulação de aço de 100 mm de diâmetro interno na sucção e 80 mm de diâmetro na descarga, a capacidade de 40 m^3/h. A pressão manométrica do tanque 1 acusava 200 kPa, enquanto do tanque 2, mostrava 350 kPa. O ponto 1 na sucção estava a 1,0 m do nível da bomba, enquanto o ponto 2 na linha de recalque, a 3,0 m acima desse nível. A perda de carga por atrito na linha de sucção era de 0,07 m, enquanto a sua perda, na linha de recalque, igual a 0,80 m. Sabendo que a pressão atmosférica era 0,93 atm e o rendimento da bomba de 50%, estime: (a) o valor da altura de projeto da bomba; (b) a potência consumida por essa bomba; (c) o NPSH disponível pelo sistema.

Solução

a) O valor da altura de projeto da bomba, H, é obtido da Equação 3.7, ou

$$H = H_D - H_S \tag{1}$$

em que as alturas de recalque e de sucção são, respectivamente,

$$H_D = \frac{p_D}{\rho g} + z_D + h_{L_D} \tag{2}$$

$$H_S = \frac{p_S}{\rho g} + z_S - h_{L_S} \tag{3}$$

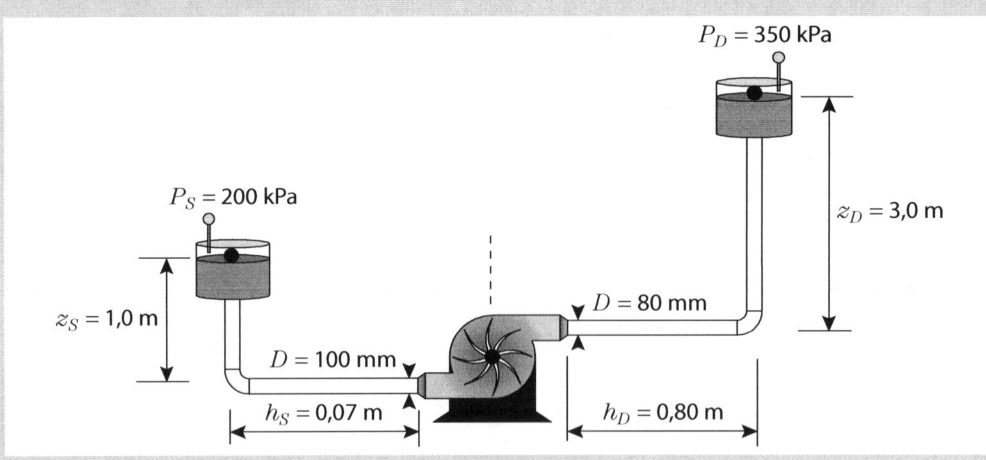

Figura 1 Linha de análise.

Por inspeção da Figura 1, verifica-se na linha de recalque: P_D = 350 kPa = 3,5 × 10^5 Pa; z_D = 3,0 m e h_{L_D} = 0,8 m. Sabendo que g = 9,81 m/s^2 e ρ = 865 kg/m^3, resulta na Equação 2,

$$H_D = \frac{3{,}5 \times 10^5}{(865)(9{,}81)} + 3{,}0 + 0{,}80 = 45{,}05 \text{ m} \tag{4}$$

De igual forma, verifica-se na linha de sucção: P_S = 200 kPa = 2,0 × 10^5 Pa; z_S = 1,0 m e h_{L_S} = 0,07 m. Sabendo que g = 9,81 m/s^2 e ρ = 865 kg/m^3, resulta na Equação 3,

$$H_S = \frac{2{,}0 \times 10^5}{(865)(9{,}81)} + 1{,}0 - 0{,}07 = 24{,}50 \text{ m} \tag{5}$$

Levando os resultados (4) e (5) na Equação 1, obtém-se o valor da altura total de projeto,

$$H = 45{,}05 - 24{,}50 = 20{,}55 \text{ m} \tag{6}$$

b) o valor da potência consumida pela bomba advém da utilização da Equação 3.9, retomada como

$$\dot{W}_{\text{consumida}} = \frac{\dot{W}_u}{\eta} \tag{7}$$

em que o valor da potência útil é obtido por meio da Equação 3.8, ou

$$\dot{W}_u = \rho g Q H \tag{8}$$

Como ρ = 865 kg/m^3; g = 9,81 m/s^2; Q = 40 m^3/h = 0,0111 m^3/s; H = 20,55 m, pode-se substituir tais valores na Equação 8

$$\dot{W}_u = (865)(9{,}81)(0{,}0111)(20{,}55) = 1.935{,}62 \text{ W} = 2{,}60 \text{ HP} \tag{9}$$

Tendo em vista que o rendimento da bomba é igual a 50% (0,5), o valor da potência consumida por esse dispositivo será obtido substituindo o resultado (9) em conjunto com o valor conhecido do rendimento na Equação 7,

$$\dot{W}_{\text{consumida}} = \frac{2{,}61}{0{,}5} = 5{,}22 \text{ HP} \tag{10}$$

c) O valor do saldo positivo de carga de sucção (NPSH) é obtido da Equação 3.21, ou

$$\text{NPSH}_D = H_S + \frac{\left(P_A - p^{\text{VAP}}\right)}{\rho g} \tag{11}$$

O valor NPSH_D é obtido levando o resultado (5) em conjunto com os valores da pressão atmosférica (P_A = 0,93 atm = 94,23 × 10^3 Pa); pressão de vapor do benzeno, p^{VAP} = 26,2 kPa = 26,2 × 10^3 Pa, ρ = 865 kg/m^3; g = 9,81 m/s^2 na Equação 11,

$$\text{NPSH}_D = 24{,}50 + \frac{\left(94{,}23 \times 10^3 - 26{,}2 \times 10^3\right)}{(865)(9{,}81)} = 32{,}52 \text{ m} \tag{12}$$

3.7 Curva característica de bombas

Recebem o nome de curvas características das bombas, diagramas que, usualmente, contêm a altura desenvolvida pela bomba ou carga, H; rendimento, potência no eixo e NPSH em função da capacidade da bomba, Q. No caso específico das bombas centrífugas, as quais fornecem vazão constante, sem flutuações e que pode ir desde zero até sua capacidade máxima, variando a altura desenvolvida pela bomba, existe a necessidade de o fabricante desse tipo de equipamento fornecer o NPSH da bomba. A Figura 3.15 ilustra uma curva característica de uma bomba centrífuga.

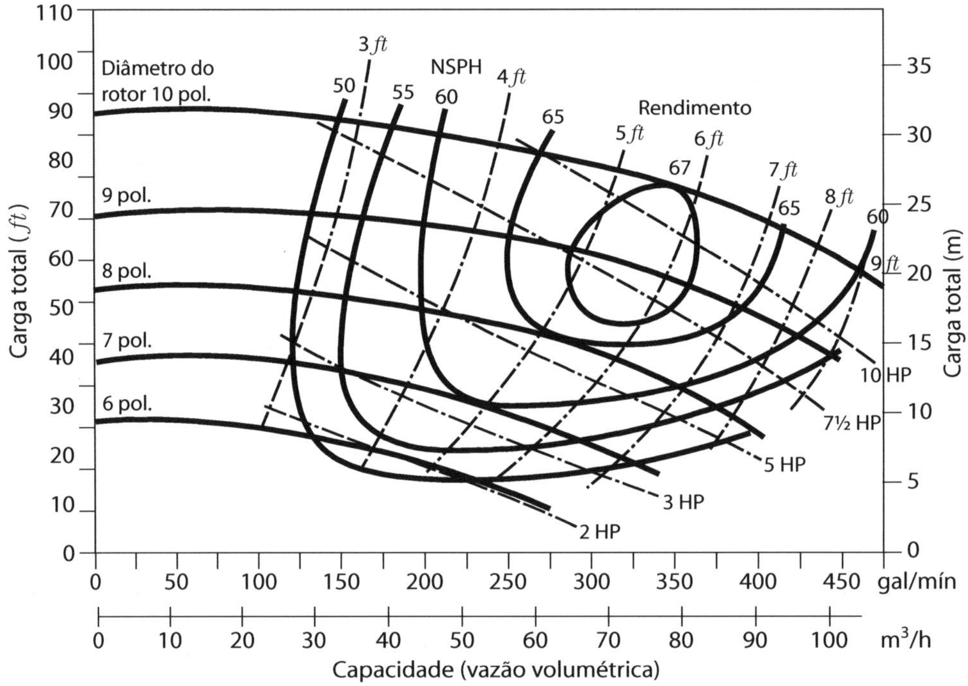

Figura 3.15 Exemplo de uma curva característica de uma bomba centrífuga (D_S = 4"; D_D = 3"; Carcaça com 10"; N = 1.750 rpm) (baseada em FOUST et al., 1982).

A *curva da bomba*, normalmente, é fornecida pelo fabricante, como ilustrado na Figura 3.16a. Estabelece-se o que a bomba fornece em termos de descarga (energia) para vazão do sistema, na forma de H vs. Q, conforme ilustra a Figura 3.16. Já a curva do sistema advém diretamente da operação de bombeamento, explícita pela altura de projeto, conforme a Equação 3.7; cujas algumas curvas estão representadas no Quadro 3.2 ou na Figura 3.16b.

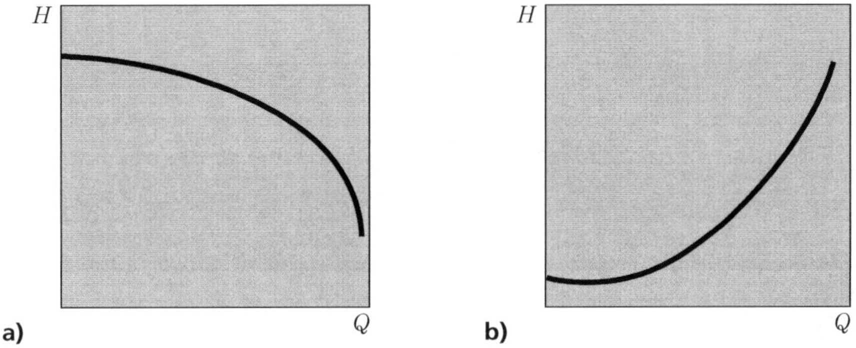

Figura 3.16 **a)** Exemplificação de uma curva de bomba (centrífuga); **b)** Exemplificação de uma curva do sistema.

As curvas do conjunto bomba/sistema indicam a viabilidade de utilização da bomba e o *ponto de operação*. A Figura 3.17a apresenta uma situação inviável. Já a Figura 3.17b ilustra um conjunto viável, no qual existem pontos de operação que podem ser modificados, por exemplo, por uma troca de válvula o que acarreta alteração no h_L e, portanto, no valor da altura de projeto H.

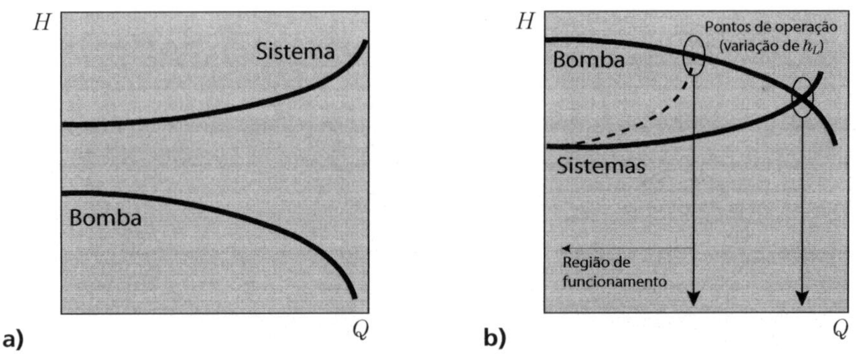

Figura 3.17 **a)** Conjunto inviável; **b)** Conjunto viável (baseadas em TANNOUS; ROCHA, 2011).

Exemplo 3.2

Supondo que a bomba utilizada no Exemplo 3.1 seja do tipo centrífuga, cuja curva característica é aquela fornecida pela Figura 3.15, eleja a configuração da bomba em termos do diâmetro do impelidor (em polegadas), rendimento (%), potência (em HP), bem como verifique se existe possibilidade de haver cavitação.

Solução

Tendo em vista que foi fornecida a curva da bomba (Figura 3.15), assim como são conhecidos os valores da capacidade de operação, $Q = 40\ m^3/h$, e altura total de projeto, $H = 20{,}55$ m, tais valores são levados, enquanto abscissa e ordenada, respectivamente, na Figura 3.15 (veja a Figura 1). Nota-se que o ponto de operação situa-se pouco acima da reta de 5 HP e entre os valores de diâmetro do impelidor de 8" e 9". Ressalte-se que não se pode escolher um valor igual a 5,1 HP (ou o valor encontrado no exemplo anterior, 5,22 HP) e diâmetro de impelidor igual a 8,3".

Os valores a serem eleitos serão aqueles fornecidos pelo fabricante. Dessa forma, a configuração adequada para a bomba centrífuga, com base na informação do fabricante (Figura 1) é: diâmetro do impelidor = 9"; potência = 7,5 HP; rendimento = 57%. No que se refere a possibilidade de haver cavitação, verifica-se por meio da inspeção da Figura 1 que $NPSH_R$: 3,5' = 1,04 m. Tendo em vista que no exemplo anterior obteve-se $NPSH_D = 32{,}52$ m, constata-se que $NPSH_D \gg NPSH_R$, descartando a possibilidade de haver cavitação na bomba.

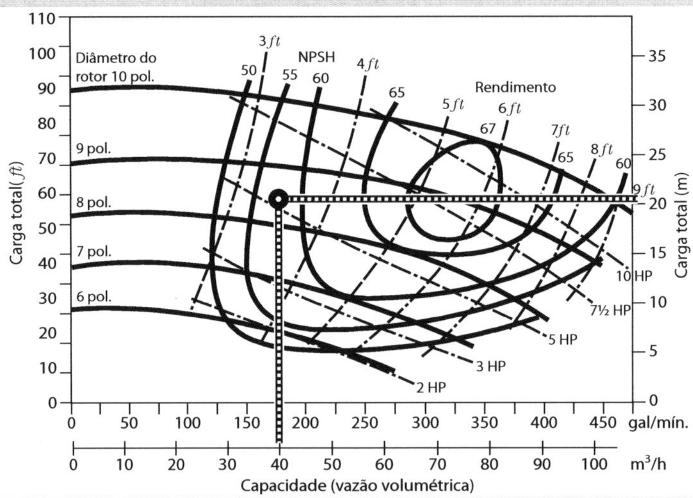

Figura 1 Solução do Exemplo 3.2.

3.8 Acoplamento de bombas a sistemas em série e em paralelo

3.8.1 Sistema em série

Várias bombas podem ser operadas em série, Figura 3.18a, conectadas sucessivamente em linha, com a finalidade de fornecer alturas maiores do que forneceriam individualmente. Operam à mesma vazão, sendo a altura fornecida igual à soma das alturas desenvolvidas por cada bomba. As curvas características da instalação em série são obtidas pela adição das alturas de cada bomba para uma determinada vazão de processo, conforme ilustra a Figura 3.18b. Tal disposição é indicada para vencer pressões na linha do sistema.

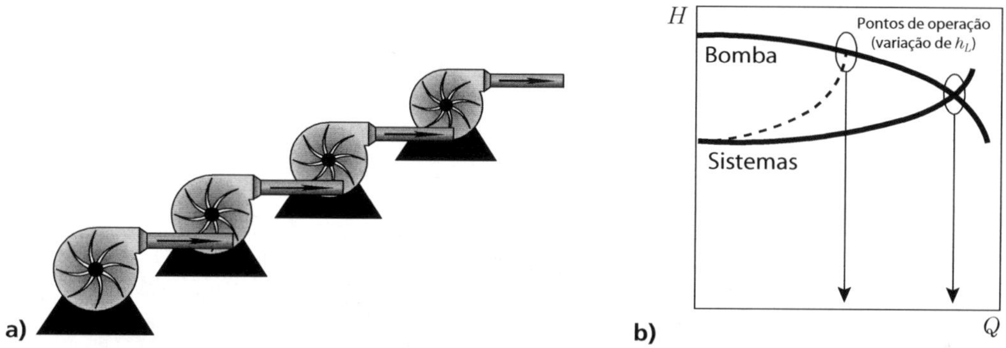

Figura 3.18 **a)** Sistema de bombas em série; **b)** Curva característica de um sistema de bombas centrífugas em série (baseada em TANNOUS; ROCHA, 2011).

Para uma determinada vazão de trabalho tem-se

$$H_{\text{série}} = H_1 + H_2 \tag{3.23}$$

O rendimento do sistema em série advém de

$$\eta = \frac{\rho g Q H_{\text{série}}}{\dot{W}_{\text{eixo }1} + \dot{W}_{\text{eixo }2}} \tag{3.24}$$

em que $\dot{W}_{\text{eixo }1}$ e $\dot{W}_{\text{eixo }2}$ são as potências no eixo gastas nas bombas 1 e 2 respectivamente.

3.8.2 Sistema em paralelo

A adição de duas ou mais bombas em paralelo, Figura 3.19a, é útil nos sistemas em que se requer vazões variáveis. As bombas ajustam suas vazões de tal maneira que mantêm constantes as diferenças de pressão entre os pontos 1 e 2. Essas bombas devem fornecer alturas praticamente iguais. As curvas características de um sistema em paralelo são obtidas adicionando as vazões das bombas para cada altura, Figura 3.19b.

No sistema 1, representado na Figura 3.19b, verifica-se que, utilizando-se 3 bombas em paralelo, aumenta-se muito a vazão Q; já no sistema 2, não se altera significativamente o valor da vazão volumétrica. Para uma mesma altura H desenvolvida pela bomba, tem-se:

$$Q_{\text{paralelo}} = Q_1 + Q_2 + Q_3 \tag{3.25}$$

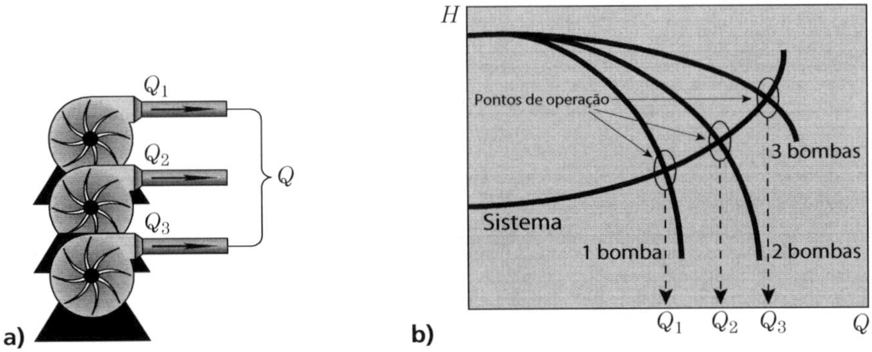

Figura 3.19 **a)** Sistema de bombas em paralelo; **b)** Curva característica de um sistema de bombas centrífugas em paralelo (baseada em TANNOUS; ROCHA, 2011).

O rendimento do sistema em paralelo pode ser calculado por meio de

$$\eta = \frac{\rho g Q_{\text{paralelo}} H}{\dot{W}_{\text{eixo 1}} + \dot{W}_{\text{eixo 2}} + \dot{W}_{\text{eixo 3}}} \tag{3.26}$$

3.9 Bibliografia consultada

Barbosa, G. F.; Rocha, L. S. **Estudo das máquinas de fluxo**. Disponível em: <www.em.pucrs.br/lsfm/alunos/luc_gab/MaqFlux1.html>. Aceso em: 01 jan. 2010.

Coker, A. K. **Ludwig's applied process design for chemical and petrochemical plants**. 4. ed. Oxford: Elservier, 2007.

Foust, A. S.; Wenzel, L. A.; Clump, W. M.; Andersen, L. B. **Princípios das operações unitárias**. 6. ed. Rio de Janeiro: Livros Técnicos e Científicos, 1982.

Livingston, E. T. Build your working knowledge of process compressors, **Chemical Engineering Process**, p. 27, fev. 1973.

Mattos, E. E.; de Falco, R. **Bombas industriais**. 2. ed. Rio de Janeiro: Interciência, 1998.

Ortega, E. Aulas 14 e 15: **Bombas**. Disponível em: <www.unicamp.br/fea/ortega/aulas>. Aceso em: 28 maio 2008.

Sahdev, M. **Centrifugal pumps**: basics concepts of operations, maintenance, and troublesgooting, Part I. Disponível em: <www.maintenanceworld.com/Articles/engresource/centrifugalpumps_1.pdf>. Acesso em: 28 abr. 2009.

Schneider Motobombas. **Manual técnico**. Disponível em: <www.schneider.ind.br>, Acesso em: 21 jul. 2008.

Tannous, K.; Rocha, S. C. Capítulo 1 – **Bombas e compressores**. Disponível em: <www.ocw.unicamp.br/fileadmin/user_upload/cursos/EQ651/Capitulo_1.pdf>. Acesso em: 28 abr. 2011.

3.10 Nomenclatura

g	aceleração gravitacional; constante gravitacional;	$[L{\cdot}T^{-2}]$
H	altura	$[L]$
h_L	perda de carga	$[L]$
$\dot{m}$	vazão mássica	$[M^3{\cdot}T^{-1}]$
p	pressão exercida no fluido	$[M{\cdot}L^{-1}{\cdot}T^{-2}]$
P_A	pressão atmosférica	$[M{\cdot}L^{-1}{\cdot}T^{-2}]$
p^{VAP}	pressão de vapor	$[M{\cdot}L^{-1}{\cdot}T^{-2}]$
Q	vazão volumétrica	$[L^3{\cdot}T^{-1}]$
u	velocidade média	$[L{\cdot}T^{-1}]$
$\dot{W}$	trabalho	$[L^2{\cdot}T^{-2}]$
$\dot{W}_u$	potência útil	$[M{\cdot}L^2{\cdot}T^{-3}]$
z	cota, altura	$[L]$

Letras gregas

η	rendimento	adimensional
ρ	massa específica	$[M{\cdot}L^{-3}]$

Subscritos

abs	absoluta
D	descarga
consumida	potência consumida
eixo	potência no eixo
ele	potência elétrica
glo	global
mec	potência mecânica
mínima	altura mínima de sucção
paralelo	sistemas de bombas em paralelo
rotor	altura da carga baseada no impelidor
S	descarga
série	sistema de bombas em série
vol	potência volumétrica
1, 2	cotas

Capítulo 4

Compressores e sopradores

4.1 Introdução

Compressores, sopradores e ventiladores fazem parte da família das máquinas operatrizes de fluxo compressível, utilizadas para converter energia mecânica em movimento de fluidos gasosos. A diferença entre tais equipamentos está na capacidade de compressão. Os *ventiladores* provocam aumento insignificante de pressão (até 0,03 atm); os *sopradores* ocasionam aumento de pressão até 0,3 atm; já os *compressores* podem causar aumento de pressão em até milhares de atmosferas. Os níveis de compressibilidade tanto nos ventiladores quanto nos sopradores podem ser considerados desprezíveis, possibilitando a análise de desempenho desses equipamentos de igual maneira ao efetuado para bombas.

Os *ventiladores* são utilizados em sistemas de ventilação em condicionamento de ar residenciais, comerciais e industriais. Os *sopradores* são encontrados na manipulação de inúmeros gases de processos nas indústrias química, farmacêutica, alimentícia, bem como nas instalações em que se encontram biogases.

Os compressores, por seu turno, são encontrados em serviços mais comuns como, por exemplo, nos serviços de pintura e acionamento de pequenas máquinas pneumáticas. Existem, também, os compressores de grande porte que são utilizados em unidades industriais. Os compressores de *gás ou de processo* são requisitados para as mais diversas aplicações, sendo direcionados para um tipo específico de operação. Incluem-se nessa categoria o inflador de ar do forno de craqueamento catalítico das refinarias de petróleo (FERRAZ, 2010). Ainda na indústria do petróleo e processamento petroquímico esses compressores também podem ser especificados para, por exemplo, na conversão de energia mecânica em energia de escoamento (sistemas pneumáticos, fluidização etc.).

4.2 Classificação de compressores

De igual modo à classificação de bombas, apresentada no Capítulo 3, existem, basicamente, dois princípios conceptivos em que se fundamentam as classes de compressores de uso industrial: dinâmico e volumétrico, conforme ilustra a Figura 4.1.

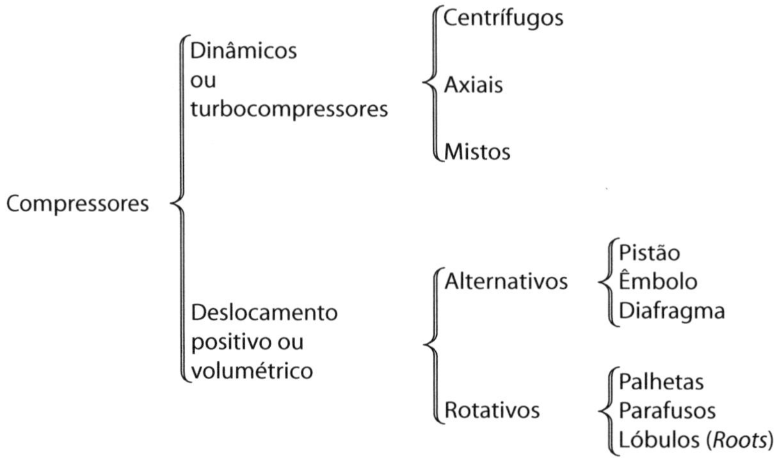

Figura 4.1 Classificação dos principais tipos de compressores.

Os *compressores dinâmicos ou turbocompressores*, semelhantes às turbobombas, apresentam impelidores, os quais recebem energia de um acionador (motor) e à transfere, nas formas cinética e entálpica, ao gás para, em seguida, proporcionar ganho de pressão.

Os compressores centrífugos, Figura 4.2, caracterizam-se por apresentar a alimentação do gás em paralelo ao eixo e abandona a carcaça do equipamento perpendicularmente a tal eixo. O gás escoa através do olho do impelidor, sendo acelerado radialmente, saindo com um aumento da velocidade da periferia ao difusor (variação da energia cinética para energia de pressão). Esse tipo de compressor é mais adequado para baixas pressões (NEBRA, 2008).

Conhecidos também como do tipo de *fluxo radial*, tais compressores operam com os mesmos princípios das bombas centrífugas. Comprimem enormes volumes de gases (140 m^3/s) até pressão de saída de 2 atm e, com capacidades volumétricas menores, podem descarregar altas pressões (centenas de atm).

Os *compressores de fluxo axial* são aqueles em que o escoamento ocorre na direção do eixo do impelidor e apresentam rendimento mais elevado do que os radiais, todavia, apresentam custos mais elevados quando, também, comparados aos radiais (NEBRA, 2008).

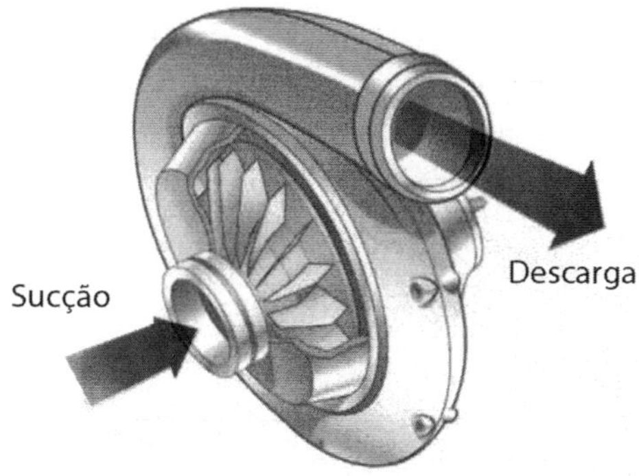

Figura 4.2 Ilustração de um compressor centrífugo (baseada em SAHDEV, 2009).

Tais tipos de compressores são adequados para alta pressão. Para pressões intermediárias, pode-se, como no caso de bombas, utilizar-se de *compressores dinâmicos mistos*.

Os *compressores volumétricos* ou de *deslocamento positivo* operam à semelhança das bombas de deslocamento positivo. No caso de compressores, a energia fornecida ao gás decorre da variação do seu volume. Tais compressores podem fornecer gás com pressão de algumas frações de atm até pressões na ordem de 2.000 atm.

Na Figura 4.3 estão apresentados alguns elementos básicos de um compressor alternativo do tipo pistão: o virabrequim transforma o movimento rotativo do eixo de um motor elétrico em um movimento linear; a cruzeta guia o movimento do pistão; o pistão propriamente dito; um cilindro reservatório no qual ocorre a compressão do gás; uma ou mais válvulas de sucção e uma ou mais válvulas de descarga, as quais regulam o fluxo de gás que entra e abandona o cilindro (NEBRA, 2008).

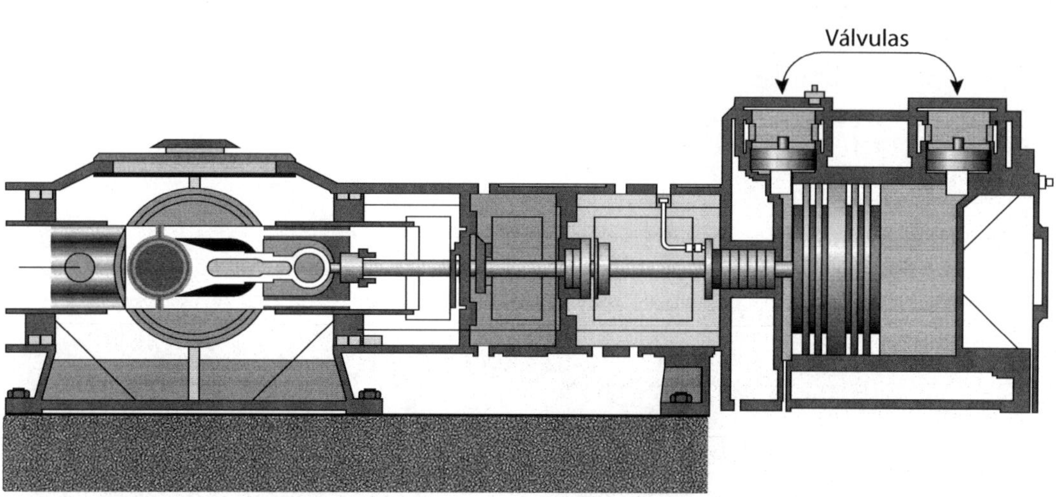

Figura 4.3 Características de um compressor alternativo (baseada em NEBRA, 2008).

No compressor alternativo do tipo *diafragma*, Figura 4.4, há um fluido de trabalho (usualmente óleo) o qual é comprimido por um pistão que, por sua vez, comprime o diafragma, provocando o seu deslocamento. Esse tipo de compressor é indicado para trabalhar com gases perigosos e corrosivos.

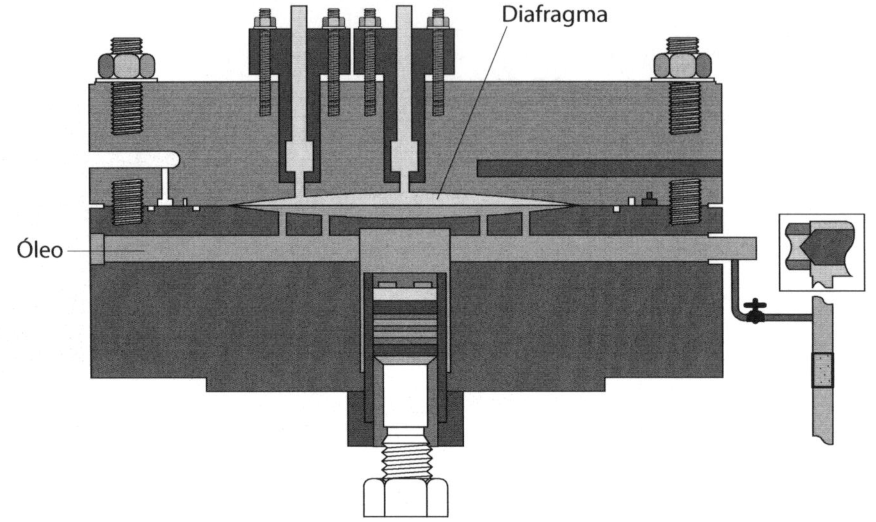

Figura 4.4 Compressor alternativo do tipo diafragma (baseada em NEBRA, 2008).

Os *compressores rotativos* são caracterizados pelo gás ser impelido por dispositivos que provocam rotação, comprimem e impulsionam o fluido para a linha de descarga. O funcionamento desses equipamentos é semelhante às bombas rotativas, como é o caso dos *compressores de parafusos*.

No caso do *compressor de palhetas*, Figura 4.5, este possui um impelidor (ou um tambor central) que, ao girar, faz com que as palhetas direcionam-se radialmente, aproximando-se da carcaça. O gás penetra pela abertura de sucção e ocupa os espaços definidos entre as palhetas. Em virtude da excentricidade do impelidor e às posições das aberturas de sucção e de descarga, os espaços constituídos entre as palhetas vão se reduzindo de modo a provocar a compressão progressiva do gás (ARCINCO, 2010).

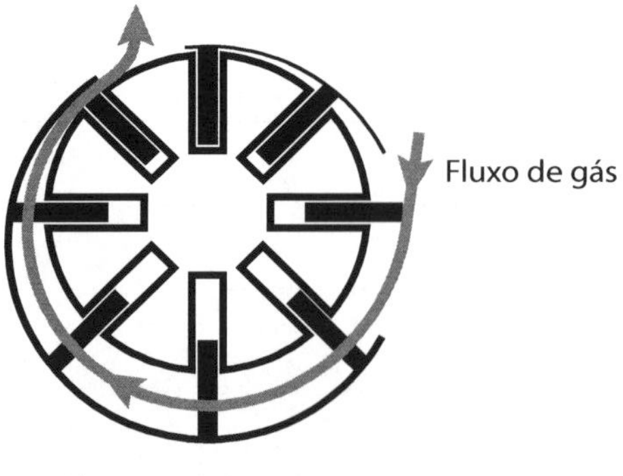

Figura 4.5 Rotativo de palhetas.

4.3 Faixas operacionais de compressores

A escolha de um compressor, além da característica do gás, recai nas suas condições operacionais de vazão e de pressão. A Figura 4.6 ilustra a faixa de trabalho para diversos tipos de compressores.

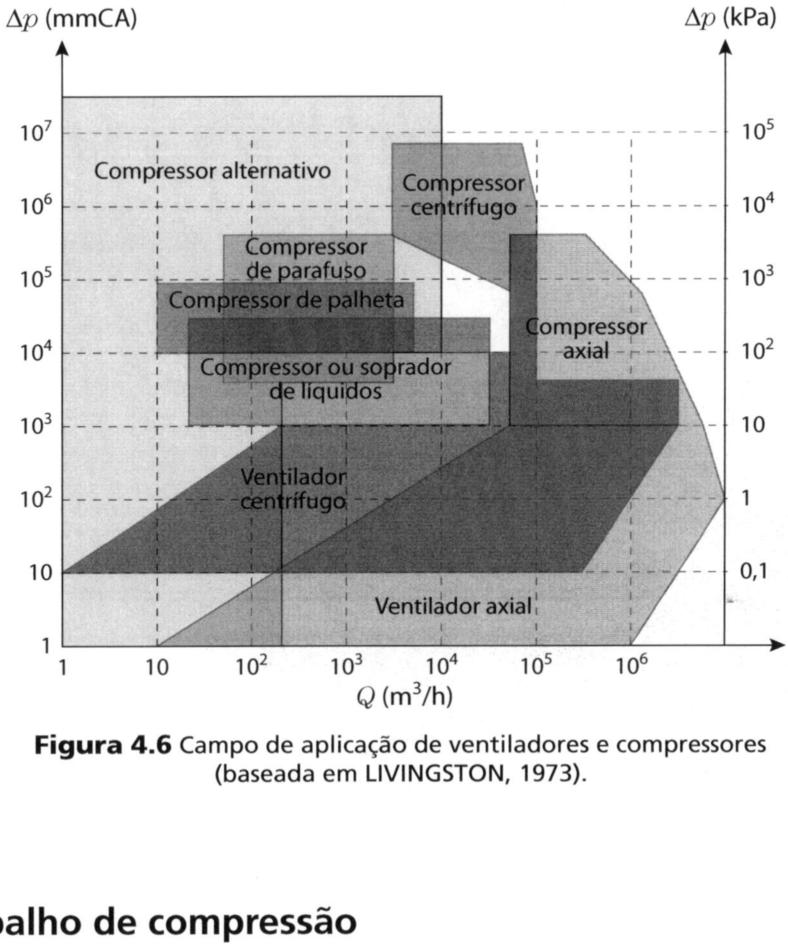

Figura 4.6 Campo de aplicação de ventiladores e compressores (baseada em LIVINGSTON, 1973).

4.4 Trabalho de compressão

4.4.1 Compressor de único estágio

Ao se considerar que as seções de entrada e saída de um compressor, conforme ilustra a Figura 4.7, possam ser representadas pelos subscritos S e D, a energia específica transferida ao gás advirá da Equação 2.43, considerando, nesta, o trabalho do compressor, segundo

$$\left(gz + \frac{u^2}{2}\right)_S + \dot{W} = \left(gz + \frac{u^2}{2}\right)_D + \left(\frac{\delta}{\delta - 1}\right)\frac{RT_S}{M}\left[\left(\frac{p_D}{p_S}\right)^{\frac{\delta-1}{\delta}} - 1\right] + e_L \tag{4.1}$$

Para expressar o balanço energético em termos de carga ou altura, divide-se a Equação 4.1 pela constante gravitacional g, para reescrevê-la tal como se segue

$$\left(z + \frac{u^2}{2g}\right)_S + \frac{\dot{W}}{g} = \left(z + \frac{u^2}{2g}\right)_D + \frac{RT_S}{gM}\left(\frac{\delta}{\delta - 1}\right)\left[\left(\frac{p_D}{p_S}\right)^{\frac{\delta-1}{\delta}} - 1\right] + h_L \tag{4.2}$$

explicitando a carga devida ao compressor, tem-se

$$H \equiv \frac{\dot{W}}{g} = (z_D - z_S) + \frac{u_D^2 - u_S^2}{2g} + \frac{RT_S}{gM}\left(\frac{\delta}{\delta - 1}\right)\left[\left(\frac{p_D}{p_S}\right)^{\frac{\delta-1}{\delta}} - 1\right] + h_L \tag{4.3}$$

em que u_S e u_D são, respectivamente, as velocidades do escoamento nas bocas de sucção e descarga do compressor, respectivamente. A diferença da altura piezométrica, $\Delta z = z_D - z_S$, assim como a perda de carga, h_L, são desprezíveis frente aos outros termos. A Equação 4.3 reduz-se, portanto, a

$$H \cong \frac{u_D^2 - u_S^2}{2g} + \frac{RT_S}{gM}\left(\frac{\delta}{\delta - 1}\right)\left[\left(\frac{p_D}{p_S}\right)^{\frac{\delta-1}{\delta}} - 1\right] \tag{4.4}$$

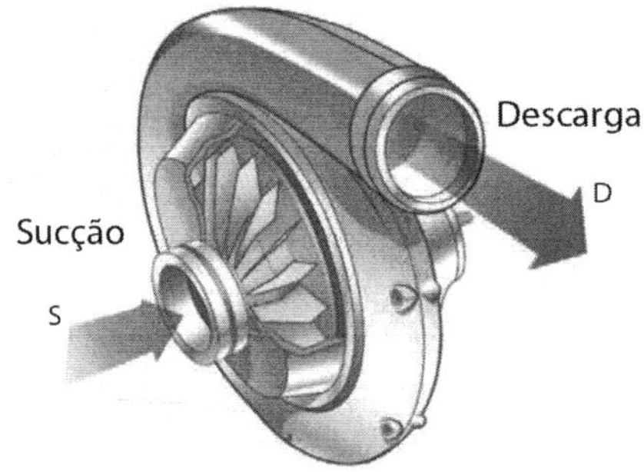

Figura 4.7 Representação de um compressor.

A Equação 4.4 representa a "máxima variação possível" da densidade do fluido que pode ocorrer em um escoamento de gás perfeito que foi comprimido adiabaticamente. Essa variação será máxima quando houver desaceleração do escoamento pelo compressor ($u_D < u_S$, uma ocorrência que não é usual nos compressores disponíveis), ou o compressor não transfere energia cinética para o escoamento ($u_D = u_S$), uma condição frequente, assim como $u_D > u_S$. Assim, se o primeiro caso não é o usual, a Equação 4.4 é retomada como

$$H \cong \frac{RT_S}{gM}\left(\frac{\delta}{\delta - 1}\right)\left[\left(\frac{p_D}{p_S}\right)^{\frac{\delta-1}{\delta}} - 1\right] \tag{4.5}$$

O valor da potência do motor de um compressor de um único estágio advém das definições apresentadas no capítulo anterior, para bombas, por intermédio das definições de potência consumida, Equação 3.8, apenas que nessa equação, para compressores, deve-se utilizar a Equação 4.5 para a carga teórica; bem como da definição de rendimento, Equação 3.9. Dessa maneira, a potência consumida do motor será

$$\dot{W}_{\text{consumida}} = \frac{\rho g Q H}{\eta} \tag{4.6}$$

Convém ressaltar que, para uma dada carga e um certo gás que alimenta um compressor em condições operacionais conhecidas, a variação máxima possível de densidade do fluido será obtida a partir da Equação 4.5. Essa equação, todavia, pode ser avaliada em uma situação hipotética, na qual se considera que variação de pressão que ocorre em um sistema de compressão sem a transferência de energia mecânica ao escoamento (ou seja, não se considera a ação de compressão). Assim, a Equação 4.1 é reescrita como

$$-\left(\frac{u_D^2 - u_S^2}{2g}\right) = \left(z_D - z_S\right) + \frac{RT_S}{gM}\left(\frac{\delta}{\delta - 1}\right)\left[\left(\frac{p_D}{p_S}\right)^{\frac{\delta-1}{\delta}} - 1\right] \tag{4.7}$$

Para efeito de simplificação, admite-se que o processo ocorra em expansão súbita, quando a seção transversal do escoamento aumenta bruscamente, $A_D \gg A_S$, conforme ilustra a Figura 4.8. Como consequência, a variação de pressão resultante desse processo imporá uma variação máxima na densidade do fluido segundo

$$\frac{u_S^2}{2g} \cong \frac{RT_S}{gM}\left(\frac{\delta}{\delta - 1}\right)\left[\left(\frac{p_D}{p_S}\right)^{\frac{\delta-1}{\delta}} - 1\right] \tag{4.8}$$

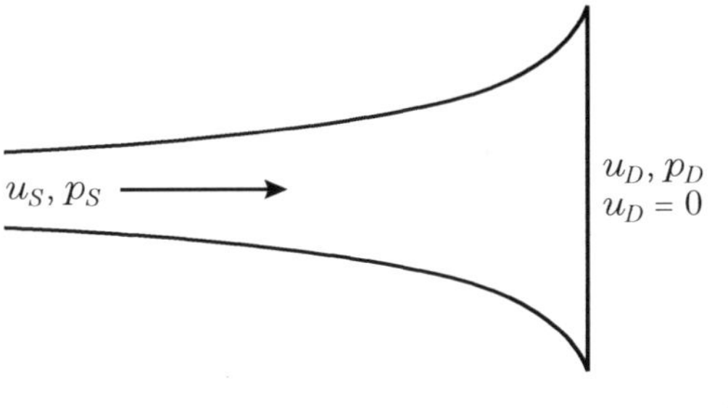

Figura 4.8 Expansão súbita, escoamento ideal e compressão adiabática de um gás.

A partir das Equações 4.5 e 4.8 é possível quantificar a variação máxima de densidade do gás no compressor quando a carga máxima H é transferida ou quando um escoamento é desacelerado de u_S até a estagnação. No Quadro 4.1, considerando-se escoamento de ar à pressão e temperatura de referência (p = 101,33 kPa, T = 20 °C), mostra que a variação relativa de densidade do gás atinge o valor de 4,2% quando ela é de 500 mmH$_2$O. O valor de 500 mmH$_2$O estabelece um marco para a classificação de compressores, bem como para a distinção de o gás ser ou não compressível.

Quadro 4.1 Limites de variação de densidade do fluido ou taxa de compressão

H ou $(u_S^2/2g)$ [mmH$_2$O]	u_S [m/s]	$(\Delta\rho/\rho)_{máx.}$ [%]
50	28,6	0,40
100	40,5	0,67
500	90,5	4,20

Quando um compressor transfere carga inferior a 500 mmH$_2$O, é dito "de baixa pressão" e o processo de compressão é calculado como se o fluido fosse incompressível (*o tipo de compressor, se axial, radial etc., não determina a classificação*); da mesma forma, quando a velocidade do fluido em um duto é inferior a 100 m/s (carga dinâmica próxima de 500 mmH$_2$O), o escoamento é calculado como se fosse o de um fluido incompressível. Em ambos os casos, a análise fica simplificada e é realizada de forma similar àquela utilizada ao bombeamento de um líquido, conforme descrita no Capítulo 3.

4.4.2 Compressor de múltiplos estágios

A carga teórica desenvolvida por um compressor de múltiplos estágios para a compressão adiabática de 1 kg de um gás, da pressão de sucção até a pressão de descarga advém da Equação 4.5, estendida para n estágios, ou

$$H \equiv n \times \frac{RT_S}{gM}\left(\frac{\delta}{\delta-1}\right)\left[\left(\frac{p_D}{p_S}\right)^{\frac{\delta-1}{n\delta}} - 1\right] \tag{4.9}$$

Desconsiderando-se a perda de pressão entre os estágios, o *número de estágios de compressão*, n, é determinado, aproximadamente, por

$$\varsigma^N \equiv \frac{p_D}{p_S} \tag{4.10}$$

da qual resulta

$$n = \frac{\ell n\left(p_D\right) - \ell n\left(p_S\right)}{\ell n\left(\varsigma\right)} \tag{4.11}$$

sendo ζ a taxa de compressão em um único estágio. O valor da potência consumida por um compressor de múltiplos estágios advém da Equação 4.6, considerando-se nesta a Equação 4.9. No caso de compressores de ar, pode-se utilizar a seguinte correlação

$$\dot{W}_u = 1{,}69RT_S\left(p_SQ\right)\ell n\left(\frac{p_D}{p_S}\right) \tag{4.12}$$

sendo a constante empírica 1,69 resultante da consideração de haver diferença entre o processo real de compressão do gás e um processo isotérmico.

4.5 Curva característica de sopradores

Conforme mencionado anteriormente, os sopradores podem ser considerados como compressores, cuja diferença substancial é que operam a pressões bem menores. Tal característica permite que a abordagem de cálculo para a obtenção de, por exemplo, sua altura de projeto resulte do mesmo equacionamento apresentado para bombas, em vez de sê-la por meio da Equação 4.5. No caso específico de sopradores (ou ventiladores), além da definição da sua capacidade, ou seja, da sua vazão Q, existem aquele de pressões características, as quais são definidas do modo como se segue

Pressão total do soprador

$$p_T = p_{T_D} - p_{T_S} \tag{4.13}$$

trata-se da diferença, para $e_L = 0$, entre a pressão total do ar na saída e na entrada do soprador, ou

$$p_T = \left(p_D - p_S\right) + \frac{\rho\left(u_D^2 - u_S^2\right)}{2} \tag{4.14}$$

Pressão dinâmica (ou de velocidade) do soprador

$$p_V = \frac{\rho u_D^2}{2} \tag{4.15}$$

refere-se à pressão cinética ou dinâmica correspondente à velocidade média do fluido na saída do soprador.

Pressão estática do soprador

$$p_E = p_T - p_V \tag{4.16}$$

diz respeito à diferença entre a pressão total do soprador e a pressão dinâmica na saída do mesmo.

Já a *potência*, $\dot{W}_S$, necessária para a instalação de um soprador é definida por

$$\dot{W}_S = \frac{Q\Delta p}{\eta} \tag{4.17}$$

em que Q é a vazão do soprador (ou capacidade); Δp, aumento de pressão em virtude da ação do soprador; η, rendimento global da instalação do soprador. Já a potência no eixo, $\dot{W}_{\text{eixo}}$, refere-se àquela necessária ao eixo do soprador para impor as pressões total e estática, bem como a vazão ao escoamento do gás,

$$\dot{W}_{\text{eixo}} = \frac{Qp_T}{\eta_T} \tag{4.18}$$

ou

$$\dot{W}_{\text{eixo}} = \frac{Qp_E}{\eta_E} \tag{4.19}$$

sendo nas Equações 4.18 e 4.19, os valores p_T e p_E obtidos das Equações 4.14 e 4.16, respectivamente; η_T e η_E referem-se aos rendimentos total e estático, respectivamente, do soprador.

Dessa forma, a curva característica de um soprador expressa o seu desempenho para uma dada condição de referência (em termos de peso específico do gás). Para um dado número de rotações (N) são efetuadas determinações de potência ($\dot{W}$), rendimento (η) e vazão (Q). Os resultados são apresentados em gráficos, conforme aquele ilustrado pela Figura 4.9. É importante mencionar que as condições de referência aplicam-se ao fluido de trabalho e à instalação do compressor. O fluido padrão é o ar à pressão de 101,33 kPa, à temperatura de 20 °C (ρ = 1,2 kg/m^3).

A condição de instalação impõe que a energia cinética na entrada no ventilador seja nula, ou seja, $u_S = 0$. Nesse caso, ao se estabelecer tal critério, a pressão total define a máxima energia possível que o compressor transfere ao gás, de modo ser a pressão total, Equação 4.14, reescrita na forma

$$p_T = \left(p_D - p_S\right) + \frac{\rho u_D^2}{2} \tag{4.20}$$

Apesar de ser dominante a apresentação gráfica da relação funcional (p_T vs Q) como a curva característica de um compressor, há fabricantes que fornecem o gráfico da relação funcional (p_E vs. Q).

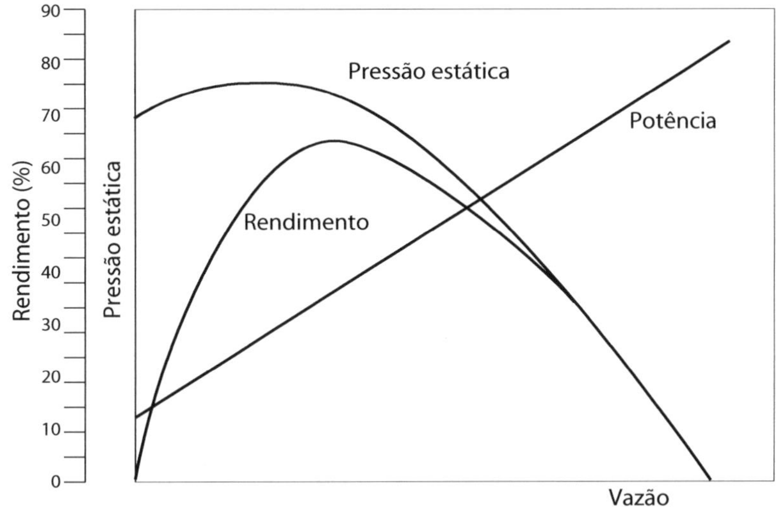

Figura 4.9 Curva característica de um compressor.

A pressão dinâmica na saída do ventilador deve ser fornecida ou determinada pelo usuário para que se calcule o valor da pressão total em cada ponto operacional correspondente. Assim, a pressão total é facilmente obtida, somando-se à pressão estática a pressão dinâmica correspondente, salientando que a velocidade é obtida da vazão e da área da boca de descarga do soprador).

Exemplo 4.1

O biogás trata-se de uma mistura gasosa combustível produzida por meio da digestão anaeróbia, ou seja, por biodegradação de matéria orgânica por ação de bactérias, na ausência de oxigênio. O processo ocorre naturalmente em pântanos, lagos e rios, sendo parte importante do ciclo biogeoquímico do carbono. O biogás pode ser produzido a partir de diversos resíduos orgânicos, como estercos e chorumes de animais (Figura 1), lodo de esgoto, lixo doméstico, resíduos agrícolas, efluentes industriais e plantas aquáticas. O biogás, obtido em biodigestores, pode ser usado como combustível, com elevado poder calorífico, não produzindo gases tóxicos durante a queima. É importante ressaltar que a utilização do biogás, enquanto combustível, é possível em razão da presença do gás metano em sua composição, que representa entre 30% a 60% (em volume), enquanto o restante da mistura gasosa é composta de dióxido de carbono, hidrogênio, oxigênio, além de traços de amônia, gás sulfídrico, monóxido de carbono, entre outras moléculas, sendo que o teor de metano é aquele que define o conteúdo energético do biogás. Entre os desafios tecnológicos relativos ao processamento do biogás está a sua purificação, no sentido de aumentar a concentração do gás metano na mistura, assim como o condicionamento do gás, pois o descarte do CH_4 contribui com o efeito estufa, que é cerca de 20 vezes mais nocivo que o CO_2, além da sua alta inflamabilidade. Desse modo, considere o seguinte problema: deseja-se inflar o gás metano coletado em um biodigestor até uma central de distribuição (Figura 1).

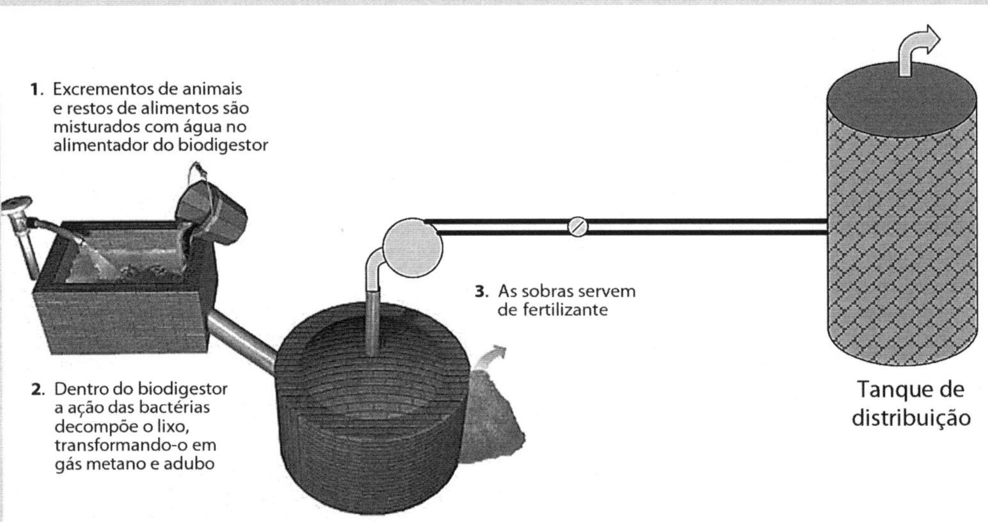

Figura 1

Para tanto, dispõe-se de um soprador de ar que foi projetado para operar a p = 1 atm e T = 20 °C (ρ = 1,2 kg/m^3), cuja curva característica é fornecida pela Figura 2. Antes de operar com gás metano, verificou-se que a curva do sistema pode ser expressa como $p_T = 1{,}2 \times 10^{-6}Q^2$, sendo a vazão em m^3/h e o resultado da pressão em (mmH_2O). Pede-se: obtenha o ponto de operação do soprador de 800 rpm quando este opera com ar em condições padrão.

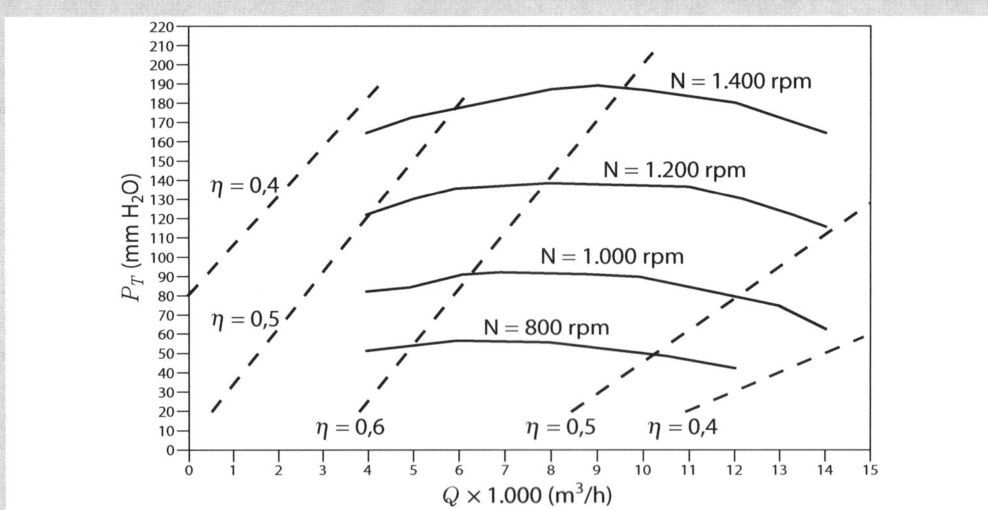

Figura 2

Solução

Neste exemplo, basta construir a curva $p_T = 1{,}2 \times 10^{-6}Q^2$ na Figura 2. O resultado obtido é apresentado na linha contínua apresentada na Figura 3. Na intersecção entre a linha da curva da bomba e aquela fornecida pelo fabricante para o soprador de 800 rpm, indicado na Figura 3, verifica-se o ponto de operação como sendo

$$p_T = 57 \text{ mmH}_2\text{O} \tag{1}$$

$$Q = 6.900 \text{ m}^3/\text{h} \tag{2}$$

$$\eta = 0{,}56 \tag{3}$$

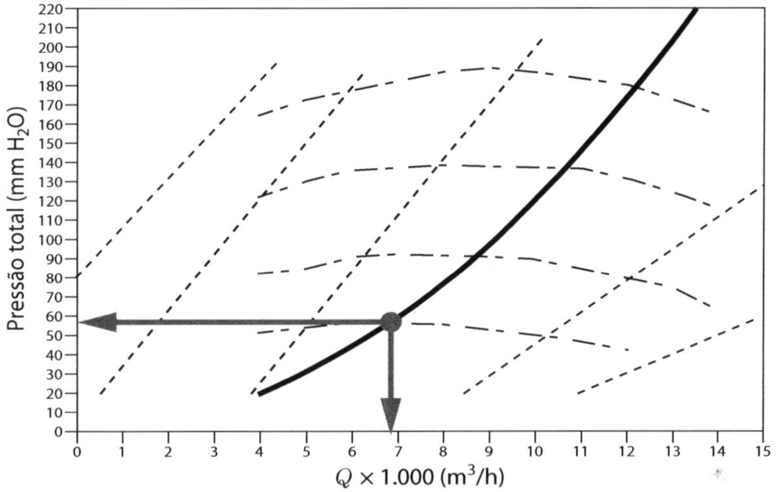

Figura 3

4.6 Leis dos sopradores

A curva característica de um soprador é fornecida pelo fabricante para uma condição-padrão, definida para o ar como fluido de trabalho (P = 101,33 kPa; T = 20 °C; ρ = 1,2 kg/m^3). Um soprador só operará nessa condição-padrão em situação excepcional. A pressão atmosférica varia com a altitude do local de instalação e com as condições climáticas (como, por exemplo, umidade relativa e temperatura do ar), alterando a pressão de sucção do soprador, bem como a própria densidade do gás. Para observar esse efeito, a curva característica do soprador deverá ser recalculada para uma condição média de operação. Esse procedimento é realizado recorrendo-se à definição da pressão total e às relações de similaridade das máquinas de fluxo, em que as equações resultantes são comumentemente chamadas *leis dos ventiladores* ou dos *sopradores*. As relações de similaridade das máquinas de fluxo para um mesmo equipamento (operando em rotações distintas, com fluidos de pesos específicos distintos) são assim definidas

$$\frac{Q_I}{Q_{II}} = \frac{N_I}{N_{II}} \tag{4.21}$$

$$\frac{H_I}{H_{II}} = \left(\frac{N_I}{N_{II}}\right)^2 \qquad (4.22)$$

$$\frac{\dot{W}_I}{\dot{W}_{II}} = \left(\frac{\gamma_I}{\gamma_{II}}\right)\left(\frac{N_I}{N_{II}}\right)^3 \qquad (4.23)$$

os subscritos I e II referem-se a condições operacionais distintas de um mesmo equipamento, ou seja, operando com o número de rotações N_I e com o gás de peso específico γ_I, o ventilador decarrega a vazão Q_I com uma carga (ou altura de elevação) H_I, requerendo a potência $\dot{W}_I$. Ressalte-se que a carga não é o conceito usual para representar a energia transferida por sopradores (ou ventiladores). Portanto, deve-se reescrever as relações de similaridade em termos da pressão total para definir as leis dos sopradores.

4.6.1 Primeira lei dos sopradores

A primeira lei dos sopradores objetiva obter nova curva característica quando se mantém o fluido de referência, ou seja ($\gamma_I = \gamma_{II}$), entretanto, modifica-se o número de rotações do motor do soprador ($N_I \rightarrow N_{II}$). Assim, se o número de rotações variar, modificar-se-ão a vazão, a pressão total e a potência. As relações de similaridade determinarão os novos valores dessas grandezas. A nova vazão será (veja a Equação 4.21)

$$Q_{II} = Q_I\left(\frac{N_{II}}{N_I}\right) \qquad (4.24)$$

Sabe-se, da Equação 4.22, que

$$H_{II} = H_I\left(\frac{N_{II}}{N_I}\right)^2 \qquad (4.25)$$

Usando a definição da pressão total, Equação 4.20, é possível estabelecer a definição de altura ou carga total de um soprador, ao dividir essa equação pelo peso específico do gás

$$H \equiv \frac{p_T}{\gamma} = \frac{(p_D - p_S)}{\gamma} + \frac{u_D^2}{2g} \qquad (4.26)$$

Lembrando que $\gamma_I = \gamma_{II} = \gamma$, substitui-se a Equação 4.26 na Equação 4.25, resultando

$$\left[\frac{(p_D - p_S)}{\gamma} + \frac{u_D^2}{2g}\right]\Bigg|_{II} = \left(\frac{N_{II}}{N_I}\right)^2\left[\frac{(p_D - p_S)}{\gamma} + \frac{u_D^2}{2g}\right]\Bigg|_{I} \qquad (4.27)$$

ou, escrevendo a Equação 4.27 em termos da pressão total, para γ constante (ver Equação 4.20),

$$\left(p_T\right)_{II} = \left(p_T\right)_I \left(\frac{N_{II}}{N_I}\right)^2 \tag{4.28}$$

Considerando que $\gamma_I = \gamma_{II} = \gamma$, tem-se da Equação 4.23 para a potência

$$\dot{W}_{II} = \dot{W}_I \left(\frac{N_{II}}{N_I}\right)^3 \tag{4.29}$$

A representação gráfica da primeira lei dos sopradores está ilustrada na Figura 4.10. Considere o ponto de operação de referência, sobre a curva característica para o número de rotações N_I e a curva de rendimento η_2. Se o número de rotações aumenta para N_{II} ($N_{II} > N_I$), o deslocamento ocorrerá com um rendimento constante η_2 para o ponto II. A vazão Q_{II}, a pressão total (p_{TII}) e a potência $\dot{W}_{II}$ serão calculadas pelas relações apresentadas anteriormente. O mesmo ocorrerá se o número de rotações diminuir de N_I para N_{III}.

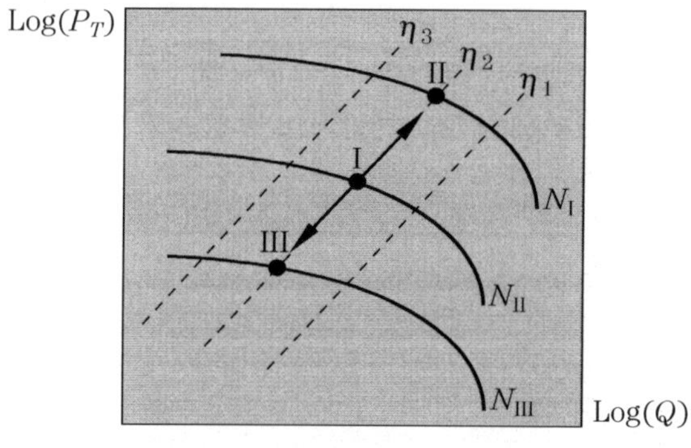

Figura 4.10 Representação gráfica da primeira lei dos sopradores.

4.6.2 Segunda lei dos sopradores

A segunda lei dos sopradores objetiva a obtenção de nova curva característica quando se mantém a mesma vazão ($Q_I = Q_{II}$), entretanto, o peso específico do fluido de trabalho é diferente do padrão estabelecido ($\gamma_I \rightarrow \gamma_{II}$) ou se trata de outro fluido de trabalho. A relação de similaridade para a vazão estabelece que o número de rotações também é constante (ver Equação 4.24) na forma

$$N_{II} = N_I \tag{4.30}$$

No caso de o número de rotações ser constante, também o será a carga. Nesse caso, basta substituir a igualdade (4.30) na Equação 4.22, ou

$$H_{II} = H_I \tag{4.31}$$

no que resulta, a partir da Equação 4.26,

$$\left[\frac{(p_D - p_S)}{\gamma} + \frac{u_D^2}{2g}\right]\Big|_{II} = \left[\frac{(p_D - p_S)}{\gamma} + \frac{u_D^2}{2g}\right]\Big|_{I} \tag{4.32}$$

Evidenciando-se os pesos específicos de cada membro da Equação 4.32

$$\left[(p_D - p_S) + \frac{\rho u_D^2}{2}\right]\Big|_{II} \frac{1}{\gamma_{II}} = \left[(p_D - p_S) + \frac{\rho u_D^2}{2}\right]\Big|_{I} \frac{1}{\gamma_{I}} \tag{4.33}$$

e após identificar a pressão total, Equação 4.20 na Equação 4.33, tem-se a seguinte relação para a nova pressão total

$$p_{T_{II}} = p_{T_I}\left(\frac{\gamma_{II}}{\gamma_I}\right) \tag{4.34}$$

Para conhecer o novo valor da potência, basta substituir a igualdade (4.30) na Equação 4.23, resultando

$$\dot{W}_{II} = \dot{W}_I\left(\frac{\gamma_{II}}{\gamma_I}\right) \tag{4.35}$$

A representação gráfica da segunda lei dos sopradores está ilustrada na Figura 4.11. A determinação dos novos pontos de operação ($\gamma_{II} > \gamma_I$) ou ($\gamma_{III} < \gamma_I$) ocorre como se a curva característica se deslocasse sobre o eixo vertical (vazão constante). O rendimento, consequentemente, não se manterá no mesmo valor: ($\eta_2 \rightarrow \eta_1$) ou ($\eta_2 \rightarrow \eta_3$).

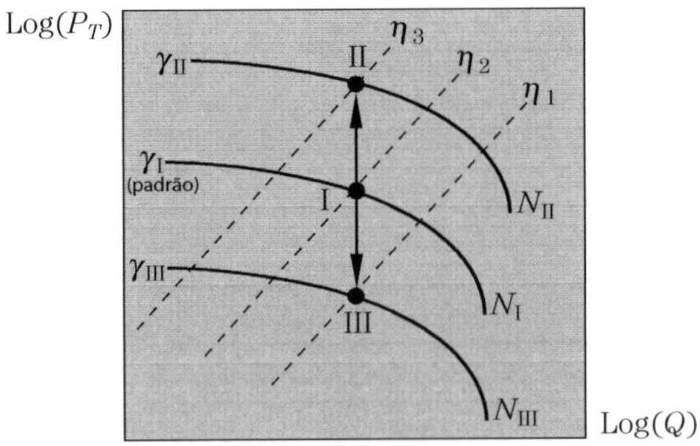

Figura 4.11 Representação gráfica da segunda lei dos sopradores.

4.6.3 Terceira lei dos sopradores

A terceira lei dos sopradores visa construir nova curva característica quando se mantém a mesma pressão total ($p_{TI} = p_{TII}$), entretanto, o peso específico do fluido de trabalho é diferente do padrão estabelecido ($\gamma_I \rightarrow \gamma_{II}$) ou se trata de um outro gás. Da Equação 4.20

$$\left[\left(p_D - p_S\right) + \frac{\rho u_D^2}{2}\right]\Big|_{II} = \left[\left(p_D - p_S\right) + \frac{\rho u_D^2}{2}\right]\Big|_{I} \tag{4.36}$$

explicitando a massa específica em ambos os lados da Equação 4.36

$$\left[\frac{\left(p_D - p_S\right)}{\rho} + \frac{u_D^2}{2}\right]\Big|_{II} \rho_{II} = \left[\frac{\left(p_D - p_S\right)}{\rho} + \frac{u_D^2}{2}\right]\Big|_{I} \rho_I \tag{4.37}$$

e multiplicando e dividindo a Equação 4.37 pela constante gravitacional, g, tem-se como resultado

$$\left[\frac{\left(p_D - p_S\right)}{\gamma} + \frac{u_D^2}{2g}\right]\Big|_{II} \gamma_{II} = \left[\frac{\left(p_D - p_S\right)}{\gamma} + \frac{u_D^2}{2g}\right]\Big|_{I} \gamma_I \tag{4.38}$$

bem como identificando as cargas totais, Equação 4.26, em cada membro entre colchetes da Equação 4.38

$$H_{II}\,\gamma_{II} = H_I\,\gamma_I$$

ou

$$H_{II} = H_I \left(\frac{\gamma_I}{\gamma_{II}}\right) \tag{4.39}$$

Tendo em vista a relação de similaridade expressa pela Equação 4.22, é possível substitui-la na Equação 4.39, resultando que o número de rotações, na nova situação, variará segundo

$$N_{II} = N_I \left(\frac{\gamma_I}{\gamma_{II}}\right)^{1/2} \tag{4.40}$$

Note que, com a variação do número de rotações, haverá a variação da vazão, a qual será obtida após a substituição da Equação 4.40 na Equação 4.21, ou

$$Q_{II} = Q_I \left(\frac{\gamma_I}{\gamma_{II}}\right)^{1/2} \tag{4.41}$$

Já o valor para a nova potência advém da substituição da Equação 4.41 na Equação 4.23, acarretando a variação da potência para a nova condição de fluido de trabalho na forma

$$\dot{W}_{II} = \dot{W}_I \left(\frac{\gamma_I}{\gamma_{II}} \right)^{1/2} \tag{4.42}$$

A representação gráfica da terceira lei dos sopradores está ilustrada na Figura 4.12. A determinação dos novos pontos operacionais ($\gamma_{II} > \gamma_I$) ou ($\gamma_{III} < \gamma_I$) ocorre como se a curva característica se deslocasse sobre o eixo horizontal (p_T constante). O valor do rendimento não será o mesmo, ($\eta_2 \rightarrow \eta_1$) ou ($\eta_2 \rightarrow \eta_3$), bem como o número de rotações e a potência serão alteradas.

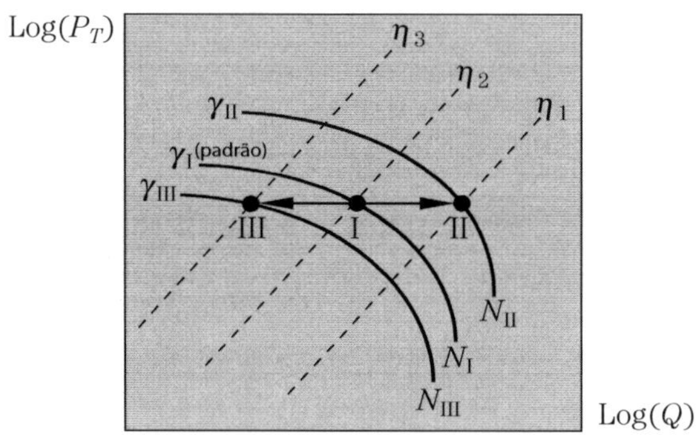

Figura 4.12 Representação gráfica da terceira lei dos sopradores.

Exemplo 4.2

Admitindo o enunciado do Exemplo 4.1 bem como considerando a mesma pressão total de operação, verifique qual é a nova capacidade, carga e o número de rotações do soprador quando utilizado para inflar metano a 1 atm e 20 °C (ρ = 0,72 kg/m^3).

Solução

É importante ressaltar que no enunciado do Exemplo 4.1 mencionou-se que a curva característica, Figura 2 de tal exemplo, referia-se à condição-padrão, ou seja ar (que será identificado pelo subscrito I) sujeito à pressão de 101,33 kPa e temperatura de 20 °C (ρ = 1,2 kg/m^3). No exemplo atual, mantém-se as mesmas condições de temperatura e de pressão, entretanto se modifica o gás a ser inflado, o qual se trata do metano (que será identificado pelo subscrito II). É importante ressaltar que, no presente exercício, mantém-se a mesma pressão total, ou seja, aplica-se a terceira lei dos sopradores.

a) para a nova vazão (capacidade) de operação utilizar-se-á a Equação 4.41, ou

$$Q_{II} = Q_I \left(\frac{\gamma_I}{\gamma_{II}}\right)^{1/2} \qquad (1)$$

tendo em vista que o peso específico é definido por $\gamma = \rho g$ e sabendo que a aceleração gravitacional mantém-se constante, a Equação 1 é retomada como

$$Q_{II} = Q_I \left(\frac{\rho_I}{\rho_{II}}\right)^{1/2} \qquad (2)$$

Sabe-se que ρ_I = 1,2 kg/m^3, ρ_{II} = 0,72 kg/m^3, bem como, do Exemplo 4.1, Q_I = 6.900 m^3/h; resulta em (2)

$$Q_{II} = (6.900)\left(\frac{1,2}{0,72}\right)^{1/2} = 8.907,86\ \text{m}^3/\text{h} \qquad (3)$$

b) para a nova carga (altura), utiliza-se a Equação 4.39 sabendo, todavia, que a aceleração gravitacional é constante, ou

$$H_{II} = H_I \left(\frac{\rho_I}{\rho_{II}}\right) \qquad (4)$$

Qualquer que seja o fluido, a carga é definida como

$$H = \frac{p_T}{\gamma} = \frac{p_T}{\rho g} \qquad (5)$$

Levando (5) (para o ar) na Equação 4

$$H_{II} = \frac{(p_T)_I}{g\rho_{II}} \qquad (6)$$

Tendo em vista, do exemplo anterior, $(p_T)_I$ = 57 mmH_2O = 562,02 Pa, bem como g = 9,81 m/s^2 e ρ_{II} = 0,72 kg/m^3, tem-se na Equação 6

$$H_{II} = \frac{(562,02)}{(9,81)(0,72)} = 79,57\ \text{m} \qquad (7)$$

c) para o novo número de rotações do motor (em rpm), utiliza-se a Equação 4.40 sabendo, por sua vez, que a aceleração gravitacional é constante, ou

$$N_{II} = N_I \left(\frac{\rho_I}{\rho_{II}}\right)^{1/2} \qquad (8)$$

Sabendo que o valor do número de rotações do motor apresentado no exemplo anterior é igual a 800 rpm, bem como se conhecem ρ_I = 1,2 kg/m^3 e ρ_{II} = 0,72 kg/m^3, tem-se na Equação 8

$$N_{II} = (800)\left(\frac{1,2}{0,72}\right)^{1/2} = 1.032,80\ \text{rpm} \qquad (9)$$

4.7 Bibliografia consultada

Arcinco. **Como funcionam os compressores**. Disponível em: <www.arsinco.com.br/comofunccomp.htm>. Acesso em: 10 ago. 2010.

Bathie, W. W. **Fundamentals of gas turbines**. 2. ed. New York: John Wiley & Sons, Inc, 1996.

Cohen, H.; Rogers, G. F. C.; Saravanamuttoo, H. I. H. **Gas turbine theory**. 4. ed. Addison Wesley Longman Ltd, 1996.

Ferraz, F. **Compressores**. Disponível em: <http://fagnerferraz.files.wordpress.com/2010/10/compressores.pdf>. Acesso em: 28 maio 2010.

Foust, A. S.; Wenzel, L. A.; Clump, W. M.; Andersen, L. B. **Princípios das operações unitárias**. 6. ed. Rio de Janeiro: Livros Técnicos e Científicos, 1982.

Livingston, E. T. Build your working knowledge of process compressors, **Chemical Engineering Progress**, p. 27, fev. 1973.

McCabe, L. W.; Smith, J. C.; Harriott, P. **Unit operations of chemical engineering**. 5. ed. New York: McGraw-Hill, 1993.

Nebra, S. A. **Máquinas térmicas**. Disponível em: <www.fem.unicamp.br/~em672/aulas>. Acesso em: 15 maio 2008.

Perry, R. H.; Green, D. W. **Perry's chemical engineers' handbook**. 7. ed. New York: McGraw-Hill, 1999.

Sahdev, M. **Centrifugal pumps**: basics concepts of operations, maintenance, and troublesgooting, Part I. Disponível em: <www.maintenanceworld.com/Articles/engresource/centrifugalpumps.pdf>. Acesso em: 14 mar. 2009.

4.8 Nomenclatura

g	aceleração gravitacional; constante gravitacional	$[L \cdot T^{-2}]$
H	altura	$[L]$
h_L	perda de carga	$[L]$
M	massa molar	$[M \cdot \text{MOL}^{-1}]$
n	número de estágios	adimensional
N	número de rotação	$[T^{-1}]$
p	pressão exercida no fluido	$[M \cdot L^{-1} \cdot T^{-2}]$
Q	vazão volumétrica	$[L^3 \cdot T^{-1}]$
R	constante universal dos gases (unidades apropriadas)	–
T	temperatura	$[\theta]$
u	velocidade média	$[L \cdot T^{-1}]$
$\dot{W}$	trabalho	$[L^2 \cdot T^{-2}]$

$\dot{W}_S$	potência de instalação do soprador	$[M \cdot L^2 \cdot T^{-3}]$
$\dot{W}_u$	potência útil	$[M \cdot L^2 \cdot T^{-3}]$
z	cota, altura	$[L]$

Letras gregas

γ	peso específico	$[M \cdot L^{-2} \cdot T^{-2}]$
η	rendimento	adimensional
ρ	densidade, massa específica	$[M \cdot L^{-3}]$

Subscritos

D	descarga
E	estática
eixo	potência no eixo
ele	potência elétrica
mec	potência mecânica
S	descarga
série	sistema de bombas em série
T	total
V	dinâmica
vol	potência volumétrica
1, 2	cotas
I, II, III	casos I, II e III, respectivamente

Capítulo 5

Agitação e mistura

5.1 Introdução

A operação de agitação refere-se à movimentação de líquidos e de pastas em tanques por meio de dispositivos, cujo objetivo reside, entre outros, no incremento das taxas de transferência de calor e de massa, bem como na facilitação da realização de reações químicas. Enquanto a agitação pode envolver o movimento de uma única fase, a mistura está associada à presença de mais de uma fase para reduzir a heterogeneidade entre fases e/ou características físico-químicas. Dessa maneira, pode ocorrer agitação sem mistura, desde que o líquido a ser processado seja uma substância pura. Já a mistura envolve, no mínimo, duas fases (ou dois líquidos). A agitação, por si só, refere-se à movimentação de uma determinada fase, usualmente, líquida. As técnicas de agitação e mistura são encontradas em diversos processos dentro de indústrias de transformação, principalmente, como equipamentos destinados à promoção de reações químicas, trocadores de calor e de massa, podendo-se citar: reatores CSTR; tanques de floculação; tanques de dissolução de ácidos, base; tanques de dispersão de gases; tanques de extração; tanques de retenção de produto em processamento.

5.2 Características de um tanque agitado

Tanques agitados são equipamentos destinados a promover a agitação e/ou mistura de meios monofásicos (meio líquido), bifásicos (líquido e sólido) ou mesmo trifásicos (meios líquido, sólido e gasoso). Além de um tanque ou reservatório, o sistema de agitação é composto por acessórios, feito aqueles ilustrados na Figura 5.1. Nesta figura, pode-se identificar (BARBOSA, 2004):

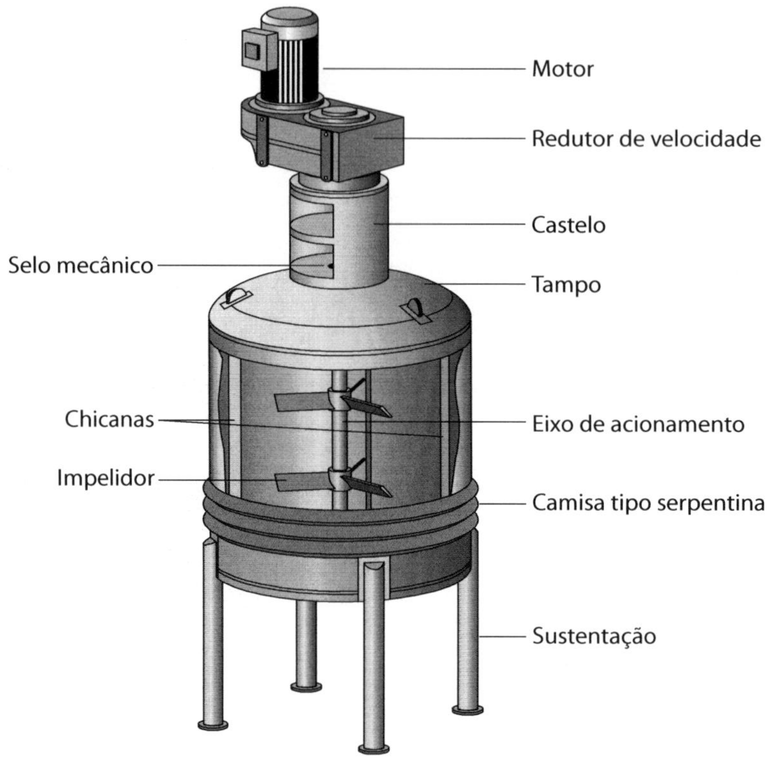

Figura 5.1 Representação de um tanque agitado (BARBOSA, 2004).

Tanque: trata-se de um reservatório normalmente cilíndrico. Quando este reservatório é pressurizado, além da parte cilíndrica, o equipamento é dotado de tampos ou calotas (normalmente abaulados).

Impelidores: trata-se do acessório responsável por transmitir movimento e, consequentemente, a mistura ao fluido.

Motorredutor: sistema de acionamento de agitação, usualmente composto por um motor (hidráulico ou elétrico) e um redutor de velocidade, de modo a impor a rotação exigida para a mistura.

Castelo: acessório empregado para suportar o conjunto motorredutor, bem como para acomodar o(s) mancal(is) e o sistema de vedação do tanque.

Camisas ou serpentinas: esse acessório é utilizado para manter a temperatura constante na operação.

Chicanas ou defletores: são acessórios (chapas) utilizados internamente no reservatório com o intuito de redirecionar o fluxo de mistura, eliminando o problema de vórtice.

Eixo de acionamento: acessório empregado para suportar e/ou dar resistência mecânica ao(s) impelidor(es), auxiliando na transmissão de movimento ao fluido.

Sustentação: acessórios que suportam o sistema de agitação.

A Figura 5.2 apresenta uma configuração típica de um tanque agitado, na qual:

H, altura do líquido no reservatório;
T, diâmetro do tanque;
h, distância entre o impelidor e o fundo do tanque;
D, diâmetro do impelidor;
W, altura da pá do impelidor;
L, largura da pá do impelidor;
B, largura da chicana;
N, número de rotações do impelidor.

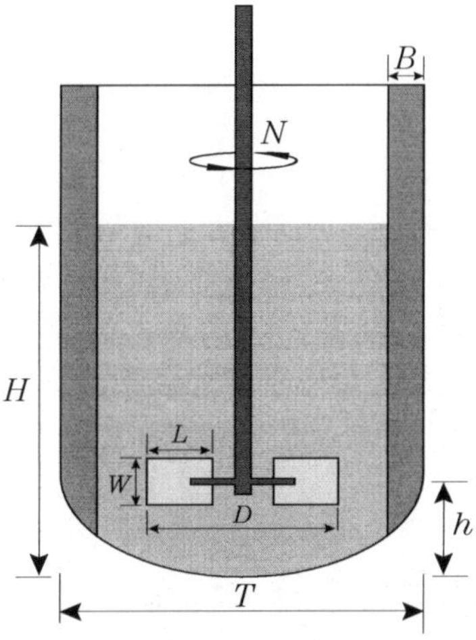

Figura 5.2 Característica de um tanque agitado com chicanas (baseada em CHEREMISINOFF, 2000).

O sistema de agitação, como apresentado, também pode ser enquadrado como sistema fluidomecânico na medida em que promove a movimentação da matéria, bem como da sua mistura, pela adição de energia ao meio considerado.

5.3 Padrões de fluxo

O padrão de fluxo ou de escoamento do líquido (ou mistura) em um tanque agitado depende da proporção geométrica e das características dos acessórios que o compõem (Figura 5.2). A velocidade do fluido possui três componentes: componente radial, Figura 5.3a, em que a direção de descarga do fluido, a partir do impelidor, coincide com a direção normal do eixo de acionamento. No fluxo radial o líquido é inicialmente direcionado para a parede do reservatório, ao longo do raio do tanque. A componente axial de velocidade, Figura 5.3b, é caracterizada por apresentar direção, do líquido, paralela ao eixo de acionamento. Nesse tipo de fluxo, o líquido é direcionado para a base do reator, ou seja, paralelo ao eixo do impelidor. A terceira componente de velocidade é a tangencial, Figura 5.3c, que propicia movimento circular ao redor do eixo de acionamento. Ressalte-se, entretanto, que, em maior ou menor grau, tais componentes coexistem simultaneamente, Figura 5.3d, e o predomínio de uma ou de outra componente deve-se, entre outros fatores, ao tipo de impelidor empregado na agitação.

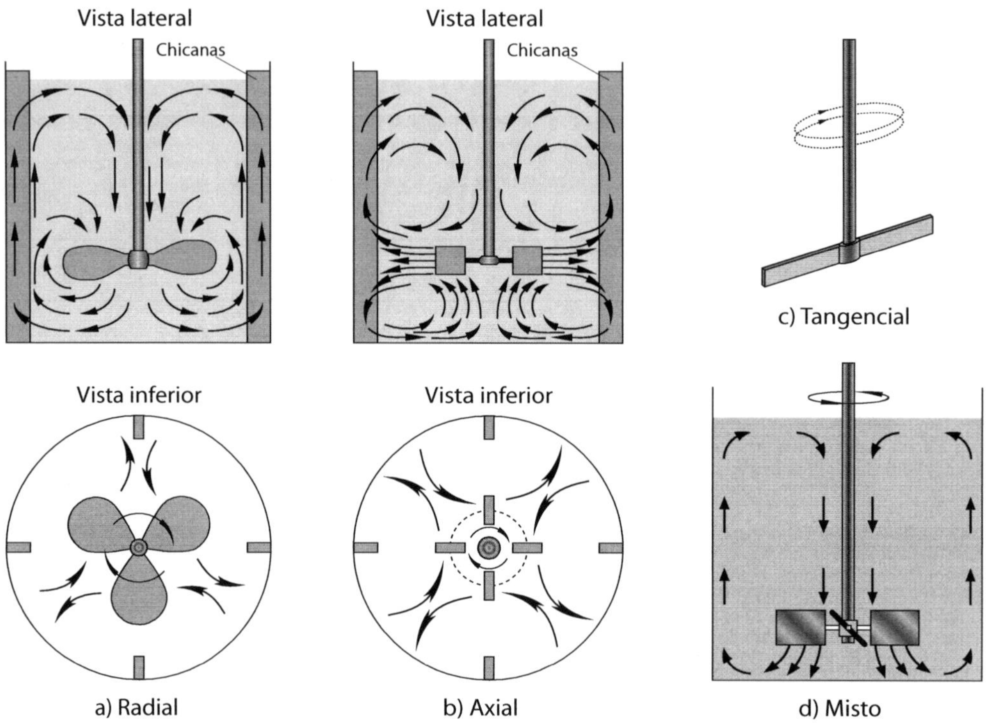

Figura 5.3 Padrões de escoamento (baseada em CHEREMISINOFF, 2000).

É importante mencionar que, em determinadas situações, a presença majoritária da componente tangencial de velocidade pode trazer desvantagens pois, ao apresentar trajetória circular propicia condições para o surgimento de vórtices, dificultando a mistura uniforme que, usualmente, se objetiva. Se existirem partículas sólidas, estas, em virtude da força centrífuga, são lançadas para fora do vórtice, concentrando-se junto à parede do tanque, em vez de uma mistura homogênea em todo o volume. A utilização de chicanas, além de trazer estabilidade mecânica para o sistema, minimiza o aparecimento de vórtices.

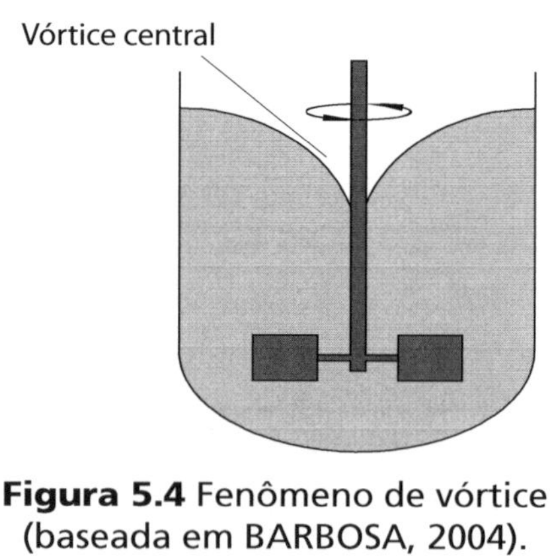

Figura 5.4 Fenômeno de vórtice (baseada em BARBOSA, 2004).

5.4 Tipos de impelidores

Conforme pode ser observado na Figura 5.2, todo o tanque agitado contém um ou mais impelidores, também conhecidos como impulsores ou agitadores ou misturadores. A principal função desse acessório é o de provocar a movimentação do fluido, ou seja, proporcionar a mistura desejada. Há diversos modos de classificação de impelidores, destacando-se por tipo de padrão de fluxo, como descrito na seção anterior, e por geometria. No que se refere à classificação de tipos de impelidores na dependência geométrica, têm-se:

a) *Turbinas*. Estes impelidores são caracterizados por um ângulo de inclinação com a vertical, nos quais as lâminas podem ser curvas. A ação de mistura se dá pela entrada e descarga de líquido pelas lâminas nas turbinas com fluxo radial que atinge as paredes do recipiente. Esse fluxo divide-se em correntes e provoca mistura em decorrência da sua energia cinética. Existem diversos tipos de turbinas, podendo-se citar:

a.1) *pás retas 90°*. Este tipo de impelidor provoca fluxo predominantemente *radial*, podendo ser de 4 pás ou mais (Figuras 5.5a e 5.5b) e são adequados para agitação de fluidos viscosos. Existem, também, aqueles em um disco contendo pás (4 e 6, usualmente 6 pás), conhecidas como turbina de Rushton e que está ilustrada na Figura 5.5c. Tais impelidores são adequados para agitação de fluidos poucos viscosos, dispersão de gases em líquidos, mistura de fluidos imiscíveis.

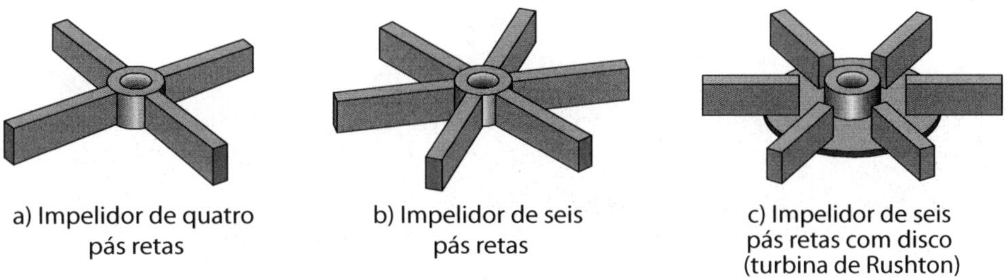

Figura 5.5 Impelidores tipo turbina de pás retas (baseada em BARBOSA, 2004).

a.2) *pás inclinadas*. Este tipo construtivo de impelidor provoca fluxo predominantemente axial, sendo útil ao se trabalhar com suspensão de sólidos. Nessa classe, encontram-se os impelidores que possuem pás dispostas em 45° com a horizontal (Figura 5.6a) e aqueles conhecidos como de alta eficiência ou *hydrofoil* (Figura 5.6b).

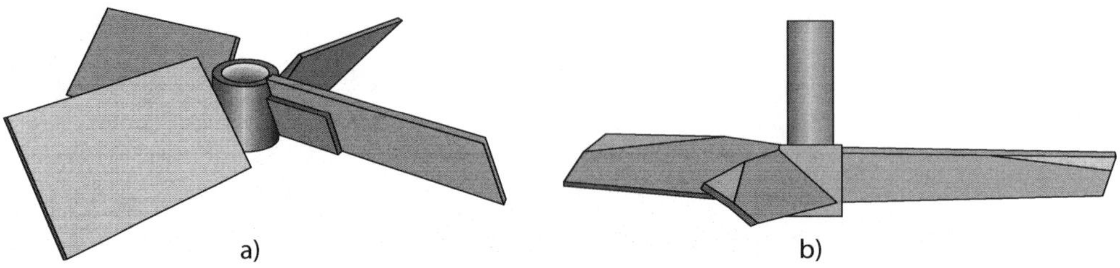

Figura 5.6 Impelidores tipo turbina de pás inclinadas:
a) impelidor de quatro pás inclinadas; b) *hydrofoil* (baseada em BARBOSA, 2004).

b) *Hélice*. Conhecido também como hélice naval, este tipo de impelidor é caracterizado por apresentar padrão de fluxo predominantemente axial. A hélice naval (Figura 5.7) transforma o movimento de rotação do motor em movimento linear (axial), promovendo bombeamento no interior do tanque, ocasionando menor tempo de mistura, quando comparado ao impelidor tipo turbina e pás. As desvantagens em relação às pás e às turbinas são o custo, a sensibilidade da operação em relação à geometria do recipiente e a sua localização dentro do tanque. O impelidor tipo hélice também se caracteriza por apresentar três parâmetros de projeto: o diâmetro, o passo e a rotação.

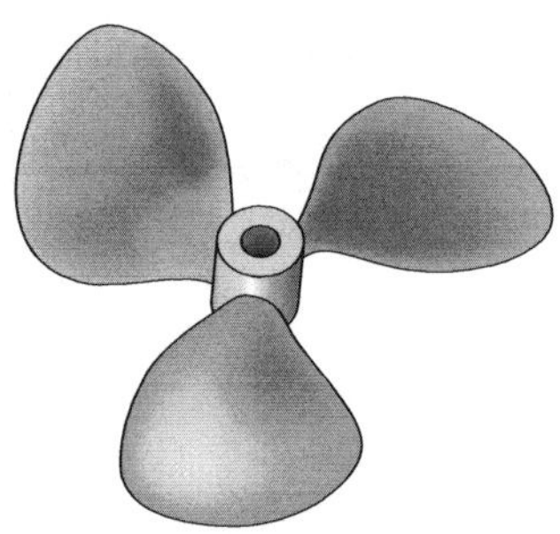

Figura 5.7 Impelidor tipo hélice naval (baseada em BARBOSA, 2004).

Este tipo de impelidor é indicado para a operação com emulsões que apresentam baixa viscosidade, em solubilizações e para reações químicas; sendo por outro lado, inadequadas para suspensões que sedimentam rapidamente e em tanques destinados à absorção de gases.

c) *Pás*. Misturadores do tipo pás constituem-se de duas ou mais lâminas na vertical. Suas principais vantagens são a simplicidade de construção e o baixo custo. A principal desvantagem é que há baixo fluxo axial. Alta taxa de mistura é alcançada apenas nas vizinhanças das pás. Entre os diversos tipos encontrados nessa classificação, estão:

c.1) *Impelidor tipo espiral dupla ou helical ribon* (Figura 5.8a). Este tipo de impelidor provoca o padrão de escoamento misto em virtude do movimento das pás, sendo que a interna impulsiona o fluido para baixo e a externa para cima. É utilizado para fluidos *newtonianos* de viscosidade elevada e para fluidos não newtonianos que apresentem alta consistência, como aqueles encontrados na indústria alimentícia. Opera com alta relação entre o diâmetro do impelidor em relação ao diâmetro do tanque (entre 0,90 e 0,95 D/T).

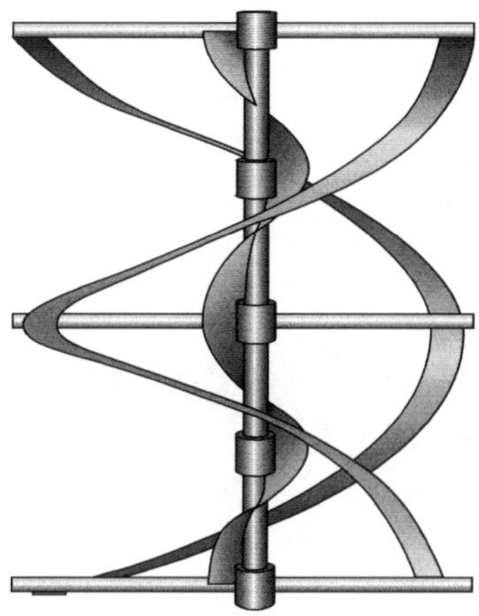

Figura 5.8a Impelidor tipo espiral dupla (baseada em BARBOSA, 2004).

c.2) *Impelidor tipo âncora* (Figura 5.8b). Este tipo de impelidor provoca o fluxo tangencial e, normalmente, utiliza raspadores. Assim como o impelidor tipo espiral dupla, é indicado quando se opera com fluidos que apresentam consistência elevada.

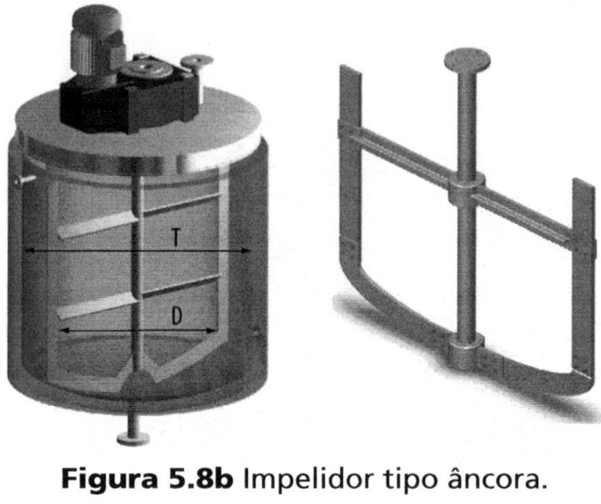

Figura 5.8b Impelidor tipo âncora.

A Tabela 5.1 apresenta informações úteis para o emprego dos impelidores em decorrência da viscosidade do fluido a ser agitado.

Tabela 5.1 Emprego de impelidores quanto à faixa de viscosidade do fluido a ser agitado

Tipo de impelidor	Faixa de viscosidade (cP)
Pás	$10^2 - 3{,}0 \times 10^4$
Turbina	$10^0 - 3{,}0 \times 10^4$
Hélice	$10^0 - 10^4$
Âncora	$10^2 - 2{,}0 \times 10^3$
Espiral dupla	$10^4 - 2{,}0 \times 10^6$

5.5 Potência de agitação

Pode-se imaginar o movimento do fluido decorrente da ação do impelidor em um tanque agitado qual sistema de escoamento horizontal e circular em que, após certo tempo, o fluido retorna ao mesmo ponto de partida (Figura 5.9). Tendo em vista a presença do trabalho agregado, $\dot{W}/g$, em razão da ação do impelidor, é possível descrever a equação de energia à semelhança daquelas utilizadas nas máquinas de fluxo (bombas e sopradores). Assim, a Equação 3.3 pode ser retomada como

$$z_1 + \frac{p_1}{\rho g} + \frac{u_1^2}{2} + \frac{\dot{W}}{g} = z_2 + \frac{p_2}{\rho g} + \frac{u_2^2}{2} + h_L \tag{5.1}$$

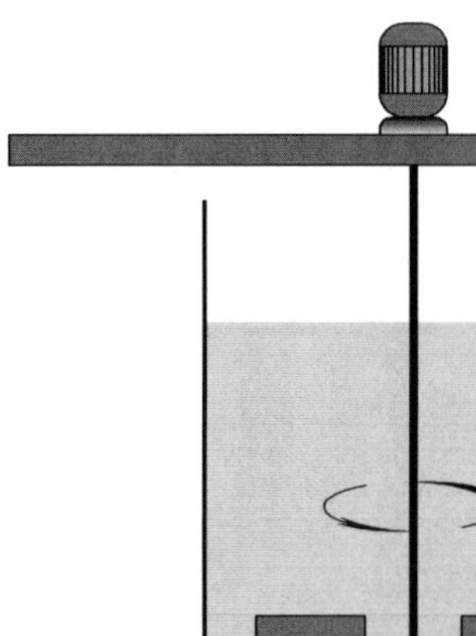

Figura 5.9 Agitador como máquina de fluxo.

Como $p_1 = p_2$, $u_1 = u_2$ e $z_1 = z_2$, tem-se que o trabalho agregado é

$$\dot{W} = gh_L \tag{5.2}$$

Supondo, para efeito de análise, que a perda de carga – em virtude da movimentação do fluido em um tanque agitado – possa ser expressa aos moldes da Equação 2.61, tem-se na Equação 5.2

$$\dot{W} = k_f \frac{u^2}{2} \tag{5.3}$$

Ao escrever a Equação 5.3 em termos de potência útil, $\dot{W}_u$, pode-se multiplicá-la pela vazão mássica de fluido,

$$\dot{W}_u = k_f \frac{u^2}{2} \rho u A_i \tag{5.4}$$

Substituindo a definição de área, $A_i = \pi D^2/4$, em que D, conforme ilustrado na Figura 5.2, é o diâmetro do impelidor, na Equação 5.4, esta é posta como

$$\dot{W}_u = \frac{\pi}{8} k_f \rho u^3 D^2 \tag{5.5}$$

Sabendo que a velocidade presente na Equação 5.5 é proporcional tanto ao diâmetro do impelidor quanto à sua rotação, N, na forma

$$u \propto ND \tag{5.6}$$

tem-se na Equação 5.5

$$\dot{W}_u \propto \frac{\pi}{8} k_f \rho N^3 D^5 \tag{5.7}$$

Identificando o número de potência, N_{Po}, na Equação 5.7, como

$$N_{Po} \equiv \frac{\pi}{8} k_f \tag{5.8}$$

resulta da Equação 5.7

$$\dot{W}_u = N_{Po} \rho N^3 D^5 \tag{5.9}$$

O número de potência, à semelhança do fator de atrito e do coeficiente de perda de carga localizada, representa o efeito de atrito em decorrência do nível de agitação do fluido e das características construtivas do tanque agitado. Por meio da Figura 5.10, de modo análogo ao *diagrama de Moody* (Figura 2.1), é possível obter o valor de N_{Po} em função do número de Reynolds do impelidor, o qual é definido por

$$\text{Re} = \frac{\rho N D^2}{\mu} \tag{5.10}$$

Na Figura 5.10, como no diagrama de Moddy, é possível identificar comportamentos de mistura aos regimes encontrados em escoamentos em tubulações, regimes laminar, de transição e turbulento, conforme ilustra a Figura 5.11. Observa-se, em tais figuras, que o regime laminar situa-se em uma faixa de Re < 10, em que $N_{Po} = k_L/\mathrm{Re}$, e uma região turbulenta na qual se verifica $N_{Po} = k_T$. Os valores das constantes dependem, sobretudo, das características construtivas do tanque de agitação, ressaltando a natureza do impelidor e da chicana.

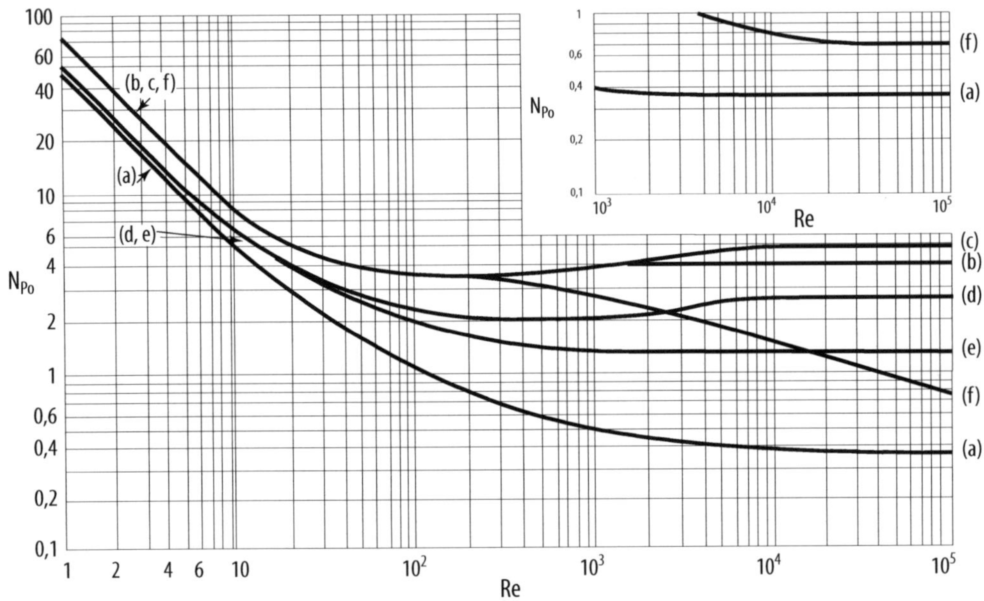

Figura 5.10 Número de potência para diversos impelidores do tipo turbina em função do número de Reynolds do impelidor para fluidos newtonianos: (a) hélice naval; (b) pás retas; (c) pás retas e disco (turbina de Rushton), W/D = 0,2; (d) pás encurvadas, W/D = 1/8; (e) pás inclinadas com passo de 45° e W/D = 1/8; (f) pás retas sem chicanas (baseada em TREYBAL, 1980).

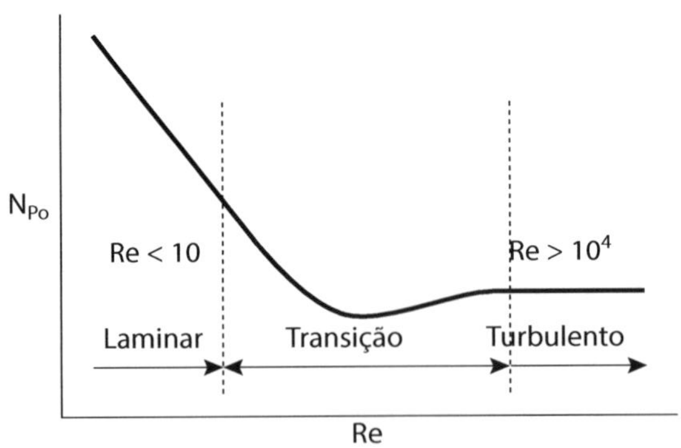

Figura 5.11 Regimes característicos de mistura (baseada em BARBOSA, 2004).

Exemplo 5.1

A crise energética mundial e a preservação do meio ambiente direcionam a atenção da sociedade para fontes renováveis de energia. Entre elas, o biodiesel encontra-se como alternativa viável, uma vez que pode ser utilizado como substituinte ao óleo diesel fóssil. Pode-se utilizar o biodiesel como combustível e como aditivo para combustíveis, bem como ser usado puro a 100% (B100), em mistura com o diesel de petróleo (B20), ou em uma baixa proporção como aditivo de 1% a 5%. O biodiesel é definido como sendo um monoalquil éster de ácidos graxos, derivado de biomassa renovável, obtido, usualmente, por meio da reação catalítica de transesterificação em que ocorre a transformação de triglicerídeos em moléculas menores de ésteres de ácidos graxos, possuindo características similares às do combustível fóssil. Ressalte-se que as variedades de biomassa com potencial para produção de biodiesel são variadas, podendo-se citar: amendoim, algodão, mamona, soja, girassol, gergelim, canola, dendê, babaçu, palma. Dada a importância tecnológica da aplicação do biodiesel, considere a situação em que se deseja utilizar, para a homogeneização de um determinado biodiesel (ν = 3,5 cSt, ρ = 0,88 g/cm^3), um tanque de agitação que apresenta as seguintes características, D = 60 cm; T = 180 cm; h = 60 cm; H = 180 cm; N = 30 rpm. Estime o valor da potência consumida pelo sistema de agitação, assumindo que o tanque apresenta turbina de seis pás retas e: (a) quatro chicanas; (b) sem chicanas.

Solução

Verifica-se que foram fornecidas as dimensões do sistema de agitação, bem como o número de rotações do impelidor. Dessa maneira, em ambos os itens, a solução advém da utilização da Equação 5.9, ou

$$\dot{W}_u = N_{Po}\rho N^3 D^5 \qquad (1)$$

Foram fornecidos ρ = 0,88 g/cm^3, N = 30 rpm = 0,5 rps; e D = 60 cm, os quais, substituídos na Equação 1 resultam em

$$\dot{W}_u = (0{,}88) \times (0{,}5)^3 \times (60)^5 \times N_{Po} = 8{,}554 \times 10^7 \times N_{Po} \text{ (erg/s)} \qquad (2)$$

Há de se notar que a obtenção do valor da potência depende do valor do número de Reynolds. Este valor, por sua vez, depende das características do sistema de agitação e pode ser obtido por intermédio da utilização da Figura 5.10. Independentemente de o tanque conter ou não chicanas, para utilizar tal figura, torna-se necessário conhecer o valor do número de Reynolds do impelidor, Equação 5.10, aqui retomado como

$$\text{Re} = \frac{ND^2}{\nu} \qquad (3)$$

Como N = 30 rpm = 0,5 rps; D = 60 cm e ν = 3,5 cSt = 0,035 cm^2/s, substituem-se esses valores na Equação 3

$$\text{Re} = \frac{(0{,}5)(60)^2}{(0{,}035)} = 5{,}143 \times 10^4 \qquad (4)$$

A partir do resultado (4), tem-se:

a) tanque de agitação com quatro chicanas e impelidor tipo turbina de seis pás retas.

Neste caso, utiliza-se a Figura (5.10), considerando nesta a curva (b). Com o valor de Re = 5,143 × 10^4 na abscissa dessa figura, obtém-se o valor do número de potência, na ordenada, conforme ilustra a Figura 1 deste exemplo, igual a

$$N_{Po} = 4{,}0 \tag{5}$$

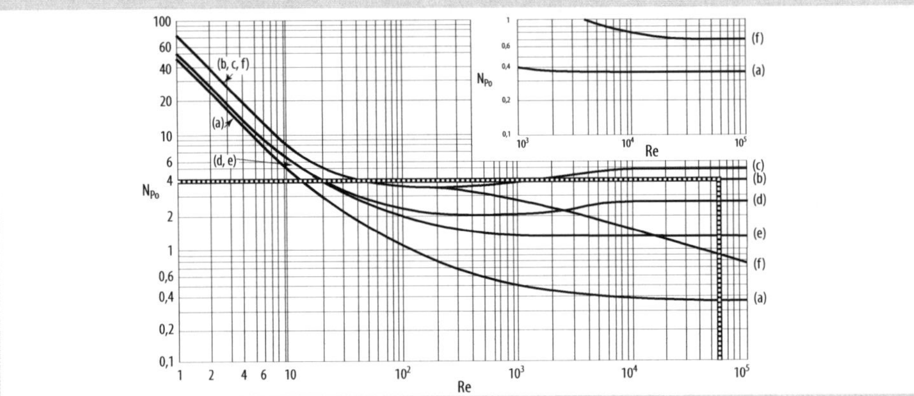

Figura 1 Solução do item (a) do Exemplo 5.1.

Substituindo-se o resultado (5) na Equação 2, chega-se a

$$\dot{W}_u = (8{,}554 \times 10^7)(4) = 34{,}216 \times 10^7 \text{ erg/s} = 34{,}216 \text{ W} \tag{6}$$

b) tanque de agitação sem chicanas e impelidor tipo turbina de seis pás retas. Neste caso, utiliza-se o gráfico menor da Figura (5.10), considerando nesta a curva (f). Com o valor de Re = 5,143 × 10^4 na abscissa dessa figura, obtém-se o valor do número de potência, na ordenada, conforme ilustra a Figura 2 deste exemplo, igual a

$$N_{Po} = 0{,}90 \tag{7}$$

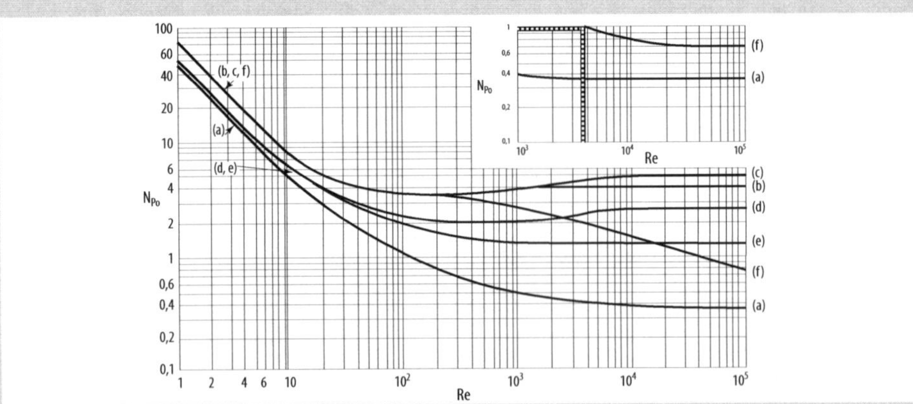

Figura 2 Solução do item (b) do Exemplo 5.1.

Levando o resultado (7) na Equação 2, resulta

$$\dot{W}_u = (8{,}554 \times 10^7)(0{,}9) = 7{,}699 \times 10^7 \text{ erg/s} = 7{,}699 \text{ W} \quad (8)$$

Observe que o uso de chicanas aumenta pouco mais de quatro vezes o valor da potência utilizada para o sistema de agitação.

5.6 Níveis de agitação

O nível de agitação de um fluido, N_A, é definido pela relação potência/volume de agitação, cuja escala, em termos de (HP/m^3) é de 0 a 4, conforme ilustra a Tabela 5.2. Define-se, portanto, o nível de agitação como

$$N_A = \frac{\dot{W}_u}{V_\ell} \quad (5.11)$$

sendo V_ℓ o volume de líquido a ser agitado.

Tabela 5.2 Nível de agitação

N_A (HP/m^3)	Nível de agitação
até 0,1	Débil
0,1 – 0,3	Suave
0,3 – 0,6	Média
0,6 – 1,0	Forte
1,0 – 2,0	Intensa
2,0 – 3,0	Muito forte
3,0 – 4,0	Muito intensa

O volume de líquido a ser agitado, na situação apresentada, está associado à vazão volumétrica de bombeamento, Q_p, e ao tempo de mistura, τ, segundo

$$V_\ell \propto \tau Q_p \quad (5.12)$$

em que o tempo de mistura, τ, está afeito à medida de tempo requerido para misturar líquidos miscíveis no volume do tanque agitado. O tempo de mistura é obtido a partir do conhecimento do número de mistura, N_τ, este definido como

$$N_\tau \equiv \tau N \quad (5.13)$$

O valor do número de mistura, assim como o valor do número de potência, depende das características do tanque agitado, especialmente do tipo de impelidor. A Figura (5.12) apresenta a dependência desse número com o número de Reynolds do impelidor, Equação 5.10, para alguns tipos de impelidores. Verifica-se, na situação em que N_τ venha a ser constante, que o tempo de mistura é inversamente proporcional à velocidade de rotação do impelidor.

Já a vazão volumétrica de bombeamento, Q_p, é diretamente proporcional à velocidade do fluido, u, no tanque agitado, bem como da área do impelidor, A_i, por meio de

$$Q_p \propto uA_i \tag{5.14}$$

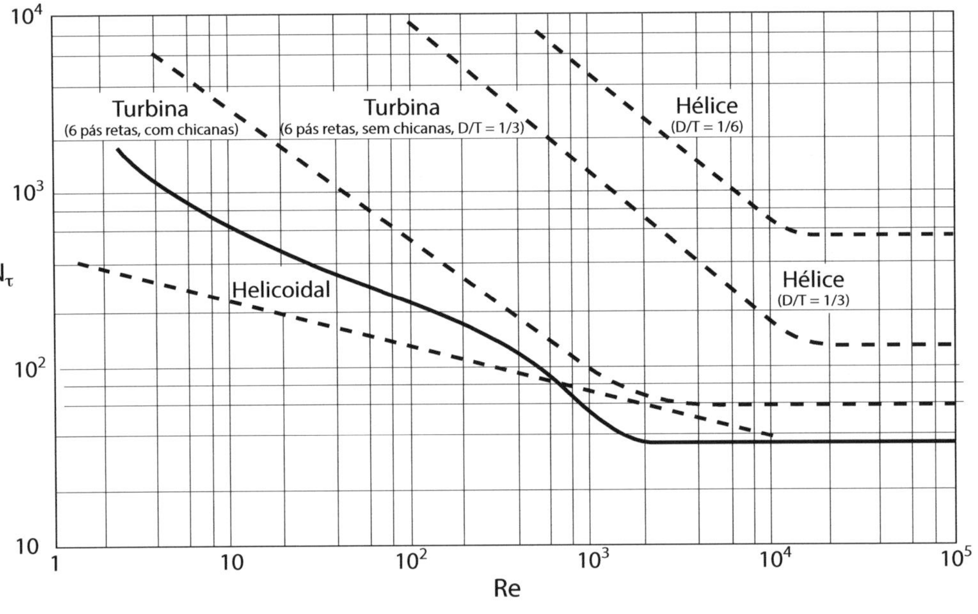

Figura 5.12 Número de mistura em função do número de Reynolds do impelidor para alguns impelidores (baseada em McCABE et al., 1993).

Tendo em vista que $A_i \propto D^2$, pode-se substituir esta relação em conjunto com a relação (5.6) na proporcionalidade (5.14), resultando em

$$Q_p \propto ND^3 \tag{5.15}$$

De modo a tornar a expressão (5.14) uma igualdade, inclui-se a constante de proporcionalidade, N_q, a qual se refere ao número de bombeamento, ou

$$Q_p = N_q N D^3 \tag{5.16}$$

O valor do número de bombeamento depende das características do tanque agitado. A Figura (5.13) apresenta a dependência desse número com o número de Reynolds do impelidor, Equação 5.10, para diversas relações entre o diâmetro do impelidor, D, e o diâmetro do tanque agitado, T. Há de se notar, finalmente, que o nível de agitação pode ser expresso por meio dos números de potência, de mistura e de bombeamento. Para tanto, basta substituir as definições (5.9), (5.13) e (5.16), na definição (5.11), obtendo-se

$$N_A \propto \rho \left(\frac{N_{Po}}{N_\tau N_q} \right) N^3 D^2 \tag{5.17}$$

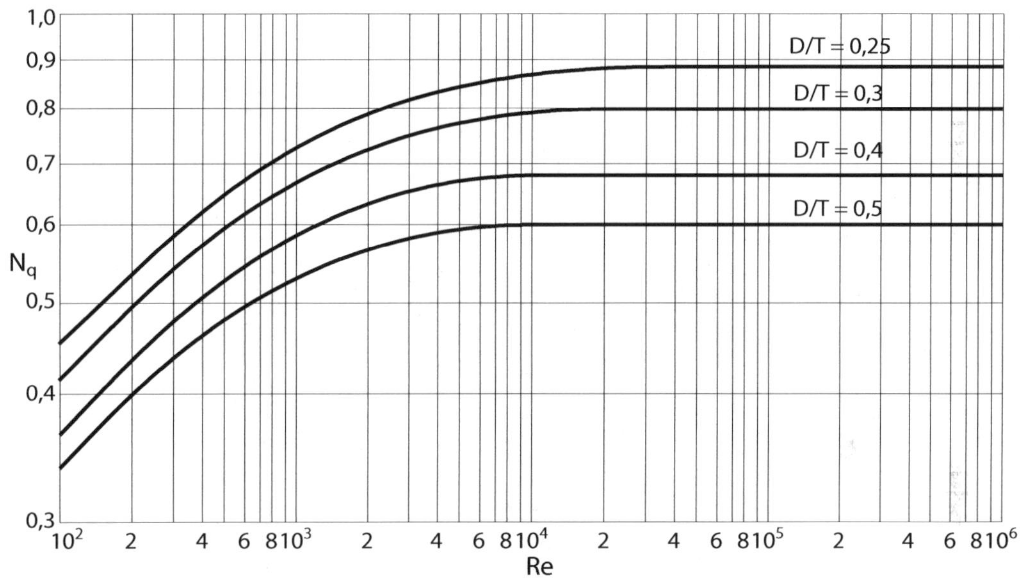

Figura 5.13 Número de bombeamento em função do número de Reynolds do impelidor, para algumas relações D/T para turbinas de pás inclinadas de 45° com chicanas (baseada em CHEREMISINOFF, 2000).

5.7 Fatores de correção no projeto de sistemas de agitação

a) Quando existe mais de um impelidor no eixo (Figura 5.14), em que $h \cong T$, sendo h a distância entre os impelidores, a potência útil é dada por

$$\dot{W}_T = n\dot{W}_u \tag{5.18}$$

em que n é o número de impelidores e $\dot{W}_u$ é a potência de um impelidor, cujo valor advém da Equação 5.9 para agitadores de medidas padrão.

b) Quando o tanque de agitação e o impelidor têm medidas diferentes das medidas padrão, utiliza-se um fator de correção, φ, da forma como se segue

$$\dot{W}_{\text{nova}} = \varphi \dot{W}_u \tag{5.19}$$

em que $\dot{W}_u$ é potência de um agitador de medidas padrão; e o fator de correção obtido de

$$\varphi = \left[\frac{(T/D)_{\text{nova}}(H/D)_{\text{nova}}}{(T/D)_{\text{padrão}}(H/D)_{\text{padrão}}} \right]^{1/2} \tag{5.20}$$

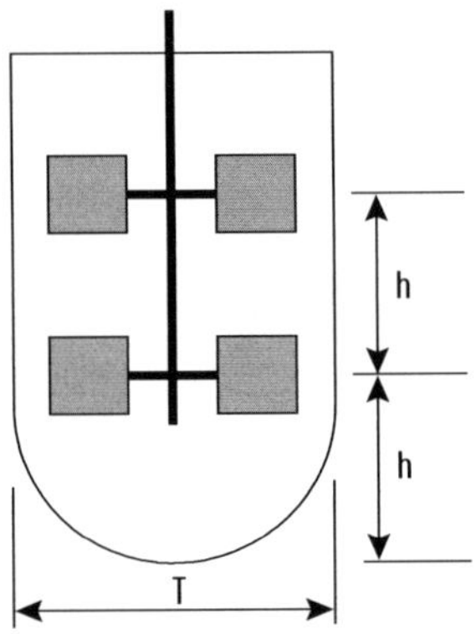

Figura 5.14 Tanque com mais de um impelidor.

Sendo as medidas padrão, conforme representadas na Figura 5.2:

Número de chicana = 4

$$\frac{D}{T} = \frac{1}{3}; \quad \frac{h}{D} = 1; \quad \frac{H}{T} = 1; \quad \frac{B}{T} = \frac{1}{10}$$

$$\frac{W}{D} = 0{,}2 \quad \text{e} \quad \frac{L}{D} = 0{,}25 \text{ para turbinas}$$

$$\frac{W}{D} = 0{,}25 \text{ para pás}$$

$$\frac{W}{D} = 0{,}20 - 0{,}25 \text{ para hélices}$$

c) Quando o sistema é gaseificado, ou seja, na existência de borbulhamento de gás em um tanque agitado. Recomenda-se, neste caso, as relações geométricas: h/T = 0,6; H/T = 1,2; B/T = 1/12, mantendo-se as demais proporções apresentadas no item b. Nessa situação, a potência dissipada é reduzida, conforme ilustra a Figura 5.15.

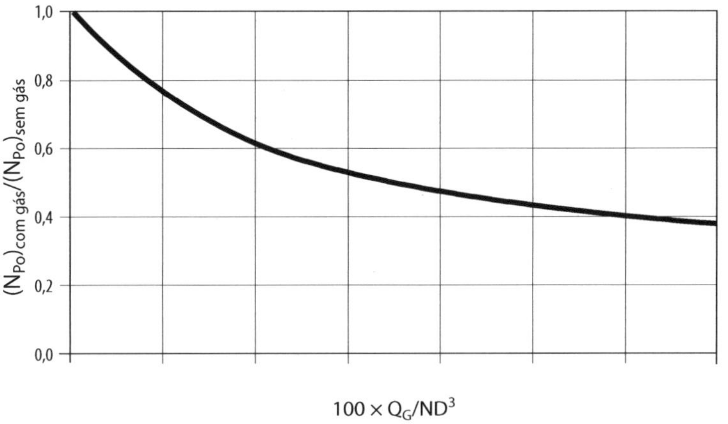

Figura 5.15 Potência dissipada em função da vazão de borbulhamento do gás para turbinas; Q_G é vazão volumétrica de injeção de gás (baseada em TREYBAL, 1980).

Exemplo 5.2

Deseja-se avaliar um sistema de agitação destinado à oxidação de matéria orgânica de um efluente que apresenta massa específica igual a 1,1 g/cm^3 e viscosidade dinâmica igual a 50 cP. Conhecendo-se a capacidade de descarga do impelidor, que é igual a 0,02 m^3/s, e a vazão requerida de ar igual a 300 cm^3/s, pede-se:

a) projete o sistema de agitação, utilizando um impelidor do tipo turbina de pás inclinadas de 45° para um tanque de 100 litros considerando-o em medidas padrão de modo que o seu volume venha ser 20% maior do que o volume do líquido a ser agitado.

b) obtenha o valor da potência útil de agitação referente ao sistema projetado no item anterior, assim como verifique o nível de agitação.

Solução

a) Considerando a Figura 5.2, pode-se escrever que o volume do líquido é obtido de

$$V_\ell = \frac{\pi}{4} T^2 H \tag{1}$$

Tendo em vista que o sistema é gaseificado, sabe-se que $H/T = 1{,}2$, ao substitui-lo na Equação 1, resulta em

$$V_\ell = 0{,}3\ \pi T^3 \tag{2}$$

Informou-se que volume do tanque de agitação, V, é igual a 100 litros ($1{,}0 \times 10^5$ cm^3) e é 20% maior do que o volume do líquido a ser agitado ou seja, $V = 1{,}2\ V_\ell$ que, levado à Equação 2, fornece

$$V = 0{,}36\ \pi T^3 = 1{,}0 \times 10^5 \tag{3}$$

O diâmetro do tanque será

$$T = 44{,}55 \text{ cm} \tag{4}$$

que em termos construtivos,

$$T = 45 \text{ cm} \tag{5}$$

A Tabela 1 apresenta os resultados obtidos considerando-se as medidas padrão no caso de tanque agitado com borbulhamento de ar.

Tabela 1 Dimensões características para o tanque de agitação referente ao Exemplo 5.2

Dimensões	Relações geométricas	Valores de projeto
Altura do líquido no tanque	$H = 1{,}2 \times T$	$H = 54$ cm
Distância entre o impelidor e o fundo do tanque	$h = 0{,}6 \times T$	$H = 27$ cm
Diâmetro do impelidor	$D = \frac{1}{3} \times T$	$D = 15$ cm
Altura da pá do impelidor	$W = 0{,}20 \times D$	$W = 3$ cm
Largura da pá do impelidor	$L = 0{,}25 \times D$	$L = 3{,}75$ cm ~ 4 cm
Largura da chicana	$B = \frac{1}{12} \times T$	$B = 3{,}75$ cm ~ 4 cm
Número de chicanas	Medida padrão	$n = 4$

b) Verifica-se, por inspeção da Tabela 1, que foram fornecidas as dimensões do sistema de agitação. Dessa maneira, a potência útil advém da utilização da Equação 5.9, ou

$$\dot{W}_u = N_{Po}\,\rho N^3 D^5 \tag{6}$$

Nota-se na Equação 6 que o valor do número de rotação, N, do impelidor não é conhecido. Todavia, conhece-se a capacidade de descarga do impelidor que é igual a 0,02 m^3/s ($2{,}0 \times 10^4$ cm^3/s), a qual se relaciona com o número de bombeamento por meio da Equação 5.16, ou

$$Q_p = N_q N D^3 \tag{7}$$

De igual modo à Equação 6, na Equação 7 também se desconhece o valor de N que, por sua vez, está associado ao número de Reynolds do impelidor por intermédio da Equação 5.10, ou

$$\text{Re} = \frac{\rho N D^2}{\mu} \tag{8}$$

Observa-se que valores para o número de Reynolds do impelidor encontram-se nas abscissas das Figuras 5.10 e 5.13, utilizadas para a determinação dos números de potência e de bombeamento, respectivamente. A solução, portanto, para este item dá-se pelo método da tentativa e erro. Ou seja, atribui-se um valor para N, calcula-se o valor de Re por meio da Equação 8 e, à primeira vista, utiliza-se a Figura 5.10 para a obtenção do N_{Po}, advindo da ordenada de tal figura. Contudo, ao se inspecionar a ordenada da Figura 5.10, Equação 6, constatam-se duas incógnitas: o próprio N, assim como $\dot{W}_u$. Por outro lado, ao se utilizar a Figura 5.13 o valor encontrado na ordenada será o número de bombeamento, Equação 7, em que $Q_p = 2{,}0 \times 10^4$ cm³/s. Assim, portanto, recalcula-se o valor de N e o compara com o valor de N anteriormente atribuído. Tendo em vista que $D = 15$ cm; $\mu = 50$ cP $= 0{,}5$ g/cm · s, e $\rho = 1{,}1$ g/cm³, tem-se nas Equações 8 e 7, respectivamente

$$\text{Re} = \frac{(1{,}1)(15)^2}{(0{,}5)} N = 495 \times N \tag{9}$$

sendo:

$$N = \frac{Q_p}{N_q D^3} = \frac{\left(2{,}0 \times 10^4\right)}{(15)^3}\frac{1}{N_q} = \frac{5{,}926}{N_q} \tag{10}$$

A Tabela 2 apresenta as iterações referentes a este item. Já a Figura 1 ilustra o resultado final.

Tabela 2 Iterações para a estimativa do valor do número de rotações do Exemplo 5.2

Iteração	N (rps)	Re = 495 × N	N_q (Figura 5.13, curva D/T = 1/3)	$N_{novo} = 5{,}926/N_q$
1	1	495,00	0,570	10,40
2	10,40	5.148,00	0,720	8,73
3	8,73	4.331,35	0,715	8,29
4	8,29	4.103,615	0,714	8,30
5	8,30	4.108,5	0,714	8,30

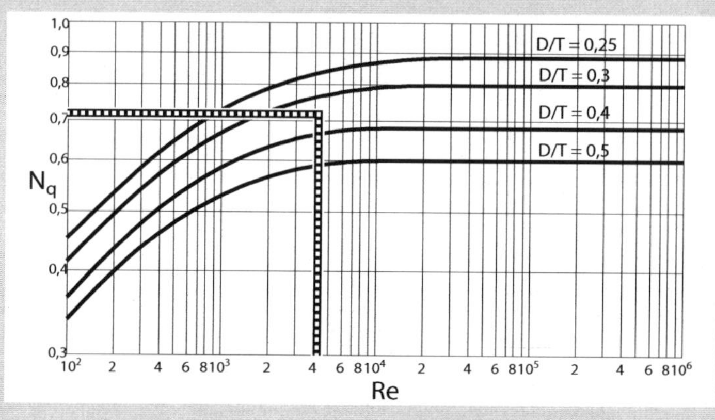

Figura 1 Solução do item (b) do Exemplo 5.2.

Os números de rotação, de Reynolds do impelidor e de bombeamento são, respectivamente,

$$N = 8{,}30 \text{ rps} \quad (11)$$

$$\text{Re} = 4.108{,}5 \quad (12)$$

$$N_q = 0{,}714 \quad (13)$$

De posse do valor do número de Reynolds do impelidor, Equação 12, utiliza-o na abscissa da Figura 5.10, curva (e) (considerando-a válida para a presente situação), de modo a obter, na ordenada dessa figura, o valor do número de potência para o sistema de agitação não borbulhado, conforme ilustra a Figura 2. O valor encontrado para o número de potência é

$$N_{Po} = 1{,}4 \quad (14)$$

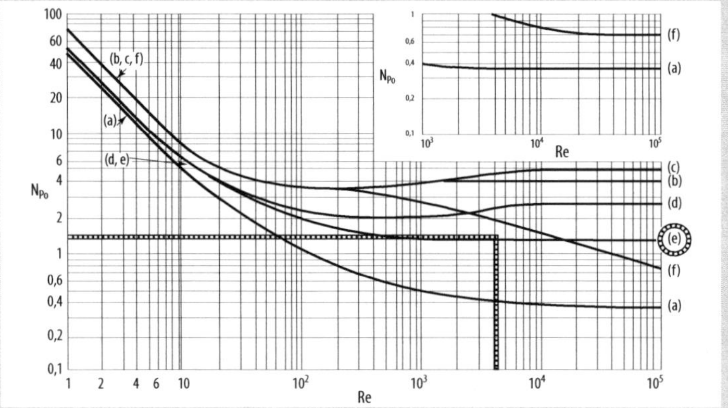

Figura 2 Obtenção do N_{Po} do Exemplo 5.2.

A potência útil, neste exemplo, refere-se ao sistema gaseificado. Em tal situação, torna-se necessária a correção do número de potência utilizando-se, por exemplo, a Figura 5.15. Nessa figura, a abscissa é obtida por intermédio de

$$x = 100 \times \frac{Q_G}{ND^3} \quad (15)$$

Tendo em vista que $Q_G = 300$ cm^3/s, $N = 8{,}3$ rps e $D = 15$ cm, tem-se em (15):

$$x = 100 \times \frac{(300)}{(8{,}3)(15)^3} = 1{,}07 \quad (16)$$

Utilizando-se o valor (16) na Figura 5.15, obtém-se a razão entre o número de potência com a injeção de ar e aquele sem injeção de ar igual a Figura 3

$$\frac{\left(N_{Po}\right)_{\text{com gás}}}{\left(N_{Po}\right)_{\text{sem gás}}} = 0{,}89 \quad (17)$$

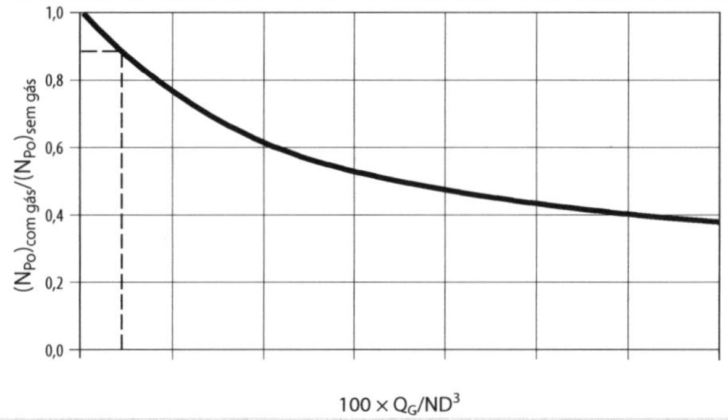

Figura 3 Obtenção do N_{Po} para o sistema gaseificado do Exemplo 5.2.

O valor do número de potência do sistema gaseificado será obtido substituindo (14) na Equação 17 de onde resulta

$$(N_{Po})_{\text{com gás}} = (0{,}89)(1{,}4) = 1{,}246 \tag{18}$$

O valor da potência útil é obtido após substituir os valores (11), (20), D = 15 cm e ρ = 1,1 g/cm³ na Equação 6

$$\dot{W}_u = 1{,}246 \times (1{,}1) \times (8{,}3)^3 \times (15)^5 = 5{,}951 \times 10^8 \text{ g} \cdot \text{cm}^2/\text{s}^3$$

ou

$$\dot{W}_u = 59{,}51\ W = 0{,}0796 \text{ HP} \tag{19}$$

O valor do nível de agitação do sistema advém da Equação 5.14, ou

$$N_A = \frac{\dot{W}_u}{V_\ell} \tag{20}$$

Sabendo que $V = 1{,}2\ V_\ell$ e V = 100 litros = 0,1 m³, tem-se V_ℓ = 0,0833 m³ que substituído em conjunto com $\dot{W}_u$ = 0,0796 HP na Equação 20, resulta em

$$N_A = \frac{(0{,}0796)}{(0{,}0833)} = 0{,}956 \text{ HP/m}^3 \tag{21}$$

Observa-se por inspeção da Tabela 5.2 que o nível de agitação é considerado *forte*.

5.8 Ampliação de escala

No desenvolvimento de processos precisa-se passar da escala de laboratório para a escala de planta piloto. As condições que tiveram sucesso na escala menor devem ser mantidas no tamanho maior, além de ser conservada a mesma proporcionalidade geométrica (semelhança geométrica). Para a ampliação de escala, podem sem adotados os seguintes critérios, os quais dependerão do objetivo da operação de agitação.

5.8.1 Semelhança geométrica

Considerando-se as grandezas físicas presentes na Figura 5.2 e tendo como base o diâmetro do impelidor, têm-se as seguintes relações entre o modelo (subscrito 1) e o protótipo (subscrito 2)

$$\left(\frac{T}{D}\right)_1 = \left(\frac{T}{D}\right)_2; \quad \left(\frac{H}{D}\right)_1 = \left(\frac{H}{D}\right)_2; \quad \left(\frac{h}{D}\right)_1 = \left(\frac{h}{D}\right)_2;$$

$$\left(\frac{B}{D}\right)_1 = \left(\frac{B}{D}\right)_2; \quad \left(\frac{W}{D}\right)_1 = \left(\frac{W}{D}\right)_2; \quad \left(\frac{L}{D}\right)_1 = \left(\frac{L}{D}\right)_2$$

5.8.2 Semelhança fluidodinâmica

Obedecida a semelhança geométrica, ou seja, mantendo-se o mesmo tipo de agitador, outro critério trata-se da semelhança fluidodinâmica, a qual envolve o comportamento de mistura, traduzida nos regimes apresentados na Figura 5.11.

Regime laminar

$$N_{Po} = \frac{k_L}{\text{Re}} \tag{5.21}$$

ou

$$k_L = \text{Re}\, N_{Po} \tag{5.22}$$

Como se trata do mesmo tipo de agitador

$$(k_L)_1 = (k_L)_2 \tag{5.23}$$

Substituindo a Equação 5.22 na Equação 5.23

$$(\text{Re}\, N_{Po})_1 = (\text{Re}\, N_{Po})_2 \tag{5.24}$$

Identificando as definições (5.9) e (5.10) na igualdade (5.24)

$$\left(\frac{1}{\mu}\frac{\dot{W}_u}{N^2 D^3}\right)_1 = \left(\frac{1}{\mu}\frac{\dot{W}_u}{N^2 D^3}\right)_2 \tag{5.25}$$

No caso de o fluido de trabalho não ser alterado,

$$\left(\frac{\dot{W}_u}{N^2 D^3}\right)_1 = \left(\frac{\dot{W}_u}{N^2 D^3}\right)_2 \tag{5.26}$$

Regime turbulento

$$N_{Po} = k_T \tag{5.27}$$

Como se trata do mesmo tipo de agitador

$$(k_T)_1 = (k_T)_2 \tag{5.28}$$

Identificando as Equações (5.9) e (5.27) na igualdade (5.28)

$$\left(\frac{\dot{W}_u}{\rho N^3 D^5}\right)_1 = \left(\frac{\dot{W}_u}{\rho N^3 D^5}\right)_2 \tag{5.29}$$

Na situação de o fluido de trabalho não ser alterado, a igualdade (5.29) é simplificada para

$$\left(\frac{\dot{W}_u}{N^3 D^5}\right)_1 = \left(\frac{\dot{W}_u}{N^3 D^5}\right)_2 \tag{5.30}$$

5.8.3 Manutenção do nível de agitação

Nesta categoria, a ampliação de escala é baseada na manutenção da intensidade de agitação entre as situações 1 e 2, ou

$$(N_A)_1 = (N_A)_2 \tag{5.31}$$

Trazendo a Equação 5.11 na Equação 5.31, tem-se

$$\left(\frac{\dot{W}_u}{V_\ell}\right)_1 = \left(\frac{\dot{W}_u}{V_\ell}\right)_2 \tag{5.32}$$

Tendo como base a Figura 5.2, o volume do líquido a ser agitado é, tanto para o modelo quando para o protótipo,

$$V_\ell = \frac{\pi T^2}{4} H \tag{5.33}$$

Substituindo as definições (5.9) e (5.33) na igualdade (5.32), resulta em

$$\left(\rho \frac{N_{Po} N^2 D^3}{T^2 H}\right)_1 = \left(\rho \frac{N_{Po} N^2 D^3}{T^2 H}\right)_2 \tag{5.34}$$

No caso de o regime ser *laminar*, pode-se substituir a Equação 5.21 na Equação 5.34, bem como identificando a definição (5.10) e a igualdade (5.23) no resultado obtido, chega-se a

$$\left(\mu \frac{N^2 D^3}{T^2 H}\right)_1 = \left(\mu \frac{N^2 D^3}{T^2 H}\right)_2 \tag{5.35}$$

Rearranjando a igualdade (5.35),

$$\left[\mu\frac{N^2}{(T/D)^2(H/D)}\right]_1 = \left[\mu\frac{N^2}{(T/D)^2(H/D)}\right]_2 \tag{5.36}$$

Identificando as semelhanças geométricas na igualdade (5.36), esta é retomada tal como se segue

$$(\mu N^2)_1 = (\mu N^2)_2 \tag{5.37}$$

Simplificando a igualdade (5.36) para o mesmo fluido de trabalho, tem-se

$$(N)_1 = (N)_2 \tag{5.38}$$

Para o regime *turbulento*, substitui-se a Equação 5.27 na Equação 5.34, bem como identificando a definição (5.10) e a igualdade (5.23) no resultado obtido, chega-se a

$$\left(\rho\frac{k_T N^3 D^5}{T^2 H}\right)_1 = \left(\rho\frac{k_T N^3 D^5}{T^2 H}\right)_2 \tag{5.39}$$

Identificando a igualdade (5.28) na igualdade (5.39),

$$\left(\rho\frac{N^3 D^5}{T^2 H}\right)_1 = \left(\rho\frac{N^3 D^5}{T^2 H}\right)_2 \tag{5.40}$$

Reescrevendo a Equação 5.40

$$\left[\rho\frac{N^3 D^2}{(T/D)^2(H/D)}\right]_1 = \left[\rho\frac{N^3 D^2}{(T/D)^2(H/D)}\right]_2 \tag{5.41}$$

Depois de identificar as semelhanças geométricas na igualdade (5.41), esta é posta como

$$(\rho N^3 D^2)_1 = (\rho N^3 D^2)_2 \tag{5.42}$$

No caso de o fluido de trabalho não ser alterado

$$(N^3 D^2)_1 = (N^3 D^2)_2 \tag{5.43}$$

Exemplo 5.3

Considerando-se os enunciados apresentados nos Exemplos 5.1 e 5.2, pede-se:

a) Calcule o valor da potência útil ao se reduzir pela metade o valor do número de rotações do impelidor referente ao sistema, com chicanas, estudado no Exemplo 5.1.

b) Obtenha o valor da potência útil, bem como projete o sistema de agitação referente ao Exemplo 5.2, para tratar 10 mil litros de efluente, mantendo-se o mesmo nível de agitação.

Solução

a) Note que ao se reduzir o número de rotações, N, diminui-se o valor do número de Reynolds do impelidor e, por consequência, altera-se o comportamento fluidodinâmico do sistema (ver Figura 5.11). Como é estabelecida a semelhança geométrica do sistema de agitação (não houve modificação no projeto do tanque agitado), este item será resolvido por meio da técnica de semelhança fluidodinâmica, se houver. Dessa maneira, verifica-se do Exemplo 5.1, para o tanque com chicanas, que o valor do número de Reynolds do impelidor é $\text{Re} = 5{,}143 \times 10^4$, o qual é definido pela Equação 5.10, ou

$$\text{Re} = \frac{ND^2}{\nu} \tag{1}$$

em que $D = 60$ cm e $\nu = 0{,}035$ cm²/s. Tendo em vista que, na atual situação, o valor de N é reduzido pela metade, o novo valor para o número de Reynolds do impelidor é $\text{Re} = 2{,}571 \times 10^4$. Levando este valor na abscissa da Figura 5.10, verifica-se que se trata do regime turbulento (ver Figura 1). Como o fluido de trabalho não foi alterado e se trata de regime turbulento, utiliza-se a Equação 5.30 ou

$$\left(\frac{\dot{W}_u}{N^3D^5}\right)_1 = \left(\frac{\dot{W}_u}{N^3D^5}\right)_2 \tag{2}$$

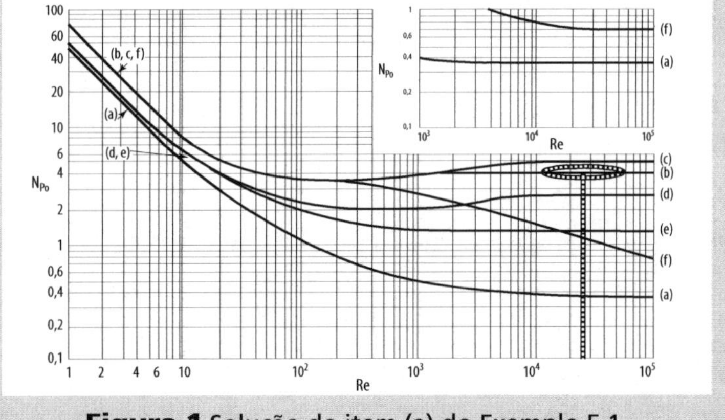

Figura 1 Solução do item (a) do Exemplo 5.1.

Sabendo que se manteve o mesmo impelidor $D_1 = D_2 = 60$ cm, a Equação 2 é reescrita como

$$\left(\dot{W}_u\right)_2 = \left(\dot{W}_u\right)_1 \left(\frac{N_2}{N_1}\right)^3 \tag{3}$$

Do enunciado do item (a), observa-se $N_1 = 2N_2$, que substituído na Equação 3 resulta

$$\left(\dot{W}_u\right)_2 = \frac{\left(\dot{W}_u\right)_1}{8} \tag{4}$$

Do exemplo (5.1) $\dot{W}_u = 34{,}216\ W$. Substituindo esse valor na Equação 4,

$$\left(\dot{W}_u\right)_2 = \frac{34{,}216}{8} = 4{,}277 \text{ W} \tag{5}$$

b) Este item trata da ampliação de escala, no sentido de já se ter o projeto advindo do Exemplo 5.2. Em assim sendo, pode-se retomar a Equação 2 desse exemplo como

$$V_\ell = 0{,}3\ \pi T^3 \tag{6}$$

Sabendo que a unidade deverá processar 10 mil litros ($1{,}0 \times 10^7$ cm^3) de efluente, tem-se na Equação 6

$$1{,}0 \times 10^7 = 0{,}3\ \pi T^3 \tag{7}$$

resultando no diâmetro para o tanque agitado igual a

$$T = 219{,}74 \text{ cm} \tag{8}$$

Em termos construtivos,

$$T = 220 \text{ cm} \tag{9}$$

O restante dos valores para as dimensões do sistema de agitação pode ser obtido à semelhança da Tabela 1 apresentada no Exemplo 5.2. Todavia, conhecem-se tais valores, conforme apresenta a segunda coluna da Tabela 1 do presente exemplo. Dessa maneira pode-se, neste exemplo, utilizar a semelhança geométrica, conforme apontada na terceira coluna. Na última coluna dessa tabela, estão os resultados das dimensões do sistema de agitação com borbulhamento de ar.

Tabela 1 Dimensões características para o tanque de agitação referente ao Exemplo 5.3

Dimensões	Valores de projeto	Relação geométrica	Valores de projeto (resultado arredondado)
Diâmetro do tanque	$T_1 = 45$ cm		$T_2 = 220$ cm
Diâmetro do impelidor	$D_1 = 15$ cm	$D_2 = D_1 \times (T_2/T_1)$	$D_2 = 74$ cm
Altura do líquido no tanque	$H_1 = 54$ cm	$H_2 = H_1 \times (D_2/D_1)$	$H_2 = 264$ cm
Distância entre o impelidor e o fundo do tanque	$h_1 = 27$ cm	$h_2 = h_1 \times (D_2/D_1)$	$h_2 = 132$ cm
Altura da pá do impelidor	$W_1 = 3$ cm	$W_2 = W_1 \times (D_2/D_1)$	$W_2 = 15$ cm
Largura da pá do impelidor	$L_1 = 4$ cm	$L_2 = L_1 \times (D_2/D_1)$	$L_2 = 20$ cm
Largura da chicana	$B_1 = 4$ cm	$B_2 = B_1 \times (D_2/D_1)$	$B_2 = 20$ cm
Número de chicanas	$n = 4$		$n = 4$

Recorde-se que a estimativa do valor de N, no Exemplo 5.2, deu-se por tentativa e erro. Entretanto, tendo em vista que se trata do mesmo fluido de trabalho e que se preserva o mesmo nível de agitação do Exemplo 5.2 (agitação forte), o regime é, portanto, turbulento. Nesse caso, pode-se utilizar a Equação 5.30 para a estimativa do valor do novo número de rotação do impelidor,

$$\left(\frac{\dot{W}_u}{N^3 D^5}\right)_1 = \left(\frac{\dot{W}_u}{N^3 D^5}\right)_2 \tag{10}$$

ou

$$N_2 = N_1 \left(\frac{\dot{W}_{u_2}}{\dot{W}_{u_1}}\right)^{1/3} \left(\frac{D_1}{D_2}\right)^{5/3} \tag{11}$$

Sabendo que $D_1 = 15$ cm , $D_2 = 74$ cm e $N_1 = 8{,}30$ rps, tem-se na Equação 11,

$$N_2 = (8{,}30)\left(\frac{15}{74}\right)^{5/3} \left(\frac{\dot{W}_{u_2}}{\dot{W}_{u_1}}\right)^{1/3} = 0{,}581 \times \left(\frac{\dot{W}_{u_2}}{\dot{W}_{u_1}}\right)^{1/3} \tag{12}$$

Do Exemplo 5.2 sabe-se que $(\dot{W}_u)_1 = 59{,}51$ W. Contudo, desconhece-se o valor de $(\dot{W}_u)_2$. Por outro lado, foi informado que se mantém o mesmo nível de agitação, ou

$$(N_A)_1 = (N_A)_2 = \left(\frac{\dot{W}_u}{V_\ell}\right)_1 = \left(\frac{\dot{W}_u}{V_\ell}\right)_2 \tag{13}$$

O valor da potência útil será, portanto,

$$(\dot{W}_u)_2 = (\dot{W}_u)_1 \left(\frac{V_{\ell_2}}{V_{\ell_1}}\right) \tag{14}$$

É importante assinalar que o sistema de agitação do Exemplo 5.2 foi projetado para 83,33 litros de efluente (note que o volume do tanque de 100 litros é 20% superior ao de líquido). Dessa maneira, pode-se substituir $(\dot{W}_u)_1 = 59{,}51$ W, $V_{\ell 1} = 83{,}33$ ℓ e $V_{\ell 2} = 10.000$ ℓ na Equação 14, ou

$$(\dot{W}_u)_2 = (59{,}51)\left(\frac{10.000}{83{,}33}\right) = 7.141{,}49 \text{ W} \tag{15}$$

Substituindo os valores de potência útil $(\dot{W}_u)_1 = 59{,}51$ W e $(\dot{W}_u)_1 = 7.141{,}49$ W na Equação 12, obtém-se o seguinte valor para o novo número de rotações do impelidor.

$$N_2 = 0{,}581\left(\frac{7.141{,}49}{59{,}51}\right)^{1/3} = 2{,}87 \text{ rps} \tag{16}$$

5.9 Bibliografia consultada

BARBOSA, J. E. **Dimensionamento do eixo do impelidor em sistemas de agitação e mistura para processos industriais**. Dissertação de Mestrado. Campinas: Universidade Estadual de Campinas, 2004.

CHEREMISINOFF, N. P. **Handbook of chemical processing equipment**. Woburn: Butterworth-Heinemann, 2000.

COKER, A. K. **Ludwig's applied process design for chemical and petrochemical plants**. 4. ed. Oxford: Elsevier, 2007.

JOAQUIM JR., C. F.; Cekinski, E.; NUNHEZ, J. R.; URENHA, L. C. **Agitação e mistura na indústria**. Rio de Janeiro: LTC Editora, 2007.

MCCABE, L. W.; SMITH, J. C.; HARRIOTT, P. **Unit operations of chemical engineering**. 5. ed. New York: McGraw-Hill, 1993.

SILVA, J. L. G. **Análise crítica das correlações e parâmetros fundamentais em sistemas de agitação**. Dissertação de Mestrado. Campinas: Universidade Estadual de Campinas, 2002.

SPOGIS, N. **Metodologia para determinação de curvas de potência e fluxos característicos para impelidores axiais, radiais e tangenciais utilizando a fluidodinâmica computacional**. Dissertação de Mestrado. Campinas: Universidade Estadual de Campinas, 2002.

TREYBAL. R. E. **Mass-transfer operation**. 3. ed. Singapore: McGraw-Hill, 1980.

5.10 Nomenclatura

A_i	Área descrita pelo impelidor	$[L^2]$
B	Largura da chicana no tanque agitado	$[L]$
D	Diâmetro do impelidor	$[L]$
g	Aceleração gravitacional; constante gravitacional	$[L \cdot T^{-2}]$
h	Distância entre o impelidor e o fundo do tanque agitado	$[L]$
H	Altura do líquido no tanque agitado	$[L]$
h_L	Perda de carga	$[L]$
L	Largura da pá do impelidor	$[L]$
k_f	Coeficiente de perda de carga localizada	adimensional
n	Número de impelidores	adimensional
N	Número de rotação do impelidor	$[T^{-1}]$
N_A	Nível de agitação	$[M \cdot L^{-1} \cdot T^{-3}]$
p	Pressão exercida no fluido	$[M \cdot L^{-1} \cdot T^{-2}]$
Q_p	Vazão volumétrica de bombeamento	$[L^3 \cdot T^{-1}]$

T	Diâmetro do tanque agitado	$[L]$
u	Velocidade do fluido no tanque agitado	$[L \cdot T^{-1}]$
V_ℓ	Volume de líquido a ser agitado	$[L^3]$
W	Altura da pá do impelidor	$[L]$
$\dot{W}$	Trabalho	$[L^2 \cdot T^{-2}]$
$\dot{W}_u$	Potência útil	$[M \cdot L^2 \cdot T^{-3}]$
z	Cota, altura	$[L]$

Letras gregas

γ	Peso específico	$[M \cdot L^{-2} \cdot T^{-2}]$
η	Rendimento	adimensional
φ	Fator de correção	adimensional
μ	Viscosidade dinâmica	$[M \cdot L^{-1} \cdot T^{-1}]$
ν	Viscosidade cinemática	$[L^2 \cdot T^{-1}]$
ρ	Massa específica	$[M \cdot L^{-3}]$
τ	Tempo de mistura	$[T]$

Subscritos

T	Total
$1, 2$	Cotas; casos

Números adimensionais

N_{Po}	número de potência
N_q	número de bombeamento
N_τ	número de mistura
Re	número de Reynolds do impelidor

Capítulo 6

Caracterização de partículas

6.1 Introdução

O conhecimento das características de uma partícula ou de uma população de partículas é o coração da ciência de sistemas particulados, uma vez que tais sistemas são regidos pela interação partícula/partícula (partículas morfologica e fisicamente semelhantes ou distintas), partícula/fluido (gás e/ou líquido) e a interação entre tais fases, como aquelas apresentadas no Quadro 6.1. O estudo fenomenológico de tais interações caracteriza a ciência de sistemas particulados; já a aplicação decorrente de tais estudos diz respeito à tecnologia de sistemas particulados.

6.2 Características físicas de uma partícula isolada

As características físicas e morfológicas das partículas afetam desde fenômenos moleculares (tais como a difusão mássica) que ocorrem no interior e/ou entre partículas, até o dimensionamento de uma coluna (seja no aspecto construtivo, como diâmetro e altura útil, seja no aspecto operacional, como a definição de vazão de operação e perda de carga). Os fenômenos de transferência de massa, por exemplo, em conjunto ou não com reações químicas, que ocorrem em sistemas particulados, estão presentes nos processos de indústria química, de alimentos, agrícola, metalúrgica e petroquímica. Pode-se citar, ainda, engenharia bioquímica, quando se deseja recuperar fármacos utilizando-se resinas apropriadas no fenômeno da adsorção. No que se refere a tipos de particulados, pode-se citar o emprego da areia e do calcário em operações de combustão em leito fluidizado, sendo a areia utilizada como material inerte e o calcário como adsorvente de SO_2. Existem as partículas de catalisadores FCC utilizadas no craqueamento catalítico de petróleo, objetivando o seu refino para obtenção de gasolina. Cabe mencionar, também, as aplicações relativas à engenharia ambiental em que se utilizam materiais particulados como

Quadro 6.1 Exemplos de tecnologias em que se encontram particulados sólidos (CREMASCO, 2005)

Tipo	Descrição	Encontrado na fabricação de
Adsorção	Separação preferencial de molécula(s) presente(s) em um fluido (gás ou líquido) por meio da sua fixação em sólido adsorvente.	Fármacos. Resinas.
Ciclones	Separação de sólidos de tamanhos distintos por meio da ação centrífuga.	Fertilizantes. Sabão.
Elutriação	Separação de partículas sólidas, tendo como base a diferença de diâmetro e de massa específica.	Fertilizantes. Extração de diamante.
Filtração	Separação de particulados por diferença no tamanho entre a partícula e os poros ou interstícios do meio filtrante.	Adesivos. Fibras artificiais.
Floculação	Aglomeração de material coloidal e em suspensão após coagulação.	Inseticidas. Tratamento de água.
Secagem	Remoção de um solvente volátil contido no meio sólido por meio da ação do calor.	Adubos. Papel.
Sedimentação	Processo de separação de particulados, por meio da deposição de material.	Papel. Tinta.

adsorventes nos processos que visam à preservação e ao controle ambiental, tanto na purificação de gases poluentes quanto no tratamento de efluentes industriais e domésticos. Neste último caso, um exemplo típico é o aproveitamento do produto resultante da secagem de biomassa residuária de leveduras (*Saccharomyces cerevisiae*) como bioadsorvente de íons metálicos, cujo exemplo de amostra está apresentado nas Figuras 6.1a e 6.1b. É possível observar na microfotografia apresentada na Figura 6.1a que a amostra contém células e aglomerados de células de *S. cerevisiae*, as quais denominaremos partículas, de diversos tamanhos e em diferentes formatos. Já na Figura 6.1b uma dessas partículas é ampliada dez vezes em relação à Figura 6.1a. Na Figura 6.1b observa-se que tal partícula assemelha-se a uma "esponja", ou seja: são identificados vazios na sua estrutura, os quais são conhecidos como poros de partícula. Do conhecimento da Figura 6.1a obtém-se o diâmetro médio das partículas que compõem a amostra, denominado diâmetro médio de partícula, assim como do formato médio dessa partícula. Tais informações são importantes, por exemplo, quando do projeto de um adsorvedor, em particular quanto ao conhecimento da perda de carga desse equipamento. Da Figura 6.1b obtêm-se informações sobre tamanho e distribuição de poros, área superficial, que são extremamente importantes no estudo do fenômeno de transferência de massa e de afinidade entre o bioadsorvente e o íon metálico que se deseja recuperar por adsorção.

Figura 6.1a Microfotografia de uma amostra de aglomerados secos de levedura de recuperação (ampliação de 300 vezes – MELO, 2010).

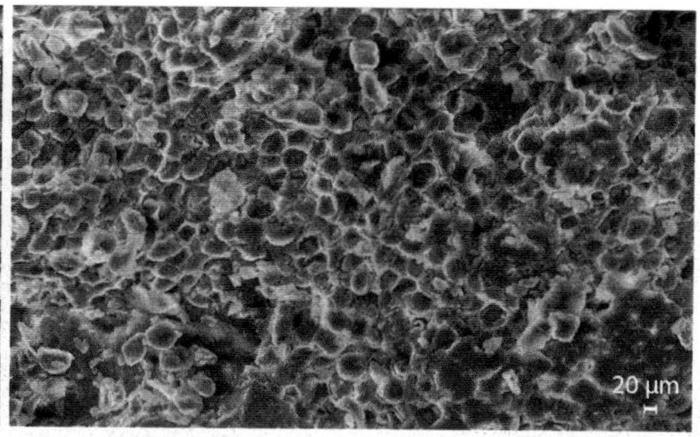

Figura 6.1b Microfotografia de uma "partícula" de levedura de recuperação (ampliação de 3.000 vezes – MELO, 2010).

Independentemente do processo, o conhecimento minucioso das propriedades físicas e morfológicas relacionadas à partícula como *porosidade, tamanho e distribuição de poros, área superficial* e *massa específica* é de suma importância na compreensão de fenômenos que regem uma determinada operação unitária, além de permitir o aprimoramento de tecnologias envolvendo sistemas particulados.

6.2.1 Porosidade da partícula

A porosidade é a medida da fração de espaços vazios de uma partícula ou de um aglomerado de partículas. Taxas de corrosão, fraturas e resistência à temperatura e atividade catalítica são funções da geometria de poros. Lã, couro e até mesmo o osso humano têm sido estudados por meio da classificação da sua porosidade. Pode-se citar o caso da osteoporose, em que o conhecimento da medida do diâmetro dos poros traz informações sobre a estrutura porosa dos ossos, sendo indispensável para o estudo e tratamento do caso.

Qualquer material pelo qual é possível encontrar uma "passagem" contínua de um lado para o outro, objeto é geralmente dito poroso. Os poros podem ser fechados, fechados em apenas uma extremidade (*dead end pore*) e abertos ou vazios (Figura 6.2). Os poros fechados não contribuem para os fenômenos de transporte (matéria e/ou energia). Caso os poros abertos e/ou *dead end pore* encontrem-se entre partículas, são denominados poros interpartículas. Existem poros com passagens que começam em um lado da partícula e nunca emergem, chamados *poros obscuros* (*blind pores*). Há poros que emergem do mesmo lado da partícula que se iniciam. Embora os poros possam constituir-se em "passagens" diretas, sofrem facilmente torções em sua estrutura e tornam-se, em muitos materiais, passagens sinuosas com bifurcações e interligações entre si. Poros podem ter suas dimensões gradativamente reduzidas com a profundidade, ou, em alguns casos, aumentam suas dimensões com a profundidade, dando origem aos chamados poros "gargalo de garrafa".

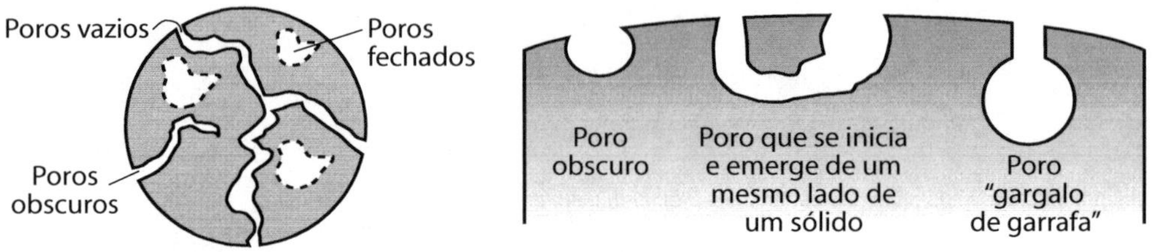

Figura 6.2 Classificação dos poros (WEBB; ORR, 1997).

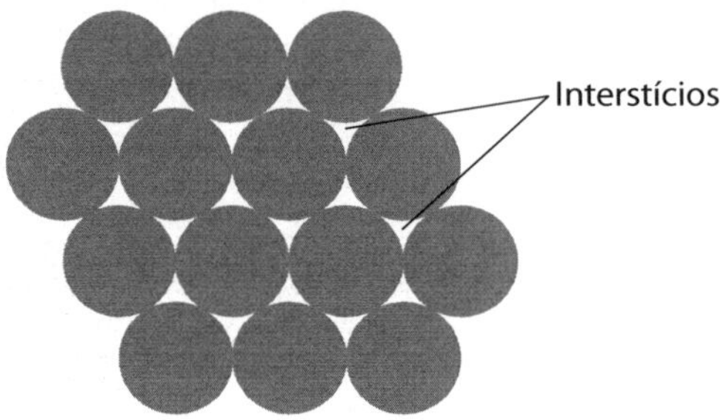

Figura 6.3 Representação da porosidade de um pó.

Os poros considerados aqui são aberturas e/ou passagens em objetos (partículas) rígidos ou semirrígidos. Uma massa rígida gerada da compressão de um pó é um típico material poroso. Os espaços entre as partículas do pó (Figura 6.3) são chamados *volume de vazios*. A porosidade, portanto, corresponde à relação entre o volume ocupado pelos poros e/ou vazios e o volume total da amostra. Neste caso, têm-se:

Porosidade da partícula (Figura 6.2)

$$\varepsilon_p = \frac{\text{Volume dos poros abertos}}{\text{Volume total da partícula}} \tag{6.1}$$

Porosidade do pó (Figura 6.3)

$$\varepsilon_p = \frac{\text{Volume intersticial}}{\text{Volume total da partícula}} \tag{6.2}$$

Dependendo do tipo do meio poroso, o valor da porosidade pode variar de próximo de zero até perto da unidade. Como exemplo, pode-se citar que alguns metais e tipos de pedras vulcânicas possuem porosidades muito baixas. Já os filtros fibrosos e isolantes térmicos são materiais muito porosos. Desse modo, os poros podem ser classificados por tamanho, conforme apresentado na Tabela 6.1. Já as técnicas de medidas estão associadas à obtenção da massa específica do material (material poroso e não poroso), as quais serão discutidas no próximo item.

Tabela 6.1 Classificação de poros de acordo com o tamanho (ALLEN, 1997)

Tipos de poros	Tamanho de poros
Macroporos	Maior que 50 nm
Mesoporos	Entre 2 e 50 nm
Microporos	Entre 0,6 e 2 nm
Ultramicroporos	Menor que 0,6 nm

6.2.2 Massa específica da partícula

A massa específica de um material é definida como a massa desse material dividida pelo volume ocupado por ele. As definições distintas para a massa específica decorrem de como o volume da partícula é considerado. O volume visível de uma amostra é composto pelo volume da matriz sólida e pelo volume de vazios (poros). A massa do material é determinada facilmente por uma balança analítica, enquanto o volume, em se tratando de sólidos de geometria conhecida, é calculado diretamente da definição de seu volume geométrico. Por exemplo, tendo-se uma partícula de esfera de vidro (de 2 mm de diâmetro, cujo valor é obtido diretamente por um paquímetro), obtém-se a sua massa por meio de uma balança e a divide pelo volume dessa partícula considerando-se o seu diâmetro.

Quando o material em questão for pequeno o suficiente de modo a ser praticamente impossível medir o seu diâmetro, e que, em vez de uma partícula, tenha-se uma amostra desse material (ou seja, um número considerável de partículas), pode-se recorrer à técnica denominada *picnometria* ou *método de Arquimedes*. Essa técnica consiste na imersão da amostra de partículas em um recipiente preenchido por um líquido (usualmente água); o volume de líquido deslocado corresponde ao volume ocupado pela amostra em tal recipiente. Um roteiro para a determinação da massa específica da partícula pode ser este que se segue:

a) considere que se conheça a massa da amostra, a qual denominaremos m_1;

b) toma-se, a seguir, um picnômetro de volume conhecido e insere-se água, medindo-se a massa do conjunto (massa do picnômetro + massa da água), a qual denominaremos m_2;

c) adiciona-se ao conjunto de massa m_2 a massa conhecida da amostra (m_1) e pesa-se o conjunto (massa do picnômetro cheio de água + massa da amostra), que denominaremos m_3. A massa de água deslocada será: $m_{H_2O} = m_1 + m_2 - m_3$. O volume de água deslocada, que é igual ao volume da amostra, será: $V_{amostra} = m_{H_2O}/\rho_{H_2O}$, em que ρ_{H_2O} é a massa específica da água na temperatura do ensaio. Assim, a massa específica da partícula advirá de

$$\rho_p = \frac{m_1}{V_{amostra}} \tag{6.3}$$

O método de Arquimedes é apropriado, principalmente, para sólidos não porosos. Muitos sólidos – de interesse da engenharia química, por exemplo – possuem, em suas estruturas, poros em forma de rachaduras, fendas e/ou aberturas sinuosas (Figura 6.1b). Para esses materiais, faz-se necessária a medida de dois tipos diferentes de massa específica: uma que inclui os poros e outra que os exclui, o que reflete diretamente na obtenção do volume considerado na definição de massa específica (e mesmo de porosidade). Para tanto, considere que se conheça uma partícula de esfera de carvão altamente porosa (de 2 mm de diâmetro, cujo valor é obtido diretamente por um paquímetro); obtém-se a sua massa por meio de uma balança e a divide pelo volume dessa partícula considerando-se o seu diâmetro. O resultado dessa divisão é a *massa específica aparente*, ou

$$\rho_{p_A} = \frac{m_p}{\text{Volume total}} \tag{6.4}$$

Note que foi medido o volume da partícula independentemente de ela ser porosa ou não (desse modo, o valor da massa específica advém da Equação 6.4 e refere-se à aparente). Por outro lado, ao não considerar a presença de poros, ter-se-á apenas o volume de material (ou seja, de carvão); neste caso, tem-se a massa específica real (ou absoluta), definida por

$$\rho_{p_R} = \frac{m_p}{\text{Volume excluindo o volume dos poros}} \tag{6.5}$$

Observe que o valor da massa específica real é maior do que o valor da massa específica aparente (serão aproximadamente iguais na situação de partículas de baixa porosidade). A partir, portanto, da relação entre as massas específicas aparente e real obtém-se o valor da porosidade do material segundo

$$\varepsilon_p = 1 - \frac{\rho_{p_A}}{\rho_{p_R}} \tag{6.6}$$

Verifica-se que os valores das massas específicas real e aparente, para micropartículas, dependem do conhecimento da porosidade do material. Entre as técnicas utilizadas para a sua determinação está a *porosimetria por intrusão de mercúrio*, a qual é caracterizada por se intrudir mercúrio líquido, sob pressão de até 400 MPa, em uma determinada amostra, forçando o mercúrio a penetrar nos poros do material (utiliza-se uma pressão para cada diâmetro de poro, permitindo, dessa maneira, uma ampla distribuição de tamanho de poros), avaliando-se diâmetros de poros superiores a 0,03 μm. Para diâmetros de mesma ordem de grandeza e menores, pode-se utilizar a técnica da *picnometria gasosa*, a qual é baseada na difusão de um gás inerte no interior da partícula. A escolha do gás inerte depende da relação entre o diâmetro da molécula do gás e o diâmetro do poro, no que decorre o primeiro ser, necessariamente, menor do que o segundo.

6.2.3 Área específica superficial

A área específica ou superfície específica é definida como a área superficial da partícula na unidade de massa, a_M, ou na unidade de volume, a_V, conforme ilustra a Figura 6.4.

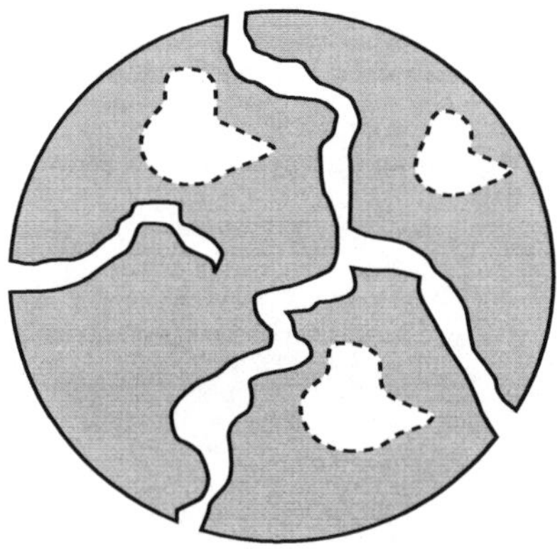

Figura 6.4 Representação da área superficial (linha contínua; as linhas pontilhadas representam os poros fechados, portanto, não contabilizados para o cálculo da área superficial) (baseada em TANNOUS; ROCHA, 2011).

O conhecimento da área específica superficial é fundamental nos estudos de fenômenos e operações de transferência de calor, de massa e combinados, pois está associada à área disponível para a troca de energia e/ou matéria, como são os casos da adsorção, secagem, bem como em situações em que ocorrem reações químicas, como na situação de catálise heterogênea e na combustão. Além disso, o conhecimento dessa propriedade é essencial na indústria farmacêutica, principalmente em operações de recobrimento de comprimidos ou revestimento de *pellets*. Existem diferentes métodos para a determinação do valor da área específica superficial. A primeira é aquela que advém de cálculos dos valores do diâmetro da partícula ou da distribuição de diâmetros de partículas em um aglomerado (a ser visto oportunamente). A segunda técnica, por meio da adsorção gasosa ou líquida, baseia-se na quantidade em que um determinado soluto (espécie química) é adsorvido fisicamente sobre a superfície da amostra, de modo a formar uma monocamada desse soluto, que é proporcional à sua área superficial. A quantidade de gás adsorvido (nitrogênio ou criptônio, por exemplo) pode ser determinada por gravimetria, volumetria ou por técnica de fluxo contínuo.

6.2.4 Morfologia das partículas

A forma das partículas desempenha papel essencial em vários aspectos envolvendo sistemas particulados, influenciando, por exemplo, o valor da velocidade terminal, bem como na superfície de contato das partículas.

Existem diversas definições para representar a forma de partículas, que são baseadas nas razões entre os eixos ortogonais, no volume do sólido, na área do sólido e na área superficial. Entretanto, a maioria dessas representações é baseada nas dimensões características de uma partícula (a, b, c), conforme ilustra a Figura 6.5.

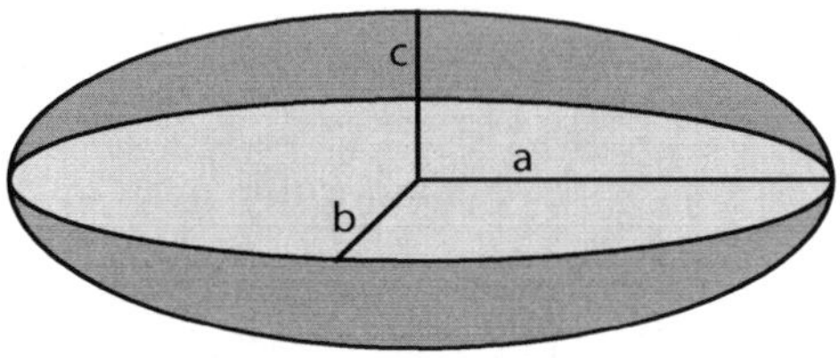

Figura 6.5 Dimensões características de uma partícula (a, b, c = dimensão maior, menor e intermediária da partícula) (MELO, 2010).

Entre os diversos fatores de forma, destacam-se:

a) Arredondamento, Ar; e circularidade, C. A circularidade e o arredondamento comparam a superfície do objeto com a superfície do disco do mesmo perímetro, ou

$$\text{Ar} = \frac{1}{C} = \frac{4\pi S_p}{(Pe)^2} \tag{6.7}$$

em que Pe é o perímetro e S_p, área superficial da partícula, respectivamente. Encontra-se, também, a seguinte definição para o arredondamento

$$\text{Ar} = \frac{1}{C} = \frac{A_c}{A_p} \tag{6.8}$$

sendo A_c, área relativa ao menor diâmetro de uma esfera circunscrita, d_{pI}, Figura 6.6, e A_p, área projetada da partícula em posição de repouso, ou seja, é como se deixasse tal partícula repousar sobre uma determinada superfície e nela deixasse grafadas as suas dimensões bidimensionais (estáveis), conforme ilustra a Figura 6.6, podendo ser as partículas classificadas conforme a Tabela 6.2.

A forma da partícula, do grão ou do aglomerado pode ser avaliada por análise de imagens (fotografias, microfotografias ou, ainda, visualmente, na dependência da dimensão da partícula) e comparada com uma figura contendo formas padrões, conforme ilustra a Figura 6.7. O resultado é obtido de acordo com o grau de esfericidade e o grau de arredondamento.

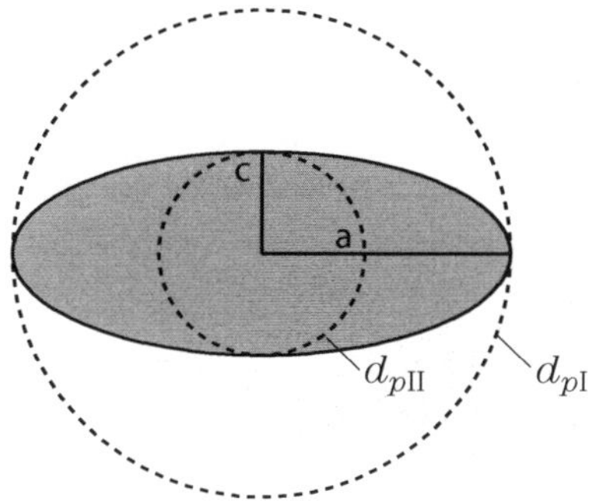

Figura 6.6 Diâmetros circunscrito, d_{pI}, e inscrito, d_{pII}, da projeção da sombra de uma partícula (MELO, 2010).

Tabela 6.2 Classificação das partículas pela circularidade (SOUZA, 2007)

Circularidade	Classificação
C < 1,25	Circular
1,25 < C < 2,0	Angular
C > 2,0	Comprida

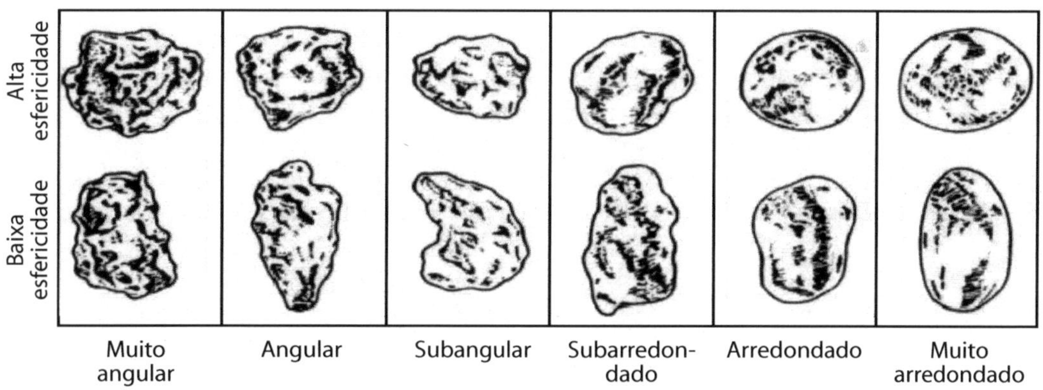

Figura 6.7 Padrão de imagens de arredondamento (McLANE, 1995).

b) Alongamento, $A\ell$. O alongamento mede a razão entre o maior e o menor eixo do objeto, ou

$$A\ell = \frac{a}{b} \tag{6.9}$$

em que a é o raio da maior dimensão da partícula; b, raio da menor dimensão. Caso o alongamento seja igual a 1, o objeto é circular ou quadrático; para valores superiores a 1, o objeto se torna mais alongado (ARAÚJO, 2001).

A partir da análise da Figura 6.6 e da definição de alongamento, esta grandeza também pode ser definida a partir do conhecimento dos diâmetros inscrito e circunscrito de uma partícula, à semelhança de uma daquelas imagens ilustradas na Figura 6.7, obtidas por meio da projeção da sombra dessa partícula sobre um plano em repouso. A partir da Figura 6.6, o grau de alongamento é definido por

$$A\ell = \frac{d_{pI}}{d_{pII}} \tag{6.10}$$

c) Esfericidade, ϕ. No estudo da forma das partículas, observa-se uma tendência em considerá-las esféricas para simplificar cálculos. Dificilmente tais partículas apresentar-se-ão nesse formato, fazendo-se necessário, portanto, conceituar um índice que traduz o quão o formato da partícula se aproxima ao formato de uma esfera. Tal índice é o *grau de esfericidade*, ϕ. A definição clássica de esfericidade é atribuída a Wedell (1932), que a estabelece como a razão entre o diâmetro de uma esfera de igual volume ao volume da partícula e o diâmetro da menor esfera circunscrita de diâmetro d_{pI} (Figura 6.6). Assim, considerando-se V_p como o volume da partícula, tem-se

$$V_p = \frac{\pi d_p^3}{6} \tag{6.11}$$

ou

$$d_p = \left(\frac{6}{\pi} V_p\right)^{1/3} \tag{6.12}$$

que é o diâmetro da esfera de igual volume ao da partícula. Da Figura 6.6 verifica-se que o menor diâmetro de uma esfera circunscrita é d_{pI}, de onde é possível escrever

$$\phi = \frac{1}{d_{pI}} \times \left(\frac{6}{\pi} V_p\right)^{1/3} \tag{6.13}$$

Como decorrência dessa definição, há outra que estabelece esfericidade como a relação entre o diâmetro do círculo com área igual à projeção da partícula e o diâmetro do menor círculo circunscrito à partícula, sendo que na prática o intervalo para a esfericidade é de 0,45 (partícula alongada) a 0,97 (muito esférica). Assim, considerando-se A_p como a área projetada da partícula, tem-se

$$A_p = \frac{\pi d_p^2}{4} \tag{6.14}$$

ou

$$d_p = \left(\frac{4}{\pi} A_p\right)^{1/2} \tag{6.15}$$

que é o diâmetro da esfera de área igual à área da partícula. Por inspeção da Figura 6.6, observa-se que o menor diâmetro da esfera circunscrita é d_{pI}. Desse modo,

$$\phi = \frac{2}{d_{PI}} \times \left(\frac{A_p}{\pi} \right)^{1/2} \tag{6.16}$$

Todavia, uma das definições mais empregadas, junto com a Equação 6.13, é aquela que estabelece o quociente entre a área superficial da esfera com o mesmo volume que a partícula e área superficial da partícula S_p, sendo que, numericamente, tal medida indica o quanto se aproxima o formato da partícula ao formato de uma esfera, em que os valores de x, y e z nos eixos ortogonais são iguais,

$$\phi = \left(\frac{\text{Área superficial da esfera}}{\text{Área superficial da partícula}} \right)_V \tag{6.17}$$

ou

$$\phi = \frac{\pi d_p^2}{S_p} \tag{6.18}$$

ressaltando que o diâmetro d_p presente na Equação 6.18 refere-se àquele de igual volume ao da partícula. Neste caso, uma das maneiras para obtê-lo experimentalmente, quando se procura o diâmetro médio de partículas contidas em uma dada amostra, é por picnometria (Método de Arquimedes) a partir do volume da partícula, V_p, que originou a Equação 6.17,

$$N_O \frac{\pi d_p^3}{6} = V_p \tag{6.19}$$

em que N_O é o número de partículas.

É importante mencionar que os diâmetros obtidos por meio das Equações 6.12 e 6.15 são reconhecidos como *diâmetros equivalentes ao formato esférico*, os quais consideram as diferentes formas em que as partículas podem se apresentar. Existem outras definições para esfericidade tendo como base as dimensões características de uma partícula (a, b, c), ilustradas na Figura 6.5, sendo elas

$$\phi = \left(\frac{b^2}{a \times c} \right)^{1/3} \tag{6.20}$$

$$\phi = \left(\frac{a \times c}{a^2} \right)^{1/3} \tag{6.21}$$

Uma aproximação empregada para a obtenção do valor da esfericidade, principalmente quando se utiliza a técnica da análise de imagens bidimensionais, é a de relacionar o grau de alongamento, definido pela Equação 6.10, com o grau de esfericidade na forma (PEÇANHA; MASSARANI, 1986)

$$\phi = \frac{1}{A_\ell} \tag{6.22}$$

Exemplo 6.1

Na intenção de secar grãos de arroz em um leito de jorro com tubo interno, torna-se necessário caracterizá-los em termos de massa específica, diâmetro equivalente e esfericidade. Para tanto, obteve-se uma amostra de 490 grãos, os quais apresentaram o formato de esferoide prolato, em que a média do raio menor foi de 0,970 mm, e a média do raio maior, de 4,61 mm. No sentido de avaliar a massa da amostra, utilizou-se um cadinho de massa igual a 30,5 g que, após a adição dos 490 grãos, acusou massa de 43,5 g. Com o objetivo de obter a massa específica do arroz, utilizou-se a técnica de picnometria, lançando-se mão de um picnômetro de 50 ml e massa de 22,3 g. Ao enchê-lo com água, verificou-se que o recipiente acusou massa de 72,2 g. No sentido de avaliar o volume de água deslocado, que está associado ao da amostra de interesse, adicionaram-se os grãos no picnômetro, encontrando-se a massa de 74,3 g, a qual corresponde à massa do picnômetro adicionada à de água e à da amostra. Desta maneira, pede-se:

a) a massa específica da água determinada por picnometria;

b) a massa de água deslocada;

c) a massa específica do arroz determinada por picnometria;

d) o diâmetro da esfera de igual volume ao do arroz, com base nos resultados advindos da picnometria;

e) uma expressão para o diâmetro da esfera de igual volume ao do arroz, sabendo-se que o volume de um esferoide prolato é $V_p = \frac{4}{3}\pi a b^2$, em que a é o raio maior do esferoide prolato; e b, o menor;

f) o valor do diâmetro da esfera de igual volume ao do arroz, calculado pela expressão obtida em (e);

g) uma expressão para o diâmetro da esfera de igual superfície à do arroz, sabendo que a superfície de um esferoide prolato é $S_p = 2\,\pi b^2 + 2\pi\left(\frac{a \times b}{e}\right)\text{sen}^{-1}(e)$; sendo $e = \frac{(a^2 - b^2)^{1/2}}{a}$; $\text{sen}^{-1}(e)$, em radianos;

h) o valor do diâmetro da esfera de igual superfície à do arroz, calculado pela expressão obtida em (g);

i) esfericidade do grão de arroz.

Solução

Informações advindas do enunciado

a) Número de grãos: 490.

b) Massa do cadinho vazio: 30,5 g.

c) Massa do cadinho com os grãos: 43,5 g.

d) Massa do picnômetro: 22,3 g.

e) Massa do picnômetro com água: 72,2 g.

f) Massa do picnômetro com água e grãos: 74,3 g.

g) Volume do picnômetro: 50 ml = 50 cm^3.

Cálculos

a) massa específica da água determinada por picnometria

$$\rho_{H_2O} = \frac{\text{Massa de água no picnômetro}}{\text{Volume do picnômetro}} \tag{1}$$

ou

$$\rho_{H_2O} = \frac{e-d}{g} = \frac{72{,}2-22{,}3}{50} = 0{,}998 \text{ g/cm}^3 \tag{2}$$

b) massa de água deslocada

$$\text{Massa dos grãos} = m_p = c - b \tag{3}$$

Assim,

$$m_p = 43{,}5 - 30{,}5 = 13 \text{ g} \tag{4}$$

$$\text{Massa de água deslocada} = m_p + e - f \tag{5}$$

no que resulta

$$m_{H_2O} = 13 + 72{,}2 - 74{,}32 = 10{,}9 \text{ g} \tag{6}$$

c) a massa específica do arroz determinada por picnometria

$$\rho_p = \frac{m_p}{V_{H_2O}} \tag{7}$$

sendo o volume de água deslocada

$$V_{H_2O} = \frac{m_{H_2O}}{\rho_{H_2O}} \tag{8}$$

substituindo-se (6) e (2) na Equação 8, tem-se

$$V_{H_2O} = \frac{10{,}9}{0{,}998} = 10{,}92 \text{ cm}^3 \tag{9}$$

levando-se os resultados (4) e (9) na Equação 7,

$$\rho_p = \frac{13}{10{,}92} = 1{,}19 \text{ cm}^3 \tag{10}$$

d) o diâmetro da esfera de igual volume ao do arroz com base nos resultados obtidos da picnometria (d_p)

Volume total dos grãos

$$V_p = N_O \frac{\pi d_p^3}{6} \tag{11}$$

sendo N_0 o número de grãos = 490.

em que Volume total de grãos = Volume da água deslocada, ou

$$V_{H_2O} = V_p \tag{12}$$

substituindo-se a igualdade (12) na Equação 11,

$$V_{H_2O} = N_O \frac{\pi d_p^3}{6} \tag{13}$$

trazendo-se o resultado (9) e sabendo que N_0 = 490, tem-se:

$$10{,}92 = 490 \frac{\pi d_p^3}{6} \tag{14}$$

$$d_p = 0{,}349 \text{ cm} \tag{15}$$

e) uma expressão para o diâmetro da esfera de igual volume ao do arroz

$$d_p = \left(\frac{6}{\pi} V_p\right)^{1/3} \tag{16}$$

em que o volume de um esferoide prolato é

$$V_p = \frac{4}{3}\pi a b^2 \tag{17}$$

Substituindo a Equação 17 na Equação 16

$$d_p = (8ab^2)^{1/3} \tag{18}$$

f) o valor do diâmetro da esfera de igual volume ao do arroz, calculado pela expressão obtida em (e). Na Equação 18, a é o raio maior do esferoide prolato (a = 0,461 cm); e b, o menor (b = 0,097 cm). De onde resulta em (18):

$$d_p = [8 \times (0{,}461)(0{,}097)^2]^{1/3} = 0{,}326 \text{ cm} \tag{19}$$

g) uma expressão para o diâmetro da esfera de igual superfície à do grão de arroz

$$d_{pS} = \left(\frac{S_p}{\pi}\right)^{1/2} \tag{20}$$

tendo em vista que a superfície de um esferoide prolato é

$$S_p = 2\pi b^2 + 2\pi\left(\frac{a \times b}{e}\right) \text{sen}^{-1} \text{ (e)} \tag{21}$$

com $e = \frac{(a^2 - b^2)^{½}}{a}$; sen^{-1} (e), em radianos, tem-se na Equação 20

$$d_{pS} = \left[2b^2 + 2\left(\frac{a \times b}{e}\right) \text{sen}^{-1}\,(e)\right]^{1/2} \quad (22)$$

h) o diâmetro da esfera de igual superfície à do arroz calculado pela Equação 22. Sabe-se que a = 0,461 cm e b = 0,097 cm. Como

$$e = \frac{(a^2 - b^2)^{1/2}}{a} = \frac{\left[(0,461)^2 - (0,097)^2\right]^{1/2}}{0,461} = 0,9776 \text{ rad} \quad (23)$$

substituindo-se os valores apresentados neste item na Equação 22,

$$d_{pS} = \left[2(0,097)^2 + 2\left(\frac{0,461 \times 0,097}{0,9776}\right) \text{sen}^{-1}(0,9776)\right]^{1/2} = 0,378 \text{ cm} \quad (24)$$

i) esfericidade do grão de arroz.

$$\phi = \frac{\pi d_p^2}{S_p} \quad (25)$$

sendo o valor de d_p oriundo do resultado (15), ou seja, d_p = 0,349 cm, é a área superficial da esfera obtida da Equação 20, ou

$$S_p = \pi d_{pS}^2 \quad (26)$$

Trazendo-se o resultado (24) na Equação 26,

$$S_p = \pi(0,378)^2 = 0,449 \text{ cm}^2 \quad (27)$$

Substituindo-se d_p = 0,349 cm e o resultado (27) na Equação 25,

$$\phi = \frac{\pi(0,349)^2}{(0,449)} = 0,852 \quad (28)$$

6.3 Tamanho de partículas

Verifica-se, por inspeção do Exemplo 6.1, que a técnica para a determinação do diâmetro de partícula é muito simples: basta um paquímetro. O mesmo não acontece quando se deseja obter um diâmetro de partícula representativo da amostra ilustrada na Figura 6.1a, por exemplo. Nesse caso, existem diversas maneiras para representar o tamanho das partículas ou mesmo de aglomerados. Essa representação, por sua vez, pode ser expressa em função da massa, volume ou número de partículas na dependência da técnica utilizada. O Quadro 6.2 apresenta outras técnicas empregadas para análise de tamanho de partículas, para diversas faixas de tamanho.

Quadro 6.2 Técnicas mais comuns de medidas de diâmetro e suas limitações (OLIVEIRA FILHO, 2007)

Técnica	Características	Faixa de medida (μm)
Peneira	Peneiramento por agitação mecânica ou ultrassônica	20 – 100.000
	Micropeneiramento	5 – 50
Sedimentação	Gravimétrica	1 – 250
	Centrífuga	0,05 – 60
Microscopia	Eletrônica (MEV)	0,01 – 1
	Óptica	0,2 – 50
Turbidimetria	(Bloqueio de luz)	0,05 – 500
Resistividade	(Contador *Coulter*)	0,5 – 800
Elutriação	(Fluxo de gás)	5 – 50
Permeabilidade	(Fischer subsieve)	0,2 – 50
Área superficial	Adsorção de gás (BET)	0,01 – 20
	Penetração de líquido	0,01 – 50

6.3.1 Peneiramento

No caso de peneiramento, a base de representação da distribuição de tamanho de partícula é a massa de partícula, mais especificamente pela fração mássica, na qual a distribuição de tamanho de partículas é associada à fração mássica dentro de cada intervalo de tamanho. Na técnica de peneiramento faz-se passar uma quantidade de material através de uma série de peneiras, conforme ilustrado na Figura 6.8, pesando-se o material retido em cada peneira. Ao se alimentar a amostra na primeira peneira, uma certa quantidade da amostra poderá ficar retida, enquanto boa parte a atravessa e se deposita na segunda peneira, a qual, por sua vez, poderá reter uma quantidade do material remanescente oriunda da primeira peneira, enquanto uma outra parte a atravessará para, a seguir, alimentar a terceira peneira e assim por diante. Trata-se, portanto, de um processo do tipo "passa/não passa", e as barreiras são constituídas pelos fios da malha.

Se todas as partículas que constituem a amostra apresentassem a forma de esferas perfeitas, a classificação por meio da análise granulométrica por peneiramento seria simples, pois as aberturas das malhas das peneiras corresponderiam ao diâmetro mínimo dos grãos retidos e ao diâmetro máximo dos grãos que passam por ela (ARAÚJO, 2001). Além disso, essa técnica é indicada para partícula com diâmetro médio superior a 75 micra.

Em uma análise granulométrica, o usuário refere-se a ela, usualmente, em termos de diâmetro máximo e o mínimo (abertura da maior e da menor peneira em análise), diâmetro médio (média aritmética das aberturas das peneiras em análise), dimensão máxima característica (abertura de malha cuja porcentagem retida acumulada é igual ou imediatamente inferior a 5% em massa). As dimensões de tais aberturas são dadas em milímetro (ou micrômetro) ou em *mesh*, o qual se refere ao número de aberturas por polegada linear. A relação entre *mesh* e micrômetro pode ser encontrada na Tabela 6.3.

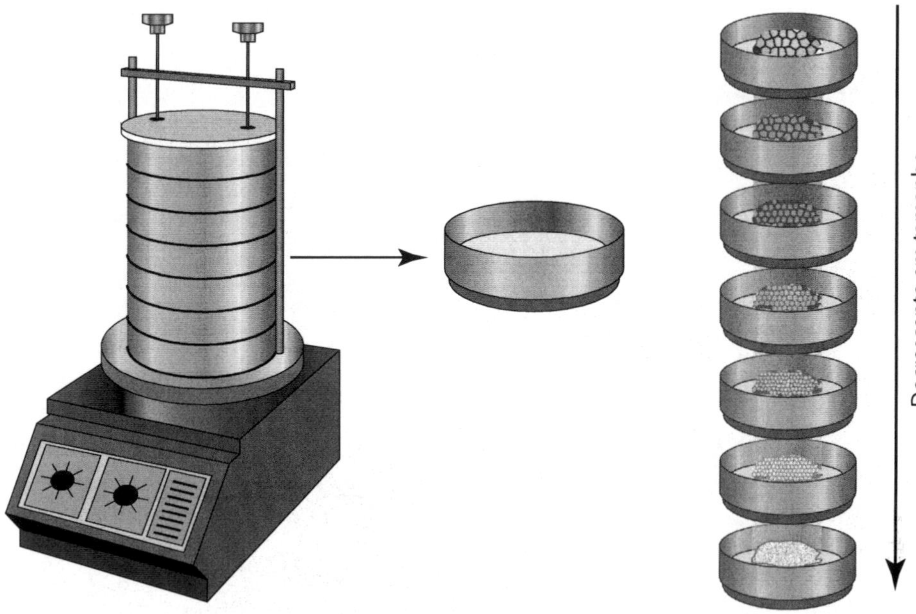

Figura 6.8 Representação de um peneiramento em escala de laboratório (baseada em BERTEL, 2006).

Tabela 6.3 Relação entre *mesh* e a abertura em μm

Mesh	μm	*Mesh*	μm	*Mesh*	μm
3,5	5600	20	850	115	125
4	4750	24	710	150	106
5	4000	28	600	170	90
6	3350	32	500	200	75
7	2800	35	425	250	63
8	2360	42	355	270	53
9	2000	48	300	325	45
10	1700	60	250	400	38
12	1400	65	212	500	25
14	1180	80	180	635	20
16	1000	100	150		

De acordo com a *International Standard Organization*, tem-se a padronização de tipos de sólidos segundo o sistema Tyler. É importante mencionar que, a partir do sistema Tyler, é possível a classificação conforme a abertura da peneira, Quadro 6.3.

Quadro 6.3 Classificação de sólidos de acordo com o sistema Tyler (baseado em TANNOUS; ROCHA, 2011)

Tipo de sólidos	Abertura das malhas
Sólidos grosseiros	abaixo de 4 *mesh* (> 4.750 μm)
Finos	de 4 *mesh* a 48 *mesh* (300 – 4.750 μm)
Ultrafinos	48 a 400 *mesh* (38 – 300 μm)

6.3.2 Difração de luz

Dentre as técnicas destinadas à obtenção de diâmetros médios de partícula inferiores a 75 micra, destaca-se aquela que se baseia na difração a laser. Utiliza-se, nesta técnica, o volume como referência de representação da distribuição de tamanho de partículas.

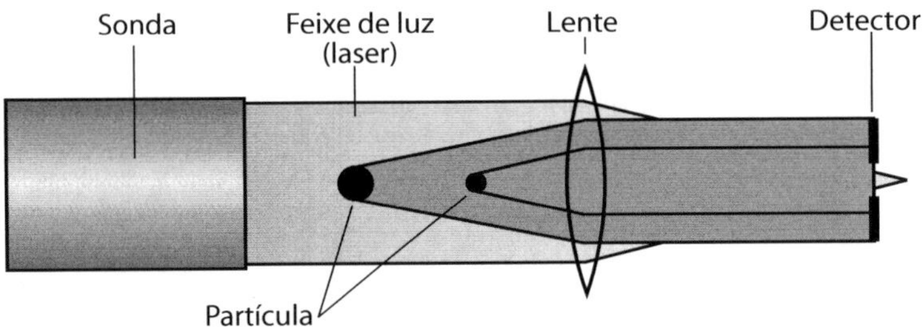

Figura 6.9 Difração de laser (baseada em RAMALHO; OLIVEIRA, 1989).

Nos instrumentos que se utilizam do princípio da difração da luz (Mastersizer, por exemplo), um feixe de laser é enviado em direção à amostra a ser analisada. Quando o feixe colimado encontra as partículas, parte do laser é difratado e, em sequência, focado, por meio de lentes, no detector (Figura 6.9). O diâmetro das partículas é inversamente proporcional ao ângulo do desvio sofrido pelo raio laser; quanto menor o tamanho da partícula, maior será o ângulo de difração.

6.3.3 Análise de imagens

A técnica da análise de imagens refere-se à análise computacional de imagens digitalizadas (ARAÚJO, 2001), de modo a ser o número de (imagens) de partículas a base de representação da distribuição de tamanho de partículas. Nesta técnica existe a aquisição da imagem, que diz respeito ao processo no qual a imagem real da amostra é transformada em uma matriz numérica que é processada pelo computador. Cada ponto de imagem ou elemento de imagem é chamado *pixel*, podendo ser definido como a menor unidade de resolução, sendo usualmente quadrado e possuindo um valor numérico que representa o brilho e as cores da imagem. Ao conseguir a imagem digitalizada é possível obter medições relativas ao diâmetro, normalmente conhecidos como *diâmetros de Feret*, que são as distâncias entre duas tangentes em lados opostos da feição em direções fixas (Figura 6.10b). Ao se comparar a Figura 6.10b com a Figura 6.6, e identificar $F_{\text{máx}}$ a d_{pI}, e $F_{\text{mín}}$ a d_{pII}, torna-se possível obter o diâmetro equivalente conforme apresentado na Seção 6.2.4.

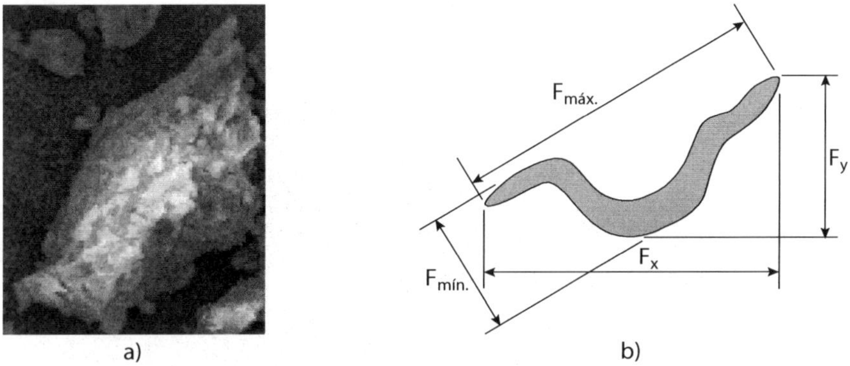

Figura 6.10 a) Análise de imagens (MELO, 2010); b) Diâmetros de Feret (ARAÚJO, 2001).

Laitinen et al. (2002) compararam os diâmetros de partículas obtidas por análise de imagens com aquelas advindas de peneiramento e difração a laser. Esses autores concluíram que as imagens digitais obtidas da superfície de pós contêm todas as informações necessárias para a análise da distribuição do tamanho de partículas. Entretanto, a análise de imagens apresenta um problema-chave que é a determinação do número mínimo de partículas a serem analisadas, cujo valor varia entre 100 e 2.000 partículas.

6.4 Análise granulométrica

Independentemente da técnica de medida do tamanho de partícula, a distribuição estatística de tamanhos ou granulometria é expressa, usualmente, em função da frequência relativa das partículas que detêm certo diâmetro (Figura 6.11a). Essa função pode ser expressa em função da massa (no caso de peneiramento), volume (difração a laser) e número de partículas (análise de imagens). Além da distribuição de frequência, a distribuição de tamanho de partículas também pode ser representada pela fração cumulativa de partículas que possuem diâmetro menor e maior que um valor médio de partícula em um intervalo de 0% a 100% da grandeza acumulada (Figura 6.11b). As Figuras 6.11 apresentam uma situação típica de análise cumulativa. Enquanto na abscissa encontra-se o diâmetro de partícula, observa-se, na ordenada, que a distribuição de frequência é representada pela letra x (xis minúsculo), e a distribuição cumulativa é representada pela letra X (xis maiúsculo).

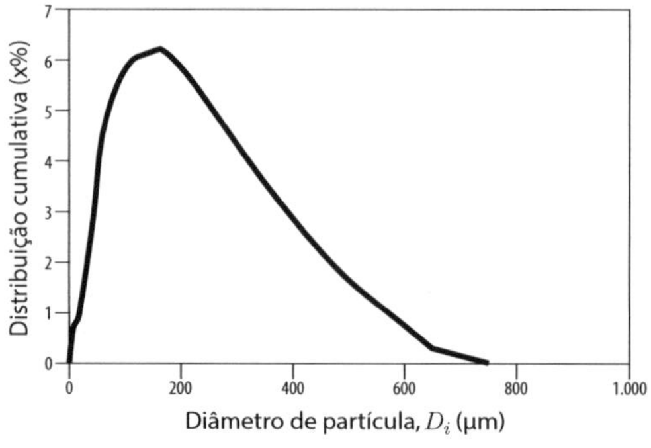

Figura 6.11a Distribuições de frequência das partículas referentes à Figura 6.1a (base volumétrica, utilizando-se Mastersizer).

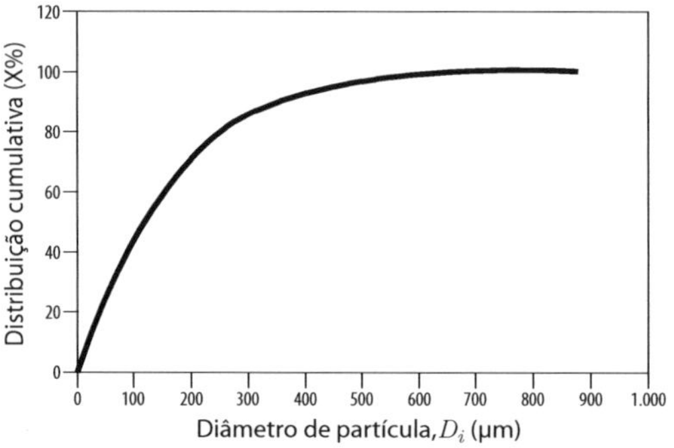

Figura 6.11b Distribuição cumulativa das partículas referente à Figura 6.1a (base volumétrica, utilizando-se Mastersizer).

Exemplo 6.2

Um(a) profissional foi convocado(a) para projetar um reator do tipo leito fluidizado, destinado ao craqueamento catalítico de petróleo. Para tanto, a primeira informação a ser obtida sobre o projeto refere-se à caracterização do particulado. A classificação do particulado de FCC foi conduzida por meio de peneiramento de uma amostra de 100 g de partículas, cujos resultados estão apresentado na Tabela 1. Pede-se: construa os gráficos para a distribuição de frequência e para a distribuição cumulativa da amostra.

Tabela 1 Distribuição de frequência relativa ao Exemplo 6.2

Peneiras (*mesh*)	x_i (%100)	Peneiras (*mesh*)	x_i (%100)
–65+80	0	–200+250	15,21
–80+100	1,29	–250+270	14,32
–100+115	5,93	–270+325	11,21
–115+150	9,70	–325+400	6,18
–150+170	14,16	–400	5,03
–170+200	16,97		

Solução

As duas primeiras colunas da Tabela 1 ilustram um ensaio característico para partículas de catalisadores de FCC. Nesse ensaio, foram selecionadas as peneiras # 65, # 80, # 100 ..., # 400 (em que o símbolo "#" indica *mesh*). O símbolo (+) indica que uma determinada fração de massa i, x_i foi retida na peneira "# i"; enquanto o símbolo (–) indica que a massa remanescente atravessou a peneira "# i". Retomando a Tabela 1 na Tabela 2, a segunda coluna dessa tabela mostra a fração de massa retida na peneira "+ # i". Por exemplo, 1,29% da massa ficaram retidos na peneira # 100; 5,93% da massa ficaram retidos na peneira # 115; 9,70% da massa ficaram retidos na peneira # 150 e assim por diante. A terceira coluna indica o percentual da massa total que atravessa a peneira # + i; como exemplo, tem-se que 100% da massa total da amostra atravessaram a peneira # 80; em seguida, 98,71% da massa total da amostra atravessaram a peneira # 100 para, a seguir, 92,71% da massa total da amostra atravessar a peneira # 115 e assim sucessivamente até que 5,03% da massa total da amostra atravessam a peneira # 400 e se deposita no fundo do equipamento. Ou seja, trata-se de uma distribuição cumulativa, em que cada valor X_i indica a fração em massa das partículas menores do que um certo diâmetro D_i que, no caso da Tabela 2, refere-se à primeira coluna como "+ # D_i".

Desse modo, a análise granulométrica pode ser expressa em um gráfico da distribuição da frequência dos diâmetros das partículas que compõem a amostra, no formato de x_i vs. D_i (Figura 1), bem como da distribuição granulométrica cumulativa na forma X_i vs. D_i (Figura 2).

Tabela 2 Análise granulométrica referente ao peneiramento de partículas de FCC

Peneiras (*mesh*)	x_i (%100)	X_i (%100)	$-D_i$ (μm)	$+D_i$ (μm)	D_i (μm)
–65+80	0	100	212	180	196,0
–80+100	1,29	98,71	180	150	165,0
–100+115	5,93	92,78	150	125	137,5
–115+150	9,70	83,08	125	106	115,5
–150+170	14,16	68,92	106	90	98,0
–170+200	16,97	51,95	90	75	82,5
–200+250	15,21	36,74	75	63	69,0
–250+270	14,32	22,42	63	53	58,0
–270+325	11,21	11,21	53	45	49,0
–325+400	6,18	5,03	45	38	41,5
–400	5,03	0 (*fundo*)	*fundo*	*fundo*	*fundo*

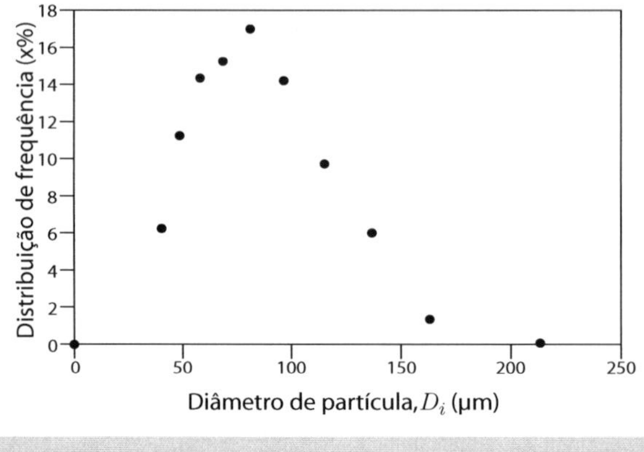

Figura 1 Distribuição de frequência referente ao Exemplo 6.2.

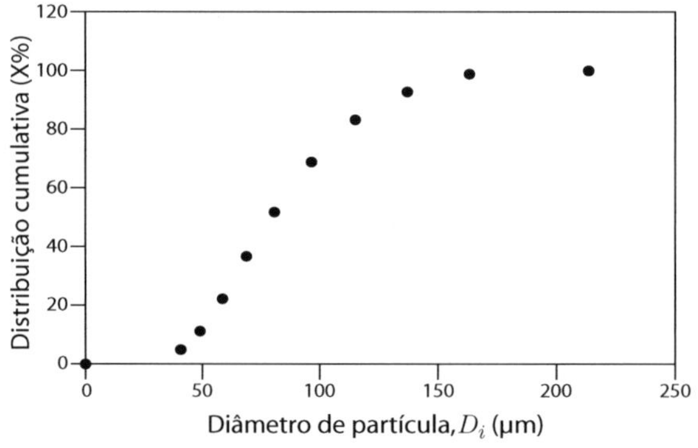

Figura 2 Distribuição cumulativa referente ao Exemplo 6.2.

O diâmetro D_i utilizado nas Figuras 1 e 2 é a média do valor do diâmetro de abertura da maior e da menor peneira em análise, conforme ilustram as últimas colunas da Tabela 2. Por exemplo, na situação "– 65 + 80", tem-se, para a peneira # 70, o diâmetro da abertura igual a 212 μm; já para a peneira # 80, o diâmetro da abertura é igual a 180 μm, resultando em um diâmetro médio igual a 196 μm.

6.5 Diâmetro médio de partícula

A definição de diâmetro médio de partícula decorre do conhecimento da distribuição da frequência de tamanhos de uma determinada amostra (ou seja, da Figura 6.11a). Dessa maneira, têm-se as seguintes definições:

a) Diâmetro da partícula cujo volume é igual ao volume médio de todas as partículas presentes em uma amostra:

$$\bar{d}_p^3 = \frac{1}{\sum_{i=1}^{n}\left(\frac{x_i}{D_i^3}\right)} \tag{6.23}$$

b) Diâmetro da partícula em que a área superficial é igual à média das áreas superficiais de todas as partículas presentes em uma amostra:

$$\bar{d}_p^2 = \frac{\sum_{i=1}^{n}\left(\frac{x_i}{D_i}\right)}{\sum_{i=1}^{n}\left(\frac{x_i}{D_i^3}\right)} \tag{6.24}$$

c) Diâmetro da partícula cuja relação volume/superfície, $\bar{d}_p^3/\bar{d}_p^2$, é a mesma para todas as partículas presentes em uma certa amostra. Desse modo, a partir das Equações 6.23 e 6.24, tem-se:

$$d_{p_S} = \frac{1}{\sum_{i=1}^{n}\left(\frac{x_i}{D_i}\right)} \tag{6.25}$$

que é o *diâmetro médio de Sauter*, sendo este o diâmetro médio de partícula mais utilizado em sistemas particulados, transferência de calor e de massa, cinética e catálise. Este diâmetro, normalmente, é utilizado em estudos relacionados a fenômenos interfaciais (RAMALHO; OLIVEIRA, 1989; CÂMARA et al., 2008).

Exemplo 6.3

Considere o enunciado apresentado no Exemplo 6.2 e obtenha:

a) o valor do diâmetro médio de Sauter;

b) o valor do diâmetro médio de partícula, cujo volume é igual ao volume médio das partículas presentes na amostra;

c) o valor do diâmetro médio de partícula em que a área superficial é igual à média das partículas presentes na amostra.

Solução

Conhecidos os valores da fração mássica da distribuição de frequência contidos na segunda coluna da Tabela 2 do Exemplo 6.2, a qual está na forma de porcentual (portanto, basta dividir tais valores por 100), bem como os valores do diâmetro médio de partícula entre cada *mesh*, última coluna da Tabela 2 do Exemplo 6.2, é possível calcular, para cada par (x_i, D_i), os valores necessários para atender o presente exercício.

a) Utiliza-se a Equação 6.25, cujos valores de (x_i/D_i) para cada par (x_i, D_i) estão contidos na terceira coluna da Tabela 1 do presente exemplo. Dessa maneira, o somatório dessa coluna será

$$\sum_{i=1}^{n}\left(\frac{x_i}{D_i}\right) = 1{,}33 \times 10^{-2}\ (\mu\text{m})^{-1} \tag{1}$$

Substituindo-se esse valor na Equação 6.25, obtém-se

$$d_{pS} = \frac{1}{\sum_{i=1}^{n}\left(\frac{x_i}{D_i}\right)} = \frac{1}{1{,}33 \times 10^{-2}} = 75{,}19\ \mu\text{m} \tag{2}$$

b) Utiliza-se a Equação 6.23, cujos valores de (x_i/D_i^3) para cada par (x_i, D_i) estão contidos na terceira coluna da Tabela 2 do presente exemplo. Dessa maneira, o somatório dessa coluna será

$$\sum_{i=1}^{n}\left(\frac{x_i}{D_i^3}\right) = 3{,}56 \times 10^{-6}\ (\mu\text{m})^{-3} \tag{3}$$

Substituindo-se esse valor na Equação 6.25, obtém-se:

$$\bar{d}_p = \left[\sum_{i=1}^{n}\left(\frac{x_i}{D_i^3}\right)\right]^{-1/3} = \left(3{,}56 \times 10^{-6}\right)^{-1/3} = 65{,}49\ \mu\text{m} \tag{4}$$

Tabela 1 Diâmetro de Sauter

D_i	x_i	x_i/D_i
196,0	0	0
165,0	0,0129	$7{,}82 \times 10^{-5}$
137,5	0,0593	$4{,}31 \times 10^{-4}$
115,5	0,0970	$8{,}40 \times 10^{-4}$
98,0	0,1416	$1{,}44 \times 10^{-3}$
82,5	0,1697	$2{,}06 \times 10^{-3}$
69,0	0,1521	$2{,}20 \times 10^{-3}$
58,0	0,1432	$2{,}47 \times 10^{-3}$
49,0	0,1121	$2{,}29 \times 10^{-3}$
41,5	0,0618	$1{,}49 \times 10^{-3}$

Tabela 2 Diâmetro médio volumétrico

D_i	x_i	x_i/D_i^3
196,0	0	0
165,0	0,0129	$2{,}87 \times 10^{-9}$
137,5	0,0593	$2{,}28 \times 10^{-8}$
115,5	0,0970	$6{,}30 \times 10^{-8}$
98,0	0,1416	$1{,}50 \times 10^{-7}$
82,5	0,1697	$3{,}02 \times 10^{-7}$
69,0	0,1521	$4{,}63 \times 10^{-7}$
58,0	0,1432	$7{,}34 \times 10^{-7}$
49,0	0,1121	$9{,}53 \times 10^{-7}$
41,5	0,0618	$8{,}65 \times 10^{-7}$

c) Emprega-se, neste caso, a Equação 6.24, ou

$$\bar{d}_p^2 = \frac{\sum_{i=1}^{n}\left(\frac{x_i}{D_i}\right)}{\sum_{i=1}^{n}\left(\frac{x_i}{D_i^3}\right)} \tag{5}$$

Verifica-se, na Equação 5, que são conhecidos os valores do numerador e do denominador por meio dos resultados (1) e (3), os quais, substituídos na Equação 5, resultam em

$$\bar{d}_p = \left(\frac{1{,}33 \times 10^{-2}}{3{,}56 \times 10^{-6}}\right)^{1/2} = 61{,}12\ \mu\text{m} \tag{6}$$

6.6 Modelos para a distribuição granulométrica

Qualquer que seja a distribuição granulométrica, torna-se possível descrevê-la por modelos matemáticos na forma de $X = X\ (D)$. Existem, classicamente, três modelos: o de Gates, Gaudin e Schumann (GGS), o de Rosin, Rammler e Bennet (RRB), e o modelo que estabelece a função $X = X\ (D)$ no formato log-normal. O Quadro 6.4 sintetiza a apresentação de tais modelos (MASSARANI, 1984). A partir desses modelos e de seus parâmetros associados é possível estabelecer equações para o cálculo do diâmetro médio de Sauter, conforme apresentado na última coluna do Quadro 6.4.

Quadro 6.4 Modelos para a distribuição granulométrica (MASSARANI, 1984)

Modelo	Equacionamento	Formato do gráfico	d_{pS}
GGS	$X_i = \left(\frac{D_i}{k}\right)^m$ (6.26) sendo: $D_i \leq k;\ m > 0;\ k = D_{100}$ D_{100} refere-se ao diâmetro D para $X = 1$ $m = 1$ (distribuição uniforme) $m \neq 1$ (casos usuais)	Tem-se uma reta ao representar em forma gráfica (**ℓnD** vs. ℓn*X*); nas situações usuais em que $m>1$, o modelo recai no RRB. 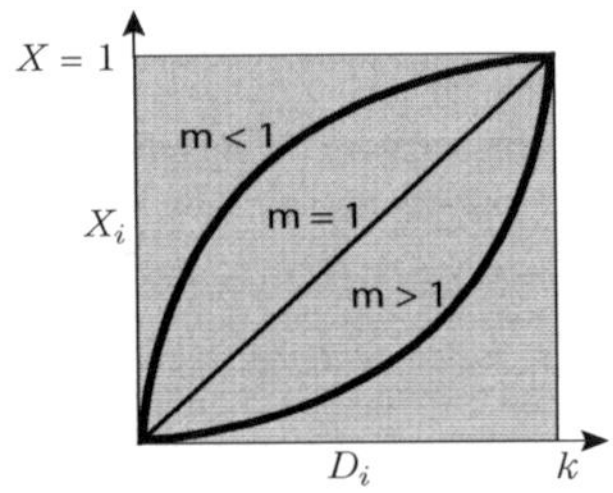	$d_{pS} = k\left(\frac{m-1}{m}\right)$ válido para $m > 1$
RRB	$X_i = 1 - \exp[-(D_i/D')^n]$ (6.27) $n > 0;\ D' = D_{63,2}$ $D_{63,2}$ refere-se ao diâmetro D para $X = 0{,}632$	Tem-se uma reta ao representar em forma gráfica ℓn*D* vs. ℓn[(ℓn1/(1–*X*))]; a forma "S" é verificada para $n > 1$. 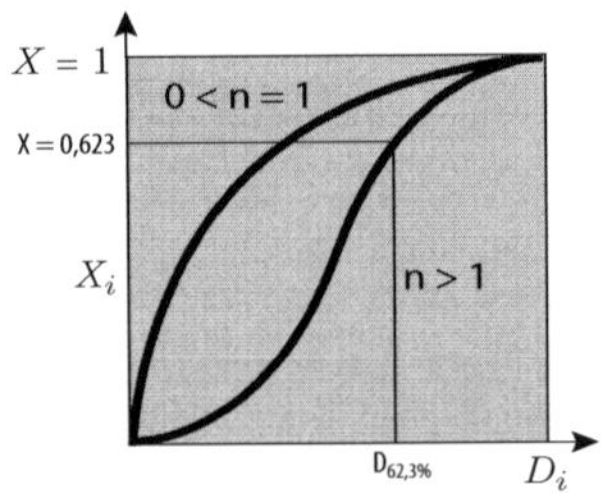	$d_{pS} = \frac{D'}{\Gamma(1-1/n)}$ para $n > 1$ com a função gama: $\Gamma(r) = \int_0^\infty e^{-x} x^{r-1}\, dx$
Log-normal	$X_i = \frac{1}{2}[1 + \text{erf}(Z_i)]$ (6.28) $Z_i = \frac{\ell n(D_i/D_{50})}{\sqrt{2}\ (\ell n\sigma)}$ $\text{erf}(Z) = \frac{2}{\sqrt{\pi}}\int_0^z \exp(-y^2)\,dy$ função erro, na qual a dispersão σ é igual a: $\sigma = \frac{D_{84,1}}{D_{50}} = \frac{D_{50}}{D_{15,9}} \geq 1$	Tem-se uma reta ao representar em forma gráfica ℓn*D* vs. ℓn*X* em escala de probabilidades; para $\sigma = 1$, todas as partículas têm o mesmo diâmetro. 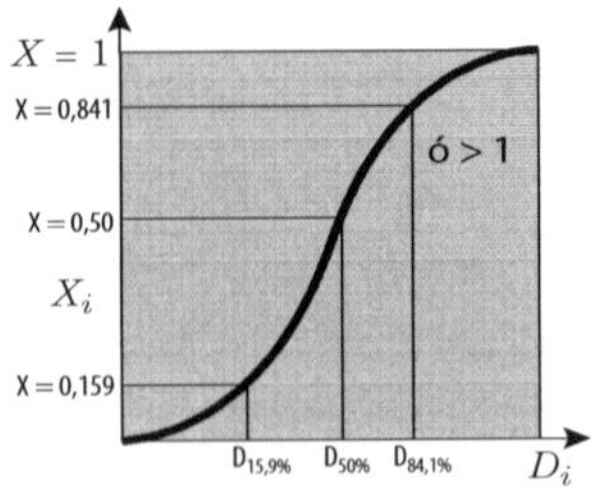	$d_{pS} = D_{50}\exp\left(-\frac{1}{2}\ell n^2\sigma\right)$

Exemplo 6.4

Considere o enunciado apresentado no Exemplo 6.2 e verifique qual modelo melhor descreve a distribuição granulométrica entre os modelos GGS e RRB. A partir da identificação do modelo, escreva a sua equação característica.

Solução

O modelo GGS advém da análise do gráfico na forma ℓnD vs. ℓnX, cujos valores, para tanto, estão apresentados nas colunas 3 e 4 da Tabela 1 do presente exemplo. A análise do modelo RRB é resultado da construção de um gráfico na forma ℓnD vs. $\ell n\{\ell n[1/(1-X)]\}$, em que os valores correspondentes encontram-se nas colunas 3 e 7 da Tabela 1 deste exemplo.

Tabela 1 Valores calculados para avaliação dos modelos GGS e RRB

D_i	X_i	$\ell n(D_i)$	$\ell n(X_i)$	$\varphi_i = 1/(1-X_i)$	$\ell n(\varphi_i)$	$\ell n[\ell n(\varphi_i)]$
165,0	0,9871	5,1059	–0,0130	77,5194	4,3505	1,4703
137,5	0,9278	4,9236	–0,0749	13,8504	2,6283	0,9663
115,5	0,8308	4,7493	–0,1854	5,9102	1,7767	0,5747
98,0	0,6892	4,5850	–0,3722	3,2175	1,1686	0,1558
82,5	0,5195	4,4128	–0,6549	2,0812	0,7329	–0,3107
69,0	0,3674	4,2341	–1,0013	1,5808	0,4579	–0,7811
58,0	0,2242	4,0604	–1,4952	1,2890	0,2539	–1,3710
49,0	0,1121	3,8918	–2,1884	1,1263	0,1189	–2,1295
41,5	0,0503	3,7257	–2,9898	1,0530	0,0516	–2,9641

A Figura 1 apresenta as curvas obtidas. Verifica-se, para o modelo GGS, que o coeficiente de determinação para a reta é igual a $r^2 = 0{,}890$, enquanto para o modelo RRB, $r^2 = 0{,}981$, sendo este último o modelo que melhor descreve a distribuição granulométrica entre aqueles avaliados neste exercício.

A equação característica do modelo RRB é

$$X_i = 1 - \exp\left[-(D_i/D')^n\right] \tag{1}$$

Ressalte-se que n é o coeficiente angular da reta ℓnD vs. $\ell n\{\ell n[1/(1-X)]\}$ que, na presente situação, é $n = 3{,}077$. Já o valor de D' é $D' = D_{63,2}$, sendo que $D_{63,2}$ refere-se ao diâmetro D para $X = 0{,}632$. Nesse caso, pode-se interpolar o valor de D' a partir da Tabela 1, ou utilizar-se da reta ℓnD vs. $\ell n\{\ell n[1/(1-x)]\}$, na forma $y = ax + b$, em que $a = n$.

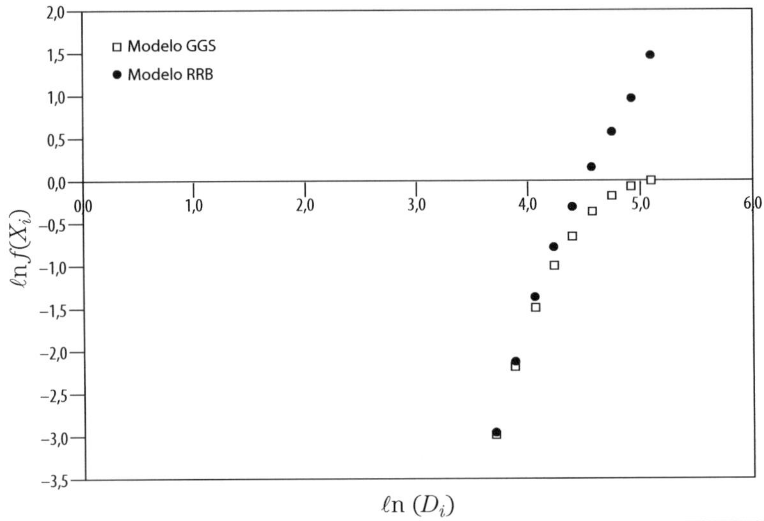

Figura 1 Gráfico para análise de modelos para distribuição granulométrica, em que $f(X_i) = X_i$ para o modelo GGS; e $f(X_i) = \ell n(\varphi_i)$ para o modelo RRB.

O valor de D' será obtido de (para $y = 0$)

$$D' = \exp(-b/n) \tag{2}$$

A reta obtida para o modelo RRB, com $r^2 = 0{,}981$, é

$$y = 3{,}077x - 14{,}057 \tag{3}$$

Identificando $n = 3{,}077$ e $b = -14{,}057$, tem-se na Equação 2:

$$D' = \exp\left(\frac{14{,}057}{3{,}077}\right) = 96{,}39\ \mu\text{m} \tag{4}$$

O modelo RRB, para este exemplo, é posto como

$$X_i = 1 - \exp\left[-\left(\frac{D_i}{96{,}39}\right)^{3{,}077}\right] \tag{5}$$

6.7 Bibliografia consultada

ALLEN, T. **Particle size measurement**: surface area and pore size determination. 5. ed. London: Chapman & Hall, v. 2, 1997.

ARAÚJO, G. S. **Estudos de parâmetros texturais das areias para argamassas de revestimento através da análise de imagens**. Dissertação de Mestrado. Vitória: Universidade Federal do Espírito Santo, Programa de Pós-Graduação em Engenharia Civil, 2001.

Bertel Indústria Metalúrgica. Disponível em: <www.bertel.com.br/mostruario.html>. Acesso em: 28 abr. 2006.

Câmara, F. T.; Santos, J. L.; Silva, E. A.; Ferreira, M. C. Distribuição volumétrica e espectro de gotas de bicos hidráulicos de jato plano de faixa expandida XR11003. Jaboticabal, **Eng. Agríc.**, v. 28, n. 4, p. 740, 2008.

Carr, J. R.; Norris, G. M.; Newcomb, D. E. Characterization of aggregate shape using fractal dimension. **Transportation Research Record** – National Academy Press, Washington, n. 1278, p. 43, 1990.

Carr, J.; Misra, M.; Litchfield, J. Estimating surface area for aggregate in the size range 1 mm or larger. **Transportation Research Record** – National Academy Press, Washington, n. 1362, p. 20, 1992.

Cremasco, M. A. **Vale a pena estudar engenharia química**. São Paulo: Edgard Blücher, 2005.

Dacanal, G. C. **Estudo da granulação de suco de acerola desidratado em leito fluidizado**. Dissertação de Mestrado. Campinas: Universidade Estadual de Campinas, 2005.

Dias, L. F. L. **Avaliação de algumas propriedades físicas de grãos de café (Coffea rabica)**. Dissertação de Mestrado. Marechal Cândido Rondon: Universidade Estadual do Oeste do Paraná, Programa de Pós-Graduação em Agronomia, 2007.

Dullien, F. A. L. **Porous Media. Fluid transport and pore structure**. 2. ed. London: Academic Press Limited, 1992.

Dutta, S. K.; Nema, V. K.; Bhardwaj, R. K. Physical properties of grain. **Journal of Agricultural Engineering Research**, v. 39, n. 4, p. 259, 1988.

Laitinen, N.; Antikanen, O.; Yliruusi, L. Does a powder surface contain all necessary information for particle size distribution analysis? **European Journal of Pharmaceutical Sciences**, v. 17, p. 217, 2002.

Leeder, M. R. **Sedimentology process and product**. London: Chapman and Hall, 1995.

Massarani, G. **Problemas em sistemas particulados**. São Paulo: Edgard Blücher, 1984.

Mata, V. G.; Dias, M. M.; Lopes, J. C. B.; Rodrigues, A. E. Caracterização da estrutura porosa: porosimetria de mercúrio. **Anais do XXII Congresso Brasileiro de Sistemas Particulados – XXII Enemp**, v. 1, p. 60, Florianópolis, 1994.

McLane, M. **Sedimentology**. New York: Oxford University Press, 1995.

Melo, K. P. **Secagem de biomassa residuária de levedura (Saccharomyces cerevisiae) em um secador atmosférico condutivo com agitação mecânica: caracterização e avaliação do produto seco como bioadsorvente e complemento nutricional**. Tese de Doutorado. Campinas: Universidade Estadual de Campinas, 2010.

Mendes, J. C. **Elementos de estratigrafia**. São Paulo: T. A. Queiroz, 1992.

MOHSENIN, N. N. **Physical properties of plant and and animal materials**. 2. ed. New York: Gordon and Bread Science Publisher, 1978.

OLIVEIRA FILHO, U. C. **Desenvolvimento de um secador spray para obtenção de pós finos de precursores de nióbio**. Tese de Doutorado. Natal: Universidade Federal do Rio Grande do Norte, 2007.

PEÇANHA, R. P.; AGUIAR, S. S. Dimensão característica e forma de partícula II. **Anais do XV Encontro sobre Escoamento em Meios Porosos – Enemp**, v. 1, p. 71, Uberlândia, 1987.

PEÇANHA, R. P.; MASSARANI, G. Dimensão característica e forma de partícula. **Anais do XIV Encontro sobre Escoamento em Meios Porosos – Enemp**, p. 302, Campinas, 1986.

PIETSCH, W. An interdisciplinary approach to size enlargement by agglomeration. **Powder Technology**, v. 130; n. 1, p. 8, 2003.

RAMALHO, J. B. V. DA S.; OLIVEIRA, M. C. K. Metodologia para determinação da distribuição do diâmetro de gotas em emulsões de petróleo do tipo água-óleo por difração a laser. Rio de Janeiro: **Boletim Técnico Petrobrás**, v. 42, n. 1, p. 72, 1989.

SANTANA, M. F. S.; GASPARETO, C. A. Microestrutura da fibra alimentar do albedo de laranja: um estudo por técnicas físicas e análise de imagens. **Ciênc. Tecnol. Aliment.**, v. 29, n. 1, p. 124, 2009.

SANTOS, H.; MASSARANDUBA, M.; VEIGA, F. J. B.; DE PINA, E. M. T.; SOUZA, J. J. M. S. Obtenção de pellets por extrusão e esferonização farmacêutica. Parte II. Avaliação das características físicas de pellets. **Revista Brasileira de Ciências Farmacêuticas**, v. 42, n. 3, 2006.

SCARLETT, B. **Materials science and technology**: a comprehensive treatment. New York: Weinhein Editors, 1996.

SELMO, S. M. S. **Dosagem de argamassas de cimento Portland e cal para revestimento externo de fachada de edifícios**. Dissertação de Mestrado. São Paulo: Universidade Estadual de São Paulo, EPUSP, 1989.

SILVA, A. S. M. **Dosagem de concreto pelos métodos de empacotamento compressível e Aïtcin-Faury modificado**. Dissertação de Mestrado. Rio de Janeiro: Universidade Federal do Rio Janeiro, Programa de Pós-Graduação de Engenharia, Engenharia Civil, 2004.

SOUZA, F. V. **Propriedades estruturais de misturas binárias de sólidos**. Dissertação de Mestrado. Campinas: Universidade Estadual de Campinas, 2001.

SOUZA, D. O. C. **Granulação de alimentos: caracterização morfológica das partículas e modelagem matemática do processo**. Campinas: Universidade Estadual de Campinas, 2007.

TANNOUS, K.; ROCHA, S. C. **Capítulo II** – Dinâmica de sistemas sólido-fluido. Disponível em: <www.ocw.unicamp.br/fileadmin/user_upload/cursos/EQ651/Capitulo_II.pdf>. Acesso em: 18 abr. 2011.

TEIXEIRA, V. G.; COUTINHO, F. M. B.; GOMES, A. S. Principais métodos de caracterização da porosidade de resinas à base de divinil benzeno. **Quim. Nova**, v. 24, n. 6, p. 808, 2001.

WEBB, P.; ORR, C. **Analytical methods in fine particle technology**. USA: Micromeritics Instrument Corp., 1997.

WEDELL, H. Volume, shape and roundness of rock particles. **Journal of Geology**, v. 40, p. 443, 1932.

6.8 Nomenclatura

a	raio da maior dimensão da partícula	$[L]$
A_p	área projetada de uma partícula	$[L^2]$
Ar	arredondamento	adimensional
$A\ell$	alongamento	adimensional
Área	área da seção transversal	$[L^2]$
b	raio da menor dimensão da partícula	$[L]$
c	raio da dimensão intermediária da partícula	$[L]$
C	circularidade	adimensional
D_i	diâmetro da partícula de diâmetro i	$[L]$
d_p	diâmetro de uma partícula	$[L]$
d_{pI}	diâmetro circunscrito da projeção da sombra de uma partícula	$[L]$
d_{pII}	diâmetro inscrito da projeção da sombra de uma partícula	$[L]$
d_S	diâmetro médio de Sauter	$[L]$
Pe	perímetro	$[L]$
S_p	área superficial da partícula	$[L^2]$
V_p	volume da partícula	$[L^3]$
x_i	fração mássica relativa à partícula de diâmetro i	adimensional
X_i	fração cumulativa mássica relativa à partícula de diâmetro i	adimensional

Letras gregas

ε_p	porosidade da partícula (pó ou aglomerado)	adimensional
ϕ	esfericidade	adimensional

Capítulo 7

Fluidodinâmica de uma partícula isolada

7.1 Introdução

Na separação de particulados de tamanhos distintos por meio da ação centrífuga e ação gravitacional, como são os casos de emprego de ciclones e elutriadores, por exemplo, torna-se essencial tanto o conhecimento das características físicas e morfológicas das partículas envolvidas (Capítulo 6) quanto da descrição do escoamento das fases fluida e particulada associado a tal separação. No que se refere à descrição do escoamento da fase fluida (gás ou líquido), esta foi apresentada no Capítulo 2; já para a descrição do escoamento da fase particulada, tornam-se imprescindíveis informações fundamentais sobre a dinâmica de uma partícula isolada.

7.2 Dinâmica de um ponto material

A dinâmica trata do estudo da relação entre o movimento de um corpo e as causas de tal movimento. Este, por sua vez, é fruto da interação desse corpo com outros corpos que o cercam. Tais interações podem ser descritas pelo conceito de *força*. Dessa forma, o objeto da dinâmica é o estudo da relação entre força e as variações do movimento de um corpo. No presente capítulo, este corpo é uma partícula material de massa m_p. A multiplicação da massa da partícula por seu vetor velocidade, $\mathbf{u}_p$, resulta na definição de *quantidade de movimento* (ou momento ou momento linear de uma partícula), $\mathbf{L}_p$, na forma

$$\mathbf{L}_p = m_p\mathbf{u}_p \tag{7.1}$$

Admita que uma dada partícula apresente velocidade $\mathbf{u}_{p_1}$ no instante t_1 e $\mathbf{u}_{p_2}$ no instante t_2 (Figura 7.1). A variação da sua quantidade de movimento entre tais instantes será

$$\mathbf{L}_{p1} - \mathbf{L}_{p2} = m_{p1}\mathbf{u}_{p1} - m_{p2}\mathbf{u}_{p2} \tag{7.2}$$

Como a partícula apresenta massa constante, tem-se na Equação 7.2

$$\mathbf{L}_{p1} - \mathbf{L}_{p2} = m_p(\mathbf{u}_{p1} - \mathbf{u}_{p2}) \tag{7.3}$$

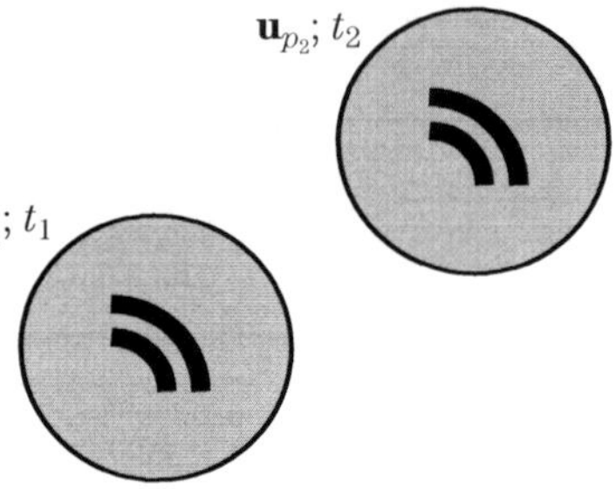

Figura 7.1 Representação do movimento de uma partícula.

Admitindo-se a variação da quantidade de movimento no tempo,

$$\frac{\mathbf{L}_{p_1} - \mathbf{L}_{p_2}}{t_1 - t_2} = m_p\left(\frac{\mathbf{u}_{p_1} - \mathbf{u}_{p_2}}{t_1 - t_2}\right) \tag{7.4}$$

bem como tal variação ser infinitesimal, ou seja,

$$\lim_{t\to 0}\frac{\Delta \mathbf{L}_p}{\Delta t} = m_p \lim_{t\to 0}\frac{\Delta \mathbf{u}_p}{\Delta t} \tag{7.5}$$

ou

$$\frac{d\mathbf{L}_p}{dt} = m_p\frac{d\mathbf{u}_p}{dt} \tag{7.6}$$

Identificando a força de interação (ou de Newton), $\mathbf{F}$, na Equação 7.6

$$\frac{d\mathbf{L}_p}{dt} \equiv \mathbf{F} \tag{7.7}$$

A grandeza física vetorial $\mathbf{F}$ apresenta-se como a taxa da variação temporal da quantidade de movimento de uma partícula material, relativa ao seu centro de massa. A Equação 7.6 pode ser retomada, após reconhecer o termo de aceleração na Equação 7.6, $\mathbf{a}_p \equiv d\mathbf{u}_p/dt$, como

$$\mathbf{F} = m_p\mathbf{a}_p \tag{7.8}$$

a qual reflete na situação em que se a massa de uma partícula for constante, *a força será igual ao produto da massa pela aceleração*, ou seja, a *segunda lei de Newton*.

Suponha que ($d\mathbf{L}_p/dt = 0$) e, portanto, $\mathbf{F} = 0$. Logo, da Equação 7.6, $\mathbf{u}_p$ = cte. Essa situação ocorre quando: (a) a velocidade inicial da partícula é nula; portanto, caso a partícula esteja em repouso, assim permanecerá; e (b) caso a partícula apresente velocidade inicial constante e se estiver em movimento retilíneo e uniforme, assim se manterá. Em consequência, têm-se as seguintes conclusões: um ponto material com força de interação nula permanece em repouso ou em movimento retilíneo e uniforme; e, se essa partícula não estiver sujeita a interações ou caso se anulem, tal partícula será denominada *partícula livre*, permanecendo em repouso ou em movimento uniforme e retilíneo, caracterizando a lei da Inércia ou a *primeira lei de Newton*, a qual pode ser enunciada como: *uma partícula livre move-se com velocidade constante* (sem aceleração). Tais forças, por sua vez, ao atuar em um corpo, podem ser consideradas como uma única força que corresponde à soma vetorial de todas as forças,

$$\mathbf{F} = \sum_{i=1}^{n} \mathbf{F}_i \tag{7.9}$$

no que decorre, após igualar as Equações 7.8 e 7.9,

$$m_p \mathbf{a}_p = \sum_{i=1}^{n} \mathbf{F}_i \tag{7.10}$$

As forças presentes na Equação 7.10 são responsáveis pelo movimento da partícula e podem ser divididas em força de campo (gravitacional, centrífuga, por exemplo), e outras forças volumares, como o empuxo; em forças de superfície (ou pelicular), as quais são resultados do movimento do fluido, que estão ao redor da partícula (força de arraste e força de sustentação), conforme ilustra a Figura 7.2. Essas forças podem ser classificadas quanto à direção. Caso alinhadas com a direção do movimento da partícula, são conhecidas como *força de arraste*; caso venham ser alinhadas perpendicularmente, são denominadas, usualmente, como *força de sustentação*. Desse modo, a Equação 7.10, para uma partícula isolada, pode ser assim estendida

$$m_p \mathbf{a}_p = \mathbf{F}_{\text{campo}} + \mathbf{F}_{\text{empuxo}} + \mathbf{F}_{\text{sustentação}} + \mathbf{F}_{\text{arraste}} \tag{7.11}$$

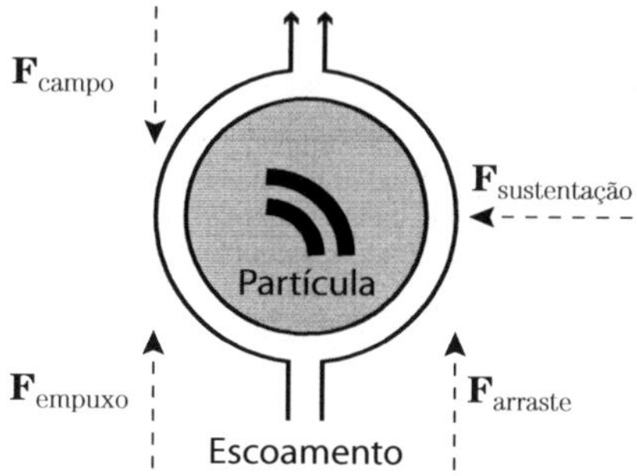

Figura 7.2 Representação das forças que atuam em uma partícula.

A *força de sustentação* é, por sua vez, dividida em dois grupos, de acordo com o fenômeno físico pelo qual é gerada. Um grupo está associado ao fato de haver uma região do escoamento em que existe um gradiente de velocidade de fluido, representado, por exemplo, pelas Equações 2.11 e 2.24, o qual contribui com uma distribuição não uniforme de pressão na partícula, fazendo com que surja nessa partícula uma força perpendicular à direção do escoamento, efeito conhecido como *efeito Saffman*; e o outro relacionado à rotação da partícula, cujo efeito é conhecido como *efeito Magnus*, que está intimamente envolvido com a dinâmica dos choques entre partícula–parede de um determinado equipamento e partícula-partícula, ou seja, quando se trata de um sistema não isolado de partículas.

A *força de campo* (gravitacional, centrífuga, magnética, entre outras), que atua em uma partícula, dá-se no volume, segundo

$$\mathbf{F} = \rho_p V_p \boldsymbol{b} \tag{7.12}$$

Em que ρ_p e V_p são, respectivamente, a massa específica e o volume da partícula; esta, em se tratando de esfera, é

$$V_p = \frac{\pi d_p^3}{6} \tag{7.13}$$

sendo d_p o diâmetro da partícula.

No caso de se tratar do campo gravitacional, $\mathbf{b} = \mathbf{g}$, a Equação 7.12 é posta como, depois de nela se considerar a definição (7.13),

$$\mathbf{F} = \frac{1}{6}\pi d_p^3 \rho_p \mathbf{g} \tag{7.14}$$

a qual diz respeito à *força peso*.

A *força de empuxo* segue o princípio de Arquimedes, que pressupõe que a força exercida sobre corpo submerso em um fluido é igual ao volume de fluido deslocado multiplicado pela aceleração gravitacional. Dessa maneira, a partir da Equação 7.14, tem-se

$$\mathbf{F} = -\frac{1}{6}\pi d_p^3 \rho \mathbf{g} \tag{7.15}$$

em que ρ é a massa específica do fluido. O sinal negativo indica que essa força tem o sentido contrário ao da força peso.

A *força de arraste* está associada à resistência direta da partícula em ser arrastada pelo fluido. Usualmente é decomposta em três termos, ou

$$\mathbf{F}_{\text{arraste}} = \underbrace{-3\pi d_p \mu \mathbf{u}_p}_{(A)} - \underbrace{\frac{1}{2} m_f \frac{d\mathbf{u}_p}{dt}}_{(B)} - \underbrace{\frac{3}{2} d_p^2 \int_0^t \left(\frac{d\mathbf{u}_p}{d\tau}\right) \frac{d\tau}{\sqrt{(t-\tau)}}}_{(C)} \tag{7.16}$$

Em que μ e m_f referem-se, respectivamente, à viscosidade dinâmica e à massa de um fluido *newtoniano* deslocado pelo movimento da partícula; $\mathbf{u}_p$ refere-se ao vetor velocidade da partícula. O primeiro termo (A) na Equação 7.16 refere-se à força decorrente do arraste de Stokes, sendo resultado das contribuições do arraste de fricção e de forma. O termo (B) está associado à força de arraste aparente (ou virtual). Resulta da aceleração/desaceleração da partícula em um meio fluido à sua volta, causando aceleração/desaceleração. O termo (C), conhecido como força de Bousinesq/Basset ou *history force*, está relacionado à mudança na camada limite que envolve a partícula, que ocorre em razão da aceleração ou da desaceleração da partícula (SILVA, 2006).

Ao se considerar a presença da fase fluida no termo de Stokes, este pode ser retomado, em termos vetoriais, como

$$\mathbf{F}_{\text{Stokes}} = -3\pi d_p \mu \mathbf{U} \tag{7.17}$$

sendo **U** a velocidade relativa entre fluido e partícula, posta na forma

$$\mathbf{U} = \mathbf{u} - \mathbf{u}_p \tag{7.18}$$

u é o vetor velocidade do fluido não perturbado pela presença da partícula. Outra maneira de expressar a força de arraste é por meio do coeficiente de arraste, C_D, definido por

$$\mathbf{F}_{\text{Stokes}} \equiv C_D \frac{1}{2} A_p \rho \,||\, \mathbf{U} \,||\, \mathbf{U} \tag{7.19}$$

em que A_p é a área projetada da partícula que, para uma esfera, é

$$A_p = \frac{\pi d_p^2}{4} \tag{7.20}$$

e $||\mathbf{U}||$ é a norma do vetor da velocidade relativa que, para coordenadas cartesianas, é

$$||\mathbf{U}|| = \left[(u - u_p)_x^2 + (u - u_p)_y^2 + (u - u_p)_z^2\right]^{1/2} \tag{7.21}$$

Igualar as Equações 7.17 e 7.21 resulta em

$$C_D = \frac{24}{\text{Re}_p} \tag{7.22}$$

Sendo o número de Reynolds da partícula, Re_p, definido por

$$\text{Re}_p \equiv \frac{\rho d_p ||\text{U}||}{\mu} \tag{7.23}$$

A Equação 7.22 é válida apenas para baixos valores do número de Reynolds ($\text{Re}_p < 1$), o que indica que o escoamento é governado por *forças viscosas*. Ao se aumentar o valor da velocidade relativa (aumentando-se a velocidade do fluido e/ou reduzindo-se a velocidade da partícula), ou diminuindo-se a consistência do fluido, as forças inerciais tornam-se importantes, de modo que o coeficiente de arraste, à semelhança da Equação 7.22, é retomado tal como se segue

$$C_D = \frac{24}{\text{Re}_p} f(\text{Re}_p) \tag{7.24}$$

A Figura 7.3 apresenta os diversos regimes de escoamento sobre uma esfera isolada, da qual se pode identificar

$\text{Re}_p < 1$	*Regime de Stokes*
$1 \leq \text{Re}_p < 500$	*Regime intermediário*
$500 \leq \text{Re}_p < 2{,}5 \times 10^5$	*Regime de Newton*
$\text{Re}_p \geq 2{,}5 \times 10^5$	*Regime turbulento*

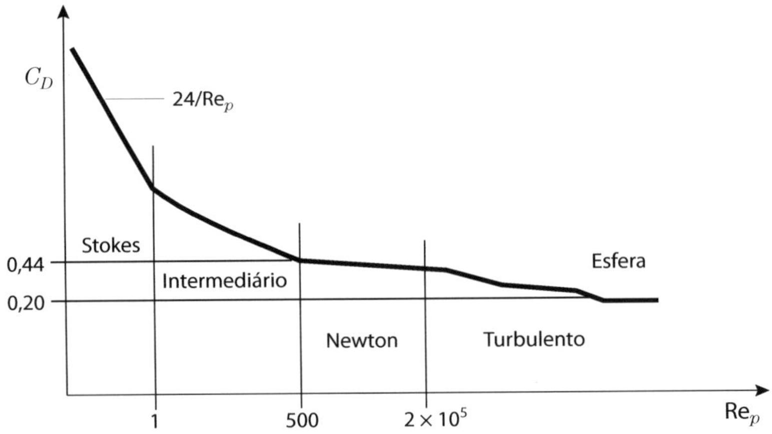

Figura 7.3 Regimes característicos de escoamento ao redor de uma esfera isolada.

Observa-se, por inspeção da Figura 7.3, que, no regime de Newton, $C_D \cong 0{,}44$; enquanto, no regime turbulento, $C_D \cong 0{,}20$.

O Quadro 7.1 apresenta diversos modelos, para partículas esféricas, representando a Equação 7.24.

Quadro 7.1 Correlações para o coeficiente de arraste (SILVA, 2006)

Autor	Modelo		Validade
Stokes	$C_D = \dfrac{24}{\mathrm{Re}_p}$	(7.22)	$\mathrm{Re}_p < 1$
Ossen (1910)	$C_D = \dfrac{24}{\mathrm{Re}_p}\left(1+\dfrac{3}{16}\mathrm{Re}_p\right)$	(7.25)	$\mathrm{Re}_p < 5$
Putnam (1961)	$C_D = \dfrac{24}{\mathrm{Re}_p}\left(1+0{,}15\ \mathrm{Re}_p^{0{,}687}\right)$	(7.26)	$\mathrm{Re}_p < 10^3$
	$C_D = \dfrac{24}{\mathrm{Re}_p}\left(0{,}0183\ \mathrm{Re}_p\right)$	(7.27)	$10^3 \le \mathrm{Re}_p < 2{,}0 \times 10^5$
Tilly (1969)	$C_D = \dfrac{24}{\mathrm{Re}_p}\left(1+0{,}197\ \mathrm{Re}_p^{0{,}63}+2{,}6\times10^{-5}\ \mathrm{Re}_p^{1{,}38}\right)$	(7.28)	$\mathrm{Re}_p < 2{,}0 \times 10^5$
Clift e Gauvin (1970)	$C_D = \dfrac{24}{\mathrm{Re}_p}\left[1+0{,}15\ \mathrm{Re}_p^{0{,}687}+\dfrac{0{,}0175\ \mathrm{Re}_p}{1+\frac{4{,}25\times10^4}{\mathrm{Re}_p^{1{,}16}}}\right]$	(7.29)	$\mathrm{Re}_p < 2{,}0 \times 10^5$
Haider e Levenspiel (1989)	$C_D = \dfrac{24}{\mathrm{Re}_p}\left[1+0{,}1806\ \mathrm{Re}_p^{0{,}687}+\dfrac{0{,}4251\ \mathrm{Re}_p}{1+\frac{6.880{,}9}{\mathrm{Re}_p}}\right]$	(7.30)	$1 \le \mathrm{Re}_p < 2{,}0 \times 10^5$
White (1991)	$C_D = 0{,}4+\dfrac{24}{\mathrm{Re}_p}+\dfrac{6}{1+\sqrt{\mathrm{Re}_p}}$	(7.31)	$\mathrm{Re}_p < 2{,}0 \times 10^5$

7.3 Velocidade terminal

O conhecimento do valor da velocidade terminal é extremamente importante para a compreensão da fluidodinâmica de uma partícula sólida, assim como – por extensão – do próprio contato fluido-partículas. Além disso, o conhecimento dessa grandeza é essencial para o projeto de separadores fluido-partículas, notadamente nos projetos de elutriadores, câmaras de poeira, ciclones, hidrociclones, sedimentadores, entre outros equipamentos de separação de particulados. A velocidade terminal da partícula isolada, v_T, refere-se *à velocidade constante atingida por uma partícula isolada quando lançada em um fluido em repouso*, ou seja, um caso particular da aplicação da primeira lei de Newton para $u_p = v_T =$ cte e $u = 0$. Nesse caso, tem-se a partir da definição da velocidade relativa, Equação 7.18, aqui retomada para escoamento unidimensional

$$U = u - u_p \tag{7.32}$$

ou

$$U = 0 - v_T \tag{7.33}$$

Tendo em vista que se trata de um sistema isolado, velocidade constante da partícula (aceleração nula), a Equação 7.11, para a queda livre unidimensional da partícula, será

$$0 = \mathrm{F}_{\text{campo}} + \mathrm{F}_{\text{empuxo}} + \mathrm{F}_{\text{arraste}} \tag{7.34}$$

Desse modo, pode-se substituir as Equações 7.14, 7.15 e 7.19, considerando-se nesta as Equações 7.20 e Equação 7.33, na Equação 7.34,

$$0 = \frac{1}{6}\pi d_p^3 \rho_p g - \frac{1}{6}\pi d_p^3 \rho g - \frac{1}{8}\pi d_p^2 C_D v_T^2$$

ou

$$C_D = \frac{4}{3}\frac{\left(\rho_p - \rho\right) d_p g}{\rho v_T^2} \tag{7.35}$$

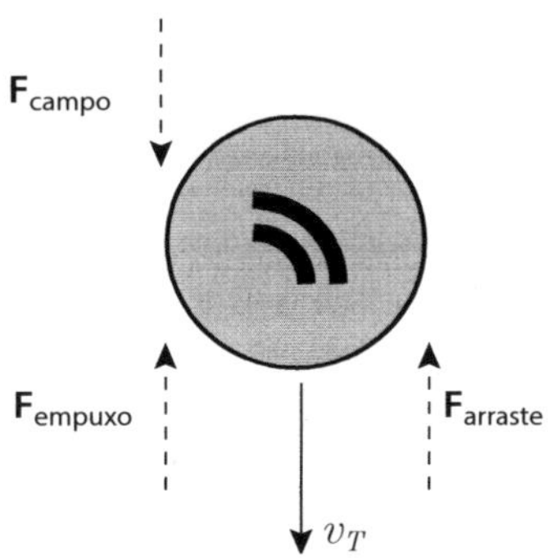

Figura 7.4 Representação do conceito de velocidade terminal.

Experiências conduzidas com partículas isométricas (partículas esféricas ou na forma de poliedros regulares) apontam que o valor do coeficiente de arraste depende da esfericidade da partícula e do número de Reynolds da partícula, com base na velocidade terminal,

$$\mathrm{Re} = \frac{\rho d_p v_T}{\mu} \tag{7.36}$$

Generalizando tais informações, pode-se escrever

$$C_D = \frac{4}{3}\frac{(\rho_p - \rho) d_p g}{\rho v_T^2} = f_1(\mathrm{Re}, \phi) \tag{7.37}$$

na qual o número de Reynolds, Re, é posto em termos da velocidade relativa U, segundo

$$\mathrm{Re} = \frac{\rho d_p U}{\mu} \tag{7.38}$$

A partir da Equação 7.35, tem-se, ainda

$$\mathrm{Re} = f_2(C_D\,\mathrm{Re}^2, \phi) \tag{7.39}$$

$$\mathrm{Re} = f_3(C_D/\mathrm{Re}, \phi) \tag{7.40}$$

sendo os grupos adimensionais definidos por

$$C_D\mathrm{Re}^2 = \frac{4}{3}\frac{\rho(\rho_p - \rho) b d_p^3}{\mu^2} \tag{7.41}$$

$$C_D/\mathrm{Re} = \frac{4}{3}\frac{(\rho_p - \rho)\mu b}{\rho^2 U^3} \tag{7.42}$$

As correlações apresentadas nos Quadros 7.2 e 7.3 foram desenvolvidas para partícula isométrica isolada em fluido *newtoniano*. Saliente-se que o Quadro 7.2 é válido para partícula esférica. No caso de partícula não isométrica e não se encontrando correlações adequadas para a descrição da sua fluidodinâmica, recomenda-se que utilizem aquelas apresentadas em tais quadros, corrigindo-se a forma da partícula por meio da esfericidade.

Quadro 7.2 Fluidodinâmica da partícula esférica isolada (COELHO; MASSARANI, 1996)

Descrição		n	Valor médio e desvio padrão
$C_D = \left[\left(\frac{24}{\mathrm{Re}}\right)^n + 0{,}43^n\right]^{1/n}$	(7.43)	0,63	$\frac{(\mathrm{Re})_{exp}}{(\mathrm{Re})_{cor}} = 1{,}00 \pm 0{,}09$
$\mathrm{Re} = \left[\left(\frac{C_D\mathrm{Re}^2}{24}\right)^{-n} + \left(\frac{C_D\mathrm{Re}^2}{0{,}43}\right)^{-n/2}\right]^{-1/n}$	(7.44)	0,95	$\frac{(\mathrm{Re})_{exp}}{(\mathrm{Re})_{cor}} = 1{,}00 \pm 0{,}06$
$\mathrm{Re} = \left[\left(\frac{24}{C_D/\mathrm{Re}}\right)^{n/2} + \left(\frac{0{,}43}{C_D/\mathrm{Re}}\right)^{n}\right]^{1/n}$	(7.45)	0,88	$\frac{(\mathrm{Re})_{exp}}{(\mathrm{Re})_{cor}} = 1{,}00 \pm 0{,}09$

Quadro 7.3 Fluidodinâmica da partícula esférica isolada (COELHO; MASSARANI, 1996): $0{,}65 < \phi \leq 1$ e $\text{Re} \leq 5 \times 10^4$

Descrição*		n	Valor médio e desvio padrão
$C_D = \left[\left(\dfrac{24}{K_1 \text{Re}}\right)^n + K_2^n\right]^{1/n}$	(7.46)	0,85	$\dfrac{(\text{Re})_{\text{exp}}}{(\text{Re})_{\text{cor}}} = 1{,}00 \pm 0{,}13$
$\text{Re} = \left[\left(\dfrac{K_1 C_D \text{Re}^2}{24}\right)^{-n} + \left(\dfrac{C_D \text{Re}^2}{K_2}\right)^{-n/2}\right]^{-1/n}$	(7.47)	1,2	$\dfrac{(\text{Re})_{\text{exp}}}{(\text{Re})_{\text{cor}}} = 1{,}00 \pm 0{,}14$
$\text{Re} = \left[\left(\dfrac{24}{K_1 (C_D/\text{Re})}\right)^{n/2} + \left(\dfrac{K_2}{C_D/\text{Re}}\right)^n\right]^{1/n}$	(7.48)	1,3	$\dfrac{(\text{Re})_{\text{exp}}}{(\text{Re})_{\text{cor}}} = 1{,}00 \pm 0{,}14$

* Em que $K_1 = 0{,}843 \log_{10}(\phi/0{,}065)$; $K_2 = 5{,}31 - 4{,}88\phi$.

Exemplo 7.1

Obtenha o valor da velocidade terminal de uma microesfera de vidro que apresenta massa específica de 2,43 g/cm³ e diâmetro igual a 250 μm, que cai em água a 30 °C ($\rho = 995{,}7$ kg/m³; $\nu = 0{,}83 \times 10^{-6}$ m²/s).

Solução

O valor da velocidade terminal de uma partícula esférica advém da Equação 7.36, ou

$$\text{Re}_T = \frac{d_p v_T \rho}{\mu} \tag{1}$$

ou, sabendo que a viscosidade cinemática é $\nu = \mu/\rho$, por intermédio de

$$\text{Re}_T = \frac{d_p v_T}{\nu} \tag{2}$$

Nota-se que se conhece o valor do diâmetro da partícula,

$$d_p = 250\ \mu\text{m} = 0{,}025\ \text{cm} \tag{3}$$

e o número de Reynolds a ser calculado por

$$\text{Re}_T = \left[\left(\frac{C_D \text{Re}_T^2}{24}\right)^{-0{,}95} + \left(\frac{C_D \text{Re}_T^2}{0{,}43}\right)^{-0{,}95/2}\right]^{-1/0{,}95} \tag{4}$$

em que o número de Arquimedes modificado, posto em termos da viscosidade cinemática e do campo externo sendo o gravitacional, segundo

$$C_D \text{Re}_T^2 = \frac{4}{3}\frac{(\rho_p/\rho - 1) g d_p^3}{\nu^2} \tag{5}$$

Tendo em vista que ρ = 995,7 kg/m^3 = 0,9957 g/cm^3 e ν = 0,83 × 10^{-6} m^2/s = = 0,0083 cm^2/s, assim como o valor da constante da aceleração gravitacional igual a 981 cm/s^2, a Equação 4 resulta em

$$C_D \mathrm{Re}_T^2 = \frac{4}{3}\frac{[2,43/0,9957) - 1](981)(0,025)^3}{(0,0083)^2} = 427,35 \tag{6}$$

que, substituído na Equação 4, leva ao valor do número de Reynolds,

$$\mathrm{Re}_T = \left[\left(\frac{427,35}{24}\right)^{-0,95} + \left(\frac{427,35}{0,43}\right)^{-0,95/2}\right]^{-1/0,95} = 10,99 \tag{7}$$

Dessa maneira, conhecendo-se d_p = 0,025 cm e ν = 0,0083 cm^2/s, o valor da velocidade da partícula será

$$v_T = \frac{\nu \mathrm{Re}_T}{d_p}\frac{(0,0083)(10,99)}{0,025} = 3,649 \text{ cm/s} \tag{8}$$

7.3.1 Efeito da presença de contornos rígidos na velocidade terminal

A presença de contornos rígidos influencia o valor da velocidade terminal ($U = v_T$), reduzindo-o em relação à velocidade terminal da partícula isolada (v_{T_∞}). Almeida (1995) estudou o efeito de parede na fluidodinâmica de partícula isométrica em fluido *newtoniano*, para as condições $0,65 < \phi \leq 1$ (ϕ é a esfericidade da partícula); $0 < \beta = d_p/D_t \leq 0,5$, em que D_t é o diâmetro da tubulação, e verificou a seguinte relação

$$\frac{U}{v_{T_\infty}} = k_p \tag{7.49}$$

em que o fator k_p depende do valor do número de Reynolds da partícula na condição de velocidade terminal livre (sem a presença de fronteira), Re_∞, definido como

$$\mathrm{Re}_\infty = \frac{\rho d_p v_{T_\infty}}{\mu} \tag{7.50}$$

e da relação entre o valor do diâmetro da partícula e o diâmetro da tubulação, $\beta = d_p/D_t$.

$$k_p = \left[\frac{1-\beta}{1-0,475\beta}\right]^4, \quad \text{para} \quad \mathrm{Re}_\infty = \frac{\rho d_p v_{T_\infty}}{\mu} < 0,1 \tag{7.51}$$

$$k_p = \frac{10}{1 + A\,\mathrm{Re}_\infty^B}, \quad \text{para} \quad 0,1 \leq \mathrm{Re}_\infty < 10^3 \tag{7.52}$$

na qual $A = 8,91e^{2,79\beta}$ e $B = 1,17 \times 10^{-3} - 0,281\beta$.

$$k_p = 1 - \beta^{3/2}, \quad \text{para} \quad \mathrm{Re}_\infty \geq 10^3 \tag{7.53}$$

Exemplo 7.2

Avalie o efeito da presença do diâmetro da tubulação de um transportador hidráulico, $D_T = 2{,}54$ cm, no valor da velocidade terminal obtido no Exemplo 7.1.

Solução

O valor da velocidade terminal advém da Equação 7.49 corrigida para $k_p = v_T/v_{T_\infty}$, ou

$$v_T = v_{T_\infty} k_p \tag{1}$$

Tendo em vista que o valor do número de Reynolds obtido no Exemplo 7.1, o qual se refere àquela situação sem a influência da parede, é

$$\text{Re} = \text{Re}_\infty = 10{,}99 \tag{2}$$

será utilizado o critério exposto na Equação 7.52

$$k_p = \frac{10}{1 + A\ \text{Re}_\infty^B} \tag{3}$$

em que

$$A = 8{,}91 e^{2.79\beta} \tag{4}$$

e

$$B = 1{,}17 \times 10^{-3} - 0{,}281\beta \tag{5}$$

para $d_p = 0{,}025$ cm e $D_t = 2{,}54$ cm,

$$\beta = \frac{d_p}{D_t} = \frac{0{,}025}{2{,}54} = 0{,}00984 \tag{6}$$

Consequentemente, as constantes A, Equação 4, e B, Equação 5, são obtidas mediante, respectivamente,

$$A = 8{,}91 \times \exp[(2{,}79)(0{,}00984)] = 9{,}158 \tag{7}$$

$$B = 1{,}17 \times 10^{-3} - (0{,}281)(0{,}00984) = -\,0{,}001595 \tag{8}$$

Substituindo os valores encontrados em (2), (7) e (8) na Equação 3,

$$k_p = \frac{10}{1 + A\ \text{Re}_\infty^B} = \left[\frac{10}{1 + (9{,}158)(10{,}99)^{(-0{,}001595)}}\right] = 0{,}9878 \tag{9}$$

Tendo em vista que, do Exemplo 7.1, $v_{T_\infty} = 3{,}649$ cm/s, pode-se substituir este valor em conjunto com aquele presente em (9) na Equação 1, da qual resulta o valor da velocidade terminal da partícula por

$$v_T = (3{,}649)(0{,}9878) = 3{,}604 \text{ cm/s} \tag{10}$$

7.3.2 Efeito da concentração de sólidos na velocidade terminal

Evidências experimentais apontam para a redução no valor da velocidade terminal de uma partícula como decorrência da presença de outras partículas. Essa presença pode ser avaliada pela fração volumétrica de fluido ou porosidade ε, definida como

$$\varepsilon = \left(\frac{\text{volume de fluido}}{\text{volume de fluido + volume de sólidos}}\right) \tag{7.54}$$

ou, para sistemas diluídos,

$$\varepsilon = 1 - C_V \tag{7.55}$$

em que C_V é a concentração volumétrica de sólidos. A redução no valor da velocidade terminal pode ser acompanhada pela equação de Einstein,

$$\frac{v_T}{v_{T_\infty}} = \frac{1}{1 + 2{,}5C_V} \tag{7.56}$$

O efeito da presença da fase particulada na fluidodinâmica de suspensões é, usualmente, expresso por meio de correlação na forma

$$\frac{U}{v_{T_\infty}} = f\left(\text{Re}_\infty, \varepsilon\right) \tag{7.57}$$

sendo U dado pela Equação 7.32 e o número de Reynolds baseado na velocidade terminal da partícula isolada segundo a Equação 7.50. A Equação 7.57 foi analisada por diversos autores, incluindo o trabalho clássico de Richardson e Zaki (1954) para partículas esféricas:

$$\frac{U}{v_{T_\infty}} = \varepsilon^n \tag{7.58}$$

sendo

$$n = 3{,}65 \quad \text{para } \text{Re}_\infty < 0{,}2; \tag{7.59}$$

$$n = 4{,}35\text{Re}_\infty^{-0{,}03} - 1 \quad \text{para } 0{,}2 < \text{Re}_\infty \le 1{,}0; \tag{7.60}$$

$$n = 4{,}45\text{Re}_\infty^{-0{,}1} - 1 \quad \text{para } 1 < \text{Re}_\infty \le 500; \tag{7.61}$$

$$n = 1{,}39 \quad \text{para } \text{Re}_\infty > 500. \tag{7.62}$$

ou os resultados encontrados em Massarani e Santana (1994):

$$\text{Re} \le 0{,}2; \quad \frac{U}{v_{T_\infty}} = \begin{cases} 0{,}83\varepsilon^{3{,}94}, & 0{,}5 < \varepsilon \le 0{,}9 \\ 4{,}8\varepsilon - 3{,}8, & 0{,}9 < \varepsilon \le 1 \end{cases} \tag{7.63}$$

$$1 < \text{Re}_\infty \le 500; \quad \frac{U}{v_{T_\infty}} = \frac{1}{1 + A\,\text{Re}_\infty^{-B}}, \quad 0{,}5 < \varepsilon \le 0{,}95 \tag{7.64}$$

na qual $A = 0{,}28\varepsilon^{-5{,}96}$, $B = 0{,}35 - 0{,}33\varepsilon$

$$\text{Re}_\infty > 2 \times 10^3; \quad \frac{U}{v_{T_\infty}} = 0{,}095e^{2{,}29\varepsilon}, \quad 0{,}5 < \varepsilon \le 0{,}95 \tag{7.65}$$

Exemplo 7.3

Deseja-se avaliar o efeito da concentração volumétrica de sólidos, por meio das correlações de Richardson e Zaki (1954), que é igual a 0,00184 cm^3/cm^3, no valor da velocidade terminal da microesfera de vidro considerada no Exemplo 7.1.

Solução

O efeito da concentração de sólidos no valor da velocidade terminal advém da Equação 7.58, aqui retomada na forma

$$\frac{U}{v_{T_\infty}} = \varepsilon^n \tag{1}$$

ou

$$v_T = v_{T_\infty} \varepsilon^n \tag{2}$$

em que

$$\varepsilon = 1 - C_V \tag{3}$$

Considerando que 0,00184 cm^3/cm^3, o valor da fração de vazios, em (3), será

$$\varepsilon = 1 - 0{,}00184 = 0{,}99816 \tag{4}$$

Como o valor da velocidade terminal da partícula, livre da influência de outras partículas, é $v_{T_\infty} = 3{,}649$ cm/s, tem-se na Equação 2

$$v_T = (3{,}649)(0{,}99816)^n \tag{5}$$

Nota-se a necessidade de conhecer o valor do expoente n, que depende do Re_∞, o qual, do Exemplo 7.1, é $Re_\infty = 10{,}99$. Utiliza-se, portanto, a Equação 7.61, válida para $1 < Re_\infty \leq 500$,

$$n = 4{,}45 Re_\infty^{-0,1} - 1 = (4{,}45)(10{,}99)^{(-0,1)} - 1 = 2{,}502 \tag{6}$$

Substituindo-se o resultado (6) na Equação 5, obtém-se o valor da velocidade terminal de uma partícula, considerando-se a população particulada, ou

$$v_T = (3{,}649)(0{,}99816)^{(2,502)} = 3{,}632 \text{ cm/s} \tag{7}$$

7.4 Força resistiva

Tendo em vista a complexidade da Equação 7.11 em particular para avaliar, com precisão, os efeitos *Saffman* e *Magnus*, assim como para contemplar os termos não estacionários da força de arraste, Equação 7.16, torna-se possível escrever a equação do movimento da partícula a partir da Equação 7.11 como

$$m_p \mathbf{a}_p = \mathbf{F}_{campo} + \mathbf{F}_{empuxo} + \mathbf{F}_{resistiva} \tag{7.66}$$

cujo balanço está representado na Figura 7.5. As forças de campo e de empuxo estão contempladas nas Equações 7.14 e 7.15, respectivamente, enquanto a força resistiva, por intermédio de observações empíricas, apresenta as seguintes características (MASSARANI, 1987):

a) a força resistiva exercida pelo fluido sobre a partícula depende das dimensões e da forma da partícula;

b) a força resistiva depende do campo de velocidades do fluido não perturbado em virtude da presença de outras partículas;

c) a força resistiva é influenciada pela presença de contornos rígidos e de outras partículas;

d) no movimento acelerado da partícula, a força resistiva depende da história da aceleração da partícula.

Sendo assim, a força resistiva contempla, de algum modo, as forças de Saffman e Magnus, bem como os efeitos da força de arraste. Na situação em que a partícula apresenta forma irregular e fora do regime de Stokes, evidencia-se não haver outra alternativa a não ser tratar a força resistiva de modo empírico, procurando generalizar os resultados clássicos. Dessa maneira, tem-se a seguinte definição para a força resistiva (MASSARANI, 1987):

$$\mathbf{F}_{\text{resistiva}} = \frac{1}{2} A_p \rho C_D \, \| \mathbf{U} \| \, \mathbf{U} \tag{7.67}$$

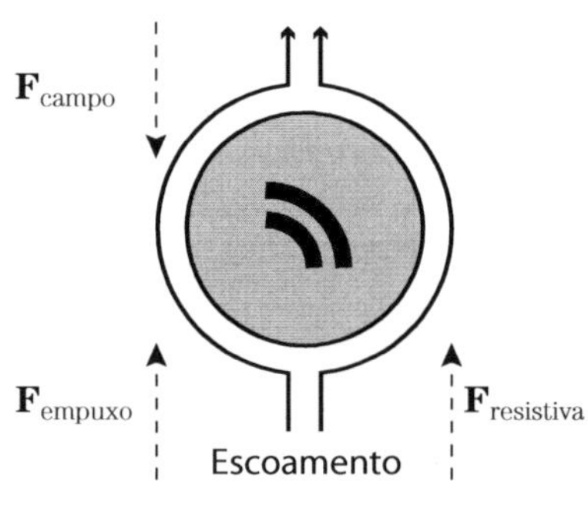

Figura 7.5 Balanço de forças que contemplam a força resistiva.

A equação do movimento da partícula, quando sujeita ao campo gravitacional, **g**, pode ser retomada segundo

$$m_p \mathbf{a}_p = \frac{1}{2} A_p \rho C_D \, \| \mathbf{U} \| \, \mathbf{U} + \left(\rho_p - \rho\right) V_p \mathbf{g} \tag{7.68}$$

ou sujeita a outro campo volumar, **b**,

$$m_p \mathbf{a}_p = \frac{1}{2} A_p \rho C_D \, \| \mathbf{U} \| \, \mathbf{U} + \left(\rho_p - \rho\right) V_p \mathbf{b} \tag{7.69}$$

7.5 Comprimento da região de aceleração

O comprimento da região de aceleração refere-se à distância na qual a partícula isolada atinge a sua velocidade terminal. O conhecimento desse comprimento é importante, principalmente quando se intenta obter, experimentalmente, o valor da velocidade terminal. A obtenção do valor do comprimento da região de aceleração advém da análise da Equação 7.68. Para tanto, admite-se escoamento unidimensional a favor da força gravitacional, bem como se considera a definição de área, Equação 7.20, no termo da força resistiva, assim como multiplicando e dividindo este termo por $d_p/6$, e rearranjando o resultado obtido, tem-se

$$\frac{du_p}{dt} = \frac{3}{4}\left(\frac{V_p}{m_p}\right)\frac{\rho C_D}{d_p} \parallel u - u_p \parallel (u - u_p) + (\rho_p - \rho)\left(\frac{V_p}{m_p}\right)g \tag{7.70}$$

Tendo em vista que se trata de uma partícula, $\rho_p \equiv m_p/V_p$, resulta da Equação 7.70

$$\frac{du_p}{dt} = \frac{3}{4}\left(\frac{\rho}{\rho_p}\right)\frac{\rho C_D}{d_p} \parallel u - u_p \parallel (u - u_p) + \left(1 - \frac{\rho}{\rho_p}\right)g \tag{7.71}$$

Conhecendo a definição de velocidade da partícula isolada na forma

$$u_p \equiv \frac{dL}{dt} \tag{7.72}$$

em que L representa um comprimento característico. Substituindo a Equação 7.72 na Equação 7.70, esta é retomada como

$$u_p \frac{du_p}{dL} = \frac{3}{4}\left(\frac{\rho}{\rho_p}\right)\frac{C_D}{d_p} \parallel u - u_p \parallel (u - u_p) + \left(1 - \frac{\rho}{\rho_p}\right)g \tag{7.73}$$

Caso o fluido se mantenha em repouso, $u = 0$, a Equação 7.73 será retomada como

$$u_p \frac{du_p}{dL} = -\frac{3}{4}\left(\frac{\rho}{\rho_p}\right)\frac{C_D}{d_p} u_p^2 + \left(1 - \frac{\rho}{\rho_p}\right)g \tag{7.74}$$

ou

$$\int_0^L dL = \int_0^{v_T} \frac{u_p du_p}{\left(1 - \frac{\rho}{\rho_p}\right)g - \frac{3}{4}\left(\frac{\rho}{\rho_p}\right)\frac{C_D}{d_p} u_p^2} \tag{7.75}$$

É importante ressaltar que a partícula (corpo de prova) atingirá a velocidade terminal, v_T, após percorrer a distância de aceleração, L. O coeficiente de arraste, C_D, presente na Equação 7.75, não é constante, pois depende da velocidade da partícula que é variável na zona de aceleração (uma vez que, na seção de aceleração, o valor da velocidade da partícula varia desde zero até a velocidade terminal). Isso implica a variação do C_D a ser considerado no integrando da Equação 7.75, cuja solução se dará por via numérica. Utilizando-se a regra de Simpson para integrá-la,

$$L = \frac{h}{3}\left[\varphi_0 + 4\varphi_{(2i+1)} + 2\varphi_{(2i)} + \varphi_n\right] \tag{7.76}$$

$h = {}^{v_T}/_{n}$, em que n é o número de intervalos entre v_T e $v_p = 0$ (número par). Na situação de partículas não esféricas, utiliza-se a Equação 7.46 para C_D, de modo que a grandeza ϕ_i pode ser posta segundo

$$\varphi_i = u_{p_i}\left\{\left(1-\frac{\rho}{\rho_p}\right)g-\frac{3}{4}\left(\frac{\rho}{\rho_p}\right)\left(\frac{u_{p_i}^2}{d_p}\right)\left[\left(\frac{24\nu}{K_1 d_p u_{p_i}}\right)^{0,85}+K_2^{0,85}\right]^{1/0,85}\right\}^{-1} \tag{7.77}$$

Exemplo 7.4

Foi proposto um experimento no qual se deseja avaliar a velocidade terminal de uma semente de gergelim, que apresenta diâmetro igual a 1,07 mm, esfericidade igual a 0,81 e massa específica igual a $\rho_p = 1{,}14$ g/cm^3. Construiu-se um sistema experimental, conforme ilustra a Figura 1, o qual é constituído por um tubo acrílico de 6,0 mm, posto na vertical, cujo topo contém um reservatório no qual é inserido o corpo de prova (semente de gergelim). O experimento consiste em liberar o corpo de prova pelo acionamento eletrônico e controlado por uma válvula solenoide. Ao percorrer certa distância, a passagem do corpo de prova por determinada seção é detectada por meio de luz refletida utilizando-se uma sonda de fibras ópticas. Deseja-se conhecer o comprimento da tubulação para que a semente atinja a velocidade terminal, considerando-se que o tubo contenha ar estagnado a 30 °C ($\rho = 1{,}13 \times 10^{-3}$ g/cm^3 e $\nu = 0{,}17$ cm^2/s). Compare o valor da velocidade terminal com aquele obtido experimentalmente cujo valor é igual a 2,60 m/s.

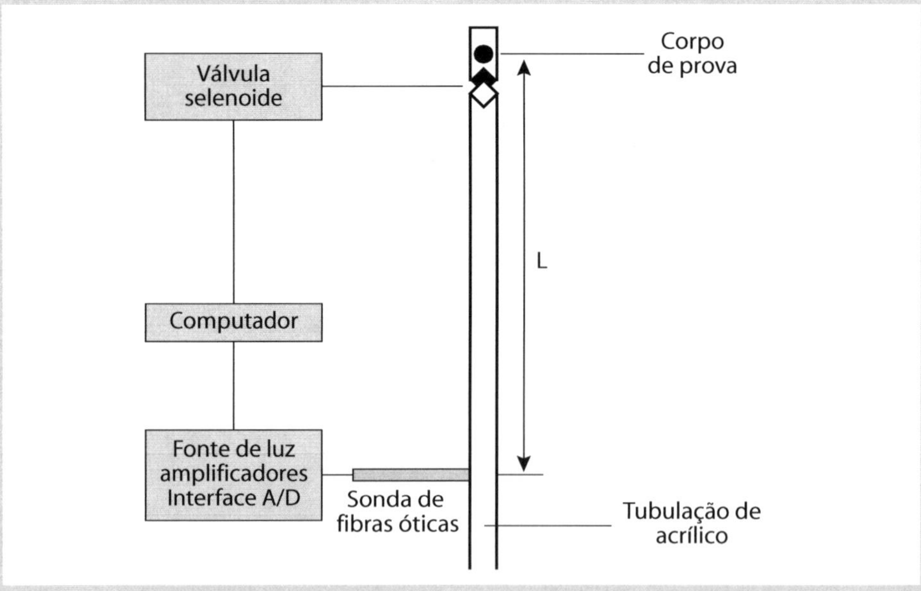

Figura 1 Experimento da velocidade terminal.

Solução

O procedimento de cálculo para determinar o valor da velocidade terminal, considerando-se o efeito da parede do tubo, é realizado do modo como apresentado nos Exemplos 7.1 e 7.2. A partir dos valores de v_T, utiliza-se a Equação 7.77, lembrando que o coeficiente de arraste, C_D, não é constante. O valor da velocidade terminal de uma partícula, sem a presença do tubo, será obtido por meio do valor do número de Reynolds na forma na qual

$$\mathrm{Re}_\infty = \frac{d_p v_{T_\infty}}{\nu} \tag{1}$$

Conhece-se o valor do diâmetro da partícula,

$$d_p = 1{,}07 \text{ mm} = 0{,}107 \text{ cm} \tag{2}$$

e o número de Reynolds, para partículas não esféricas, a ser calculado por

$$\mathrm{Re}_\infty = \left[\left(\frac{K_1 C_D \mathrm{Re}^2}{24}\right)^{-1,2} + \left(\frac{C_D \mathrm{Re}^2}{K_2}\right)^{-0,6}\right]^{-1/1,2} \tag{3}$$

na qual

$$K_1 = 0{,}843 \log_{10}\left(\frac{\phi}{0{,}065}\right) \tag{4}$$

$$K_2 = 5{,}31 - 4{,}88\,\phi \tag{5}$$

com $\phi = 0{,}81$, que resultam das Equações 4 e 5, respectivamente,

$$K_1 = 0{,}9236 \quad \text{e} \quad K_2 = 1{,}3572 \tag{6}$$

O número de Arquimedes modificado, posto em termos da viscosidade cinemática e campo externo sendo o gravitacional, segundo

$$C_D \mathrm{Re}_\infty^2 = \frac{4}{3}\frac{(\rho_p/\rho - 1) g d_p^3}{\nu^2} \tag{7}$$

Tendo em vista que $\rho_p = 1{,}14$ g/cm^3, $d_p = 0{,}107$ cm, $\rho = 1{,}13 \times 10^{-3}$ g/cm^3 e $\nu = 0{,}17$ cm^2/s, assim como o valor da constante da aceleração gravitacional igual a 981 cm/s^2, a Equação 4 resulta em

$$C_D \mathrm{Re}_\infty^2 = \frac{4}{3}\frac{\left[\left(1{,}14/1{,}13\times10^{-3}\right) - 1\right](981)(0{,}107)^3}{(0{,}17)^2} = 55.880{,}07 \tag{8}$$

que, em conjunto com (6), substituído na Equação 4, leva ao valor do número de Reynolds,

$$\mathrm{Re}_\infty = \left[\left(\frac{0{,}9236 \times 55.880{,}07}{24}\right)^{-1,2} + \left(\frac{55.880{,}07}{1{,}3572}\right)^{-0,6}\right]^{-1/1,2} = 193{,}47 \tag{9}$$

O valor da velocidade terminal, sem a presença do tubo, será obtido por intermédio da Equação 1, aqui retomada como

$$v_{T_\infty} = \frac{\nu \mathrm{Re}_\infty}{d_p} = \frac{(0{,}17)(193{,}47)}{0{,}107} = 307{,}38 \text{ cm/s} \tag{10}$$

Considerando-se que a tubulação apresenta diâmetro interno igual a 0,6 cm e a partícula possui diâmetro igual a 0,107 cm, torna-se essencial considerar o efeito da presença da parede no valor da velocidade terminal, por meio de

$$v_T = v_{T_\infty} k_p \tag{11}$$

Tendo em vista que o valor do número de Reynolds para a queda livre, $\mathrm{Re}_\infty = 193{,}47$, será utilizada a Equação 7.52, ou

$$k_p = \frac{10}{1 + A\,\mathrm{Re}_\infty^B} \tag{12}$$

em que

$$A = 8{,}91\mathrm{e}^{2{,}79\beta} \tag{13}$$

e

$$B = 1{,}17 \times 10^{-3} - 0{,}281\beta \tag{14}$$

para $d_p = 0{,}107$ cm e $D_t = 0{,}60$ cm,

$$\beta = \frac{d_p}{D_t} = \frac{(0{,}107)}{(0{,}6)} = 0{,}178 \tag{15}$$

Consequentemente, as constantes A, Equação 13, e B, Equação 14, são obtidas mediante a, respectivamente,

$$A = 8{,}91 \times \exp[2{,}79 \times 0{,}178] = 14{,}64 \tag{16}$$

$$B = 1{,}17 \times 10^{-3} - (0{,}281 \times 0{,}178) = -\,0{,}04885 \tag{17}$$

Substituindo os valores encontrados em (9), (16) e (17) na Equação 12,

$$k_p = \left[\frac{10}{1 + (14{,}64)(193{,}47)^{(-0{,}04885)}}\right] = 0{,}812 \tag{18}$$

Tendo em vista que $v_{T_\infty} = 307{,}38$ cm/s, pode-se substituir este valor em conjunto com aquele presente em (18) na Equação 11, da qual resulta o valor da velocidade terminal da partícula por

$$v_T = (307{,}38)(0{,}812) = 249{,}59 \text{ cm/s} \tag{19}$$

Nota-se que o valor obtido, $v_T \cong 2{,}5$ m/s, é muito próximo do obtido experimentalmente, que é $v_T \cong 2{,}6$ m/s. O comprimento da região de aceleração compreende desde $u_p = 0{,}0$ cm/s até $u_p = v_T = 249{,}59$ cm/s, ou

$$\int_0^L dL = \int_0^{v_T} = \frac{u_p dv_p}{\left(1 - \frac{\rho}{\rho_p}\right)g - \frac{3}{4}\left(\frac{\rho}{\rho_p}\right)\frac{C_D}{d_p}u_p^2} \tag{20}$$

Tendo em vista que o coeficiente de arraste depende do valor da velocidade da partícula, Equação 7.46,

$$C_D = \left[\left(\frac{24}{K_1\,\mathrm{Re}}\right)^{0{,}85} + K_2^{0{,}85}\right]^{1/0{,}85} \tag{21}$$

com

$$\mathrm{Re} = \frac{d_p u_p}{\nu} \tag{22}$$

Utilizando-se a regra de Simpson para a integração da Equação 20, considerando nesta as Equações 21 e 22,

$$L = \frac{h}{3}[\varphi_0 + 4\varphi_{(2i+1)} + 2\varphi_{(2i)} + \varphi_n] \tag{23}$$

$h = {}^{v_T}\!/_{n}$, em que n é o número de intervalos entre v_T e $v_p|_{z=0}$ (número par), e

$$\varphi_i = u_{p_i}\left\{\left(1 - \frac{\rho}{\rho_p}\right)g - \frac{3}{4}\left(\frac{\rho}{\rho_p}\right)\left(\frac{u_{p_i}^2}{d_p}\right)\left[\left(\frac{24\nu}{K_1 d_p u_{p_i}}\right)^{0,85} + K_2^{0,85}\right]^{1/0,85}\right\}^{-1} \tag{24}$$

Como $d_p = 0{,}107$ cm, $\rho_p = 1{,}14$ g/cm^3, $\rho = 1{,}13 \times 10^{-3}$ g/cm^3, $\nu = 0{,}17$ cm^2/s, $g = 981$ cm/s^2, $K_1 = 0{,}9236$, $K_2 = 1{,}3572$, foi realizada uma análise numérica para verificar o valor de n, a partir do qual o método empregado converge para o valor constante de L. A Figura 2 apresenta o resultado de tal análise. Existe a convergência do método para $n \geq 18$, cujo valor do comprimento de aceleração oriundo da Equação 22, para $n = 18$, é

$$L = 33{,}42 \text{ cm} \tag{25}$$

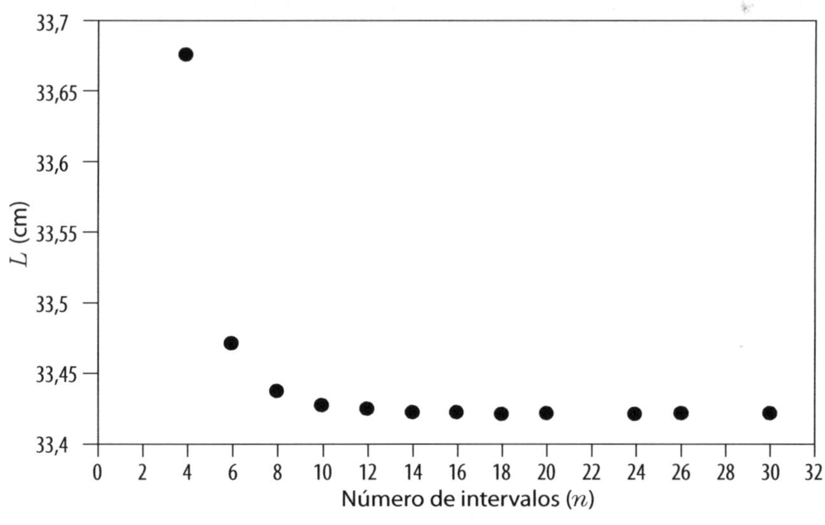

Figura 2 Estudo do desempenho da integração utilizando-se a regra de Simpson.

7.6 Bibliografia consultada

ALMEIDA, O. P. **Estudo do efeito de fronteiras rígidas sobre a velocidade terminal de partículas isométricas**. Dissertação de Mestrado. Rio de Janeiro: Coppe – Universidade Federal do Rio de Janeiro, 1995.

BARBOSA, R. D.; MENEGALLI, F. **Estudo da velocidade terminal e coeficiente de arraste para bagaço de cana. Anais do XIV Encontro sobre Escoamento em Meios Porosos** – *Enemp*, p. 291, Campinas, 1986.

COELHO, R. M. L.; MASSARANI, G. Fluidodinâmica da partícula sólida isolada. **Anais do XXIV Congresso Brasileiro de Sistemas Particulados – XXIV Enemp**, v. 1, p. 19, Uberlândia, 1996.

MASSARANI, G.; SANTANA, C. C. Força resistiva sólido-fluido em sistemas particulados de porosidade elevada. **Anais do VII Encontro sobre Escoamento em Meios Porosos – Enemp**, v. 3, p. 643, Aracaju, 1977.

MASSARANI, G.; SANTANA, C. C. Fluidização homogênea: caracterização fluidodinâmica de sistemas particulados com porosidade elevada. **Congresso Europeu de Fluidização**, p. 83. Las Palmas de Gran Canária, Espanha, 1994.

MASSARANI, G. Alguns aspectos da separação sólido-fluido. In: FREIRE, J. T.; GUBULIN, J. C. (Eds.) **Tópicos especiais de sistemas particulados**, v. 2. São Carlos: Universidade Federal de São Carlos, 1986.

MASSARANI, G. Influência da forma e concentração das partículas sólidas na dinâmica de sistemas particulados. **Anais do XV Encontro sobre Escoamento em Meios Porosos – Enemp**, v. 1, p. 38, Uberlândia, 1987.

MASSARANI, G. Fluidodinâmica da partícula sólida. In: FREIRE, J. T.; GUBULIN, J. C. (Eds.) **Tópicos especiais de sistemas particulados**, v. 3. São Carlos: Universidade Federal de São Carlos, 1990.

MASSARANI, G. **Fluidodinâmica em sistemas particulados**. Rio de Janeiro: Editora UFRJ, 1997.

PEREIRA, F. A. R.; BARROZO, M. A. S.; ATAÍDE, C. H. Efeito da parede na velocidade terminal de partículas esféricas em fluidos newtoniano e não newtoniano. **Anais do XXVI Congresso Brasileiro de Sistemas Particulados – XXVI Enemp**, v. 1, p. 29, Teresópolis, 1998.

RICHARDSON, J. F.; ZAKI, W. N. Sedimentation and fluidization: Part I. **Trans. Instn. Chem. Engrs.**, v. 32, n. 3, p. 35, 1954.

SANTOS, E. A.; CASTILHO, G. J; CREMASCO, M. A. Determinação experimental da velocidade terminal de sementes utilizando-se sonda de fibras ópticas. **Anais do XVIII Congresso Brasileiro de Engenharia Química – XVIII Cobeq** – CD ROM – Foz do Iguaçu, 2010.

SILVA, R. G. **Estudo numérico de movimentação de partículas em escoamento**. Dissertação de Mestrado. São Paulo: Escola Politécnica da Universidade de São Paulo, 2006.

SOUZA, W. A.; RODRIGUES, R. F.; BRITO, A. B. N.; BARROZO, M. A. S.; ATAÍDE, C. H. Movimento gravitacional acelerado de esferas em líquido. **Anais do XXVIII Congresso Brasileiro de Sistemas Particulados – XXVIII Enemp**, p. 237, Teresópolis, 2000.

ZOTIN, F. M. Z.; FREIRE, J. T. Efeito de parede no escoamento monofásico IV: Estudo hidrodinâmico. **Anais do XIII Encontro sobre Escoamento em Meios Porosos – Enemp**, v. 1, p. 459, São Paulo, 1985.

ZUCCHINI, R. R.; IAMASHITA, C. O.; CHUI. Q. S. H. Técnicas de separação granulométricas utilizadas para a redução das incertezas de materiais de referência. **Revista Analytica**, n. 6, p. 66, 2003.

7.7 Nomenclatura

a_p	vetor aceleração da partícula	$[L \cdot T^{-2}]$
A_p	área projetada de uma partícula	$[L^2]$
$\mathbf{b}$	vetor intensidade de força de campo	$[M \cdot L \cdot T^{-2}]$
C_D	coeficiente de arraste	adimensional
C_V	concentração volumétrica	adimensional
D	diâmetro do tubo	$[L]$
d_p	diâmetro de uma partícula	$[L]$
$\mathbf{F}$	força que atua na partícula	$[M \cdot L \cdot T^{-2}]$
g	aceleração gravitacional; constante gravitacional	$[L \cdot T^{-2}]$
$\mathbf{g}$	força gravitacional	$[L \cdot T^{-2}]$
L	comprimento da região de aceleração em um tubo	$[L]$
$\mathbf{L}_p$	vetor quantidade de movimento da partícula	$[M \cdot L \cdot T^{-1}]$
t	tempo	$[T]$
$\mathbf{u}$	vetor velocidade do fluido	$[L \cdot T^{-1}]$
$\mathbf{U}$	vetor da velocidade relativa	$[L \cdot T^{-1}]$
$\mathbf{u_p}$	vetor velocidade da partícula	$[L \cdot T^{-1}]$
u	componente de velocidade na direção z; velocidade média	$[L \cdot T^{-1}]$
V_p	volume de uma partícula	$[L^3]$
v_T	velocidade terminal da partícula	$[L \cdot T^{-1}]$

Letras gregas

β	relação entre o diâmetro da partícula e o do tubo	adimensional
ε	fração volumétrica do fluido	$[L]$
ϕ	esfericidade	adimensional
μ	viscosidade dinâmica	$[M \cdot L^{-1} \cdot T^{-1}]$
ν	viscosidade cinemática	$[L^2 \cdot T^{-1}]$
ρ	massa específica	$[M \cdot L^{-3}]$

Subscritos

b força volumar que atua em um elemento de fluido
f fluido
i força qualquer que atua em um elemento de fluido
p partícula;
T velocidade terminal
∞ velocidade terminal de uma partícula isolada (livre)

Números adimensionais

Re número de Reynolds baseado na velocidade relativa
Re_p número de Reynolds da partícula
Re_T número de Reynolds baseado na velocidade terminal da partícula

Capítulo 8

Separação de particulados por ação gravitacional e centrífuga

8.1 Introdução

A separação de particulados é essencial, além da obtenção do produto desejado, para evitar o desperdício de materiais de alto valor agregado e para o controle da poluição nos mais diversos ambientes. Existem vários tipos de equipamentos que permitem a separação de partículas, cabendo destacar os separadores centrífugos (centrífugas, ciclones e hidrociclones) e os gravitacionais (câmara de poeira e elutriadores). Todos guardam um princípio em comum: a decantação, que se refere à deposição de particulado ou a sua captura, tendo como base o conhecimento da sua velocidade terminal.

8.2 A trajetória da partícula

O estudo da trajetória de uma partícula, considerada como um corpo rígido, é particularmente interessante quando o objetivo é uma aplicação tecnológica como, por exemplo, a separação de particulados (por diferença de tamanho, massa específica). Usualmente, para a análise inicial de processos de separação envolvendo particulados, as partículas que compõem tal fase são caracterizadas individualmente por meio da sua massa específica (ρ_p), diâmetro (d_p) e esfericidade (ϕ), assim como o campo de velocidade do fluido não perturbado pela presença das partículas é conhecido, e os efeitos de aceleração e de concentração de partículas são desprezíveis no comportamento dinâmico dessas partículas (MASSARANI, 1997). Consequentemente, a Equação 7.69 é retomada como

$$0 = \frac{1}{2} A_p \rho C_D \parallel \mathbf{U} \parallel \mathbf{U} + \left(\rho_p - \rho\right) V_p \mathbf{b} \tag{8.1}$$

em que A_p, a área projetada da partícula; velocidade relativa, **U**, e a norma da velocidade relativa, ||**U**||, advêm das Equações 7.20, 7.18 e 7.21, respectivamente.

O conhecimento da trajetória de uma partícula nos campos gravitacional e centrífugo (o termo **b** na Equação 8.1) bem como o conhecimento da força resistiva que atua nessa partícula permitem lançar as bases para o projeto e análise do desempenho de alguns equipamentos de separação sólido-fluido.

8.3 Separação de partículas sujeitas ao campo gravitacional

Admita a situação na qual se intenta obter o valor do diâmetro de uma partícula assinalada na Figura 8.1, que está sujeita à força gravitacional (**b** = **g**) representada por uma fenda retangular com dimensões B, H e L, em que $H \ll B$, significando a hipótese de considerar escoamento entre placas paralelas, desconsiderando, por outro lado, o efeito da aceleração da partícula.

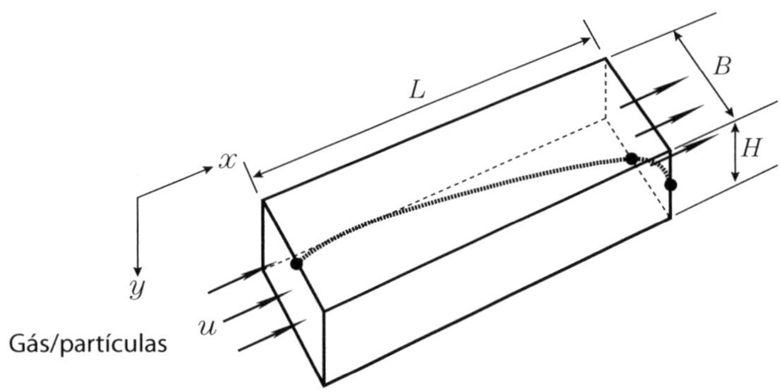

Figura 8.1 Fluidodinâmica da partícula na câmara de seção retangular (TANNOUS; ROCHA, 2011).

A equação do movimento da partícula advém da Equação 8.1 nas direções x e y, tais como segue:

Componente na direção x

$$0 = \frac{1}{2} A_p \rho C_D \parallel U \parallel \left(u_x - u_{p_x}\right) + 0 \tag{8.2}$$

Componente na direção y

$$0 = \frac{1}{2} A_p \rho C_D \parallel U \parallel \left(0 - u_{p_y}\right) + \left(\rho_p - \rho\right) V_p g \tag{8.3}$$

Da Equação 8.2 tem-se: $u_x = u_{p_x}$ e, da definição da norma da velocidade relativa, Equação 7.21, pode-se escrever

$$\|U\| = [(u_x - u_{p_x})^2 + (0 - u_{p_y})^2]^{1/2} = u_{p_y} \tag{8.4}$$

Substituindo a Equação 8.4 na Equação 8.2 assim como considerando nesta as definições de volume, Equação 7.13, e de área, Equação 7.20, tem-se

$$u_{p_y} = \left[\frac{3}{4}\left(\frac{\rho_p}{\rho} - 1\right)\frac{d_p g}{C_D}\right]^{1/2} \tag{8.5}$$

A Equação 8.5 refere-se à velocidade terminal da partícula isolada, v_T. Ao considerar regime de Stokes, Equação 7.22, a Equação 8.5 é retomada como

$$v_T = \frac{(\rho_p - \rho)d_p^2 g}{18\mu} \tag{8.6}$$

Na situação de partículas não esféricas

$$v_T = K_1\frac{(\rho_p - \rho)d_p^2 g}{18\mu} \tag{8.7}$$

sendo (MASSARANI, 1997)

$$K_1 = 0{,}843\ \log_{10}\left(\frac{\phi}{0{,}065}\right) \tag{8.8}$$

Retomando-se a Figura 8.1 e pela composição do movimento da partícula,

$$\frac{h}{v_T} = \frac{L}{\bar{u}_h} \tag{8.9}$$

ou

$$v_T = \frac{h\bar{u}_h}{L} \tag{8.10}$$

sendo $\bar{u}_h$ a velocidade média do fluido em determinada altura h.

A situação mais desfavorável para a captura da partícula corresponde à posição $h = H$ (espessura de separação da câmara). O diâmetro crítico da partícula, d_{pc}, especifica as condições limites de separabilidade no equipamento em análise: partículas com diâmetro maior do que d_{pc} são coletadas com eficiência de 100%, independentemente da posição em que são alimentadas na câmara de separação. A Equação 8.9 é retomada de acordo com

$$\frac{H}{v_T} = \frac{L}{u} \tag{8.11}$$

em que u é a velocidade média do fluido. A Equação 8.11 refere-se à equação de projeto para a separação de partículas na fenda de seção retangular.

8.3.1 Elutriação

A elutriação refere-se à operação de separação baseada na diferença entre a velocidade média do fluido, u, e a velocidade terminal da partícula, v_T. Conforme ilustrado na Figura 8.2, uma amostra de partículas é alimentada perto do topo da primeira coluna, de diâmetro D_1, enquanto o fluido (água, na ilustração) é alimentado com vazão volumétrica Q perto da base dessa mesma coluna.

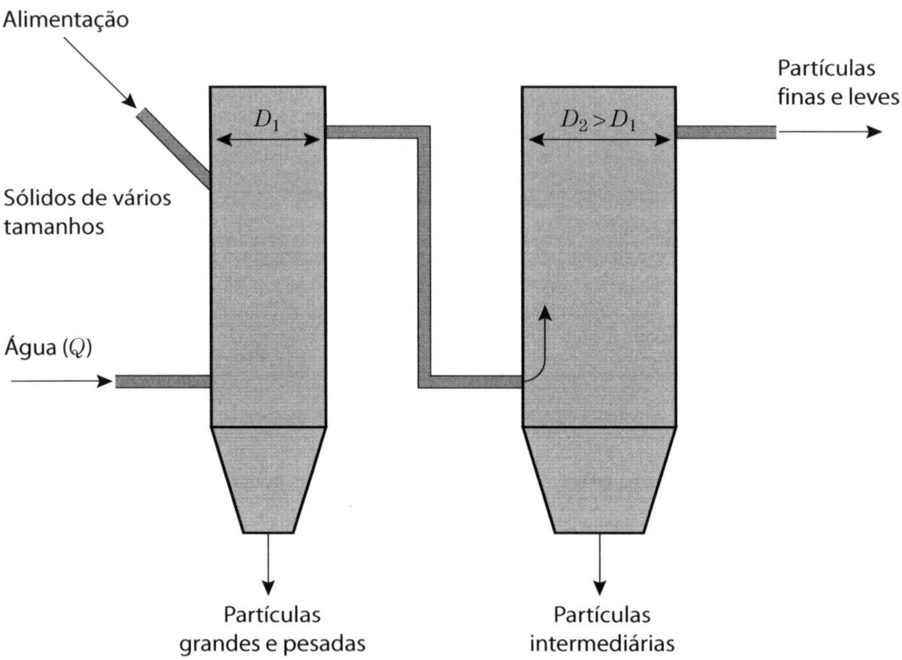

Figura 8.2 Sistema de elutriação com duas colunas (TANNOUS; ROCHA, 2011).

Na situação em que $u > v_T$, as partículas de diâmetro ou massa específica menor são carreadas para uma nova coluna de diâmetro D_2, enquanto as partículas que apresentam maior diâmetro ou massa específica do que aquelas carreadas são coletadas no fundo da coluna. No caso da elutriação, o valor do diâmetro das partículas carreadas pode ser obtido mediante a aplicação da Equação 8.6 considerando-se nesta, em vez da velocidade terminal da partícula, a velocidade de arraste do fluido, a qual, para vazão constante Q, depende do diâmetro da coluna de elutriação e, consequentemente, da área da seção transversal, *Área*, dessa coluna. Assim, pode-se retomar a Equação 8.6 em termos do diâmetro de Stokes, ou

$$d_{St} = \left[\frac{18\mu Q}{(\rho_p - \rho) g \text{ Área}}\right]^{1/2} \tag{8.12}$$

8.3.2 Câmara de poeira

A operação de separação mecânica que ocorre em uma câmara de poeira baseia-se na diferença entre o tempo de permanência de uma determinada partícula, presente em uma corrente gasosa, e o seu tempo de queda em uma determinada coluna de separação. Esse tempo de permanência refere-se ao tempo de trânsito que essa partícula necessita para atravessar tal coluna, como representado na Figura 8.3.

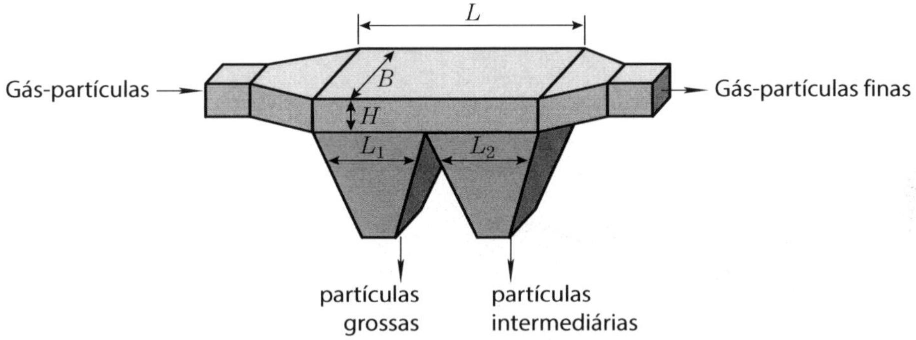

Figura 8.3 Representação de uma câmara de poeira em dois estágios.

A mistura gás-partículas é alimentada no primeiro estágio. Na medida em que tal mistura dirige-se à saída do equipamento, as partículas maiores ou de maior massa específica depositam-se na base de cada câmara. As partículas mais finas ou de menor massa específica dirigem-se à saída do equipamento, em mistura com o fluido de trabalho, à semelhança da operação de elutriação. O tempo de queda está diretamente associado à velocidade terminal da partícula, que é obtida da Equação 8.6, de forma a associá-lo à captura da partícula por meio de

$$t_{\text{queda}} = \frac{H}{v_T} \tag{8.13}$$

Já o tempo de permanência relaciona-se ao trajeto da partícula através da distância L, representada na Figura 8.3 segundo

$$t_{\text{per.}} = \frac{L}{u} \tag{8.14}$$

Dessa maneira, quando $t_{\text{per.}} > t_{\text{queda}}$ (o que significa ser a velocidade de arraste do fluido menor do que a velocidade terminal da partícula), a partícula ficará retida na câmara de poeira. Entretanto, na situação em que $t_{\text{per.}} < t_{\text{queda}}$ (velocidade de arraste do fluido maior do que a velocidade terminal da partícula), a partícula será arrastada pelo gás à próxima câmara (Figura 8.3). Ressalte-se que a condição mais desfavorável para a separação ainda é estabelecida pela Equação 8.11 ou $t_{per.} = t_{queda}$. Essa igualdade permite, inclusive, escrever a equação geral para a câmara de poeira, identificando a Equação 8.5 à velocidade terminal da partícula e substituindo-a na Equação 8.11, de onde resulta

$$\frac{Hu}{L} = \left[2\left(\frac{\rho_p}{\rho} - 1\right)\frac{V_p g}{A_p C_D}\right]^{1/2} \tag{8.15}$$

No caso de o regime ser o de Stokes e partícula não esférica, tem-se, a partir da Equação 8.7

$$\frac{Hu}{L} = K_1 \frac{(\rho_p - \rho) d_p^2 g}{18\mu} \tag{8.16}$$

tendo em vista que o valor da velocidade média do fluido advém de

$$u = \frac{Q}{BH} \tag{8.17}$$

a qual, substituída na Equação 8.16, fornece

$$\frac{HQ}{BHL} = K_1 \frac{(\rho_p - \rho) d_p^2 g}{18\mu} \tag{8.18}$$

Identificando o termo (BHL) ao volume V de uma câmara de poeira é possível estabelecer a seguinte equação para o cálculo do valor do diâmetro da menor partícula retida nessa câmara, ou

$$d_p = \left[\frac{18\mu}{K_1(\rho_p - \rho)g}\left(\frac{HQ}{V}\right)\right]^{1/2} \tag{8.19}$$

Exemplo 8.1

A câmara de poeira, ilustrada na Figura 1, opera em três compartimentos. Estime a faixa granulométrica das partículas retidas em cada seção, sabendo que a vazão do ar é igual a 140 m^3/min, bem como a massa específica das partículas é 3,0 g/cm^3 e esfericidade igual a 0,75. A corrente de ar está a 20 °C (ρ = 1,091 kg/m^3; $\nu = 1{,}75 \times 10^{-5}$ m^2/s).

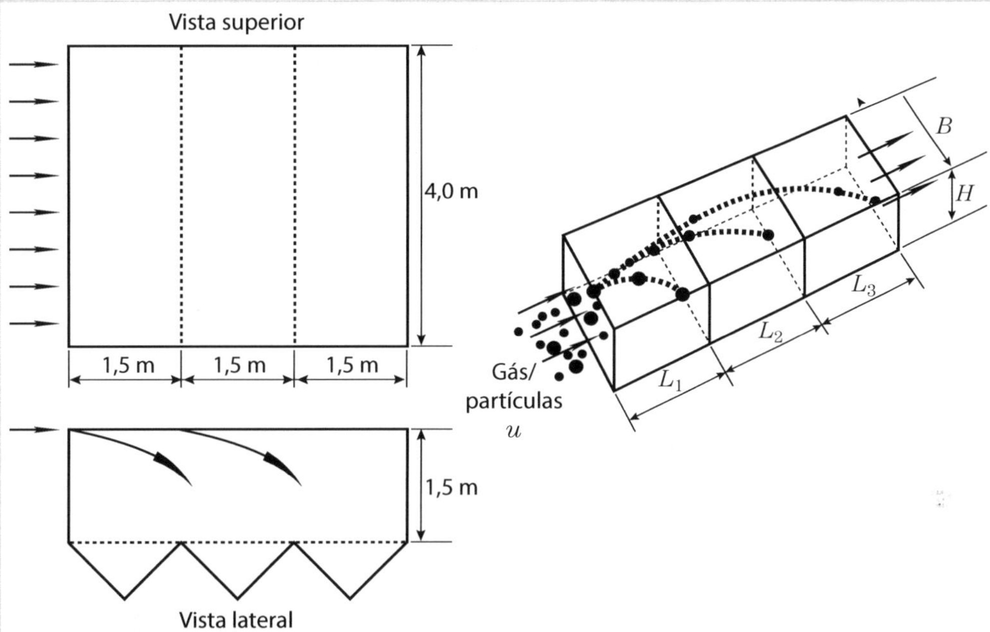

Figura 1 Câmara de poeira (baseada em MASSARANI, 1997).

Solução

A faixa granulométrica das partículas retidas em cada compartimento será obtida a partir do conhecimento dos valores dos diâmetros das partículas. Entretanto, não se conhece o regime do escoamento e, portanto, não é possível afirmar que se trata de o regime ser de Stokes e utilizar, por exemplo, a Equação 8.7. No exemplo em questão, utiliza-se a Equação 8.11 para descrever a velocidade terminal da partícula, ou

$$\frac{H}{v_T} = \frac{L}{u} \tag{1}$$

Substituindo-se a Equação 8.17, $u = Q/BH$, na Equação 1 e arranjando-se o resultado, obtém-se

$$\frac{H}{v_T} = L\frac{BH}{Q} \tag{2}$$

ou

$$v_T = \frac{Q}{BL} \tag{3}$$

de onde se tem o número de Reynolds baseado na velocidade terminal como se segue

$$\text{Re}_T = \frac{d_p v_T}{\nu} \tag{4}$$

e, da Equação 7.48,

$$\mathrm{Re}_T = \left[\left(\frac{24}{K_1(C_D/\mathrm{Re}_T)}\right)^{1,3/2} + \left(\frac{K_2}{C_D/\mathrm{Re}_T}\right)^{1,3}\right]^{1/1,3} \quad (5)$$

com, para $\phi = 0{,}75$,

$$K_1 = 0{,}843 \log_{10} (\phi/0{,}065) = 0{,}843 \log_{10} (0{,}75/0{,}065) = 0{,}895 \quad (6)$$

e

$$K_2 = 5{,}31 - 4{,}88\phi = 5{,}31 - (4{,}88)(0{,}75) = 1{,}650 \quad (7)$$

O termo C_D/Re_T presente na Equação 5, para $U = v_T$ e $b = g$ na Equação 7.42, é

$$C_D/\mathrm{Re}_T = \frac{4}{3}\frac{(\rho_p/\rho - 1)\nu g}{v_T^3} \quad (8)$$

Conhecendo-se $\rho_p = 3{,}0$ g/cm^3; $\rho = 1{,}091$ kg/m^3; $\nu = 1{,}75 \times 10^{-5}$ m^2/s = 0,175 cm^2/s, assim como o valor da constante da aceleração gravitacional igual a 981 cm/s^2, a Equação 4 resulta em

$$C_D/\mathrm{Re}_T = \frac{4}{3}\frac{(3{,}0/1{,}091\times 10^{-3} - 1)(0{,}175)(981)}{v_T^3} = \frac{6{,}292\times 10^5}{v_T^3} \quad (9)$$

Observa-se que B = 4 m = 400 cm, e Q = 140 m^3/min = 2,333 × 10^6 cm^3/s. Levando tais valores na Equação 3, tem-se

$$v_T = \frac{2{,}333\times 10^6}{400L} = \frac{5{,}833\times 10^{-3}}{L} \quad (10)$$

A distância percorrida pela fase particulada na primeira câmara é igual a L = 1,5 m = 150 cm; enquanto na segunda câmara é de L = 300 cm; e na terceira câmara é L = 450 cm. Assim, para cada distância L, haverá um valor para a velocidade terminal da partícula, a partir da Equação 10. Obtido esse valor, utiliza-o na Equação 9 para calcular o valor, para cada L, da constante C_D/Re_T, cujo resultado, em conjunto com aqueles advindos de (6) e (7), é utilizado na Equação 5 para a obtenção do valor do número de Reynolds, Re_T, permitindo obter o valor do diâmetro da partícula por meio da Equação 4, aqui retomada como

$$d_p = \frac{0{,}175\times \mathrm{Re}_T}{v_T} \quad (11)$$

A Tabela 1 apresenta os resultados obtidos, incluindo a distribuição granulométrica das partículas retidas em cada câmara.

Tabela 1 Resultados referentes ao Exemplo 8.1

Câmara	L (cm)	v_T (cm/s)	C_D/Re_T	Re_T	d_p (cm)	d_p (μm)	Faixa (μm)
Equação	–	(10)	(9)	(5)	(11)	–	–
1	150	38,889	10,698	1,642	$73{,}87 \times 10^{-4}$	73,87	> 73,87
2	300	19,444	85,585	0,565	$50{,}85 \times 10^{-4}$	50,85	–73,87+50,85
3	450	12,963	288,849	0,306	$41{,}30 \times 10^{-4}$	41,30	–50,85+41,30

8.4 Separação de partículas sujeitas ao campo centrífugo

Um problema que costuma aparecer, neste caso, é aquele em que se deseja determinar o tempo gasto para que uma partícula se desloque, em um campo centrífugo, da posição radial r até a parede do equipamento de separação (Figura 8.4).

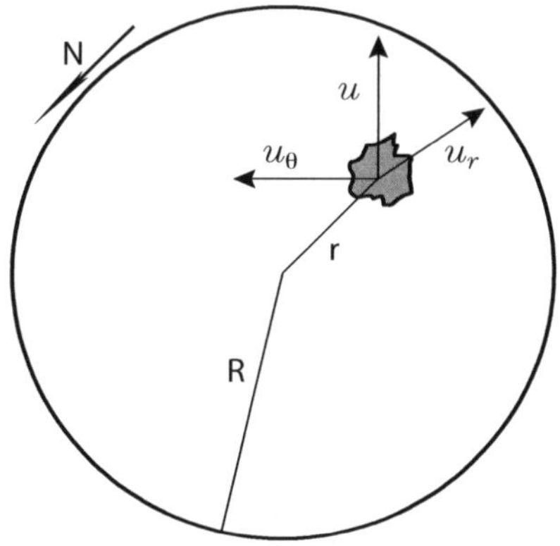

Figura 8.4 Partícula submetida a um campo centrífugo (baseada em MASSARANI, 1997).

Para a situação representada nessa figura, as componentes da velocidade do fluido são:

$$u_r = 0; \quad u_\theta = rN$$

e o campo centrífugo,

$$\mathbf{b},\ b_r = \frac{u_\theta^2}{2} \quad \text{e} \quad b_\theta = 0.$$

Ao desprezar a aceleração da partícula tem-se, da Equação 8.1, para a *componente na direção* θ (lembre-se: $u_\theta = rN$ e $b_\theta = 0$)

$$0 = \frac{1}{2} A_p \rho C_D \parallel U \parallel \left(rN - u_{p_\theta} \right) + 0 \tag{8.20}$$

no que resulta

$$u_\theta = u_{p_\theta} = rN \tag{8.21}$$

Componente na direção r (lembre-se: $u_r = 0$ e $b_r = u_\theta^2/r$)

$$0 = \frac{1}{2} A_p \rho C_D \left[\left(0 - u_{p_r}\right)^2 \right]^{1/2} + \left(\rho_p - \rho\right) V_p \frac{u_\theta^2}{r} \tag{8.22}$$

Tendo em vista que $u_\theta = rN$, obtém-se da Equação 8.22, considerando nela as Equações 7.13 e 7.20; em outras palavras: admitindo-a esférica, bem como admitindo como válido o regime de Stokes, Equação 7.22, tem-se

$$u_{p_r} = v_T = \frac{(\rho_p - \rho) d_p^2 N^2 r}{18\mu} \tag{8.23}$$

ou para partículas não esféricas,

$$v_T = K_1 \frac{(\rho_p - \rho) d_p^2 N^2 r}{18\mu} \tag{8.24}$$

sendo K_1 obtido da Equação 8.8. As Equações 8.23 e 8.24 fornecem o valor da velocidade terminal da partícula no campo centrífugo, considerando o regime de Stokes. Sabendo que $v_T = u_{p_r} \equiv dr/dt$, torna-se possível obter o valor do tempo gasto para uma partícula deslocar-se da posição radial r até a parede do equipamento de raio R por meio da integração da Equação 8.24, ou

$$t = \frac{18\mu}{K_1 \left(\rho_p - \rho\right) N^2 d_p^2} \ell n \left(\frac{R}{r} \right) \tag{8.25}$$

8.4.1 Centrifugação e especificação de centrífugas

A centrifugação pode ser entendida como uma operação de separação mecânica que permite acelerar o fenômeno de decantação, por meio da imposição do movimento de rotação em uma suspensão líquido-partículas. Na centrífuga, equipamento no qual ocorre a centrifugação, a força centrífuga faz com que as partículas se afastem radialmente do eixo da rotação. A centrifugação tem por base a separação de partículas por diferença de tamanho, de massa específica ou de ambos. Seja qual for a classe de centrifugação, a trajetória da partícula assinalada no esquema da centrífuga tubular, Figura 8.5, possibilita especificar o valor do diâmetro das partículas que são capturadas na parede do equipamento. Neste caso, o tempo de permanência ou de trânsito da partícula de R_0 a R é obtido por meio da Equação 8.14, a qual, considerando-se a Figura 8.5, é

$$t_{\text{perm.}} = \frac{L}{u} = \frac{L}{\dfrac{Q}{\pi\left(R^2 - R_0^2\right)}} \tag{8.26}$$

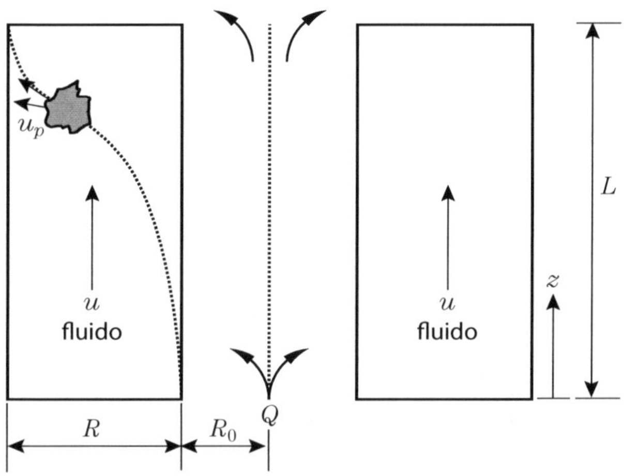

Figura 8.5 Representação de uma centrífuga tubular (MASSARANI, 1997).

Haverá, por outro lado, um tempo de captura à semelhança do tempo de queda, que se refere ao valor do tempo gasto para uma partícula se deslocar, no campo centrífugo considerado, da posição radial R_0 até a parede do equipamento de raio R, ou seja, o tempo definido pela Equação 8.26, considerando-se nesta $r = R_0$. Desse modo, as partículas são coletadas totalmente desde que os tempos estabelecidos pelas Equações 8.25 e 8.26 venham a ser iguais,

$$\frac{18\mu}{\left(\rho_p - \rho\right)N^2 d_p^2}\ell n\left(\frac{R}{R_0}\right) = \frac{\pi L\left(R^2 - R_0^2\right)}{Q} \tag{8.27}$$

ou, explicitando a vazão de líquido,

$$Q = \pi L \frac{\left(\rho_p - \rho\right)N^2 d_p^2}{18\mu}\left[\frac{\left(R^2 - R_0^2\right)}{\ell n\left(R/R_0\right)}\right] \tag{8.28}$$

Multiplicando e dividindo a Equação 8.28 pela constante gravitacional e rearranjando o resultado, tem-se

$$Q = \left[\frac{\left(\rho_p - \rho\right)\pi d_p^2 g}{18\mu}\right]\left[\frac{LN^2\left(R^2 - R_0^2\right)}{g\ell n\left(R/R_0\right)}\right] \tag{8.29}$$

Esse resultado mostra que a capacidade da centrífuga, Q, pode ser expressa pelo produto de dois termos: um que caracteriza o sistema particulado (a velocidade terminal da partícula no campo gravitacional) e outro, a configuração, as dimensões e rotação da centrífuga na forma

$$Q = v_T \Sigma \tag{8.30}$$

ou seja, o fator sigma Σ. A Equação 8.30 constitui a base para a especificação da centrífuga para uma dada tarefa, conhecendo o desempenho de uma centrífuga de laboratório, ambas do mesmo tipo, operando com a mesma suspensão.

$$\left(\frac{Q}{\Sigma}\right)_2 = \left(\frac{Q}{\Sigma}\right)_1 \tag{8.31}$$

Exemplo 8.2

Foi conduzido em um laboratório um ensaio de separação de leveduras de uma suspensão aquosa em uma centrífuga tubular com as seguintes dimensões: R_0 = 1,0 cm; R = 2,5 cm e L = 20 cm; N = 18 mil rpm; vazão da suspensão que permite obter um clarificado satisfatório = 30 litros/h. De posse dessas informações, determine a capacidade de uma centrífuga industrial que opera com a mesma suspensão a 12 mil rpm. Suas dimensões são R_0 = 5,0 cm; R = 7,5 cm e L = 50 cm.

Solução

Trata-se da aplicação da relação

$$\left(\frac{Q}{\Sigma}\right)_2 = \left(\frac{Q}{\Sigma}\right)_1 \tag{1}$$

com:

$$\Sigma_1 = \left[\frac{LN^2\left(R^2 - R_0^2\right)}{g\ell n\left(R/R_0\right)}\right] \tag{2}$$

A Tabela 1 apresenta as informações coletadas do enunciado para as duas centrífugas.

Tabela 1 Características das centrífugas

Centrífuga	L (cm)	N (rps)	R (cm)	R_0 (cm)
1	20	300	2,5	1,0
2	50	200	5,0	7,5

Assim, para $g = 981\ \text{cm/s}^2$, torna-se possível calcular o fator sigma Σ para as centrífugas 1 e 2, respectivamente, por meio de

$$\Sigma_1 = \left[\frac{(20)(300)^2(2{,}5^2 - 1{,}0^2)}{(981)\ell n(2{,}5/1{,}0)}\right] = 10.513{,}069\ \text{cm}^2 \qquad (3)$$

$$\Sigma_2 = \left[\frac{(50)(200)^2(7{,}5^2 - 5{,}0^2)}{(981)\ell n(7{,}5/5{,}0)}\right] = 157.129{,}425\ \text{cm}^2 \qquad (4)$$

Tendo em vista que $Q_1 = 30$ litro/h, tem-se na Equação 1, considerando-se nela os resultados (3) e (4)

$$Q_2 = Q_1\frac{\Sigma_1}{\Sigma_2} = (30)\frac{(157.129{,}425)}{(10.513{,}069)} = 448{,}383\ \ell/\text{h} \qquad (5)$$

8.5 Separadores centrífugos: ciclones e hidrociclones

8.5.1 Características geométricas e fluidodinâmicas em ciclones e hidrociclones

Ciclone e hidrociclone são equipamentos, normalmente, destinados à separação de particulados presentes em uma corrente gasosa, no caso de ciclones, ou contidos em uma corrente líquida (hidrociclones). Tais equipamentos apresentam-se na sua forma clássica como uma construção cone-cilíndrico. Esses dispositivos, sem peças móveis, constituem-se de uma entrada lateral e duas saídas orientadas no eixo central do equipamento. Uma saída de partículas, então separadas da corrente fluida, situa-se à base do aparato e que dá acesso a um coletor de sólidos. Outra saída para partículas e fluido, disposta no topo do equipamento, permite a descarga da corrente fluida com concentração de particulados finos para um filtro. A Figura 8.6 ilustra as características geométricas básicas de um ciclone com diversos tipos de entrada.

Face à sua característica construtiva e à maneira como a corrente fluida com partículas entra no ciclone (ou hidrociclone), é classificado como um separador tipo centrífugo. Além da forma da entrada, essa denominação advém também da fluidodinâmica no seu interior. Na entrada do (hidro)ciclone a mistura fluido-partículas adquire movimento em espiral, que se estende até a base do equipamento (*underflow*). As partículas, em virtude da ação da força centrífuga, oriunda do escoamento da fase fluida, deslocam-se na direção da parede do (hidro)ciclone. Esta, por sua vez, age na direção radial, impondo movimento circular às partículas. A fase particulada escoa encostada na parede em direção ao coletor de sólidos. No seu percurso, as partículas descrevem trajetória helicoidal sob a ação do arraste, da gravidade e do atrito com as paredes do equipamento. A fase fluida ascende em movimento espiral, circundando o eixo central até o duto de saída do fluido (*overflow*). A Figura 8.7 ilustra o comportamento descrito há pouco para um ciclone característico.

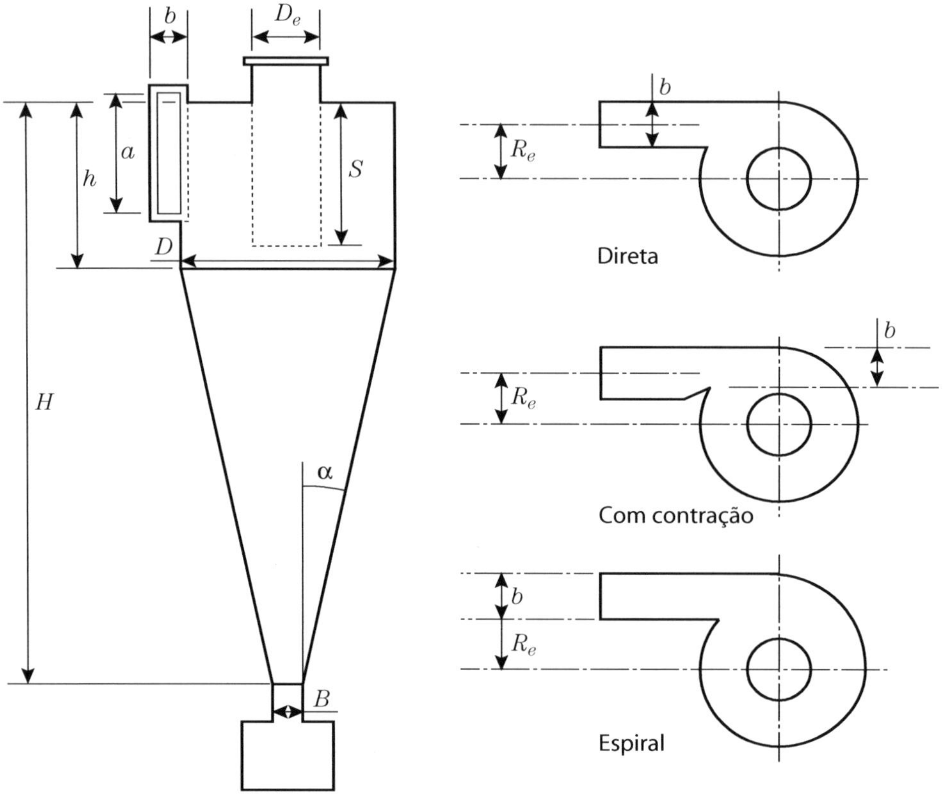

Figura 8.6 Características básicas do ciclone (CREMASCO, 1994).

O escoamento em espiral apresenta componentes de velocidade nas direções tangencial, u_θ; axial, u_z; radial, u_r. Uma forma comum de identificar regiões de escoamento no interior do (hidro)ciclone é por meio da análise da componente tangencial de velocidade. Nesse caso, divide-se o escoamento em duas regiões, conforme ilustra a Figura 8.8. Existe uma região central situada, aproximadamente, entre $0 < r < 0{,}4D$. Nessa região, a distribuição radial da componente tangencial de velocidade é análoga àquela advinda da descrição da rotação de um corpo rígido (CREMASCO; NEBRA, 1992):

$$u_\theta = kr \tag{8.32}$$

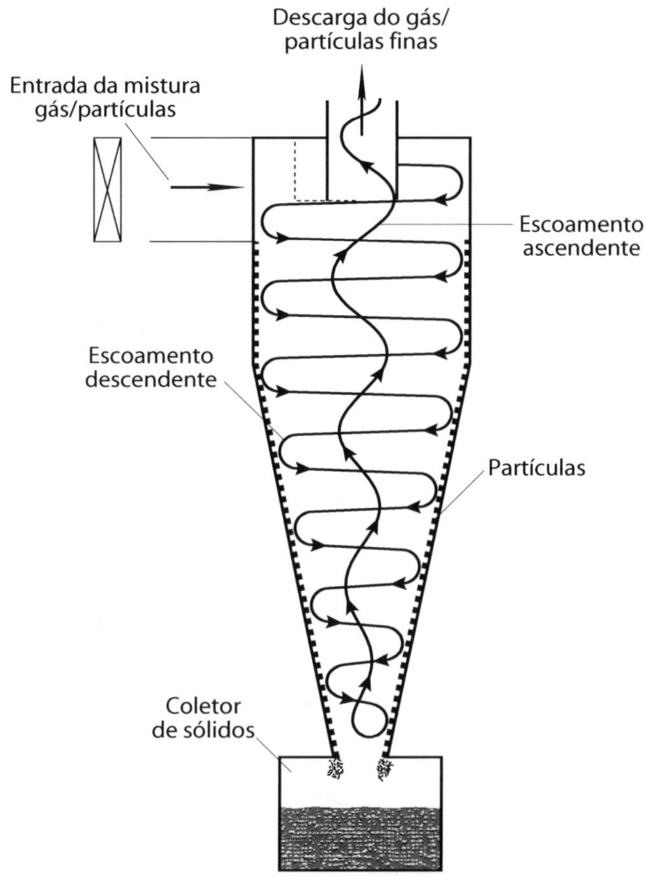

Figura 8.7 Escoamento em um ciclone (CREMASCO, 1994).

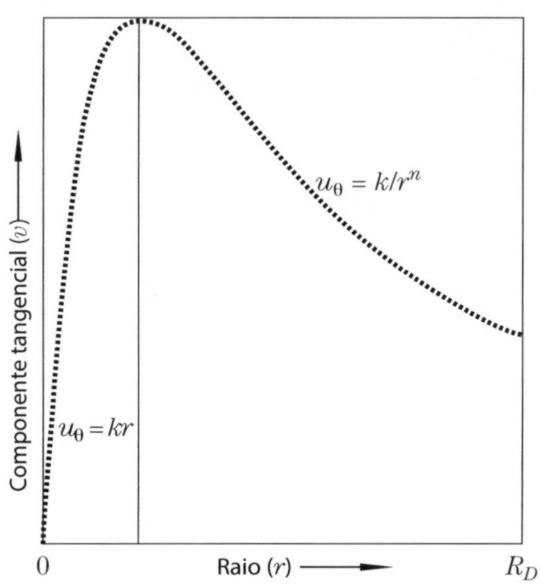

Figura 8.8 Regiões definidas pela variação radial da componente tangencial de velocidade (CREMASCO, 1994).

Existe uma região anular situada entre a região central e a periferia ciclônica. Nesta, a descrição do escoamento, para a componente tangencial de velocidade, segue o tipo vorticial na forma

$$u_\theta = \frac{k}{r^n} \tag{8.33}$$

sendo k um parâmetro cinemático que depende das dimensões do bocal de entrada, bem como da velocidade de entrada do fluido no (hidro)ciclone. O valor aproximado de k é $Q/(ab)$, em que Q é a vazão volumétrica do fluido na entrada do equipamento, e (ab), a área da seção de entrada no caso do ciclone e $ab = \pi D_o^2/4$ para o hidrociclone. O índice de vórtice, n, indica o distanciamento do comportamento de vórtice livre, que correponderia a $n = 1$ na Equação 8.33. Shepherd e Lapple (1939) observaram uma faixa de valor para o índice de vórtice de $0{,}5 < n < 0{,}8$.

8.5.2 Separação de particulados em ciclones e hidrociclones

A separação de partículas no interior do ciclone ou do hidrociclone é efetuada por ação do campo centrífugo resultante da configuração do equipamento e do modo com que a suspensão o alimenta. Tais configurações para os ciclones dos tipos Lapple e Stairmand estão ilustradas na Figura 8.9a, enquanto as configurações dos hidrociclones dos tipos Rietema e Bradley estão ilustradas na Figura 8.9b. Ressalte-se que a configuração do ciclone ou do hidrociclone caracteriza-se por uma relação específica entre suas dimensões, expressa usualmente em termos da parte cilíndrica do equipamento, D. O projeto e análise do desempenho do equipamento de separação fluido-partículas, incluindo a elutriação, câmara de poeira, podem ser realizados embasados nas seguintes informações (MASSARANI, 1997):

a) equação que relaciona o diâmetro de corte D^* às propriedades físicas do sistema particulado, às dimensões do equipamento e às condições operacionais. O diâmetro de corte é um diâmetro crítico de separação. Partículas com diâmetros superiores ao de corte ($d_p > D^*$) são coletadas no *underflow*, enquanto partículas com diâmetros inferiores ao de corte ($d_p < D^*$) são arrastadas para o *overflow*;

b) função eficiência individual de coleta relativa à partícula com diâmetro D_i;

$$\eta = \eta\left(\frac{D_i}{D^*}\right) \tag{8.34}$$

que depende da configuração do equipamento, do regime de escoamento do fluido e da dinâmica da partícula.

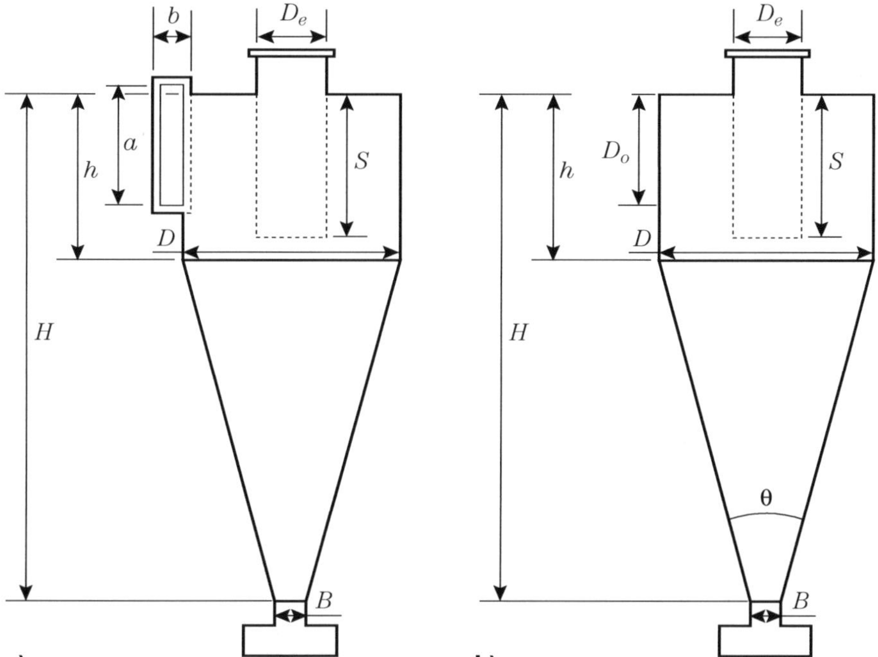

Ciclone	Lapple	Stairmand
b/D	0,25	0,20
D_e/D	0,50	0,50
a/D	0,50	0,50
h/D	2,00	1,50
H/D	4,00	4,00
S/D	0,62	0,50
B/D	0,25	0,35

Hidrociclone	Rietema	Bradley
D_o/D	0,28	1/7
D_e/D	0,34	1/5
h/D	–	1/2
H/D	5,00	–
S/D	0,40	1/3
B/D	0,10 – 0,30	0,07 – 0,15
θ	10° – 20°	9°

Figura 8.9 a) Configuração dos ciclones; b) Configuração dos hidrociclones.

c) função eficiência global de coleta que depende da distribuição granulométrica do conjunto de partículas, $X = X(D_i)$,

$$\bar{\eta} = \int_0^1 \eta\left(\frac{D_i}{D^*}\right) dX \tag{8.35}$$

d) equação para a potência na qual se estabelece a relação entre a queda de pressão e a vazão do fluido no equipamento de separação.

O diâmetro de corte, D^*, pode ser especificado de diferentes formas como, por exemplo, o diâmetro das partículas que são coletadas com eficiência de 50% no equipamento de separação. Além disso, é possível obter o seu valor por meio do emprego da seguinte correlação (MASSARANI, 1997):

$$\frac{D^*}{D} = K\left[\frac{\mu D}{Q(\rho_p - \rho)}\right]^{1/2} \cdot \alpha(R_L) \cdot \beta(C_V) \tag{8.36}$$

em que D é o diâmetro da parte cilíndrica do equipamento; K, um parâmetro que depende da família do (hidro)ciclone; μ e Q são a viscosidade dinâmica e a vazão volumétrica de fluido que alimenta o equipamento; $\alpha(R_L)$ é um fator de correção que considera o fato de uma fração das partículas ser coletada no *underflow* sem a ação do campo centrífugo,

$$\alpha(R_L) = 1 + \varphi R_L \tag{8.37}$$

e que está relacionado ao quociente entre as vazões de fluido no *underflow* (saída B) e na alimentação, R_L.

$$R_L = \xi\left(\frac{B}{D}\right)^{\psi} \tag{8.38}$$

Já o fator $\beta(C_V)$ considera a concentração volumétrica de partículas na alimentação. Para partículas arredondadas este fator pode ser expresso por meio da seguinte correlação (MASSARANI, 1997)

$$\beta(C_V) = \frac{1}{\left[4{,}8(1-C_V)^2 - 3{,}8(1-C_V)\right]^{1/2}} \tag{8.39}$$

sendo C_V a concentração volumétrica adimensional de partículas, obtida da Equação 7.55 ou, em termos de vazão volumétrica, a partir de

$$C_V = \frac{Q_p}{Q_p + Q} \tag{8.40}$$

em que Q_p é a vazão volumétrica de partículas que alimenta o equipamento.

Os parâmetros φ, ξ, e ψ estão associados à configuração do equipamento, B e D, respectivamente, os diâmetros do *underflow* e da parte cilíndrica do equipamento.

Os ciclones operam com suspensões mais diluídas do que os hidrociclones e, frequentemente, a descarga de partículas é realizada de modo intermitente, a partir do barril acoplado ao *underflow* do equipamento. Por tais razões, considera-se, nos ciclones, que tanto C_V quanto R_L não influenciem de modo significativo o valor do diâmetro de corte, Equação 8.36, ou seja $\alpha = \beta = 1$. Os valores dos parâmetros de configuração φ, ξ, ψ e K estão reunidos na Tabela 8.1, cuja validade está restrita às condições operacionais assinaladas na própria tabela (MASSARANI, 1997).

Tabela 8.1 Parâmetros de configuração dos (hidro)ciclones e condições operacionais recomendadas

Configuração	K	φ	ξ	ψ	k_f	u^* ou Re**
Lapple	0,095	-	-	-	315	$5 < u < 20$ m/s
Stairmand	0,041	-	-	-	400	$10 < u < 30$ m/s
Rietema	0,039	1,73	145	4,75	1.200	$5 \times 10^3 < \text{Re} < 5 \times 10^4$
Bradley	0,016	1,73	55,3	2,63	7.500	$3 \times 10^3 < \text{Re} < 2 \times 10^4$

* u é a velocidade média do fluido na seção de entrada do ciclone, $u = Q/ab$.
** $\text{Re} = u_c D/v$, em que u_c é a velocidade média do fluido na seção cilíndrica do ciclone, $u_c = 4Q_f/\pi D^2$.

8.5.3 Eficiência individual de coleta no campo centrífugo

A eficiência individual de coleta relativa à partícula com diâmetro D_i pode ser expressa por correlações empíricas (MASSARANI, 1997).

Ciclones Lapple e Stairmand

$$\eta\left(D_i/D^*\right) = \frac{\left(D_i/D^*\right)^2}{1+\left(D_i/D^*\right)^2} \tag{8.41}$$

Hidrociclones Rietema e Bradley

$$\eta\left(D_i/D^*\right) = \frac{\exp\left(5D_i/D^*\right)-1}{\exp\left(5D_i/D^*\right)+146} \tag{8.42}$$

Conhecida a distribuição granulométrica das partículas, $X_i = X_i(D_i)$, pode-se estabelecer o valor da eficiência de coleta no campo centrífugo,

$$I = \int_0^1 \eta \, dX \tag{8.43}$$

e a eficiência global alcançada no (hidro)ciclone,

$$\bar{\eta} = \left(1 - R_L\right)I + R_L \tag{8.44}$$

lembrando que R_L é o quociente entre as vazões de fluido no *underflow* e na alimentação.

A integração da Equação 8.43 para uma distribuição granulométrica representada pelo modelo de Rosin-Rammlet-Bennet (modelo RRB), Equação 6.27, aqui retomada como

$$X_i = 1 - \exp[-(D_i/D')^n] \tag{8.45}$$

toma a seguinte forma:

Ciclones Lapple e Stairmand

$$I = \frac{\dfrac{1{,}11n}{0{,}118+n}}{1{,}81-0{,}322n+(D'/D^*)}\cdot\frac{D'}{D^*} \tag{8.46}$$

Hidrociclones Rietema e Bradley

$$I = \frac{\dfrac{1{,}13n}{0{,}138+n}}{1{,}44-0{,}279n+(D'/D^*)}\cdot\frac{D'}{D^*} \tag{8.47}$$

Ressalte-se que na Equação 8.45 X_i é a fração acumulada em massa das partículas com diâmetro menor que D_i; D' e n são parâmetros do modelo RRB, respectivamente, em que D' é o diâmetro da partícula que corresponde a $X_i = 0{,}632$.

8.5.4 Queda de pressão em equipamentos ciclônicos

Quando se trabalha com equipamentos ciclônicos, as perdas de energia estão, normalmente, associadas a: (a) configurações de entrada e de saída do equipamento; (b) existência ou não de volutas no interior do equipamento; (c) perdas de energia cinética, principalmente aquelas resultantes da componente tangencial da velocidade; (d) efeito da concentração de sólidos. Assim como em outros sistemas fluidodinâmicos (Capítulo 2), haverá, tanto para ciclones quanto para hidrociclones, a proporcionalidade entre $\Delta p/\rho$ e $u^2/2$, como sendo linear, possibilitando escrever uma relação à semelhança da Equação 2.61, aqui retomada na forma de diferença de pressão como

$$\frac{\Delta p}{\rho} = k_f\,\frac{u_c^2}{2} \tag{8.48}$$

em que

$$u_c = \frac{4Q}{\pi D^2} \tag{8.49}$$

A diferença de pressão apresentada na Equação 8.48 é obtida, experimentalmente, entre o *overflow* e a alimentação. O valor de k_f depende da configuração do equipamento, conforme pode ser observado na Tabela 8.1. É importante ressaltar que, ao conhecer a capacidade do equipamento em termos da sua vazão volumétrica Q, bem como o valor da diferença Δp resultado da fluidodinâmica no equipamento; e do rendimento global da instalação do soprador, η, é possível calcular o valor da potência, em virtude da presença do ciclone ou hidrociclone mediante a aplicação da Equação 4.17, ou

$$\dot{W} = \frac{Q\Delta p}{\eta} \tag{8.50}$$

Influência da concentração de partículas na queda de pressão em ciclones

A presença de particulados reduz a diferença de pressão. Esse efeito está diretamente associado à redução do valor da componente tangencial de velocidade do gás, conforme ilustra a Figura 8.10.

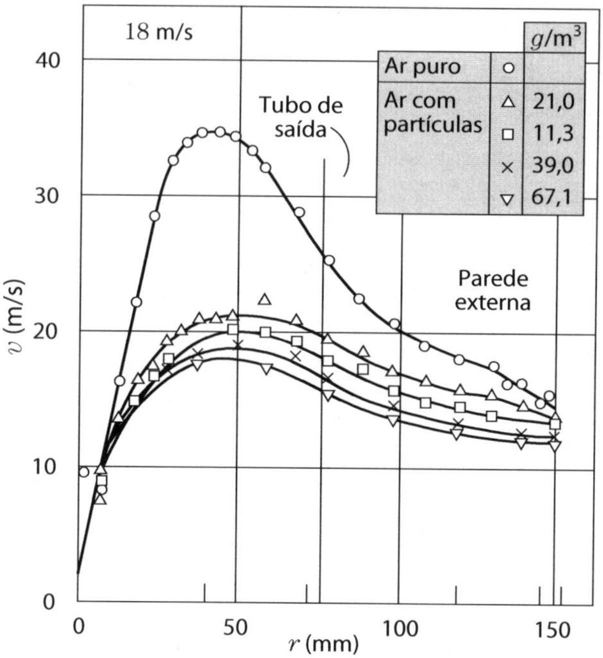

Figura 8.10 Influência da presença de sólidos na distribuição radial da componente tangencial de velocidade do gás (YUU et al., 1979).

A redução no valor da componente tangencial da velocidade do gás pode ser, basicamente, devida a:

a) inércia das partículas. As partículas, durante a sua trajetória no seio da corrente gasosa, têm ação equalizadora do momento de camadas adjacentes de gás, reduzindo, assim, o valor da componente tangencial de velocidade da fase fluida;

b) aumento do atrito entre a corrente da mistura gás-partículas com a parede do ciclone, em virtude de nela depositarem-se os sólidos. O efeito viscoso resultante estende-se às camadas adjacentes da mistura, acarretando a redução do valor da componente tangencial de velocidade da fase fluida;

c) composição entre os dois efeitos anteriores, pois, na dependência da distribuição granulométrica, haverá partículas tanto no seio da corrente gasosa quanto junto à parede e essas, já separadas, escorregam pela parede do ciclone em movimento espiral.

A redução do valor da componente tangencial de velocidade do fluido pode ser acompanhada mediante a inspeção da Equação 8.33, a qual se dá, neste caso, por diminuição do parâmetro "n" nela presente. Esta redução, por sua vez, acarreta imediatamente a redução da diferença de pressão no equipamento. Para explicitar esta diferença, pode-se aventar as seguintes hipóteses (BRADLEY, 1965; CREMASCO; NEBRA, 1992): os valores das componentes axial e radial de velocidade desprezíveis face à componente tangencial; ação do campo centrífugo maior do que o gravitacional; o efeito da força resistiva na direção radial não é significativo. Sendo assim, a variação de pressão, na componente radial, advinda da equação do movimento da fase fluida, é escrita como

$$\frac{dp}{dr} = \rho \frac{u_\theta^2}{r} \tag{8.51}$$

Substituindo a Equação 8.33 na Equação 8.51 e integrando, ao longo do raio, o resultado entre a região anular da parte cilíndrica do ciclone, obtém-se (CREMASCO; NEBRA, 1992)

$$\Delta p_D = \rho \frac{2^{2n}}{2n}\left(\frac{k}{D^n}\right)^2\left[\left(\frac{D}{D_e}\right)^{2n} - 1\right] \tag{8.52}$$

sendo $k \cong Q/(a \times b)$ e $n = n\ (C_M)$, sendo C_M a concentração mássica adimensional das partículas, advinda de

$$C_M = \frac{m_p}{m_p + m_f} \tag{8.53}$$

em que m e m_f referem-se à massa de partícula e de fluido, respectivamente. A concentração mássica adimensional também pode ser obtida a partir do conhecimento das vazões mássicas das fases fluida e particulada na forma

$$C_M = \frac{\dot{m}_p}{\dot{m}_p + \dot{m}_f} \tag{8.54}$$

em que $\dot{m}_p$ e $\dot{m}_f$ referem-se às vazões mássicas de partículas e de fluido, respectivamente.

A redução na diferença de pressão, dessa maneira, pode ser expressa segundo a correlação proposta por Briggs (1946) na forma:

$$\frac{\Delta p_D}{\Delta p} = \frac{1}{1 + pC_M^q} \tag{8.55}$$

em que Δp é obtido da Equação 8.48. A Tabela 8.2 mostra alguns valores de p e q propostos por diversos autores.

Tabela 8.2 Influência de particulados na queda de pressão (CREMASCO, 1994)

Autores	p	q
Briggs (1946)	0,0086	0,50
Casal (1988)	0,675	0,14
Comas (1991)	0,023	0,69
Massarani e Scheid (1992)	$0{,}284(\rho/\rho_p)^{0{,}831}$	0,831

8.5.5 Sistemas em série e em paralelo de equipamentos ciclônicos

Sistema em série

Os equipamentos ciclônicos (ciclone e hidrociclone) podem ser operados em série, Figura 8.11, ou seja, equipamentos conectados sucessivamente, em linha, com a finalidade de separar os finos oriundos do primeiro estágio de separação. Os estágios operam à mesma vazão, sendo a perda de energia (de pressão) igual à soma das perdas desenvolvidas pelos estágios.

Para uma determinada capacidade de operação, Q, tem-se

$$\Delta p_{\text{série}} = \Delta p_1 + \Delta p_2 \tag{8.56}$$

Dessa maneira, a potência associada ao sistema em série será, a partir da Equação 8.50

$$\dot{W} = \frac{Q\Delta p_{\text{série}}}{\eta} \tag{8.57}$$

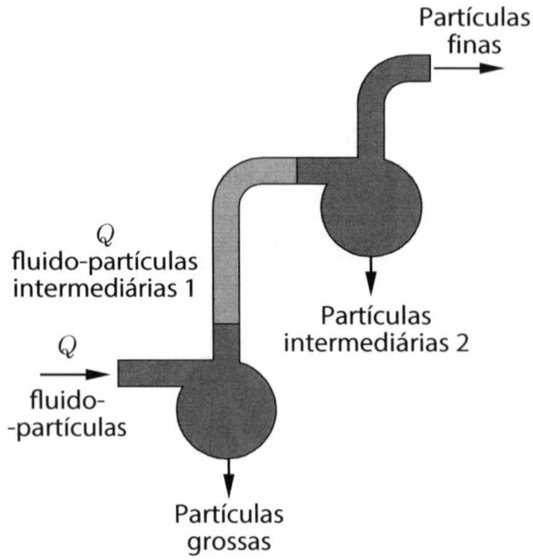

Figura 8.11 Sistema em série.

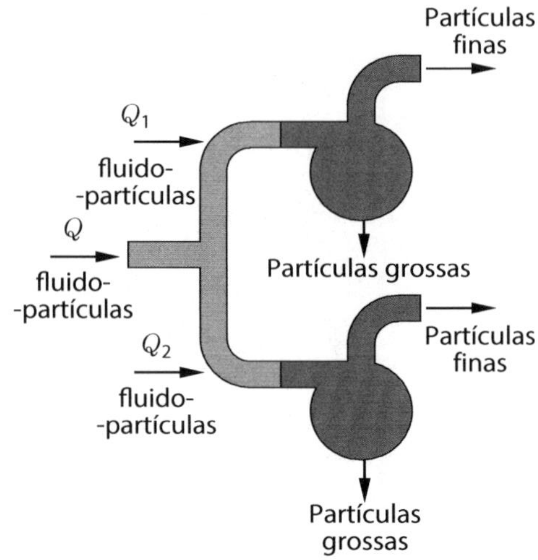

Figura 8.12 Sistema em paralelo.

Sistema em paralelo

A adição de dois ou mais equipamentos em paralelo, Figura 8.12, é útil em sistemas em que se opera com capacidades elevadas de particulados, objetivando o aumento da eficiência de coleta, decorrente do aumento de velocidade de alimentação em cada equipamento, os quais devem fornecer perdas de energia iguais, desde que tenham a mesma configuração e tamanho. A característica do sistema representado na Figura 8.12 é

$$Q_{\text{paralelo}} = Q_1 + Q_2 \tag{8.58}$$

ou para n equipamentos

$$Q_{\text{paralelo}} = \sum_{i=1}^{n} Q_i \tag{8.59}$$

Desde que os equipamentos apresentem as mesmas dimensões,

$$Q_{\text{paralelo}} = nQ_1 \tag{8.60}$$

no que decorre que o número de equipamentos que compõem o sistema será

$$n = \frac{Q_{\text{paralelo}}}{Q_1} \tag{8.61}$$

No caso da potência total do soprador ou bomba ao sistema em paralelo, tem-se a potência associada a cada equipamento centrífugo na forma

$$\dot{W}_{\text{paralelo}} = \dot{W}_1 + \dot{W}_2 \tag{8.62}$$

Trazendo a Equação 8.50 para a Equação 8.62,

$$\dot{W}_{\text{paralelo}} = \frac{Q_1(\Delta p)_1}{\eta_1} + \frac{Q_2(\Delta p)_2}{\eta_2} \tag{8.63}$$

Tendo em vista que os equipamentos que compõem o sistema são iguais em dimensões e características, que trabalha na mesma vazão, verifica-se, por inspeção da Equação 8.48, que (lembrando que k_f é constante!)

$$(\Delta p)_1 = \left(\rho k_f \frac{u_c^2}{2}\right)_1 = (\Delta p)_2 = \left(\rho k_f \frac{u_c^2}{2}\right)_2 = (\Delta p)_3 = \left(\rho k_f \frac{u_c^2}{2}\right)_3 = \cdots \tag{8.64}$$

bem como o rendimento do soprador, na situação em que se operar com ciclones, ou da bomba, o caso de hidrociclones, é o mesmo, ou seja

$$\eta = \eta_1 = \eta_2 = \ldots \tag{8.65}$$

Substituindo-se as igualdades (8.64) e (8.65) na Equação 8.63,

$$\dot{W}_{\text{paralelo}} = \left(Q_1 + Q_2\right)\frac{(\Delta p)_1}{\eta} \tag{8.66}$$

resulta em, após identificar na Equação 8.59 a Equação 8.66,

$$\dot{W}_{\text{paralelo}} = \frac{Q_{\text{paralelo}}(\Delta p)_1}{\eta} \tag{8.67}$$

ou, a partir da Equação 8.60

$$\dot{W}_{\text{paralelo}} = n\frac{Q_1(\Delta p)_1}{\eta} \tag{8.68}$$

É importante mencionar que a potência explícita na Equação 8.68 contempla, tão somente, o conjunto de n componentes; não está prevista a perda de carga em razão de acessórios para a interconexão entre os equipamentos, tais como válvulas, tubulações e outros acidentes.

Exemplo 8.3

Deseja-se avaliar o desempenho de dois ciclones em paralelo, ambos do tipo Lapple de diâmetro igual a 0,14 m para operar com vazão total de 90 m^3/h com ar (ρ = 1,026 × 10^{-3} g/cm^3 e υ = 0,196 cm^2/s), carregado com partículas de massa específica igual a 2,43 g/cm^3 e vazão mássica igual a 40 g/s. Obtenha os valores da eficiência global de coleta e da potência do soprador (que apresenta rendimento igual a 50%), considerando a correção de Comas et al. (1991) para a influência da concentração de particulados na diferença de pressão no ciclone, sabendo que a distribuição granulométrica do particulado que alimenta o sistema segue o modelo RRB segundo

$$X_i = 1 - \exp\left[-\left(\frac{D_i}{60}\right)^{2,5}\right], \quad D_i \quad \text{em } \mu\text{m}$$

Solução

O presente exemplo trata de um sistema de ciclones em paralelo, conforme ilustra a Figura 8.12, em que

$$Q_{\text{paralelo}} = Q_1 + Q_2 = 90 \text{ m}^3/\text{h} \tag{1}$$

Tendo em vista que os ciclones são do mesmo tipo e apresentam diâmetro da coluna cilíndrica D = 0,14 m = 14 cm, a Equação 1 é retomada segundo

$$Q_1 = Q_2 = 45 \text{ m}^3/\text{h} = 1,25 \times 10^4 \text{ cm}^3/\text{s} \tag{2}$$

Sempre é importante verificar as recomendações das condições operacionais, as quais, para o ciclone do tipo Lapple, são $5 < u < 20$ m/s

$$u = \frac{Q_1}{\acute{A}rea} = \frac{Q_1}{a \times b} \tag{3}$$

Tendo em vista que, para ciclones do tipo Lapple, a/D = 0,5 e b/D = 0,25; e conhecido D = 14 cm, tem-se na Equação 3

$$u = \frac{Q_1}{a \times b} = \frac{8Q_1}{D^2} = \frac{(8)(1,25 \times 10^4)}{(14)^2} = 511 \text{ cm/s} = 5,11 \text{ m/s} \tag{4}$$

cujo valor encontra-se na faixa recomendada (veja a Tabela 8.1).

Eficiência global de coleta

O valor da eficiência de coleta para o ciclone 1 pode ser aproximado para o ciclone 2, sendo calculado por

$$\bar{\eta} = (1 - R_L)I + R_L \tag{5}$$

Uma vez que se trata de escoamento gasoso, R_L, que é proporcional ao quociente entre as vazões de fluido no *underflow* e na alimentação, pode ser considerado igual a zero, ou

$$\bar{\eta} = I \tag{6}$$

Em que

$$\bar{\eta} = I = \frac{\dfrac{1{,}11\, n}{0{,}118 + n}}{1{,}81 - 0{,}322n + (D'/D^*)} \cdot \frac{D'}{D^*} \qquad (7)$$

para

$$X_i = 1 - \exp\left[-\left(\frac{D_i}{60}\right)^{2,5}\right],\ D_i \text{ em mm} \qquad (8)$$

em que se verifica

$$n = 2{,}5 \qquad (9)$$

$$D' = 60\ \mu\text{m} \qquad (10)$$

O diâmetro de corte, D^*, presente na Equação 7, é calculado por – considerando $\alpha(R_L) = 1$, tendo em vista que $R_L = 0$ (ver Equação 8.37),

$$\frac{D^*}{D} = K\left[\frac{\nu D}{Q(\rho_p/\rho - 1)}\right]^{1/2} \beta(C_V) \qquad (11)$$

O valor do fator $\beta(C_V)$ advém de

$$\beta(C_V) = \frac{1}{\left[4{,}8(1 - C_V)^2 - 3{,}8(1 - C_V)\right]^{1/2}} \qquad (12)$$

sendo C_V a concentração volumétrica adimensional de partículas, obtida por

$$C_V = \frac{Q_p}{Q_p + Q} \qquad (13)$$

Da Equação 2 verifica-se $Q_1 = Q_2 = Q = 1{,}25 \times 10^4$ cm^3/s. Como a vazão mássica da fase particulada é igual a 40 g/s, em cada ciclone esta vazão será

$$\dot{m}_p = \frac{40}{2} = 20\ \text{g/s} \qquad (14)$$

e, conhecendo o valor da massa específica das partículas, que é igual a $\rho_p = 2{,}43$ g/cm^3, torna-se possível calcular o valor da vazão volumétrica de partículas por

$$Q_p = \frac{\dot{m}_p}{\rho_p} = \frac{20}{2{,}43} = 8{,}320\ \text{cm}^3/\text{s} \qquad (15)$$

Dessa maneira, o valor para a concentração volumétrica de partículas será

$$C_V = \frac{8{,}320}{8{,}320 + 1{,}25 \times 10^4} = 6{,}58 \times 10^{-4} \qquad (16)$$

Cujo valor substituído na Equação 12 resulta em

$$\beta(C_V) = \frac{1}{\left[(4{,}8)\left(1-6{,}58\times10^{-4}\right)^2-(3{,}8)\left(1-6{,}58\times10^{-4}\right)\right]^{1/2}} = 1{,}0019 \quad (17)$$

Como se trata de ciclone Lapple, o valor K presente na Equação 9 é igual a $K = 0{,}095$ (ver Tabela 8.1). Esse valor, em conjunto com o resultado apresentado em (15), bem como com aqueles conhecidos de $D = 14$ cm, $Q = 1{,}25 \times 10^4$ cm^3/s, $\rho_p = 2{,}43$ g/cm^3, $\rho = 1{,}026 \times 10^{-3}$ g/cm^3 e $\upsilon = 0{,}196$ cm^2/s, é substituído na Equação 11 de modo a determinar o valor do diâmetro de corte, D^*

$$D^* = D \times K\left[\frac{\nu D}{Q\left(\rho_p/\rho-1\right)}\right]^{1/2}\beta(C_V)$$

$$D^* = (14)(0{,}095)\left\{\frac{(0{,}196)(14)}{\left(1{,}25\times10^4\right)\left[\left(2{,}43/1{,}026\times10^{-3}\right)-1\right]}\right\}^{1/2}(1{,}0019) \quad (18)$$

$$D^* = 4{,}058 \times 10^{-4} \text{ cm} = 4{,}058\ \mu\text{m}$$

A eficiência global de coleta, para cada ciclone, será obtida da substituição dos resultados presentes em (9), (10) e (18) na Equação 7

$$\bar{\eta} = I = \frac{\dfrac{(1{,}11)(2{,}5)}{0{,}118+2{,}5}}{1{,}81-(0{,}322)(2{,}5)+(60/4{,}058)}\left(\frac{60}{4{,}058}\right) = 0{,}9925 \quad (19)$$

ou

$$\bar{\eta} = 99{,}25\% \quad (20)$$

Potência do sistema

Como se trata de um sistema em paralelo, a potência será obtida de

$$\dot{W}_{\text{paralelo}} = n\frac{Q_1(\Delta p)_1}{\eta} \quad (21)$$

Sendo $n = 2$, $Q_1 = 1{,}25 \times 10^4$ cm^3/s $= 0{,}0125$ m^3/s e $\eta = 0{,}50$, os quais substituídos na Equação 21 resultam em

$$\dot{W}_{\text{paralelo}} = (2)\frac{(0{,}0125)}{(0{,}5)}(\Delta p)_1 = 0{,}05(\Delta p)_1 \text{ W} \quad (22)$$

com

$$(\Delta p)_1 = \Delta p_D = \frac{\Delta p}{1+pC_M^q} \quad (23)$$

sendo

$$\Delta p = \rho k_f \frac{u_c^2}{2} \quad (24)$$

em que

$$u_c = \frac{4Q}{\pi D^2} = \frac{4Q_1}{\pi D^2} \tag{25}$$

Como $Q_1 = 1{,}25 \times 10^4$ cm³/s e $D = 14$ cm, tem-se na Equação 25:

$$u_c = \frac{(4)(1{,}25 \times 10^4)}{\pi(14)^2} = 81{,}201 \text{ cm/s} \tag{26}$$

Trata-se de ciclone Lapple, portanto o valor de k_f presente na Equação 24 é igual a $k_f = 315$ (ver Tabela 8.1). Tendo em vista que $\rho = 1{,}026 \times 10^{-3}$ g/cm³ = 1,026 kg/m³ e $u_c = 0{,}81201$ m/s, pode-se substituir tais valores na Equação 24 para obter o valor da diferença de pressão sem a influência de particulados, ou

$$\Delta p = (1{,}026)(315)\frac{(0{,}81201)^2}{2} = 106{,}55 \text{ Pa} \tag{27}$$

Na Equação 23 verifica-se a presença da influência da concentração de particulados por meio da sua concentração mássica, a qual advém de

$$C_M = \frac{\dot{m}_p}{\dot{m}_p + \dot{m}_f} \tag{28}$$

O valor da vazão mássica de partículas é conhecido e igual a $\dot{m}_p = 20$ g/s, já a vazão mássica do ar é obtida segundo

$$\dot{m}_f = Q\rho = \left(1{,}25 \times 10^4\right)\left(1{,}026 \times 10^{-3}\right) = 12{,}825 \text{ g/s} \tag{29}$$

consequentemente

$$C_M = \frac{(20)}{(20) + (12{,}825)} = 0{,}6093 \tag{30}$$

Comas (1991) apresenta, para os parâmetros p e q presentes na Equação 23, os valores $p = 0{,}023$ e $q = 0{,}69$. Desse modo, substituem-se esses valores em conjunto com os resultados (27) e (30) na Equação 23,

$$(\Delta p)_1 = \frac{(106{,}55)}{1 + (0{,}023)(0{,}6093)^{0{,}69}} = 104{,}84 \text{ Pa} \tag{31}$$

Este resultado, por sua vez, é levado à Equação 22,

$$\dot{W}_{\text{paralelo}} = (0{,}5)(\Delta p)_1 = (0{,}05)(104{,}84) = 5{,}24 \text{ W} \tag{32}$$

8.6 Bibliografia consultada

Bradley, D. **The hydrocyclone**. Oxford: Pergamon Press, 1965.

Briggs, L. W. In: Trans. Amer. Inst. Chem. Eng., 1946, v. 42, p. 511 apud Comas, M.; Comas, J.; Chetrit, C.; Casal, J. Cyclone pressure drop and efficiency with and without an inlet vane. **Powder Tecnol.**, v. 66, p. 143, 1991.

Casal, J. In: Actas V Jornadas de Fluización, Oviedo, 1988, v. 1, p. 62-75 apud Comas, M.; Comas, J.; Chetrit, C.; Casal, J. Cyclone pressure drop and efficiency with and without an inlet vane. **Powder Tecnol.**, v. 66, p. 143, 1991.

Comas, M.; Comas, J.; Chetrit, C.; Casal, J. Cyclone pressure drop and efficiency with and without an inlet vane. **Powder Tecnol.**, v. 66, p. 143, 1991.

Cremasco, M. A.; Nebra, S. A. Proposta de uma correlação para a predição da queda de pressão em ciclones. **Anais do IX Congresso Brasileiro de Engenharia Química**, v. 1, p. 139. Salvador, 1992.

Cremasco, M. A; Nebra, S. A. Estudo experimental da influência de particulados na transferência de calor gás-parede em ciclones. **Anais do XXI Encontro sobre Escoamento em Meios Porosos – Enemp**, v. 1, p. 301, Ouro Preto, 1993.

Cremasco, M. A. **Estudo sobre o escoamento ar–partículas em um reator ciclônico**. Tese de Doutorado. Campinas: Universidade Estadual de Campinas, 1994.

Cremasco, M. A.; Maciel Filho, R.; Nebra, S. A. Solução de modelo bidimensional de escoamento em ciclones pelo método das linhas. **Anais do XXII Encontro sobre Escoamento em Meios Porosos – Enemp** v. 1, p. 281, Florianópolis, 1994.

Godoy, A. L. **Estudo teórico experimental do tempo de permanência de partículas em ciclones de gás**. Dissertação de Mestrado. Campinas: Universidade Estadual de Campinas, 1989.

Jacoby, M. A. S; Knesebeck, A. Hidrodinâmica do elutriador tubular em batelada. **Anais do XXXII Congresso Brasileiro de Sistemas Particulados – XXXII Enemp**, CD ROM, Maringá, 2006.

Massarani, G. Alguns aspectos da separação sólido-fluido. In: Freire, J. T.; Gubulin, J. C. (Eds.).**Tópicos especiais de sistemas particulados**, v. 2. São Carlos: Universidade Federal de São Carlos, 1986.

Massarani, G.; Scheid, C. M. Influência da concentração de sólidos no desempenho de ciclones a gás. **Anais do IX Congresso Brasileiro de Engenharia Química,** v. 1, p. 135. Salvador, 1992.

Massarani, G. **Fluidodinâmica em sistemas particulados**. Rio de Janeiro: Editora UFRJ, 1997.

Peres, A. P.; Cremasco, M. A. Tempo de residência de particulados grossos em ciclones Lapple. **Anais do XXV Congresso Brasileiro de Sistemas Particulados – XXV Enemp**, v. 1, p. 82, Maringá, 1997.

SHEID, C. M.; MASSARANI, G. Influência da concentração de partículas no desempenho de ciclones a gás. **Anais do IX Congresso Brasileiro de Engenharia Química**, v. 1, p. 135. Salvador, 1992.

SHEPHERD, C. B.; LAPPLE, C. G. Flow pattern and pressure drop in cyclone dust collectors. **Ind. and Chem. Eng.**, v. 31, n. 8, p. 972, 1939.

SOCCOL, O. J.; BOTREL, T. A.; GERVÁSIO, E. S.: ULLMAN, M. N. Avaliação de um hidrociclone de Rietema para remoção de areia da água de irrigação. **R. Bras. Eng. Agr. Amb**. v. 9, n. 4, p. 464, 2005.

STAIRMAND, C. J. The design and performance of cyclone separators. **Trans. Inst. of Chem. Eng.**, v. 29, p. 356, 1951.

TANNOUS, K.; ROCHA, S. C. Capítulo II. Dinâmica de sistemas sólido-fluido. Disponível em: <www.ocw.unicamp.br/fileadmin/user_upload/cursos/EQ651/Capitulo_II.pdf>. Acesso em: 18 abr. 2011.

YUU, S.; JOTAKY, T.; TOMITA, Y.; YOSHIDA, K. The reduction of pressure drop due to dust loading in a conventional cyclone. **Chemical Engineering Science**, v. 33, p. 1573, 1979.

ZHOU, L.; SOO, S. L. Gas-solid flow and colletion of solids in a cyclone separator. **Powder Technol.**, v. 63, p. 43, 1990.

8.7 Nomenclatura

a	altura da seção de entrada de um ciclone	$[L]$
A_p	área projetada de uma partícula	$[L^2]$
Área	área da seção transversal	$[L^2]$
b	altura da seção de entrada de um ciclone	$[L]$
$\mathbf{b}$	vetor intensidade de força de campo	$[M{\cdot}L{\cdot}T^{-2}]$
B	largura de uma fenda retangular; diâmetro do tubo de saída do equipamento centrífugo no *underflow* (ciclone ou hidrociclone)	$[L]$
C_D	coeficiente de arraste	adimensional
C_M	concentração mássica de partículas	adimensional
C_V	concentração volumétrica de partículas	adimensional
D	diâmetro da parte cilíndrica do separador centrífugo (ciclone ou hidrociclone)	$[L]$
D	diâmetro do tubo	$[L]$
D^*	diâmetro de corte de separação	$[L]$
De	diâmetro do tubo de saída do equipamento centrífugo no *overflow* (ciclone ou hidrociclone)	$[L]$
Do	diâmetro da seção de entrada do hidrociclone	$[L]$

d_p diâmetro de uma partícula .... $[L]$

d_{St} diâmetro de Stokes .... $[L]$

g aceleração gravitacional; constante gravitacional .... $[L{\cdot}T^{-2}]$

$\mathbf{g}$ força gravitacional .... $[L{\cdot}T^{-2}]$

h semialtura de uma fenda retangular; altura da seção cilíndrica do equipamento centrífugo (ciclone ou hidrociclone) .... $[L]$

H altura de uma fenda retangular; altura do equipamento centrífugo (ciclone ou hidrociclone) .... $[L]$

I eficiência de coleta ou de separação .... adimensional

k_f coeficiente de perda de carga localizada .... adimensional

L comprimento de uma fenda retangular ou de uma centrífuga tubular .... $[L]$

m massa .... $[M]$

$\dot{m}$ vazão mássica .... $[M{\cdot}T^{-1}]$

n índice de homogeneidade da distribuição granulométrica; índice de vórtice; número de separadores centrífugos (ciclone ou hidrociclone) .... $[T^{-1}]$

N número de rotações .... $[T^{-1}]$

Q vazão volumétrica .... $[L^3{\cdot}T^{-1}]$

r, θ coordenadas cilíndricas ....

R raio da centrífuga tubular .... $[L]$

S comprimento do tubo de saída do equipamento centrífugo no *overflow* (ciclone ou hidrociclone) .... $[L]$

t tempo .... $[T]$

$\mathbf{u}$ vetor velocidade do fluido .... $[L{\cdot}T^{-1}]$

$\mathbf{U}$ vetor da velocidade relativa .... $[L{\cdot}T^{-1}]$

$\mathbf{u_p}$ vetor velocidade da partícula .... $[L{\cdot}T^{-1}]$

u componente de velocidade na direção i; velocidade média .... $[L{\cdot}T^{-1}]$

V volume da câmara de poeira .... $[L^3]$

V_p volume de uma partícula .... $[L^3]$

v_T velocidade terminal da partícula .... $[L{\cdot}T^{-1}]$

$\dot{W}$ potência de instalação .... $[M{\cdot}L^2{\cdot}T^{-3}]$

x, y coordenadas cartesianas

X fração cumulativa mássica .... adimensional

X_i fração cumulativa mássica relativa à partícula de diâmetro i .... adimensional

Letras gregas

β	relação entre o diâmetro da partícula e o do tubo	adimensional
Δp	queda de pressão	$[M \cdot L^{-1} \cdot T^{-2}]$
ε	fração volumétrica do fluido	$[L]$
η	eficiência individual de coleta ou de separação; rendimento global do motor (bomba ou soprador)	adimensional
$\overline{\eta}$	eficiência global de coleta ou de separação	adimensional
μ	viscosidade dinâmica	$[M \cdot L^{-1} \cdot T^{-1}]$
ν	viscosidade cinemática	$[L^2 \cdot T^{-1}]$
Σ	fator de configuração de uma centrífuga	$[L^2]$
ρ	massa específica	$[M \cdot L^{-3}]$
θ	ângulo da seção cônica do hidrociclone	

Subscritos

c	seção cilíndrica do equipamento
D	presença de partículas
f	fluido
p	partícula
perm	tempo de permanência, tempo de residência
queda	tempo de queda, tempo de captura
T	velocidade terminal
∞	velocidade terminal de uma partícula isolada (livre)

Capítulo 9

Fluidodinâmica em sistemas particulados e granulares

9.1 Introdução

As operações de separação mecânica apresentadas no Capítulo 8 foram delineadas pelo estudo da fluidodinâmica da partícula isolada em um referencial lagrangeniano, por meio da sua velocidade terminal. Por outro lado, o conhecimento da interação fluido-partículas não é importante apenas para o projeto de equipamentos de separação, como também para aqueles equipamentos os quais, ainda que não sejam direcionados para a separação de particulados, são fundamentais como *contactores*, ou seja, possibilitam o contato fluido-partículas para diversas aplicações, tais como adsorção, secagem, reatores catalíticos. Nesse grupo de contactores podem ser citados: os leitos fixo, fluidizado e de jorro; *riser* (reator pneumático com fluxo ascendente das fases fluida e particulada), *downer* (reator pneumático descendente das fases fluida e particulada), ciclones (enquanto reator).

No estudo da fluidodinâmica que envolve o contato fluido-partículas, o movimento do fluido poderia ser descrito pela equação de Navier-Stokes, Equação 2.24, ou seja, por um referencial euleriano, enquanto se utilizaria o referencial lagrangeniano para acompanhar partícula por partícula (ou seja, cada partícula isolada) utilizando-se a definição explicitada na Equação 7.69 em um meio discreto (Figura 9.1). Contudo, tendo em vista o número considerável de partículas que constitui a fase particulada, dever-se-ia utilizar n-equações lagrangenianas para essa fase, tornando quase impraticável o manuseio matemático. Para contornar tal situação, lança-se mão da *teoria das misturas da mecânica do contínuo*. A partir dessa teoria, assume-se que a população de partículas em uma dada região do espaço comporta-se como fluido, em que cada partícula perde a sua identidade, e a população de partícula comporta-se feito um fluido hipotético, assumindo-se para tanto a hipótese do contínuo (Figura 9.2) e, consequentemente, viabiliza-se a descrição da fase particulada por meio de um referencial euleriano, utilizando-se a equação de Navier-Stokes.

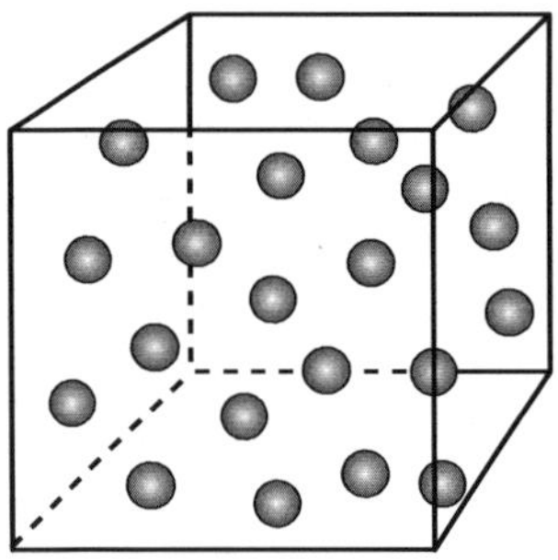

Figura 9.1 Meio discreto.

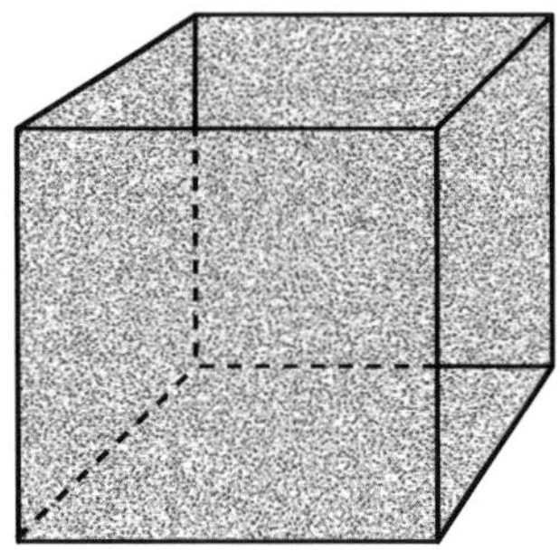

Figura 9.2 Meio contínuo.

9.2 Definições para concentração

A fluidodinâmica relativa ao escoamento de uma mistura fluido-partículas por um determinado equipamento, como no caso do transporte pneumático, ou mesmo o escoamento de uma determinada fase, mantendo-se a outra em repouso, como no caso de leitos fixos, em que a fase particulada está em repouso e a fluida em movimento; e na sedimentação, na qual se assume a fase fluida em repouso e a particulada em movimento. Para tanto, consideraremos que a mistura ou suspensão é constituída das fases fluida e particulada, sendo esta composta por partículas que apresentam massa específica ρ_p e diâmetro médio d_p. Esta mistura, por sua vez, ocupa um determinado volume material no qual as fases comportam-se como meio contínuo (Figura 9.2). Dessa maneira, define-se a concentração mássica da fase i (fluida ou particulada) como

$$\bar{\rho}_i = \frac{m_i}{V_T} \tag{9.1}$$

sendo m_i a massa da fase i e V_T o volume ocupado pela mistura entre tais fases, ou

$$V_T = \sum_{i=1}^{n} V_i \tag{9.2}$$

A concentração mássica da mistura, $\bar{\rho}_T$, é obtida, à semelhança da Equação 9.2, por meio da soma das concentrações das fases nela presentes, $\bar{\rho}_i$,

$$\bar{\rho}_T = \sum_{i=1}^{n} \bar{\rho}_i \tag{9.3}$$

Uma consequência imediata das Equações 9.1 e 9.3 é a fração mássica da fase i presente na mistura, ω_i, bastando dividir a primeira equação pela segunda,

$$\omega_i = \frac{\bar{\rho}_i}{\bar{\rho}_T} \tag{9.4}$$

Outro modo de representar o sistema particulado é por intermédio da concentração volumétrica. Para tanto, pode-se dividir a Equação 9.1 pela massa específica da fase i, ρ_i (que é coincidente à massa específica do fluido e da partícula, esta presente na fase particulada)

$$\frac{\bar{\rho}_i}{\rho_i} = \frac{m_i / \rho_i}{\sum_{i=1}^{n} V_i} \tag{9.5}$$

Identifica-se imediatamente, no numerador da Equação 9.4, o volume da fase i, V_i, ou em termos da Equação 9.2

$$\frac{\bar{\rho}_i}{\rho_i} = \frac{V_i}{V_T} \tag{9.6}$$

Define-se, de igual maneira à Equação 9.4, a fração volumétrica da fase i, ε_i, na forma

$$\varepsilon_i = \frac{V_i}{V_T} \tag{9.7}$$

da qual se pode, facilmente, demonstrar

$$\sum_{i=1}^{n} \varepsilon_i = 1 \tag{9.8}$$

em que se verifica na Equação 9.6

$$\bar{\rho}_i = \varepsilon_i \rho_i \tag{9.9}$$

O volume total da mistura é resultante da soma do volume das fases (uma vez que estão em mistura no mesmo volume de controle)

$$V_T = V_p + V_f \tag{9.10}$$

ou, abolindo-se o subscrito f da fase fluida

$$V_T = V_p + V \tag{9.11}$$

No que resulta, entre outras informações, a partir das Equações 9.8 e 9.9, a relação entre as frações volumétricas das fases presentes na mistura

$$\varepsilon + \varepsilon_p = 1 \tag{9.12}$$

e a relação entre a concentração mássica de cada fase em relação à sua própria massa específica, sendo:

Para a fase fluida

$$\bar{\rho} = \varepsilon\rho \tag{9.13}$$

Para a fase particulada

$$\bar{\rho}_p = \varepsilon_p \rho_p \tag{9.14}$$

9.3 Teoria das misturas da mecânica do contínuo

9.3.1 Equações da continuidade para as fases fluida e particulada

A proposição das equações da continuidade para as fases fluida e particulada advém do *teorema do transporte de Reynolds*, o qual foi descrito por meio da Equação 2.6, aqui retomada como

$$\frac{D}{Dt}\iiint \psi[\mathbf{x}(t),t]\,dV = \iiint \frac{\partial \psi}{\partial t}\Big|_{\mathbf{x}}\, dV + \iint (\psi\mathbf{u})\cdot\mathbf{n}\,dS \tag{9.15}$$

A Equação 9.15 é utilizada no caso específico do contato entre as fases fluida e particulada, contidas no mesmo volume de controle, conforme já ilustrado na Figura 9.2. Admite-se que não ocorra reação química e que as partículas não sofram redução de tamanho ou não formem aglomerados, bem como se assume a grandeza volumétrica, ψ, equivalente à concentração mássica da fase i (fluida ou particulada), ou seja, $\psi = \bar{\rho}_i$. Dessa forma,

$$\frac{D}{Dt}\iiint \bar{\rho}_i\, dV = \iiint \frac{\partial \bar{\rho}_i}{\partial t}\Big|_{\mathbf{x}}\, dV + \iint (\bar{\rho}_i\mathbf{u}_i)\cdot\mathbf{n}\,dS \tag{9.16}$$

Como não ocorrem entradas ou saídas de material no volume de controle, pode-se assumir que o primeiro membro da Equação 9.16 é nulo, sendo esta equação posta na forma

$$\iiint \frac{\partial \bar{\rho}_i}{\partial t}\Big|_{\mathbf{x}}\, dV + \iint (\bar{\rho}_i\mathbf{u}_i)\cdot\mathbf{n}\,dS = 0 \tag{9.17}$$

Aplicando-se o *teorema da divergência de Gauss*, no qual transformam-se integrais de superfície em integrais de volume e vice-versa, $\iint(\bar{\rho}_i \mathbf{u}_i) \cdot \mathbf{n}dS = \iiint\vec{\nabla} \cdot \bar{\rho}_i \mathbf{u}_i dV$, obtém-se

$$\iiint\left[\frac{\partial\bar{\rho}_i}{\partial t} + \vec{\nabla}\cdot\bar{\rho}_i\mathbf{u}_i\right]dV = 0 \tag{9.18}$$

Tendo em vista que $dV \neq 0$, a Equação 9.18, considerando nesta a Equação 9.9, é reescrita como

$$\frac{\partial\rho_i\varepsilon_i}{\partial t} + \vec{\nabla}\cdot\rho_i\varepsilon_i\mathbf{u}_i = 0 \tag{9.19}$$

A Equação 9.19 é reconhecida como a *equação da continuidade da fase i*. Consequentemente, têm-se as equações da continuidade das fases fluida e particulada, respectivamente, tal como se segue (lembrando que se aboliu o subscrito f da fase fluida)

$$\frac{\partial\rho\varepsilon}{\partial t} + \vec{\nabla}\cdot\rho\varepsilon\mathbf{u} = 0 \tag{9.20}$$

$$\frac{\partial\rho_p\varepsilon_p}{\partial t} + \vec{\nabla}\cdot\rho_p\varepsilon_p\mathbf{u}_p = 0 \tag{9.21}$$

Nota-se na Equação 9.20 que, em não havendo a presença da fase particulada, ou seja, houver tão só o escoamento da fase fluida em que, da Equação 9.12, $\varepsilon = 1$, a Equação 9.20 recai na Equação 2.10.

9.3.2 Equações do movimento para as fases presentes na mistura

As equações do movimento que modelam o fenômeno do contato entre as fases particulada e fluida são obtidas, também, por intermédio do teorema do transporte de Reynolds, Equação 9.15, bastando fazer nesta $\psi = \bar{\rho}_i \mathbf{u}_i$, de onde resulta

$$\frac{D}{Dt}\iiint\bar{\rho}_i\mathbf{u}_i\,dV = \iiint\frac{\partial(\bar{\rho}_i\mathbf{u}_i)}{\partial t}\Big|_{\mathbf{x}}\,dV + \iint(\bar{\rho}_i\mathbf{u}_i\mathbf{u}_i)\cdot\mathbf{n}dS \tag{9.22}$$

O termo à esquerda na Equação 9.22 representa a variação temporal da quantidade de movimento em um determinado volume de controle. Este mesmo termo pode ser posto em termos da *segunda lei de Newton* da forma como segue

$$\frac{D}{Dt}\iiint\bar{\rho}_i\mathbf{u}_i\,dV = \frac{D(m\mathbf{u})_i}{Dt} = \sum_j\left(\mathbf{F}_j\right)_i \tag{9.23}$$

em que $\mathbf{F}_j$ são as forças j que atuam na fase i presente no elemento de volume.

Depois de substituir a Equação 9.23 na Equação 9.22, obtém-se

$$\iiint \frac{\partial\left(\bar{\rho}_i \mathbf{u}_i\right)}{\partial t} dV + \iint \left(\bar{\rho}_i \mathbf{u}_i \mathbf{u}_i\right) \cdot \mathbf{n} dS = \sum_j \left(\mathbf{F}_j\right)_i \tag{9.24}$$

De igual maneira à fluidodinâmica de uma partícula isolada pode-se identificar, na Equação 9.24, grupos de forças que atuam na fase i, sendo elas (DAMASCENO, 2006):

Forças de campo ($\mathbf{F}_b$): são as forças volumares que atuam sobre a fase i, presente no volume de controle, tais como gravitacional, centrífuga, empuxo. Tais forças podem ser identificadas como

$$\mathbf{F}_b = \iiint \left(\bar{\rho}_i \mathbf{b}\right) dV \tag{9.25}$$

em que $\mathbf{b}$ é o vetor intensidade de campo.

Forças de superfície ($\mathbf{F}_S$): são as forças que atuam sobre a fase i presente no volume material, normalmente identificadas por contato físico por meio das fronteiras do elemento de volume. As forças de superfície podem ser escritas tal como segue

$$\mathbf{F}_S = \iint \mathbf{T}_i \cdot \mathbf{n}\, dS \tag{9.26}$$

sendo $\mathbf{T}_i$ o tensor tensão na fase i.

A teoria das misturas prevê a existência de outra força que atua em sistemas multifásicos. Trata-se da força exercida sobre uma fase i pela outra fase, partícipe da mistura, esta contida no elemento de volume. Essa força é reconhecida como *força de interação entre as fases* ($\mathbf{F}_\ell$), a qual é definida por

$$\mathbf{F}_\ell = \iiint \left(\bar{\rho}_i \mathbf{J}_i\right) dV \tag{9.27}$$

em que $\mathbf{J}_i$ equivale ao campo de interação sobre a fase i.

Consequentemente, o somatório das forças que atuam sobre a fase i será

$$\sum_j \left(\mathbf{F}_j\right)_i = \iiint \left(\bar{\rho}_i \mathbf{b}\right) dV + \iint \mathbf{T}_i \cdot \mathbf{n}\, dS + \iiint \left(\bar{\rho}_i \mathbf{J}_i\right) dV \tag{9.28}$$

a qual, substituída na Equação 9.24, resulta em

$$\iiint \frac{\partial}{\partial t}\left(\bar{\rho}_i \mathbf{u}_i\right) dV + \iint \left(\bar{\rho}_i \mathbf{u}_i \mathbf{u}_i\right) \cdot \mathbf{n}\, dS = \iiint \left(\bar{\rho}_i \mathbf{b}\right) dV + \iint \mathbf{T}_i \cdot \mathbf{n} dS + \iiint \left(\bar{\rho}_i \mathbf{J}_i\right) dV \tag{9.29}$$

Utilizando-se o teorema da divergência de Gauss na Equação 9.29, bem como rearranjando os resultados, utilizando-se conceitos de álgebra tensorial e as Equações 9.9 e 9.19, obtém-se

$$\rho_i\varepsilon_i\left[\frac{\partial \mathbf{u}_i}{\partial t}+\mathbf{u}_i\cdot\vec{\nabla}\mathbf{u}_i\right]=\rho_i\varepsilon_i\mathbf{b}+\vec{\nabla}\cdot\mathbf{T}_i+\rho_i\varepsilon_i\mathbf{J}_i \tag{9.30}$$

O tensor tensão, $\mathbf{T}_i$, que atua sobre a fase i é definido, genericamente, como

$$\mathbf{T}_i=-p_i\,\mathbf{I}+\tau_i \tag{9.31}$$

sendo o tensor tensão extra, τ_i, na forma

$$\tau_i=\mu_i\left[\vec{\nabla}\mathbf{u}_i+\vec{\nabla}\mathbf{u}_i^T\right]-\frac{2}{3}\mu_i\left(\vec{\nabla}\cdot\mathbf{u}_i\right)\mathbf{I} \tag{9.32}$$

μ_i é a viscosidade característica da fase i; $\vec{\nabla}\mathbf{u}_i^T$ o tensor gradiente transposto de velocidade.

Para o caso de sistemas multifásicos, pode-se definir o termo de interação, $\mathbf{J}_i$, por meio da força resistiva, de modo análogo ao da Seção 7.4. Aqui, entretanto, a força resistiva refere-se à força de empuxo menos a força exercida pela fase fluida sobre a matriz porosa (ou fase particulada), ou

$$\mathbf{m}=\rho(1-\varepsilon)\,\mathbf{b}-\rho\varepsilon\mathbf{J} \tag{9.33}$$

Sabe-se, por meio da terceira lei de Newton, que a soma das forças de interação deve ser nula, $\sum_i\rho_i\,\varepsilon_i\,\mathbf{J}_i=0$, e assim para a mistura binária das fases fluida e particulada

$$\rho\varepsilon\mathbf{J}=-\rho_p\,\varepsilon_p\,\mathbf{J}_p \tag{9.34}$$

Dessa maneira, pode-se expressar a força resistiva em termos da fase particulada. Para tanto, substitui-se a Equação 9.34 na Equação 9.33, resultando

$$\rho_p\,\varepsilon_p\,\mathbf{J}_p=\mathbf{m}+\rho(1-\varepsilon)\mathbf{b} \tag{9.35}$$

A *equação do movimento da fase fluida*, em termos de pressão, tensão viscosa e força resistiva, é obtida a partir da substituição das Equações 9.31 e 9.33 na Equação 9.30, resultando

$$\rho\varepsilon\left[\frac{\partial \mathbf{u}}{\partial t}+\mathbf{u}\cdot\vec{\nabla}\mathbf{u}\right]=-\vec{\nabla}p+\vec{\nabla}\cdot\boldsymbol{\tau}-\mathbf{m}+\rho\mathbf{b} \tag{9.36}$$

A *equação do movimento da fase particulada* em termos de pressão, tensão viscosa e força resistiva, por sua vez, advém da substituição das Equações 9.31 e 9.35 na Equação 9.30, resultando

$$\rho_p\varepsilon_p\left[\frac{\partial \mathbf{u}_p}{\partial t}+\mathbf{u}_p\cdot\vec{\nabla}\mathbf{u}_p\right]=-\vec{\nabla}p_p+\vec{\nabla}\cdot\boldsymbol{\tau}_p+\mathbf{m}+\left(\rho_p-\rho\right)\varepsilon_p\mathbf{b} \tag{9.37}$$

9.4 Equações constitutivas

A representação da fluidodinâmica para as fases fluida e particulada, considerando-se a interação entre ambas por intermédio da força resistiva, dá-se pela apresentação das Equações 9.20, 9.21, 9.36 e 9.37. Por outro lado, para que se possibilite descrever um determinado fenômeno de sistemas particulados, torna-se necessária a solução simultânea de tais equações. Para tanto, são necessárias equações constitutivas, as quais incorporam hipóteses relativas tanto para a força resistiva quanto para as tensões nas fases fluida e particulada.

9.4.1 A força resistiva

a1. A *força resistiva* **m** pode ser expressa por meio de

$$\mathbf{m} = \mathbf{m}(\|\varepsilon\mathbf{U}\|)\varepsilon\mathbf{U} \tag{9.38}$$

em que a velocidade relativa das fases fluida e particulada, **U**, e a norma da velocidade relativa, $\|\mathbf{U}\|$, advêm das Equações 7.18 e 7.21, respectivamente. Convém mencionar que a experimentação ao longo dos dois últimos séculos, desde o trabalho pioneiro de Darcy (1856), fornece para a força resistiva **m** a seguinte equação constitutiva (MASSARANI; SANTANA, 1979)

$$\mathbf{m} = \frac{\mu}{k}\left[1 + \frac{c\rho\sqrt{k}}{\mu}\|\varepsilon\mathbf{U}\|\right]\varepsilon\mathbf{U} \tag{9.39}$$

sendo μ a viscosidade dinâmica de um fluido newtoniano; k e c são parâmetros que dependem de fatores estruturais da matriz porosa quando não ocorrem interações físico-químicas entre matriz e fluido; k é a permeabilidade do meio poroso, e c é um parâmetro adimensional. A Equação 9.39 é conhecida como a *forma quadrática de Forchheimer* e é válida para o escoamento viscoso em meios isotrópicos homogêneos e heterogêneos, ou seja, meios em que k e c são, respectivamente, constantes e variáveis com a posição no sistema.

a2. A *força resistiva* **m** pode ser expressa em termos da *força de arraste* segundo

$$\mathbf{m} = \beta\mathbf{U} \tag{9.40}$$

em que o parâmetro de arraste, β, usualmente, é posto na forma

$$\beta = \beta(\varepsilon \mathrm{Re}_p, C_D, \varepsilon) \tag{9.41}$$

Re_p é o número de Reynolds da partícula, definido segundo a Equação 7.23; C_D, a constante de arraste considerando-se uma partícula isolada, podendo-se utilizar as expressões presentes nos Quadros 7.1, 7.2 e 7.3.

9.4.2 O tensor tensão

b. O *tensor tensão da fase fluida*, **T**, é descrito pela Equação 2.17, sendo que a tensão viscosa, $\boldsymbol{\tau}$, por meio da Equação 2.18, aqui retomadas, respectivamente, como

$$\mathbf{T} = -p\mathbf{I} + \boldsymbol{\tau} \tag{2.17}$$

$$\boldsymbol{\tau} = \mu[\vec{\nabla}\mathbf{u} + \vec{\nabla}\mathbf{u}^T] - \frac{2}{3}\mu(\vec{\nabla}\cdot\mathbf{u})\mathbf{I} \tag{2.18}$$

c. Em se tratando do tensor tensão da *fase particulada p*, tem-se da Equação 9.31

$$\mathbf{T}_p = -p_p\mathbf{I} + \boldsymbol{\tau}_\mathrm{p} \tag{9.42}$$

A busca de uma definição para o tensor tensão para a fase particulada é um desafio constante para os estudiosos de sistemas particulados, pois nos escoamentos fluido-partículas, em particular quando este fluido é um gás, há regiões que são caracterizadas pela cinética ou colisões entre partículas, outras dominadas pelo atrito. Tais tensões, no caso de o meio fluido ser um gás, aparecem notadamente na fluidização heterogênea, no transporte pneumático em regime denso, bem como em situações de transporte diluído em que ocorra a presença de *clusters* (aglomerados) de partículas. No caso de o fluido ser um líquido ou comportar-se como tal, como é caso de fluxo deslizante de partículas, ou, ainda, na sedimentação e na filtração, essas tensões aparecem e o escoamento é tratado como *escoamento em meios porosos deformáveis*. Seja qual for a situação, a tensão nos sólidos, no passado, era negligenciada utilizando-se hipótese simplificadora de a suspensão ser *diluída* ($\varepsilon_p \to 0$). Portanto, em situações em que a fase particulada apresentar distribuição (espacial) substancial de concentração de partículas, a Equação 9.42 deverá ser considerada para a descrição completa da fluidodinâmica do sistema particulado estudado. Usualmente, a abordagem para a Equação 9.42 é feita de forma empírica, assim como por aproximação de teorias desenvolvidas em outros campos do conhecimento, como a teoria cinética de gases densos.

c1. *Modelo da porosidade do meio* (empírico). Neste modelo assume-se que a tensão extra na fase particulada depende apenas da porosidade (fração de vazios, ε) do meio, de modo que o tensor tensão total possua apenas componentes normais à superfície de contato, que dependem apenas da porosidade, ou seja

$$\vec{\nabla}\cdot\mathbf{T}_p = -p_p(\varepsilon)\mathbf{I} \tag{9.43}$$

A título de exemplo, podem-se citar as relações empíricas, para leito fluidizado borbulhante (GIDASPOW; ETTEHADIEH, 1983)

$$p_p(\varepsilon) = 10^{(5{,}43\,-\,8{,}76\varepsilon)}\vec{\nabla}\varepsilon, \quad \text{em N/m}^2 \tag{9.44}$$

e, para a zona de compressão no fenômeno de sedimentação (TILLER; LEU, 1980)

$$p_p(\varepsilon) = \alpha_0\left[\left(\frac{1-\varepsilon}{\alpha_1}\right)^{1/\alpha_2} - 1\right] \tag{9.45}$$

na qual α_0, α_1, α_2 são constantes empíricas.

c2. *Modelo granular*. Este modelo é útil quando a fração volumétrica da fase particulada, ε_p, é comparável à da fase fluida, ε, e quando as forças de campo, feito a gravitacional, atuam de forma relevante na separação entre as fases ou quando a interação entre as fases tem papel significante na fluidodinâmica do sistema. O sistema, neste caso, denomina-se *granular*. Aqui, podemos utilizar a descrição de Polito (2006), que nos diz: "sistema granulares são aglomerados suficientemente grandes de partículas discretas, mesocróspicas ou macroscópicas, em que as características distintivas residem no modo como se processam as interações de contato entre essas partículas, ou seja, por meio de forças dissipativas e altamente repulsivas. A natureza dissipativa das interações está associada tanto às forças de fricção quanto à inelasticidade das colisões. Em sistemas granulares, a única escala de velocidades possível é imposta por fluxos macroscópicos de partículas. Apesar disso, ainda assim, pode-se formular um conceito que guarda certa analogia formal com a temperatura termodinâmica e possui ampla utilidade no estudo da fluidodinâmica de sistemas granulares. Trata-se da *temperatura granular*; ou seja, uma grandeza relacionada à energia cinética em virtude de flutuações da velocidade das partículas na forma"

$$\frac{3}{2}\theta = \frac{1}{2}\langle u_p' \cdot u_p' \rangle \tag{9.46}$$

na qual θ refere-se à temperatura granular; e u_p' é a flutuação da velocidade da partícula em determinada coordenada espacial.

Sistemas granulares apresentam comportamentos não usuais e podem assumir propriedades de sólidos, líquidos ou gases. Quando fortemente agitados, como no caso da fluidização borbulhante e do escoamento denso em *riser*, assemelham-se a gases, mas com a diferença de que as colisões são inelásticas e a energia é dissipativa (SOTERRONI, 2007). São os chamados *gases granulares* ou fluxos granulares rápidos, frequentemente descritos por equações de Navier-Stokes. Os sistemas granulares também podem apresentar propriedades de líquidos, como na situação do escoamento deslizante da fase anular no leito de jorro e mesmo na sedimentação; assim como sólidos, feito as partículas em repouso no leito fixo. O tratamento da fase granular, em particular de gases granulares, pode ser tratado, portanto, utilizando-se teoria *cinética dos gases densos*, da qual conceitos de pressão de sólidos, p_p, e de viscosidade granular (ou específica, ou da fase particulada), μ_p, possibilitam a obtenção da tensão de sólidos, Equação 9.42.

i) A *pressão nas partículas* pode ser obtida pelas contribuições de termos cinético, colisional e coesivo (GIDASPOW, 2003)

$$p_p = p_{p,\text{cin}} + p_{p,\text{col}} + p_{p,\text{coe}} \tag{9.47}$$

ou

$$\frac{p_p}{\varepsilon_p \rho_p \theta} = 1 + 2(1+e) g_0 \varepsilon_p + \left(0{,}73\varepsilon_p + 8{,}957\varepsilon_p^2\right) \tag{9.48}$$

na qual e representa o coeficiente de restituição partícula-partícula, que descreve a elasticidade das colisões entre partículas, bem como caracteriza, por meio da inelasticidade, a quantidade de energia perdida em tais colisões. No caso de sistemas granulares (particulados), está associado à função que governa a transição da situação compressível com $\varepsilon_p < \varepsilon_{p\ \text{máx.}}$, em que o espaçamento entre as partículas pode continuar a decrescer, para uma situação incompressível, $\varepsilon_p = \varepsilon_{p\ \text{máx.}}$, em que nenhum decréscimo no espaçamento acontece. Encontra-se, normalmente, este valor entre 0,9 (DUARTE, 2006) e 0,999 (GIDASPOW, 2003). Já a função distribuição radial, g_0, presente na Equação 9.48, é dada por

$$g_0 = \frac{3}{5}\left[1 - \left(\frac{\varepsilon_p}{\varepsilon_{p_{\text{máx}}}}\right)^{1/3}\right]^{-1} \tag{9.49}$$

g_0 expressa o arranjo espacial das partículas por meio da distância adimensional entre as partículas na forma

$$g_0 = \frac{d_\lambda - d_p}{d_\lambda} \tag{9.50}$$

sendo d_λ a distância entre as partículas. No caso de uma suspensão diluída ($\varepsilon_p \to 0$), o valor de g_0 tende a zero e, no caso da compactação das partículas, $\varepsilon_p \to \varepsilon_{p\ \text{máx.}}$. Além disso, trata-se de um fator de correção que modifica a probabilidade de colisões entre as partículas quando a fase granular sólida torna-se densa.

ii) O *tensor tensão extra* (ou de cisalhamento) na fase granular, $\boldsymbol{\tau}_p$

$$\boldsymbol{\tau}_p = \mu_p\left[\vec{\nabla}\mathbf{u}_p + \vec{\nabla}\mathbf{u}_p^T\right] + \left[\xi_p \vec{\nabla}\cdot\mathbf{u}_p - \frac{2}{3}\mu_p \vec{\nabla}\mathbf{u}_p\right]\mathbf{I} \tag{9.51}$$

sendo viscosidade granular, μ_p, obtida da contribuição cinética e colisional por meio de

$$\mu_p = \mu_{p,\text{cin}} + \mu_{p,\text{col}} \tag{9.52}$$

em que a viscosidade granular cinética advém, por exemplo, de (GIDASPOW, 1994)

$$\mu_{p,\mathrm{cin}} = \frac{5\rho_p d_p}{48 g_0(1+e)}\left[1+\frac{4}{5}(1+e)\varepsilon_p g_0\right]^2 (\theta\pi)^{1/2} \tag{9.53}$$

e a viscosidade granular colisional segundo (LUN et al., 1984)

$$\mu_{p,\mathrm{col}} = \frac{4}{5}\varepsilon_p^2 \rho_p d_p (1+e) g_0 \left(\frac{\theta}{\pi}\right)^{1/2} \tag{9.54}$$

O parâmetro ξ_p é conhecido como a viscosidade granular *bulk*, o qual expressa a resistência da fase granular à compressão e expansão, sendo obtida de (LUN et al., 1984)

$$\xi_p = \frac{4}{5}\varepsilon_p \rho_p d_p (1+e) g_0 \left(\frac{\theta}{\pi}\right)^{1/2} \tag{9.55}$$

iii) A *temperatura granular*, θ, advém da solução da seguinte equação diferencial (DING; GIDASPOW, 1990)

$$\frac{3}{2}\left[\frac{\partial}{\partial t}\left(\rho_p \varepsilon_p \theta\right) + \vec{\nabla}\cdot\left(\mathbf{u}_p \rho_p \varepsilon_p \theta\right)\right] = \underbrace{\left(-p_p\mathbf{I} + \boldsymbol{\tau}_p\right) : \vec{\nabla}\mathbf{u}_p}_{\mathrm{A}} + \underbrace{\vec{\nabla}\cdot\left(k_\theta \vec{\nabla}\theta\right)}_{\mathrm{B}} - \underbrace{\gamma_\theta}_{\mathrm{C}} + \underbrace{\phi_{gp}}_{\mathrm{D}} \tag{9.56}$$

Os termos A, B, C e D presentes na Equação 9.56 representam, respectivamente, a geração de energia pelo tensor tensão na fase granular, a difusão de energia (em que k_θ é o coeficiente difusional de energia), a dissipação de energia ocasionada pelas colisões, troca de energia entre as fases fluida e granular. Em tal equação, encontram-se os seguintes parâmetros:

$$k_\theta = \frac{150\rho_p d_p}{384 g_0(1+e)}\left[1+\frac{6}{5}(1+e)\varepsilon_p g_0\right]^2 (\theta\pi)^{1/2} + 2\varepsilon_p^2 \rho_p d_p (1+e) g_0 \left(\frac{\theta}{\pi}\right)^{1/2} \tag{9.57}$$

$$\gamma_0 = 12\frac{\varepsilon_p^2 \rho_p \left(1-e^2\right) g_0}{d_p \pi^{102}}\theta^{1/2} \tag{9.58}$$

$$\phi_{gp} = -\,3\beta \mathbf{U}\theta \tag{9.59}$$

em que β advém da Equação 9.41 e **U** é o vetor velocidade relativa oriunda da Equação 7.18.

9.5 Condições de fronteira

As equações que descrevem a fluidodinâmica de sistemas particulados devem, para efeitos práticos, serem passíveis de solução algébrica e/ou numérica. Qualquer que seja o método de solução, tais equações apresentam constantes de integração, oriundas das condições iniciais e de contorno (conhecidas como condições de fronteira) referentes à propriedade $\psi[\mathbf{x}(t), t]$, sendo esta $\psi = \bar{\rho}_i$ ou $\psi = \bar{\rho}_i\mathbf{u}_i$, lembrando que o subscrito i indica fase fluida ou fase particulada.

9.5.1 Condição inicial

Esta condição de fronteira está associada ao conhecimento da propriedade $\psi[\mathbf{x}(t), t]$ no início do processo, ou seja,

$$t = 0,\ \psi[\mathbf{x}(t = 0), t = 0] = \psi_0 \tag{9.60}$$

9.5.2 Condições de contorno

Tais condições de fronteira referem-se ao valor ou informação sobre a propriedade $\psi[\mathbf{x}(t), t]$ em posições específicas no volume de controle ou na fronteira desse volume ou, ainda, na fronteira do contactor (equipamento) no qual ocorre a fluidodinâmica associada a uma determinada operação unitária que envolve sistema particulado. As condições de contorno mais comuns encontradas na fluidodinâmica de sistemas particulados são as do tipo *Dirichlet* e de *Newman*, conforme ilustra a Figura 9.3.

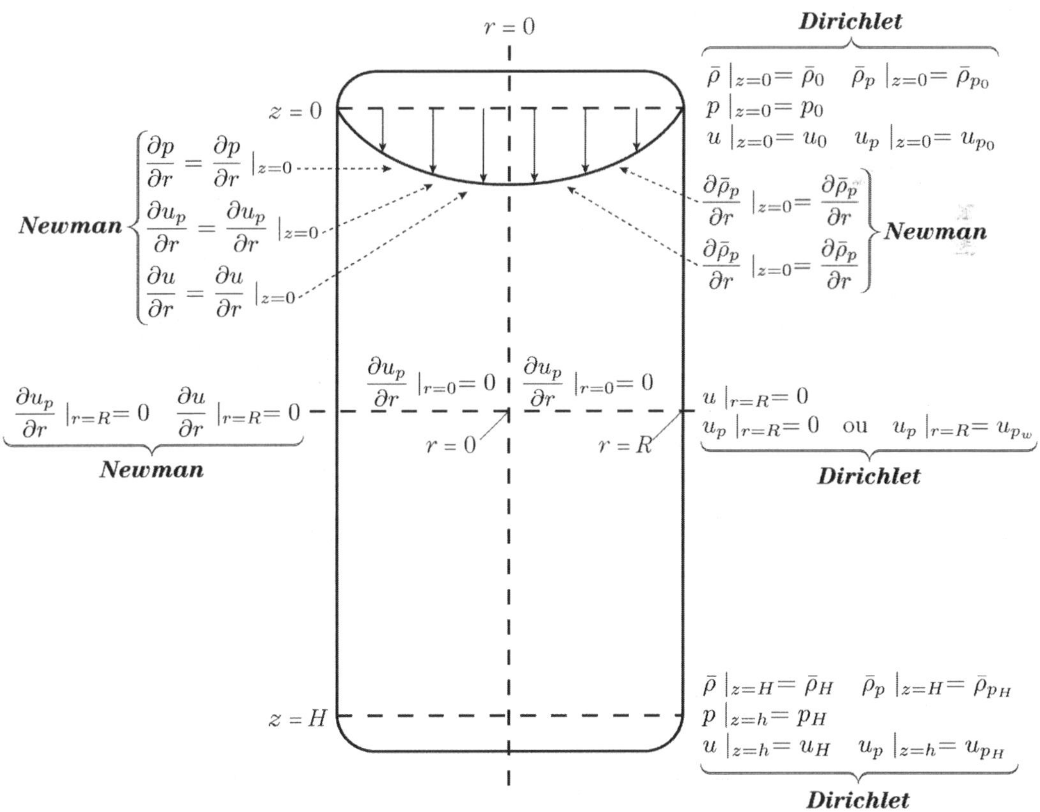

Figura 9.3 Exemplificação de condições de contorno mais comuns encontradas em sistemas particulados (no caso: escoamento em paralelo e descendente das fases fluida e particulada).

Condição de contorno de Dirichlet

Identificada à fronteira de interesse **k**, têm-se valores conhecidos para a propriedade $\psi[\mathbf{x}(t), t]$, como, por exemplo, conhece-se a concentração (uniforme) da fase particulada em determinada posição **k**,

$$\forall t, \quad \bar{\rho}_p = \bar{\rho}_{p_k} \tag{9.61a}$$

ou, da Equação 9.14

$$\forall t, \quad \varepsilon_p = \varepsilon_{p_k} \tag{9.61b}$$

Pode-se verificar – na Figura 9.3 – a situação para $z = 0$, para qualquer raio r em qualquer tempo t que, por exemplo para a fase particulada, a concentração é estabelecida como

$$\forall t, \qquad \forall r \rightarrow \bar{\rho}_p \big|_{z=0} = \bar{\rho}_{p_0} \tag{9.61c}$$

Essa mesma condição de contorno pode ser utilizada para $\psi = \bar{\rho}_i\mathbf{u}_i$, a qual, depois de assumir que na posição **k**, $\psi = \bar{\rho}_i$ = cte = $\bar{\rho}$ e $\psi = \bar{\rho}$ = cte = $\bar{\rho}_k$, obtém-se

$$\forall t, \mathbf{u} = \mathbf{u}_k \quad \text{e} \quad \mathbf{u} = \mathbf{u}_{pk} \tag{9.62a}$$

Sendo que, em tal situação, os vetores $\mathbf{u}_k$ e $\mathbf{u}_{pk}$ podem apresentar valores conhecidos e constantes ou mesmo perfis constantes de velocidade na posição **k**. No caso de a posição **k** se referir a uma fronteira sólida, interna ao contactor considerado, pode haver as seguintes situações:

a) escoamento sem deslizamento:

$$\forall t, \mathbf{u}_k = 0 \quad \text{e} \quad \mathbf{u}_{pk} = 0 \tag{9.62b}$$

b) escoamento com deslizamento:

$$\forall t, \mathbf{u}_k = 0 \quad \text{e} \quad \mathbf{u}_{pk} \neq 0 \tag{9.62c}$$

Ainda da Figura 9.3, a situação para $r = R$ (parede), para altura z, em qualquer tempo t que, por exemplo, para a fase particulada, a velocidade, considerando o caso de deslizamento, é:

$$\forall t, \qquad \forall z \rightarrow u_p \big|_{r=R} = u_{p_w} \tag{9.62d}$$

De igual modo ao escrito no parágrafo anterior, os vetores $\mathbf{u}_k$ e $\mathbf{u}_{pk}$, para a situação de deslizamento podem apresentar valores conhecidos e constantes ou mesmo perfis de velocidade constantes na fronteira sólida considerada (interna ao contactor).

É importante ressaltar que a condição de contorno de Dirichlet também é utilizada para especificar o valor para a pressão p, em um determinado contorno e no formato das Equações 9.61a e 9.61b, ou seja,

$$\forall t, \quad p = p_k \tag{9.63}$$

Condição de contorno de Newman

As informações apresentadas, até então, referem-se a valores especificados para a propriedade $\psi[\mathbf{x}(t), t]$, e mesmo da pressão na fase fluida, p. Existem aquelas em que se trabalha com o fluxo de quantidade de movimento $\psi = \bar{\rho}_i \mathbf{u}_i$ da fase i em uma condição de simetria do escoamento, para as fases fluida e particulada, respectivamente, nas formas

$$\forall t, \quad \vec{\nabla}\big|_{k=0} \cdot \bar{\rho}\mathbf{u} = 0 \tag{9.64}$$

$$\forall t, \quad \vec{\nabla}\big|_{k=0} \cdot \bar{\rho}_p \mathbf{u}_p = 0 \tag{9.65a}$$

Pode-se retomar a Figura 9.3, considerando o centro do equipamento, ou seja, para $r = 0$, para altura z, em qualquer tempo t que, por exemplo para a fase particulada, a condição de contorno para a velocidade nessa fase é

$$\forall t, \quad \forall z \rightarrow \frac{\partial u_p}{\partial r}\bigg|_{r=0} = 0 \tag{9.65b}$$

Exemplo 9.1

No estudo da sedimentação em batelada, lança-se mão do teste da proveta, o qual é finalizado quando se verificam, basicamente, duas regiões de concentração de partículas (Figura 1): *região de líquido clarificado*, isenta de sólidos, e a *região de compactação* (lama ou lodo ou sedimento) na qual existe pequena variação da concentração de partículas ao longo da altura do sedimento e a velocidade dessa fase é praticamente nula.

Assim, procurou-se estudar a fluidodinâmica na região de compactação, ao final de um teste de sedimentação em proveta. Para tanto, fez-se um ensaio utilizando-se água (ρ = 0,997 g/cm^3) e caulim (ρ_p = 2,56 g/cm^3). Sabendo que a concentração de partículas na interface entre as duas regiões é igual 0,30 g/cm^3 e tal concentração na base da proveta é 0,43 g/cm^3, determine o valor da altura da região de compactação (ou da lama formada).

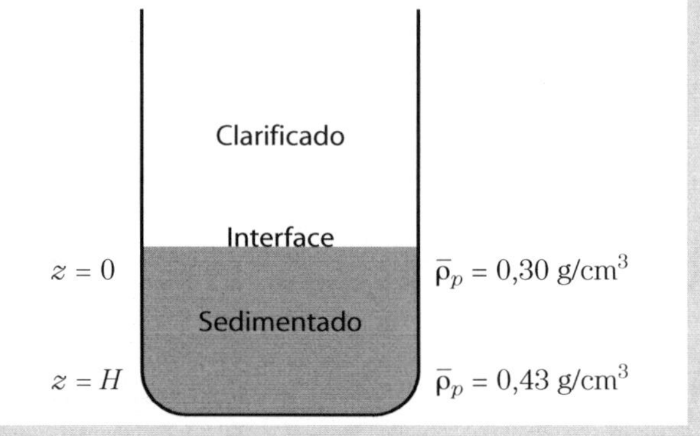

Figura 1 Final da sedimentação em uma proveta.

Para tanto, considere as seguintes hipóteses:

i) líquido estagnado na região considerada;

ii) regime permanente e ação gravitacional direcionada no sentido da sedimentação;

iii) os efeitos de aceleração são desprezíveis quando comparados ao efeito do tensor tensão na fase particulada;

iv) escoamento unidimensional na direção z;

v) a pressão na fase particulada pode ser aproximada por $p_p = K_1 + K_2\bar{\rho}_p$, com $K_1 = -1{,}71 \times 10^{-4}$ e $K_2 = 6{,}06 \times 10^4$, resultando p_p em dyna/cm^2.

Compare o resultado obtido com aquele encontrado em Nunes (2008), que é $H = 34$ cm.

Solução

Tendo em vista que o líquido é estagnado (hipótese i), toma-se a equação do movimento da fase particulada, Equação 9.37, em termos de concentração de partículas, como

$$\bar{\rho}_p\left[\frac{\partial \mathbf{u}_p}{\partial t} + \mathbf{u}_p \cdot \vec{\nabla}\mathbf{u}_p\right] = \vec{\nabla} \cdot \mathbf{T}_p + \mathbf{m} + \left(1 - \frac{\rho}{\rho_p}\right)\bar{\rho}_p\mathbf{b} \tag{1}$$

Considerando a primeira hipótese (líquido estagnado, $\mathbf{u} = 0$) e a velocidade da fase particulada, $\mathbf{u}_p$, praticamente nula, tem-se que a força resistiva é nula, $\mathbf{m} = 0$. Além disso, de posse da segunda e terceira hipóteses, a Equação 1 é retomada tal como segue

$$\vec{\nabla} \cdot \mathbf{T}_p = -\left(1 - \frac{\rho}{\rho_p}\right)\bar{\rho}_p\mathbf{g} \tag{2}$$

A partir da quarta hipótese, a Equação 2 é escrita como

$$\frac{\partial T_p}{\partial z} = -\left(1 - \frac{\rho}{\rho_p}\right)\bar{\rho}_p g \tag{3}$$

Note-se, na Equação 3, que se utiliza derivada parcial em vez de sê-la total. Isto se deve em obediência à equação da continuidade, Equação 9.21, tendo em vista que existe a variação tanto da concentração de partículas quanto da velocidade (ainda que quase nula) dessa fase na direção z.

Foi informado que a tensão extra na fase particulada depende apenas da sua concentração, $p_p = K_1 + K_2\,\overline{\rho}_p$. Assim, o tensor tensão total depende apenas da concentração dessa fase que, após considerar a Equação 9.42, é escrito segundo

$$\frac{\partial T_p}{\partial z} = -\left(\frac{\partial p_p}{\partial \overline{\rho}_p}\right)\left(\frac{\partial \overline{\rho}_p}{\partial z}\right) \tag{4}$$

Tendo em vista que $p_p = K_1 + K_2\,\overline{\rho}_p$, resulta na Equação 4

$$\frac{\partial T_p}{\partial z} = -K_2 \frac{\partial \overline{\rho}_p}{\partial z} \tag{5}$$

Substituindo-se a Equação 5 na Equação 3,

$$K_2 \frac{\partial \overline{\rho}_p}{\partial z} = \left(1 - \frac{\rho}{\rho_p}\right)\overline{\rho}_p g \tag{6}$$

ou

$$\frac{\partial \overline{\rho}_p}{\partial z} = \beta \overline{\rho}_p g \tag{7}$$

com

$$\beta = \frac{1}{K_2}\left(1 - \frac{\rho}{\rho_p}\right)g \tag{8}$$

A solução da Equação 8 pode ser posta na forma

$$\int_{\overline{\rho}_{p_0}}^{\overline{\rho}_p} \frac{\partial \overline{\rho}_p}{\overline{\rho}_p} = \beta \int_0^H \partial z \tag{9}$$

com os limites de integração advindos das condições de contorno do tipo Dirichlet, considerando a posição $k = z$, para $z = 0$ (interface entre as regiões de líquido clarificado e de compactação) e $z = H$ (altura do sedimento),

$$z = 0 \text{ cm}; \quad \overline{\rho}_p = \overline{\rho}_{p_0} = 0{,}30 \text{ g/cm}^3 \tag{10a}$$

$$z = H; \quad \overline{\rho}_p = \overline{\rho}_p = 0{,}43 \text{ g/cm}^3 \tag{10b}$$

A solução da Equação 9 é, portanto,

$$\overline{\rho}_p = \overline{\rho}_{p_0} e^{\beta H} \tag{11}$$

Rearranjando-se a Equação 11 em função da altura do sedimento,

$$H = \frac{1}{\beta} \ell n\left(\frac{\bar{\rho}_p}{\bar{\rho}_{p_0}}\right) \tag{12}$$

Sabendo-se que K_2 = 6,06 × 10^4, ρ_p= 2,56 g/cm^3, ρ = 0,997 g/cm^3 e g = 981 cm/s^2 pode-se calcular o valor da constante β por meio da Equação 8, ou

$$\beta = \frac{1}{6{,}06 \times 10^4}\left[1 - \left(\frac{0{,}997}{2{,}56}\right)\right](981) = 9{,}88 \times 10^{-3} \tag{13}$$

Calcula-se, finalmente, o valor da altura do sedimento substituindo os resultados (10a), (10b) e (13) na Equação 12,

$$H = \frac{1}{9{,}88 \times 10^{-3}} \ell n\left(\frac{0{,}43}{0{,}30}\right) = 36{,}4 \text{ cm} \tag{14}$$

9.6 Bibliografia consultada

Alves, J. J. N. **Modelagem fenomenológica e simulação bidimensional da fluidodinâmica de reatores de leito fluidizado circulante**. Tese de Doutorado. Campinas: Universidade Estadual de Campinas, 1998.

Arouca, F. O. **Uma contribuição ao estudo da sedimentação gravitacional em batelada**. Tese de Doutorado. Uberlândia: Universidade Federal de Uberlândia, 2007.

Béttega, R.; Almeida, A. R. F.; Corrêa, R. G.; Freire, J. T. Caracterização fluidodinâmica de um leito de jorro em meia coluna: avaliação experimental e simulação numérica. **Anais do XXXIII Encontro sobre Escoamento em Meios Porosos – Enemp**, CD Rom, Aracaju, 2007.

Costa, A. M. S.; Souza-Santos, M. L. Um novo mecanismo para a formação de bolhas em sistemas fluidizados: o efeito da inclusão da temperatura granular no estudo da estabilidade em fluidização. **Anais do XXX Encontro sobre Escoamento em Meios Porosos – Enemp**, CD Rom, São Carlos, 2002.

Damasceno, J. J. R. Sedimentação de partículas em campo gravitacional. In: Freire, J. T.; Silveira, A. M. (Eds.), **Tópicos especiais de sistemas particulados**, v. 4. São Carlos: Universidade Federal de São Carlos, 1998.

Damasceno, J. J. T. **Fenômenos de transportes**. Apostila do curso EQ107. Uberlândia: Universidade Federal de Uberlândia, 2006.

Ding, J.; Gidaspow. D. A bubbling fluidization model using kinetic theory of granular flow. **AIChE J.**, v. 36, p. 523, 1990.

DUARTE, C. R. **Estudo experimental e de simulação da fluidodinâmica e recobrimento em leito de jorro**. Tese de Doutorado. Uberlândia: Universidade Federal de Uberlândia, 2006.

GELDERBLOOM, J. S.; GIDASPOW, D.; LYCZKOWSKI, R. W. CFD Simulation of bubbling/ collapsing fluidized bed for three Geldart groups. **AIChE J.**, v. 49, p. 844, 2003.

GIDASPOW, D. **Multiphase flow and fluidization: continuum and kinetic theory descriptions**. San Diego: Academic Press, 1994.

GIDASPOW, D. Hydrodynamics of fluidization using kinetic theory: an emerging paradigm? **Recent Res. Chemical Eng.**, v. 5, p. 53, 2003.

GIDASPOW, D.; ETTEHADIEH, B. Fluidization in two-dimensional beds with a jet. 2. Hydrodynamica modeling. **Ind. Eng. Chem. Fundam.**, v. 22, p. 193, 1983.

HUILIN, L.; GIDASPOW, D. Hydrodynamics of binary fluidization in a riser: CFD simulation using two granular temperatures. **Chem. Eng. Science**, v. 58, p. 3777, 2003.

LUN, C. K.; SAVAGE, S. B.; JEFFREY, D. J.; CHEPURNIY, N. Kinetic theories of granular flow: inelastic particles in a Couette flow and slightly inelastic particle in a general flow field. **J. Fluid Mech.**, v. 140, p. 223, 1984.

MASSARANI, G. **Fluidodinâmica em sistemas particulados**. Rio de Janeiro: Editora da UFRJ, 1997.

MASSARANI, G.; SANTANA, C. C. Força resistiva sólido-fluido em sistemas particulados de porosidade elevada. **Anais do VII Encontro sobre Escoamento em Meios Porosos – Enemp**, p. 643, Aracaju, 1979.

MINETO, A. T.; SOUZA, M. P.; DA SILVA, R. C.; CABEZAS-GÓMEZ, L.; MONTAGNOLI, A. N.; NAVARRO, H. A. Influência do diâmetro da partícula na simulação gás–sólido em leito fluidizado borbulhante – **Proceeding of 7th Brazilian Conference on Dynamics, Control and Application** – Dincon' 2008, CD Rom, Unesp – Presidente Prudente, 2008.

NUNES, J. F. **Estudo da sedimentação gravitacional de suspensões floculentas**. Dissertação de Mestrado. Uberlândia: Universidade Federal de Uberlândia, 2008.

POLITO, A. M. M. **O método da função característica empírica aplicado à dinâmica molecular de gases granulares**. Tese de Doutorado. Brasília: Universidade de Brasília, 2006.

SANTOS, K. G.; BARROZO, M. A. S.; MURATA, V. V. Estudo de simulação em 3D da fluidodinâmica de um leito de jorro. **Anais do XXXIII Encontro sobre Escoamento em Meios Porosos – Enemp**, CD Rom, Aracaju, 2007.

SOTERRONI, A. C. **Simulação e análise da dinâmica de fluidos granulares**. Dissertação de Mestrado. São José dos Campos: Instituto Nacional de Pesquisas Espaciais, 2007.

SYAMLAL, M.; O'BRIEN, T. J. Computer simulation of bubbles in a fluidized bed. **AIChE J.**, v. 85, p. 22, 1989.

TILLER, F. M.; LEU, W. Basic data fitting in filtration. **J. Chin. Inst. Chem. Engrs.**, p. 61, 1980.

9.7 Nomenclatura

$\mathbf{b}$	vetor intensidade de força de campo	$[M \cdot L \cdot T^{-2}]$
C_D	coeficiente de arraste	adimensional
d_p	diâmetro médio da partícula (ou de aglomerado)	$[L]$
$\mathbf{F}_j$	força que atua na fase i	$[M \cdot L \cdot T^{-2}]$
g	aceleração gravitacional; constante gravitacional	$[L \cdot T^{-2}]$
$\mathbf{J}_i$	força de interação presente na fase i	$[L \cdot T^{-2}]$
k	permeabilidade	$[L^2]$
m_i	massa da fase i	$[M]$
$\mathbf{m}$	força resistiva	$[M \cdot L^{-2} \cdot T^{-2}]$
$\mathbf{n}$	vetor normal-unitário à superfície S	adimensional
p_i	pressão exercida na fase i	$[M \cdot L^{-1} \cdot T^{-2}]$
S	superfície	$[L^2]$
t	tempo	$[T]$
$\mathbf{T}_i$	tensor tensão exercido na fase i	$[M \cdot L^{-1} \cdot T^{-2}]$
$\mathbf{u}_i$	vetor velocidade da fase	$[L \cdot T^{-1}]$
$\mathbf{U}$	vetor da velocidade relativa entre as fases	$[L \cdot T^{-1}]$
u'_p	flutuação da velocidade da fase granular	$[L \cdot T^{-1}]$
V	volume do elemento material	$[L^3]$
V_i	volume da fase i	$[L^3]$
v_T	velocidade terminal	$[L \cdot T^{-1}]$
$\mathbf{x}$	vetor posição	$[L]$

Letras gregas

β	parâmetro de arraste	adimensional
ε_i	fração volumétrica da fase i	adimensional
μ	viscosidade dinâmica	$[M \cdot L^{-1} \cdot T^{-1}]$
ρ_i	massa específica da fase i	$[M \cdot L^{-3}]$
$\bar{\rho}_i$	concentração mássica da fase i	$[M \cdot L^{-3}]$
ω_i	fração mássica da fase i	
$\boldsymbol{\tau}_i$	tensor tensão extra exercido na fase i	$[M \cdot L^{-1} \cdot T^{-2}]$
θ	temperatura granular	$[L^2 \cdot T^{-2}]$

Subscritos

cin cinética

coe coesiva

i fase qualquer

J força de interação que atua na fase i

p partícula, fase particulada, fase granular

reto comprimento reto

S força de superfície que atua na fase i

T total

Número adimensional

Re_p número de Reynolds da partícula

Re número de Reynolds da partícula baseado na velocidade terminal

Capítulo 10

Escoamento de fluidos em leitos fixos e colunas recheadas

10.1 Introdução

O leito fixo, ilustrado na Figura 10.1, é formado por uma coluna preenchida pela fase particulada que permanece imóvel quando posta em contato com o escoamento de uma fase fluida. Emprega-se como reator catalítico, reator enzimático, reator nuclear, secador, combustor, gaseificador, adsorvedor, incinerador, extrator, entre outros tipos de contactores.

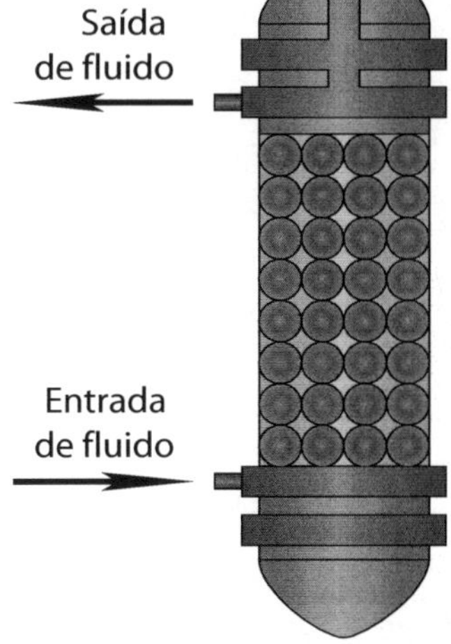

Figura 10.1 Representação de um leito fixo.

10.2 A fração de vazios (ou porosidade do leito)

Os fenômenos que, normalmente, ocorrem em um leito fixo se processam no interior de uma partícula de porosidade, ε_p, e diâmetro médio de partícula, d_p, assim como no interior do próprio leito, de diâmetro D e comprimento H, conforme ilustra a Figura 10.2.

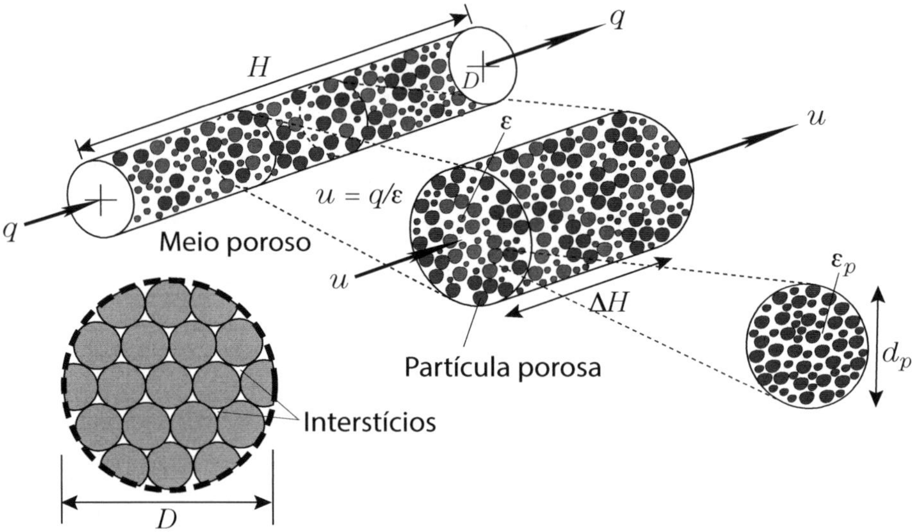

Figura 10.2 Representação das dimensões características de um leito fixo.

Nas operações que utilizam leito fixo, como na adsorção e secagem, um fluido de trabalho (gás ou líquido) alimenta a coluna (ou leito) com *velocidade superficial*, q, a qual depende da vazão volumétrica do fluido, Q, e da área da seção transversal da coluna, *Área*, segundo

$$q = \frac{Q}{\acute{A}rea} \tag{10.1}$$

sendo a área conhecida a partir da informação sobre o diâmetro D da coluna,

$$\acute{A}rea = \frac{\pi D^2}{4} \tag{10.2}$$

A velocidade do fluido no interior de uma coluna advém da Equação 10.1, caso não houvesse a presença da fase particulada. Havendo essa fase, o fluido percolará tanto os poros das partículas quanto os interstícios entre elas, conforme ilustra a Figura 10.2. A velocidade do fluido, associada ao escoamento desse fluido entre as partículas, contidas em uma coluna, é denominada *velocidade intersticial*, obtida por meio de

$$u = \frac{q}{\varepsilon} \tag{10.3}$$

sendo a fração de vazios (alguns autores a denominam porosidade do leito), obtida à semelhança da Equação 9.7, ou

$$\varepsilon = \frac{\text{volume de vazios}}{\text{volume de vazios + volume ocupado por partículas}} \tag{10.4}$$

ou, se conhecendo a massa total de partículas m_p, de massa específica ρ_p, que ocupa o volume V_T no leito, é possível obter a fração de vazios segundo

$$\varepsilon = 1 - \frac{m_P}{\rho_p V_T} \tag{10.5}$$

Exemplo 10.1

Procurou-se caracterizar um leito fixo tronco-cônico (Figura 1), de diâmetro de acesso do fluido de trabalho igual a 2,8 cm, para utilizá-lo na secagem de grãos de painço (ρ_p = 1,09 g/cm^3). Para tanto, foram realizados vários ensaios de massa de grãos adicionada no leito, obtendo-se os respectivos valores da altura e do diâmetro superior do leito, como aqueles apresentados na Tabela 1 deste exemplo. Obtenha o valor da fração de vazios.

Tabela 1 Altura e diâmetro de leito decorrentes de massa adicionada ao leito

m_p (g)	H (cm)	D_b (cm)
153,4	6,4	10,0
296,7	8,5	13,4
446,4	9,7	14,6
1.164,8	13,8	19,7

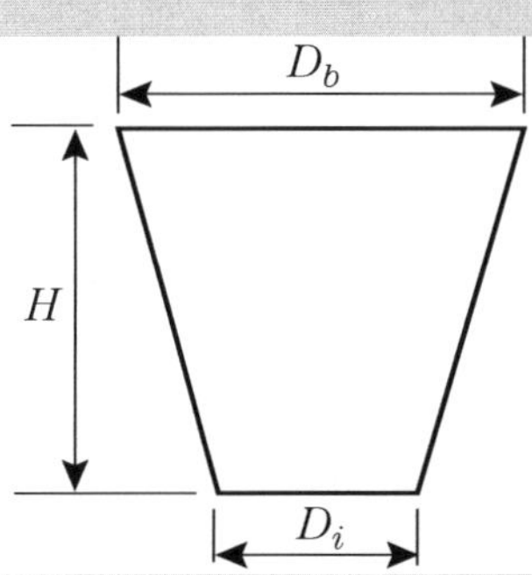

Figura 1 Representação de uma coluna tronco-cônica.

Solução

No caso de uma coluna tronco-cônica, como a ilustrada na Figura 1, o volume preenchido por partículas até a altura H é:

$$V_T = \frac{\pi H}{12}\left(D_b^2 + D_b D_i + D_i^2\right) \tag{1}$$

Da Equação 10.5,

$$1 - \varepsilon = \frac{m_p}{\rho_p V_T} \tag{2}$$

ou

$$V_T = \frac{1}{\rho_p(1-\varepsilon)} m_p \tag{3}$$

Ao construir um gráfico na forma V_T *vs.* m_p (Figura 2) obtém-se uma reta cujo valor da inclinação é $\alpha = 1/\rho_p(1 - \varepsilon)$. Como se conhece o valor de $\rho_p = 1{,}09$ g/cm^3, calcula-se o valor da fração de vazios (ε). Tendo em vista que D_i = 2,8 cm, obtêm-se os valores para o volume ocupado pelos grãos de acordo com cada massa adicionada no leito, conforme ilustra a Tabela 2.

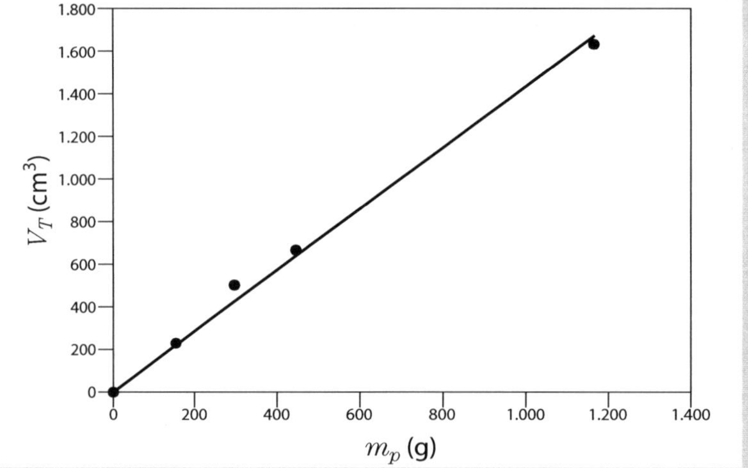

Figura 2 Obtenção da fração de vazios.

Tabela 2 Obtenção do volume preenchido de painço a partir da geometria do leito

m_p (g)	H (cm)	D_b (cm)	D_i (cm)	V_T (cm^3)
153,4	6,4	10,0	2,8	227,60
296,7	8,5	13,4	2,8	500,51
446,4	9,7	14,6	2,8	665,03
1.164,8	13,8	19,7	2,8	1.629,71

A Figura 2 apresenta a reta V_T *vs.* m_p, com o coeficiente de determinação $r^2 = 0{,}995$, segundo

$$V_T = 1{,}4263 \times m_p \tag{4}$$

Dessa maneira

$$\alpha = 1{,}4263 = \frac{1}{\rho_p(1-\varepsilon)} \tag{5}$$

Como $\rho_p = 1{,}09$ g/cm^3, tem-se em (5),

$$1 - \varepsilon = 0{,}643 \tag{6}$$

no que resulta

$$\varepsilon = 0{,}357 \tag{7}$$

A fração de vazios pode ser determinada com o auxílio de um sistema simples como o representado pela Equação 10.5, sendo necessários, por outro lado, métodos mais complexos, como a picnometria a vácuo, nas medidas envolvendo meios consolidados que apresentam porosidade reduzida.

Entre as técnicas experimentais utilizadas para determinar a fração de vazios, principalmente em colunas pequenas ($D \sim 3$ cm) e utilizadas na determinação de parâmetros termodinâmicos e de transferência de massa, encontra-se a técnica dos momentos da curva cromatográfica. Essa técnica consiste em analisar a resposta de um cromatograma decorrente de um pulso de concentração de soluto dado na entrada do leito (Figura 10.3). Analisando-se o primeiro momento da curva cromatográfica obtida (Figura 10.4) é possível estimar o valor da fração de vazios da coluna por meio de

$$\frac{H}{t_R} = \frac{q}{\varepsilon + (1-\varepsilon)\varepsilon_p} \tag{10.6}$$

sendo ε_p a porosidade da partícula; H, a altura na coluna em que as partículas estão contidas; t_R refere-se ao tempo de residência (de trânsito ou de retenção) para que o soluto injetado percorra a coluna.

É importante ressaltar que esse soluto não deve apresentar afinidade com as partículas (adsorvente), em outras palavras não deve ser adsorvido. A Equação 10.6 também pode ser aplicada para a determinação da porosidade da partícula, desde que o soluto escolhido penetre nos poros do adsorvente e não apresente afinidade com ele.

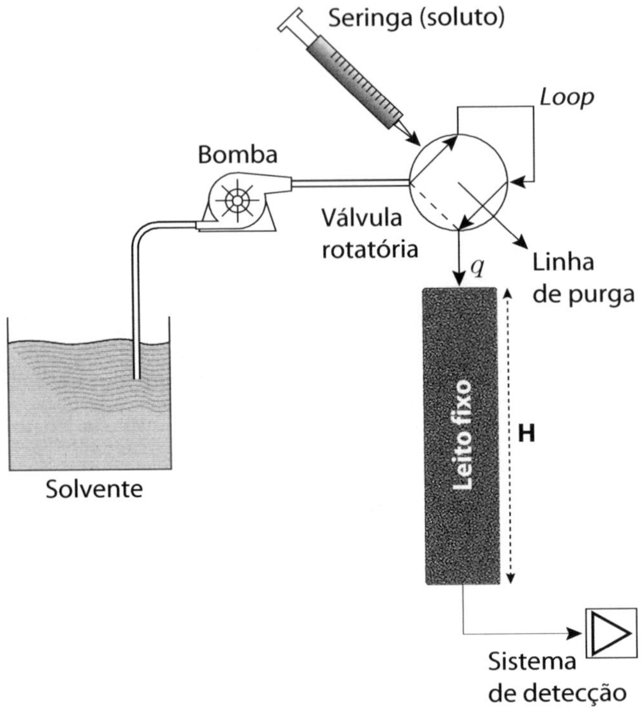

Figura 10.3 Representação de um sistema para a obtenção de fração de vazios por meio do método do pulso cromatográfico.

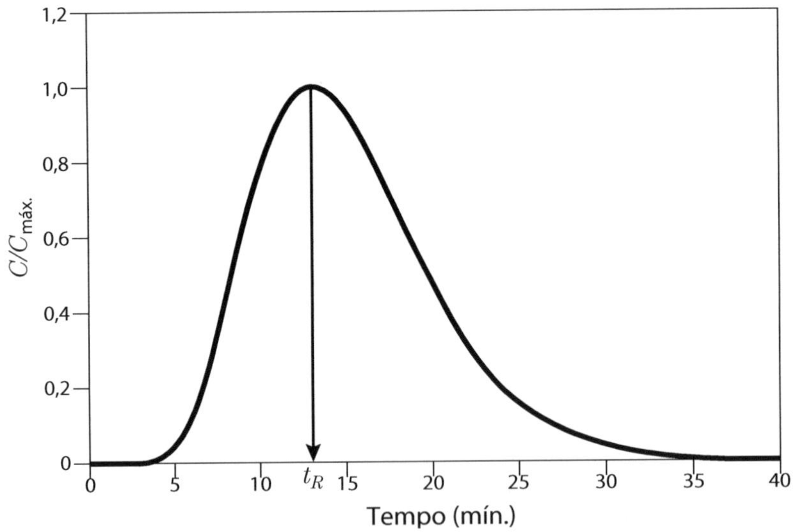

Figura 10.4 Representação de um pulso cromatográfico.

Exemplo 10.2

Com a intenção de estudar a separação do Taxol® (nome comercial do Paclitaxel, um potente agente anticancerígeno) de outras espécies químicas via adsorção, utilizou-se uma coluna com 12,5 cm de comprimento efetivo e 1,5 cm de diâmetro, empacotada com adsorventes de diâmetro médio de partícula igual a 300 μm. Antes de avaliar a separação propriamente dita, urge o conhecimento dos valores de frações de vazio (porosidade do leito), assim como da porosidade do adsorvente. Para tanto, utilizou-se a técnica do pulso cromatográfico (ilustrada na Figura 10.3). Para a obtenção da porosidade da coluna lançou-se mão de uma solução alcoólica (etanol) diluída de azul de dextrana, a qual, por apresentar diâmetro de molécula superior ao diâmetro dos poros das partículas, apenas percolará através dos interstícios entre as partículas, não penetrando em seus poros. Já para a determinação da porosidade da partícula, ε_p, utilizou-se uma solução alcoólica diluída de uma certa espécie química, a qual percola os interstícios entre as partículas, assim como em seus poros. É importante salientar que ambas as espécies químicas não apresentam afinidade com o adsorvente. Foram realizados, para cada caso, quatro ensaios experimentais de pulsos cromatográficos, utilizando-se as vazões das soluções a 20 °C (ρ = 790 kg/m^3; $\nu = 1{,}51 \times 10^{-6}$ m^2/s), conforme apresenta a Tabela 1. Para cada caso, foram obtidos os tempos de retenção, cujos resultados também estão apresentados nesta tabela.

Tabela 1 Ensaios de pulso cromatográfico

	Q (mL/min.)	1,0	1,5	2,0	2,5
Azul de dextrana	t_R (min.)	8,5	5,5	4,0	3,0
Espécie química A	t_R (min.)	17,0	11,0	8,0	6,5

Solução

Trata-se da aplicação da equação

$$\frac{H}{t_R} = \frac{q}{\varepsilon + (1-\varepsilon)\varepsilon_p} \tag{1}$$

que é válida para espécies que não apresentam afinidade com o adsorvente. A Equação 1 é utilizada para a obtenção do valor da porosidade da partícula, ε_p, utilizando-se, por exemplo, a espécie química A, referida na Tabela 1. Para obter o valor desse parâmetro, torna-se necessário conhecer o valor da fração de vazios do leito fixo, ε, o qual é obtido ao utilizar o azul de dextrana e, portanto, a Equação 1 retomada segundo

$$\frac{H}{t_R} = \frac{q}{\varepsilon} \tag{2}$$

Assim, ao construir um gráfico na forma H/t_R vs. q, obtém-se o valor de ε, a partir da Equação 2, por meio da inclinação da reta $\alpha = 1/\varepsilon$. Construindo-se outro gráfico nessa mesma forma, é possível obter o valor de ε_p, por meio da Equação 1, decorrente da inclinação $\alpha = 1/[\varepsilon + (1 - \varepsilon)\varepsilon_p]$. Na intenção de obter os valores da velocidade superficial, q, está associada à vazão por

$$q = \frac{Q}{Área} \tag{3}$$

na qual

$$Área = \frac{\pi D^2}{4} \tag{4}$$

Tendo em vista que D = 1,5 cm, resulta da Equação 4

$$Área = \frac{\pi(1,5)^2}{4} = 1,767 \text{ cm}^3 \tag{5}$$

Consequentemente, o valor da velocidade superficial é obtido substituindo (5) em (3)

$$q = \frac{Q}{1,767} \tag{6}$$

Dessa maneira, A Tabela 1 é reescrita, em termos de H/t_R (para H = 12,5 cm) e da velocidade superficial, na Tabela 2.

Tabela 2 Ensaios de pulso cromatográfico

	q (cm/min.)	0,5659	0,8488	1,1318	1,4147
Azul de dextrana	H/t_R (cm/min.)	1,4706	2,2727	3,1250	4,1667
Espécie química A	H/t_R (cm/min.)	0,7353	1,1364	1,5625	1,9231

A Figura 1 apresenta os gráficos de H/t_R *vs.* q. Verifica-se, quando da utilização do azul de dextrana, que a reta obtida é expressa por

$$\frac{H}{t_R} = 2,8204\, q \tag{7}$$

com o coeficiente de determinação r^2 = 0,994. Para a utilização da espécie química A, a reta obtida é da forma

$$\frac{H}{t_R} = 1,3578\, q \tag{8}$$

com o coeficiente de determinação r^2 = 0,999.

Da Equação 7, em conjunto com a Equação 2, verifica-se que o coeficiente angular da reta é

$$\alpha = 2,8204 = \frac{1}{\varepsilon} \tag{9}$$

de onde resulta

$$\varepsilon = 0,355 \tag{10}$$

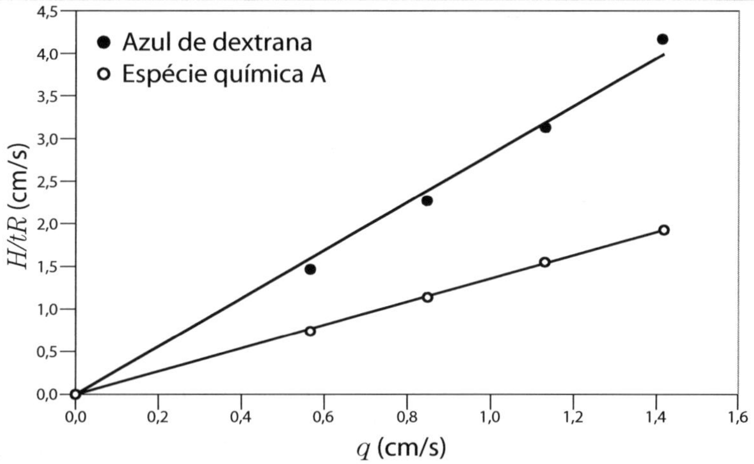

Figura 1 Retas características para o método do pulso cromatográfico.

Da Equação 8, em conjunto com a Equação 1, verifica-se que o coeficiente angular da reta é

$$\alpha = 1{,}3578 = \frac{1}{\varepsilon + (1-\varepsilon)\varepsilon_p} \tag{11}$$

Substituindo o resultado (10) na Equação 11 obtém-se a porosidade da partícula igual a

$$\varepsilon_p = 0{,}591 \tag{12}$$

10.3 Fluidodinâmica em leitos fixos

A descrição da fluidodinâmica em leitos fixos decorre diretamente da análise das Equações 9.20, 9.21, 9.36 e 9.37. Como se trata de leito fixo, não tem o movimento da fase particulada. De imediato, tem-se $\mathbf{u}_p = 0$, de onde resulta da Equação 7.18

$$\mathbf{U} = \mathbf{u} \tag{10.7}$$

Toda a formulação para a fluidodinâmica do contato fluido-partículas é baseada na fase fluida, a qual pode ser posta na forma das equações da continuidade, Equação 9.20, e do movimento, Equação 9.36, respectivamente,

$$\frac{\partial \rho\varepsilon}{\partial t} + \vec{\nabla} \cdot \rho\varepsilon\mathbf{u} = 0 \tag{9.20}$$

$$\rho\varepsilon\left[\frac{\partial \mathbf{u}}{\partial t} + \mathbf{u} \cdot \vec{\nabla}\mathbf{u}\right] = -\vec{\nabla}p + \vec{\nabla} \cdot \boldsymbol{\tau} - \mathbf{m} + \rho\mathbf{b} \tag{9.36}$$

De modo a utilizar as Equações 9.20 e 9.36 para a descrição da fluidodinâmica em leitos fixos, são consideradas as seguintes hipóteses:

a) a fase fluida comporta-se feito fluido *newtoniano* e incompressível;
b) regime permanente, o que leva qualquer variação temporal ($\partial/\partial t$) ser nula;
c) escoamento uniforme e estabelecido, o que acarreta o campo de velocidade **u** ser uniforme, ocasionando a variação espacial da velocidade da fase fluida ser nula, resultando $\vec{\nabla} \cdot \boldsymbol{\tau} = 0$;
d) meio contendo partículas imóveis (meio poroso fixo) homogêneo, resultando na nulidade de qualquer variação da porosidade do meio (fração volumétrica de vazios);
e) o escoamento da fase fluida está sujeito ao campo gravitacional $\mathbf{b} = \mathbf{g}$;
f) escoamento unidimensional ($\mathbf{u} = u$, $\mathbf{m} = m$; $\mathbf{g} = g$).

De posse de tais hipóteses, a Equação 9.36 é retomada como

$$0 = -\frac{dp}{dz} - m + \rho g \tag{10.8}$$

A Equação 10.8 é conhecida como a *equação de Darcy*. A utilização dessa equação é satisfatória ainda que o escoamento do fluido possa vir a ser acelerado: o termo de aceleração, lado esquerdo da Equação 9.36, pode tomar valores significativos face ao termo resistivo, **m**, apenas quando as partículas são grandes, com ordem de alguns milímetros. A equação de Darcy pode ser retomada em termos da pressão piezométrica do fluido, P, na forma

$$-\frac{dP}{dz} = m \tag{10.9}$$

sendo a pressão piezométrica definida por

$$P = p + z\rho g \tag{10.10}$$

e z a distância (positiva na direção contrária a g) do ponto em questão, medida a partir de um plano horizontal de referência.

A equação constitutiva para a força resistiva, m, advinda da Equação 9.39, considerando, nesta, a definição da velocidade superficial, Equação 10.3, é

$$m = \frac{\mu}{k}\left[1 + \frac{c\rho\sqrt{k}}{\mu} \| q \|\right] q \tag{10.11}$$

Na situação em que o escoamento do fluido na matriz porosa é lento, tem-se

$$\frac{c\rho\sqrt{k}}{\mu} \| q \| \ll 1 \tag{10.12}$$

do que resulta da Equação 10.11:

$$m = \frac{\mu}{k} q \qquad (10.13)$$

que é reconhecida como a *lei de Darcy*. Expressa-se, portanto, a equação de Darcy, Equação 10.8, em termos da Equação 10.13 na forma

$$-\frac{dP}{dz} = \frac{\mu}{k} q \qquad (10.14)$$

10.4 Permeabilidade

A permeabilidade, k, e o fator "c", presentes na equação de Forchheimer, Equação 10.11, podem ser determinados experimentalmente por permeametria, segundo um conjunto de medidas de vazão volumétrica do fluido e de queda de pressão no leito (Figura 10.5).

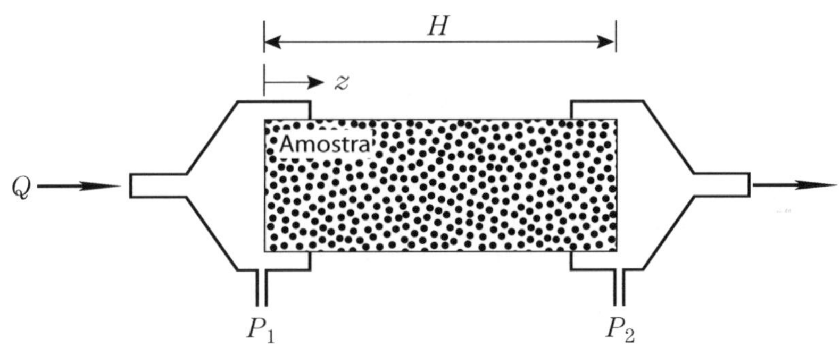

Figura 10.5 Representação de um permeâmetro (baseada em MASSARANI, 1997).

Basta, para tanto, considerar a Equação 10.11 na Equação 10.9,

$$-\frac{dP}{dz} = \frac{\mu}{k} q + \frac{c\rho}{\sqrt{k}} q^2 \qquad (10.15)$$

A integração da Equação 10.15, para o escoamento incompressível, resulta em

$$\frac{1}{q}\left(-\frac{\Delta P}{H}\right) = \frac{\mu}{k} + \frac{c\rho}{\sqrt{k}} q \qquad (10.16)$$

Ao representar na forma de um gráfico os valores experimentais correspondentes a q vs. $(-\Delta P/H)/q$, conforme ilustrado na Figura 10.6, torna-se possível obter o valor da permeabilidade, k, na interseção da reta, enquanto o fator c advém do coeficiente angular da reta obtida. É importante mencionar que, no escoamento unidirecional e incompressível, a Equação 10.16 conduz à equação para a queda de pressão em um meio poroso

$$-\frac{\Delta P}{\rho g}=\frac{H}{\rho g}\left(\frac{\mu}{k}+\frac{c\rho}{\sqrt{k}}q\right)q \tag{10.17}$$

a qual é expressa em termos da altura (ou carga) de coluna de fluido que escoa no meio.

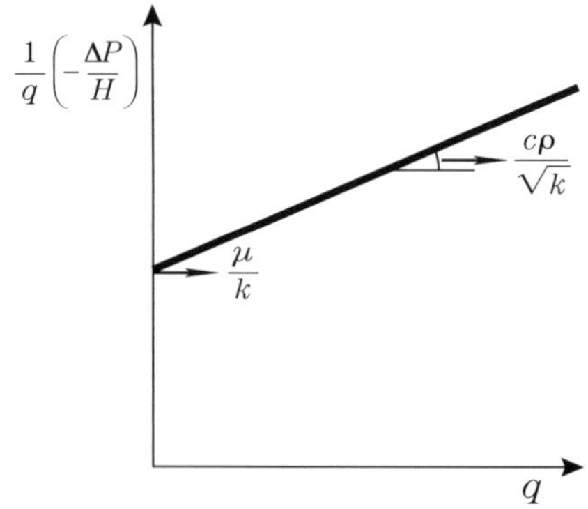

Figura 10.6 Determinação de *k* e *c*.

10.5 O modelo capilar

O modelo capilar parte do princípio de se descrever o meio poroso (ou seja, os interstícios representados na Equação 10.2) por meio de um feixe de dutos, conforme ilustra a Figura 10.7.

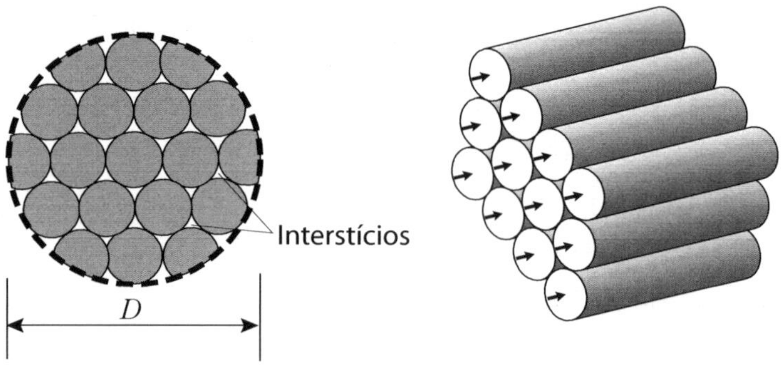

Figura 10.7 Representação do modelo capilar.

Esse modelo permite fazer uma analogia entre o escoamento *darcyniano* no meio poroso, Equação 10.14, e a equação clássica de mecânica dos fluidos para a queda de pressão, válida para o escoamento laminar e incompressível em dutos retilíneos, ou

$$-\frac{dP}{dz} = \frac{\mu}{\left(R_h^2/\beta\right)}u \tag{10.18}$$

em que u é a velocidade média do fluido, R_h é o raio hidráulico do duto (razão entre a área da seção de escoamento e o perímetro de molhamento), e β um fator adimensional que depende da forma da seção transversal do duto. Associando a velocidade u do fluido no duto à velocidade intersticial, q/ε, no meio poroso, pode-se igualar as Equações 10.14 e 10.18, resultando

$$k = \varepsilon\left(\frac{R_h^2}{\beta}\right) \tag{10.19}$$

a qual fornece a dependência da permeabilidade do meio com a fração de vazios e o raio hidráulico da matriz porosa. O raio hidráulico, por sua vez, depende da fração de vazios e da superfície específica do meio de acordo com (MASSARANI, 1997)

$$R_h = \frac{\text{área da seção de escoamento}}{\text{perímetro de molhamento}} \tag{10.20}$$

ou

$$R_h = \frac{\varepsilon}{S_V} \tag{10.21}$$

Conhecidos a superfície específica volumétrica da matriz porosa, S_V, o volume do meio saturado com o fluido, da distribuição de granulométrica e dos fatores de forma das partículas que compõe o leito, é possível demonstrar que (MASSARANI, 1997)

$$S_V = \frac{6}{\phi d_p}(1-\varepsilon) \tag{10.22}$$

d_p é identificado ao diâmetro médio de Sauter. Levando-se a Equação 10.22 na Equação 10.21 obtém-se

$$R_h = \frac{\phi d_p}{6}\left(\frac{\varepsilon}{1-\varepsilon}\right) \tag{10.23}$$

e ao substituir essa equação na Equação 10.19, resulta

$$k = \frac{\left(\phi d_p\right)^2}{36\beta}\left[\frac{\varepsilon^3}{(1-\varepsilon)^2}\right] \tag{10.24}$$

que é *equação Kozeny-Carman*, a qual permite correlacionar a permeabilidade com as propriedades da partícula e a fração de vazios do meio. Para partículas arredondadas e fração de vazios entre $0{,}3 \leq \varepsilon \leq 0{,}5$, tem-se usualmente $4 \leq \beta \leq 5$, sendo $\beta = 5$ o indicado para partículas esféricas.

Além da obtenção do parâmetro de permeabilidade k, por meio da Equação 10.24, o modelo capilar possibilita informações a respeito do fator c. Nesse caso, a analogia é estabelecida entre as equações que descrevem o escoamento a altas vazões do fluido no meio poroso, segundo termo do lado direito da Equação 10.15, e o escoamento de fluidos em um duto retilíneo, segundo, respectivamente

$$-\frac{dP}{dz} = \frac{c\rho}{\sqrt{k}} q^2 \qquad (10.25)$$

e

$$-\frac{dP}{dz} = \frac{f}{8} \cdot \frac{\rho}{R_h} u^2 \qquad (10.26)$$

em que f é o fator de atrito de Fanning. Associando a velocidade u do fluido no duto à *velocidade intersticial*, q/ε, no meio poroso, e igualando as Equações 10.25 e 10.26, obtém-se

$$c = \frac{f\sqrt{k}}{8\varepsilon^2 R_h} \qquad (10.27)$$

e, ao se substituir as Equações 10.23 e 10.24 na Equação 10.27, tem-se

$$c = \frac{\Omega}{\varepsilon^{3/2}} \qquad (10.28)$$

sendo Ω um parâmetro adimensional, o qual pode ser encontrado no Quadro 10.1.

Quadro 10.1 Parâmetro adimensional Ω (MASSARANI, 1997)

Autor	Ω	Faixa de aplicação
Ergun (1952)	0,14	$0{,}35 < \varepsilon < 0{,}50$ $10^{-6} < k < 10^{-4}$ cm^2
Massarani (1997)	$\left[0{,}13\left(\frac{k_0}{k}\right)^{0{,}37} + 0{,}10\left(\frac{k_0}{k}\right)^{0{,}01}\right]^{0{,}98}$ $k_0 = 10^{-6}$ cm^2	$0{,}15 < \varepsilon < 0{,}75$ $10^{-9} < k < 10^{-3}$ cm^2

Dessa maneira, podem-se substituir as Equações 10.24 e 10.28 na Equação 10.15 resultando

$$-\frac{\Delta P}{H} = 36\beta\left[\frac{(1-\varepsilon)^2}{\varepsilon^3}\right]\frac{\mu}{(\phi d_p)^2}q + 6\beta^{1/2}\Omega\left(\frac{1-\varepsilon}{\varepsilon^3}\right)\frac{\rho}{(\phi d_p)}q^2 \quad (10.29)$$

lembrando que H é a altura na coluna preenchida por partículas (altura específica). Ao se considerar o fator de Ergun ($\Omega = 0{,}14$) na Equação 10.28,

$$c = \frac{0{,}14}{\varepsilon^{3/2}} \quad (10.30)$$

bem como admitindo-se a constante de permeabilidade, Equação 10.24, na forma

$$k = \frac{(\phi d_p)^2}{150}\left[\frac{\varepsilon^3}{(1-\varepsilon)^2}\right] \quad (10.31)$$

tem-se da Equação 10.15, após substituir nela as Equações 10.30 e 10.31, a clássica *equação de Ergun*,

$$-\frac{\Delta P}{H} = 150\left[\frac{(1-\varepsilon)^2}{\varepsilon^3}\right]\frac{\mu}{(\phi d_p)^2}q + 1{,}75\left(\frac{1-\varepsilon}{\varepsilon^3}\right)\frac{\rho}{(\phi d_p)}q^2 \quad (10.32)$$

Exemplo 10.3

Considere a problemática e os dados sobre a coluna e as partículas presentes no Exemplo 10.2. Acrescente-se que, antes da injeção de cada pulso, o eluente (etanol) escoou pelo leito fixo, apresentando, para cada vazão, queda de pressão. Obtenha o valor da queda de pressão advindo da equação de Ergun para cada vazão presente na Tabela 1 do Exemplo 10.2.

Solução

A equação de Ergun é retomada a partir da Equação 10.32,

$$-\frac{\Delta P}{H} = 150\left[\frac{(1-\varepsilon)^2}{\varepsilon^3}\right]\frac{\mu}{(\phi d_p)^2}q + 1{,}75\left(\frac{1-\varepsilon}{\varepsilon^3}\right)\frac{\rho}{(\phi d_p)}q^2 \quad (1)$$

ou, rearranjando a Equação 1 (para $\nu = \mu/\rho$, bem como evidenciando ρ)

$$-\Delta P = (\rho H)\left\{150\left[\frac{(1-\varepsilon)^2}{\varepsilon^3}\right]\frac{\nu}{(\phi d_p)^2}q + 1{,}75\left(\frac{1-\varepsilon}{\varepsilon^3}\right)\frac{1}{(\phi d_p)}q^2\right\} \quad (2)$$

Do Exemplo 10.1 têm-se: H = 12,5 cm; ε = 0,355; d_p = 300 μm = 0,03 cm; ϕ =1; ρ = 790 kg/m^3 = 0,79 g/cm^3; ν = 1,51 × 10^{-6} m^2/s = 1,51 × 10^{-2} cm^2/s; a Equação 2 é posta como

$$-\Delta P = (0,79)(12,5)\left\{150\left[\frac{(1-0,355)^2}{(0,355)^3}\right]\frac{(0,0151)}{(0,03)^2}q + 1,75\left(\frac{1-0,355}{(0,355)^3}\right)\frac{1}{(0,03)}q^2\right\}$$

ou

$$-\Delta P = (9,875)\ (23.404,34q + 840,99q^2) \qquad (3)$$

Retomando os valores da velocidade superficial presentes na primeira linha da Tabela 2 do Exemplo 10.1, reescritos na primeira linha da Tabela 1 do presente exemplo (em cm/s), pode-se substituir tais valores na Equação 3, obtendo-se os resultados para ($-\Delta P$), em (g/cm^2 · s), na segunda linha, e em Pa, na terceira linha.

Tabela 1 Ensaios de pulso cromatográfico

q(cm/s)	0,0094	0,0141	0,0189	0,0236
$-\Delta P$ (g/cm^2 · s)	2.172,51	3.258,77	4.368,14	5.454,41
$-\Delta P$ (kPa)	0,217	0,326	0,437	0,546

10.6 Colunas recheadas

As torres de recheios ou colunas recheadas são largamente utilizadas nas operações de transferência de massa de absorção e dessorção, podendo ser aplicadas na destilação extrativa, bem como no caso da extração líquido-líquido. Em todas essas operações unitárias, tenta-se separar certa espécie A, conhecida como soluto, a qual está presente em uma fase, pondo-a em contato com outra fase. O soluto migrará de uma fase a outra, caracterizando a transferência de massa entre fases. Uma operação de transferência de massa, portanto, envolve o contato entre duas correntes relacionadas às fases G e L, em que a fase G indica fase leve (gás, nos casos de absorção e dessorção; refinado no caso de extração líquido-líquido); a fase L indica fase pesada (líquido, nos casos de absorção e dessorção; extrato, no caso de extração líquido-líquido).

Utilizam-se as torres de recheios, Figura 10.8, quando se opera com elevados fluxos de gás em relação aos fluxos de líquido, bem como o inverso. A configuração desta coluna é a de um leito fixo recheado com particulados de formas peculiares, como aqueles ilustrados na Figura 10.9. Na Tabela 10.1 encontram-se algumas características desses recheios feitos de material cerâmico.

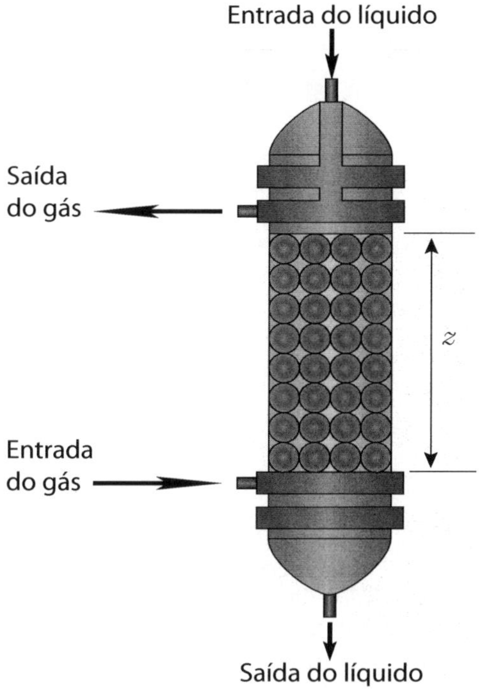

Figura 10.8 Torre de recheios (CREMASCO, 1998).

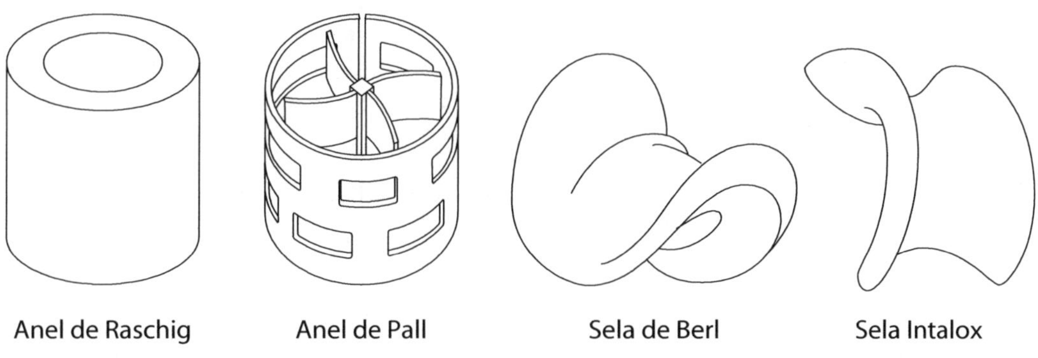

Figura 10.9 Alguns tipos de recheios randômicos (CREMASCO, 1998).

Existem dois modos de os recheios serem dispostos no interior da coluna: aleatoriamente ou de maneira ordenada. No primeiro caso, utilizam-se basicamente recheios como aqueles ilustrados na Figura 10.9, levando-os a denominarem-se *recheios randômicos* ou *aleatórios*. No segundo caso, os recheios são montados de forma ordenada, criando canais preferenciais para o escoamento das fases. Esses recheios são denominados tradicionalmente de *estruturados*. Entretanto, há situações de disposição de recheios randômicos, cuja ordenação é estruturada. Como é o caso dos anéis de Raschig com $d_s > 75$ mm, os quais são empilhados sempre na vertical, possibilitando maior rendimento de separação e menor perda de carga.

Tabela 10.1 Características de recheios randômicos cerâmicos*

Tipo	d_S: diâmetro nominal mm (in)	13 (1/2)	16 (5/8)	19 (3/4)	25 (1)	38 (3/2)	50 (2)	76 (3)
Anéis de Raschig	Massa específica (kg/m^3)	840	770	745	680	650	630	570
	a_s: área superficial (m^2/m^3)	400	328	262	190	115	92	62
Selas de Berl	Massa específica (kg/m^3)	865	–	769	721	609	641	–
	a_s: área superficial (m^2/m^3)	465	–	270	250	144	105	–

* Baseada em Caldas e Lacerda (1988).

10.6.1 Balanço macroscópico de matéria em uma coluna recheada

Para projetar ou dimensionar um equipamento destinado à operação de transferência de massa envolvendo escoamento multifásico, são necessárias informações sobre termodinâmica (equilíbrio de fases/solubilidade) e de transferência de massa. Além desses, torna-se importante o conhecimento das condições de operação do equipamento, como retenção de líquido, queda de pressão etc. Para que ocorra separação deve haver o contato entre as correntes macroscópicas com concentrações distintas de soluto nas fases que compõem o sistema. Nesse contato, além da transferência de massa, pode haver troca térmica. As informações macroscópicas sobre tais fenômenos advêm dos balanços macroscópicos de matéria e de energia. Como o interesse, no presente capítulo, nas informações fluidodinâmicas de colunas de recheio, e em contato contínuo, limitar-se-á ao balanço macroscópico de matéria, em contracorrente, que, considerando a Figura 10.10, para o contato contracorrente entre as fases, será (CREMASCO, 1998)

$$\text{(mols de } A \text{ que entram na coluna)} = \\ = \text{(mols de } A \text{ que saem da coluna)} \quad (10.33)$$

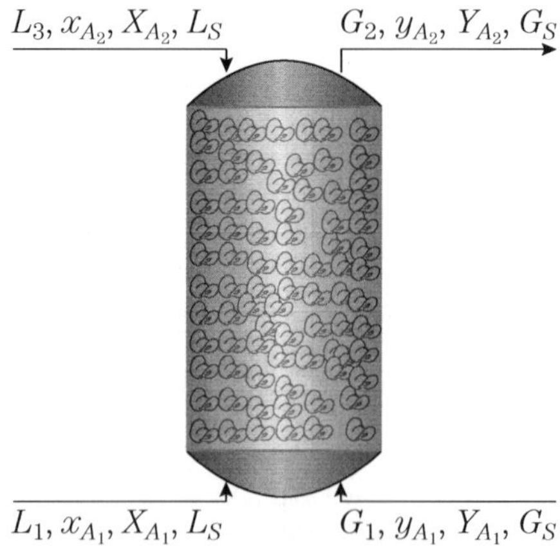

Figura 10.10 Contato contracorrente.

A Figura 10.10 ilustra uma operação de transferência de massa envolvendo o contato contracorrente entre duas correntes relacionadas às fases G e L. O balanço macroscópico de matéria envolvendo o fluxo molar entre essas fases é

$$G_1 y_{A_1} + L_2 x_{A_2} = G_2 y_{A_2} + L_1 x_{A_1} \tag{10.34}$$

em que G e L referem-se aos fluxos molares das fases leve e pesada, respectivamente; enquanto y_A e x_A dizem respeito a frações molares do soluto A nas fases leve e pesada, respectivamente; o subscrito 1 indica a base da torre, enquanto o subscrito 2, o topo.

Em virtude de os fluxos do soluto nas correntes G e L variarem ao longo da altura da coluna, por causa do seu transporte de uma corrente à outra, a Equação 10.34 pode ser expressa em termos dos fluxos dos inertes, os quais são baseados nos fluxos de matéria das espécies que não participam da transferência de massa. Os fluxos de inertes permanecem inalterados; ou seja, ao se considerar mistura binária em ambas as fases, o fluxo do soluto A na corrente G e na base do equipamento (plano 1 na Figura 10.10) é $G_1 y_{A_1}$, enquanto o de inertes será $G_1(1 - y_{A_1})$ e, como este é constante em qualquer plano da torre, tem-se

Para a corrente G

$$(1 - y_{A_1})G_1 = (1 - y_{A_2})G_2 = G_s \tag{10.35}$$

sendo G_s o fluxo molar do inerte presente na corrente G (fase leve).

Para a corrente L

$$(1 - x_{A_1})L_1 = (1 - x_{A_2})L_2 = L_s \tag{10.36}$$

L_s é o fluxo molar do inerte na corrente L (fase pesada). A fração molar absoluta do soluto é definida como:

Para a corrente G

$$Y_A = \frac{\text{mols de } A \text{ em } G}{\text{mols de } G \text{ sem } A} = \frac{\text{mols de } A \text{ em } G}{\text{mols de } B \text{ em } G} = \frac{\text{mols de } A}{\text{mols de } B}$$

por conseguinte

$$Y_A = \frac{y_A}{1 - y_A} \tag{10.37}$$

Para a corrente L, de forma análoga à corrente G, tem-se

$$X_A = \frac{x_A}{1 - x_A} \tag{10.38}$$

Ao substituir as Equações 10.35, 10.36, 10.37 e 10.38 na Equação 10.34, resulta

$$\frac{L_s}{G_s} = \frac{Y_{A_1} - Y_{A_2}}{X_{A_1} - X_{A_2}} \tag{10.39}$$

A Equação 10.39 é a expressão geral que descreve a relação entre as frações molares absolutas do soluto no seio das correntes G e L em qualquer plano da coluna de recheios. A partir do instante em que essa equação define as *condições de operação* dentro da coluna, ela denomina-se *linha de operação*. Nota-se, por inspeção da Equação 10.39, que o desempenho de um equipamento de transferência de massa depende substancialmente do escoamento das fases envolvidas. No caso do contato gás-líquido (absorção ou dessorção), admite-se, normalmente, uma situação idealizada na qual existem a distribuição e o escoamento uniformes do líquido em toda a coluna. O que nem sempre é verdadeiro, pois tanto a distribuição quanto o escoamento do líquido não são uniformes, tendo em vista as zonas mortas existentes na coluna, assim como a formação de canais preferenciais de escoamento. Esses canais são menos intensos quando o empacotamento dos recheios na torre é muito regular (como, por exemplo, com a utilização de anéis). Para minimizar o surgimento dos canais preferenciais, recomenda-se que o diâmetro da coluna seja superior a oito vezes o diâmetro nominal do recheio (ou seja $D > 8d_S$), bem como, no caso de colunas que se apresentarem perto desse limite, utiliza-se de redistribuidores de líquidos (CREMASCO, 1998).

10.6.2 Queda de pressão e ponto de inundação em uma coluna recheada

A maioria das colunas opera em regime turbulento, de modo que, quando não há líquido (escoamento monofásico da fase gasosa), a relação entre a queda de pressão e a velocidade do gás, na torre de recheio, é expressa pelo termo quadrático da Equação 10.29

$$-\frac{\Delta P}{H} \cong \left(\frac{\beta^{1/2}\Omega}{\varepsilon^3}\right)\left[\frac{6(1-\varepsilon)}{\phi d_s}\right]\rho_G q^2 \tag{10.40}$$

em que ρ_G é a massa específica da fase G. Ao se multiplicar e dividir a Equação 10.40 pela massa específica do gás, e rearranjando-se o resultado, tem-se

$$-\frac{\Delta P}{H} = \Gamma \frac{F}{\rho_G} G'^2 \tag{10.41}$$

G' é o fluxo mássico do gás, definido por

$$G' = \rho_G q \tag{10.42}$$

lembrando que q é a velocidade superficial do gás. O fluxo mássico relaciona-se com o fluxo molar na forma

$$G' = GM_G \tag{10.43}$$

sendo M_G a massa molar do gás. O parâmetro F refere-se a um fator de empacotamento, que é proporcional à área específica superficial do recheio, o qual, sendo uma partícula esférica, é

$$F = \frac{6(1-\varepsilon)}{\phi d_p} \tag{10.44}$$

a constante Γ, presente na Equação 10.41, para recheios randômicos, está associada, além da permeabilidade, com as propriedades do fluido (viscosidade dinâmica e massa específica). A Tabela 10.2 apresenta valores para o fator de empacotamento F (valores adimensionais) para diversos tipos de recheio.

Tabela 10.2 Fator de empacotamento F (MASSARANI, 1997)

Recheio	Material	Dimensão nominal (in)										
		1/4	3/8	1/2	5/8	3/4	1	$1^{1/4}$	$1^{1/2}$	2	3	$3^{1/2}$
Super Intalox	Cerâmica						60			30		
Super Intalox	Plástico						33			21		16
Anéis de Pall	Plástico				97		52		40	24		16
Anéis de Pall	Metal				70		48		33	20		16
Intalox	Cerâmica	725	330	200		145	92		52	40	22	
Anéis de Raschig	Cerâmica	1.600	1.000	580	380	225	155	125	95	65	37	
Anéis de Raschig	Metal (1/32")	700	390	300	170	155	115					
Anéis de Raschig	Metal			410	290	220	137	110	83	57	32	
Selas de Berl	Cerâmica	900		240		170	110		65	45		

Quando se escoa apenas gás através da coluna, ou seja $L' = 0$ (em que L' representa o fluxo mássico de líquido, definido de forma semelhante à Equação 10.42), a queda de pressão é proporcional ao fluxo mássico de gás na forma

$$-\frac{\Delta P}{H} \propto G'^2 \tag{10.45}$$

cuja proporcionalidade está representada pela linha A da Figura 10.11. Por outro lado, na existência do escoamento descendente da fase líquida, a queda de pressão não é significativamente afetada para baixos e médios valores de fluxo mássico de gás, porém acarreta maior perda (de carga) em razão da redução da fração de vazios da torre, tendo em vista a ocupação desses vazios por parte do líquido, resultando em uma linha paralela, conforme ilustra o segmento B' da reta B na Figura 10.11. A linha C, nessa figura, indica que houve aumento do fluxo mássico de líquido ($L'_2 > L'_1$).

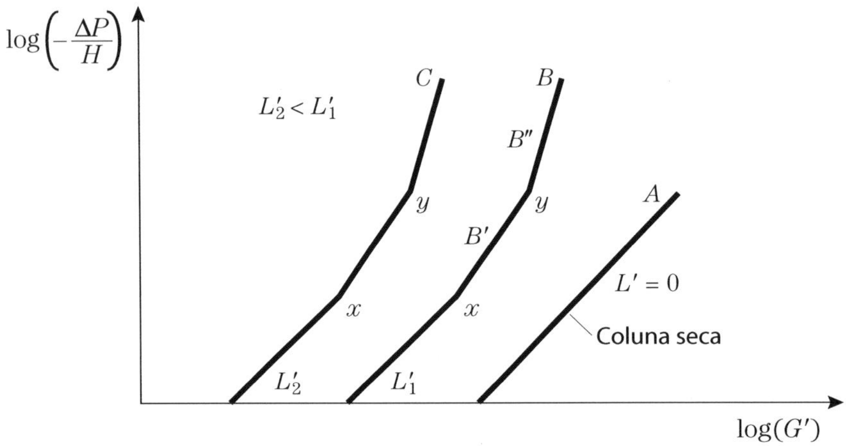

Figura 10.11 Identificação do ponto de inundação (baseada em TANNOUS; ROCHA, 2011).

Quando o fluxo mássico G' do gás atinge um valor x (linha B), a queda de pressão aumenta na proporção

$$-\frac{\Delta P}{H} \propto G'^{2,5} \tag{10.46}$$

a qual é representada pelo segmento B' da reta B na Figura 10.11. Até o valor x do fluxo mássico do gás, o aumento de G' não interfere na retenção do líquido (*holdup*), o qual é definido como

$$h = \frac{\text{volume de líquido}}{\text{volume de coluna}} \tag{10.47}$$

A partir do fluxo mássico x do gás, o seu movimento interfere no movimento do líquido, havendo, a partir de então, retenções locais de líquido, fazendo com que se aumente o *holdup*. Mantendo-se, ainda, determinada vazão de líquido constante (L'_1, por exemplo), e aumentando-se mais o fluxo mássico do gás até o valor y, atinge-se o ponto de inundação da coluna. A partir do fluxo mássico de gás y, não é possível operar a torre, tendo em vista que o líquido fica retido e, caso o gás consiga vencer a carga adicional da coluna de líquido, este é arrastado junto com o gás. Desse modo, recomenda-se operar a torre no ponto de carga x ou em um valor abaixo dele.

A Figura 10.12 apresenta a previsão do valor da queda de pressão para o contato contracorrente, conhecendo-se a altura efetiva da coluna H (altura na qual os recheios estão contidos). Nessa figura G' e L' são os fluxos mássicos das fases gasosa e líquida, respectivamente, em (kg/m^2 · s); ρ_G e ρ_L são as massas específicas do gás e do líquido, respectivamente (kg/m^3); ν é a viscosidade cinemática do líquido (cSt); F, o fator de empacotamento (Tabela 10.2).

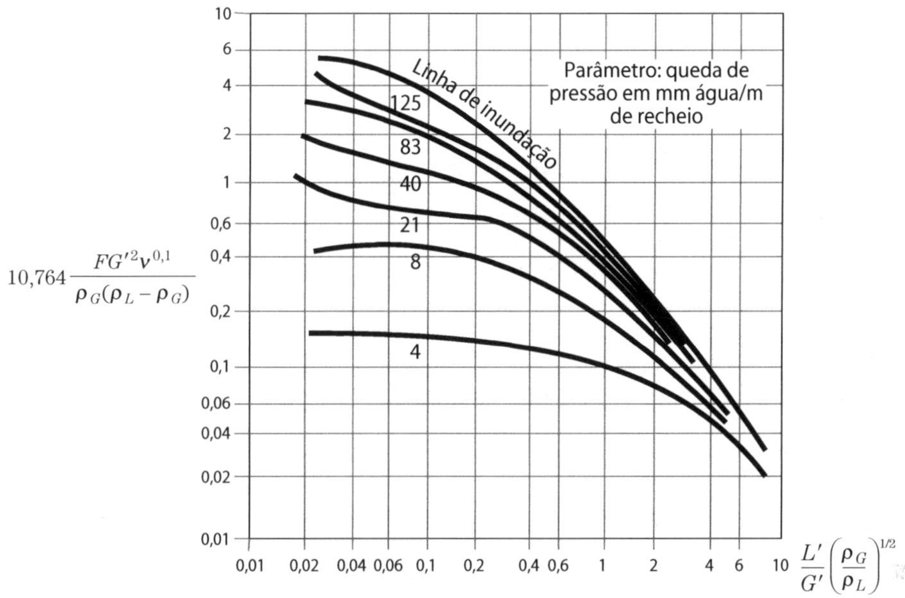

Figura 10.12 Queda de pressão (baseada em MASSARANI, 1997).

Exemplo 10.4

A ozonização é uma alternativa interessante para a desinfecção de água nas estações de tratamento, na desinfecção final do efluente de esgoto sanitário antes da devolução para o corpo hídrico, bem como para a remoção de odores. Nos efluentes industriais o ozônio pode ser usado na oxidação de vários efluentes de difícil tratamento, tais como: efluentes de indústrias têxteis, de papel e farmacêutica. Um dos aspectos essenciais ao se empregar ozônio está na obtenção da perda de carga oferecida pela coluna ao escoamento das fases envolvidas na transferência de massa entre as fases gasosa e líquida. Dada a importância da conscientização e urgência do tratamento de água (qualquer que seja), considere a seguinte questão: construiu-se uma torre de recheios com anéis cerâmicos de Raschig de $1^{1/2}$", conforme ilustra a Figura 1, para absorver O_3 diluído em uma corrente de oxigênio, utilizando-se água pura a 25 °C como solvente e com fluxo molar igual a 0,67 kgmol/(m^2 · s), o qual é alimentado no topo de uma coluna de 50,8 cm de diâmetro e altura efetiva de recheio igual a 3,0 m. Sabendo que a corrente gasosa é alimentada na base da torre, cujo fluxo molar é igual a $3{,}5 \times 10^{-2}$ kgmol/(m^2 · s), deseja-se conhecer o valor da carga da coluna em cm.

Considere as seguintes informações: as massas específicas do gás oxigênio e da água são, respectivamente, $\rho_{O_2} = 1{,}275 \times 10^{-3}$ g/cm^3 e $\rho_{H_2O} = 0{,}99695$ g/cm^3. A viscosidade dinâmica da água a 25 °C é 0,90 cP. A massa molar da água é igual a 18,015 kg/kgmol, enquanto o valor da massa molar do oxigênio é igual a 31,999 kg/kgmol.

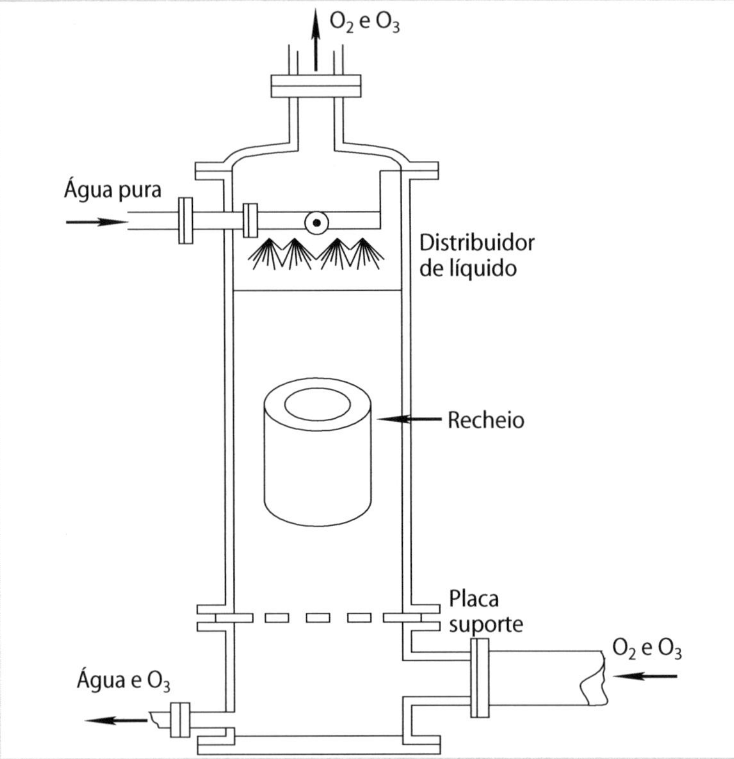

Figura 1 Torre recheada com anéis cerâmicos de Raschig (baseada em TANNOUS; ROCHA, 2011).

Solução

Trata-se da utilização da Figura 10.12, depois de se conhecer os valores da abscissa e da ordenada, que são obtidos, respectivamente, a partir de

$$x = \frac{L'}{G'}\left(\frac{\rho_G}{\rho_L}\right)^{1/2} \qquad (1)$$

$$y = 10{,}764\frac{FG'^2\nu^{0,1}}{\rho_G(\rho_L - \rho_G)} \qquad (2)$$

No caso da fase gasosa, o fluxo molar é igual a $3{,}5 \times 10^{-2}$ kgmol/(m^2 · s). A relação entre os fluxos mássico e molar é da forma

$$G' = GM_G \qquad (3)$$

Tendo em vista de que se trata de mistura diluída, o valor do fluxo mássico da mistura gasosa $M_G = M_{O_2} = 31{,}999$ kg/kgmol, de onde resulta em (3)

$$G' = (3{,}5 \times 10^{-2})(31{,}999) = 1{,}12 \text{ kg/(m}^2 \cdot \text{s)} \quad (4)$$

O fluxo molar da fase líquida é 0,67 kgmol/(m^2 · s). Da mesma maneira da corrente gasosa

$$L' = LM_L \quad (5)$$

Visto ser solução diluída, $M_L = M_{H_2O} = 18{,}015$ kg/kgmol. Desse modo,

$$L' = (0{,}67)(18{,}015) = 12{,}07 \text{ kg/(m}^2 \cdot \text{s)} \quad (6)$$

Como se trata de mistura e de solução diluída, as massas específicas são iguais a $\rho_G = \rho_{O_2} = 1{,}275 \times 10^{-3}$ g/cm^3 = 1,275 kg/m^3 e $\rho_L = \rho_{H_2O} = 0{,}99695$ g/cm^3 = 996,95 kg/m^3. Substituindo-se esses valores e os resultados (4) e (6) na Equação 1

$$x = \frac{L'}{G'}\left(\frac{\rho_G}{\rho_L}\right)^{1/2} = \frac{12{,}07}{1{,}12}\left(\frac{1{,}275}{996{,}95}\right)^{1/2} = 0{,}385 \quad (7)$$

Para o cálculo da ordenada, Equação 2, é necessário o conhecimento do valor da viscosidade cinemática em cSt. Foram fornecidos os valores de $\rho_L = 996{,}95$ kg/m^3 e $\mu = 0{,}90$ cP $= 9{,}0 \times 10^{-4}$ kg/(m · s). Dessa maneira,

$$\nu = \frac{\mu}{\rho} = \frac{9{,}0 \times 10^{-4}}{996{,}95} = 9{,}028 \times 10^{-7} \text{ m}^2\text{/s} = 0{,}9028 \text{ cSt} \quad (8)$$

Além desse valor, conhecem-se os valores de $\rho_L = 996{,}95$ g/cm^3, $\rho_G = 1{,}275$ g/cm^3 e $G' = 1{,}12$ kg/(m^2 · s). O fator F advém da Tabela 10.2 para recheios do tipo anéis cerâmicos de Raschig de $1^{1/2"}$. A partir dessa informação, verifica-se, em tal tabela, que $F = 95$. Substituindo esse valor em conjunto com aqueles apresentados neste parágrafo na Equação 2, tem-se:

$$y = (10{,}764)\frac{(95)(1{,}12)^2(0{,}9028)^{0{,}1}}{(1{,}275)(996{,}95 - 1{,}275)} = 1{,}0 \quad (9)$$

Os valores da abscissa e da ordenada, resultados (7) e (9), respectivamente, são conhecidos. Levando-os na Figura 10.12 (ver figura relativa a este exemplo), obtém-se

$$-\frac{\Delta P}{H} = 125 \text{ mmH}_2\text{O/m} \quad (10)$$

Como $H = 3{,}0$ m, a queda de pressão será

$$-\Delta P = (3{,}0)(125) = 375 \text{ mmH}_2\text{O} = 37{,}5 \text{ cm H}_2\text{O} \quad (11)$$

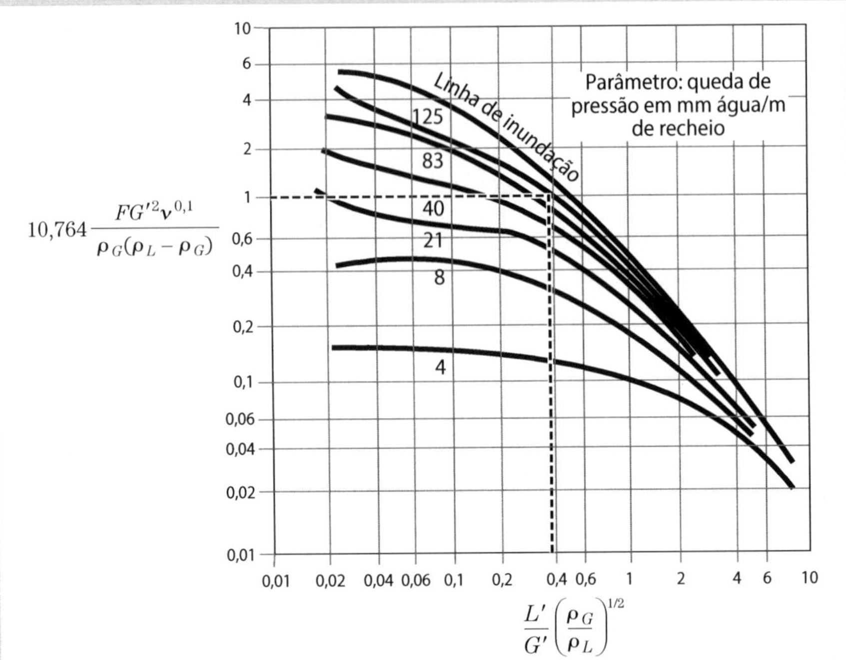

Figura 2 Obtenção da queda de pressão pela altura efetiva da coluna.

10.7 Bibliografia consultada

Caldas, J. N.; Lacerda, A. T. **Torres recheadas**. Rio de Janeiro: J. R. Editora Técnica, 1988.

Cremasco, M. A. **Fundamentos de transferência de massa**. Campinas: Editora da Universidade Estadual de Campinas, 1998.

Cremasco, M. A.; Hritzko, B. J.; Wang, N. H. L. Determinação da porosidade do leito, coeficientes de partição e parâmetros de transferência de massa utilizando a técnica de análise das respostas de pulsos cromatográficos. **Anais do XIII Congresso Brasileiro de Engenharia Química**, CD ROM, Águas de São Pedro, 2000.

Coulson, J. M.; Richardson, J. F. **Tecnologia química** – v. II: **Operações unitárias**. 2. ed. Lisboa: Fundação Gulbenkian, 1968.

Coutinho Jr., G.; Zumpano, V. H. Análise da porosidade e da permeabilidade em diferentes meios porosos. **Anais do VII Encontro sobre Escoamento em Meios Porosos – Enemp**, v. 3, p. 667, Aracaju, 1977.

Ergun, S. Fluid flow through packed columns. **Chem. Engng. Prog.**, v. 48, n. 2, p. 89, 1952.

Konuk, A. A.; Skoda, S. Medidas de permeabilidade de fibras cerâmicas. **Anais do VII Encontro sobre Escoamento em Meios Porosos – Enemp**, v. 3, p. 749, Aracaju, 1977.

Massarani, G. **Fluidodinâmica em sistemas particulados**. Rio de Janeiro: Editora UFRJ, 1997.

Moreira, E. A.; Coury, J. R.; Innocentini, M. D. M. Estimativa da porosidade efetiva de cerâmicas celulares. **Anais do XIV Congresso Brasileiro de Engenharia Química**, CD ROM, Natal, 2002.

Tannous, K.; Rocha, S. C. **Capítulo III** – Escoamento em meios porosos. Disponível em: <www.ocw.unicamp.br/fileadmin/user_upload/cursos/EQ651/Capitulo_III.pdf>. Acesso em: 08 abr. 2011.

10.8 Nomenclatura

Área	área da seção transversal da coluna	$[L^2]$
$\mathbf{b}$	vetor intensidade de força de campo	$[M \cdot L \cdot T^{-2}]$
D	diâmetro da coluna	$[L]$
d_p	diâmetro médio da partícula (ou de aglomerado)	$[L]$
g	aceleração gravitacional; constante gravitacional	$[L \cdot T^{-2}]$
$\mathbf{g}$	força gravitacional	$[M \cdot L \cdot T^{-2}]$
G	fluxo volumétrico molar da fase gasosa	$[\text{mol} \cdot L^{-2} \cdot T^{-1}]$
G'	fluxo volumétrico mássico da fase gasosa	$[M \cdot L^{-2} \cdot T^{-1}]$
H	altura efetiva da coluna	$[L]$
k	permeabilidade	$[L^2]$
L	fluxo volumétrico molar da fase líquida	$[\text{mol} \cdot L^{-2} \cdot T^{-1}]$
L'	fluxo volumétrico mássico da fase líquida	$[M \cdot L^{-2} \cdot T^{-1}]$
m	força resistiva	$[M \cdot L^{-2} \cdot T^{-2}]$
$\mathbf{m}$	força resistiva (vetor)	$[M \cdot L^{-2} \cdot T^{-2}]$
p	pressão exercida na fase fluida	$[M \cdot L^{-1} \cdot T^{-2}]$
P	pressão piezométrica	$[M \cdot L^{-1} \cdot T^{-2}]$
q	velocidade superficial do fluido	$[L \cdot T^{-1}]$
Q	vazão volumétrica do fluido	$[L^3 \cdot T^{-1}]$
R_h	raio hidráulico	$[L]$
S_V	superfície específica volumétrica do meio poroso	$[L^2 \cdot L^{-3}]$
t_R	tempo de residência	$[T]$
u	vetor velocidade intersticial do fluido	$[L \cdot T^{-1}]$
$\mathbf{u}$	vetor velocidade do fluido	$[L \cdot T^{-1}]$
$\mathbf{U}$	vetor velocidade relativa	$[L \cdot T^{-1}]$

V_T volume total da coluna .... $[L^3]$
x_A fração molar do soluto A na fase gasosa .... adimensional
X_A fração molar absoluta do soluto A na fase gasosa .... adimensional
y_A fração molar do soluto A na fase líquida .... adimensional
Y_A fração molar absoluta do soluto A na fase líquida .... adimensional
z distância .... $[L]$

Letras gregas

ε fração de vazios (porosidade do leito, da coluna) .... adimensional
ε_p porosidade da partícula .... adimensional
ϕ esfericidade da partícula .... adimensional
μ viscosidade dinâmica .... $[M{\cdot}L^{-1}{\cdot}T^{-1}]$
ρ_p massa específica da partícula .... $[M{\cdot}L^{-3}]$
ρ massa específica da fase fluida .... $[M{\cdot}L^{-3}]$
τ tensor tensão extra exercido na fase fluida .... $[M{\cdot}L^{-1}{\cdot}T^{-2}]$

Subscritos

G gás
L líquido
p partícula

Capítulo 11

Fluidização

11.1 Introdução

Os leitos fluidizados são caracterizados, basicamente, por apresentar partículas suspensas e distanciadas entre si quando submetidas ao escoamento da fase fluida sem, contudo, sofrerem arraste. Tais leitos são largamente utilizados em processos industriais por proporcionarem mistura intensa entre as fases fluida e particulada, criando – dessa maneira – taxas elevadas de transferência de calor e de massa, assim como acarretando uniformidade de distribuições de temperatura e de concentração das fases no interior do equipamento. Exemplos típicos de aplicações industriais de leitos fluidizados incluem sínteses e reações catalíticas, regeneração catalítica, combustão e gaseificação de carvão etc. Os leitos fluidizados são também empregados em processos físicos (não reacionais) como, por exemplo, na secagem de partículas, recobrimento e granulação de sólidos etc.

11.2 Regimes fluidodinâmicos na fluidização

Os regimes fluidodinâmicos na fluidização dependem das características físicas da fase particulada (distribuição granulométrica, tamanho médio de partículas, forma, massa específica) e da fase fluida (viscosidade dinâmica, massa específica), bem como das condições operacionais da coluna (temperatura e vazão da fase fluida, compactação da fase particulada, altura efetiva, diâmetro). Podem ser identificados, classicamente, os seguintes regimes fluidodinâmicos, ilustrados na Figura 11.1: fluidização homogênea, fluidização borbulhante, fluidização do tipo *slug*, fluidização turbulenta, fluidização rápida. Boa parte da fluidização que se utiliza de líquidos enquanto fase fluida resulta em fluidização homogênea, ao passo que a fluidização que opera com gases leva aos outros tipos de regime de fluidização, conhecidos por fluidização heterogênea.

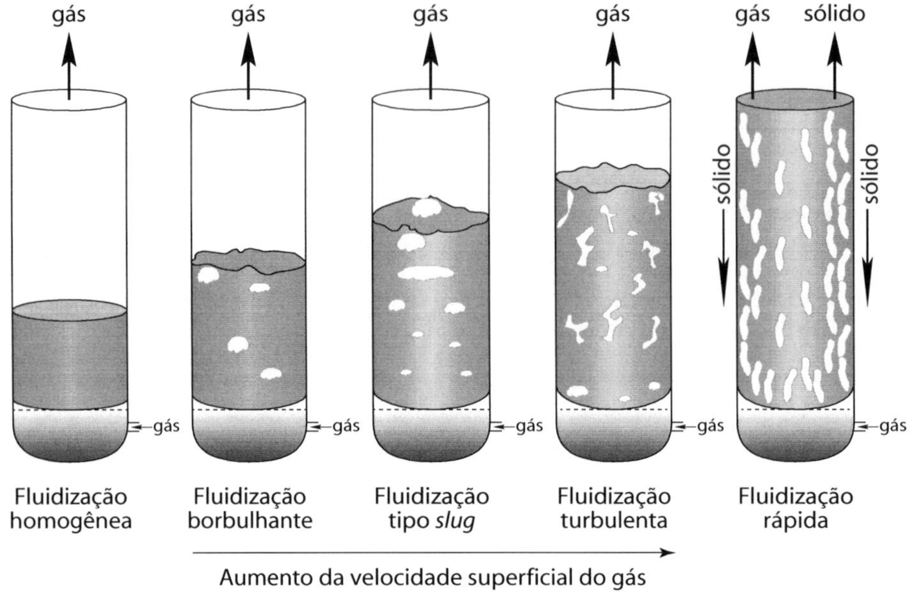

Figura 11.1 Regimes de fluidização (adaptada de GRACE, 1986).

Geldart (1973) identificou quatro tipos de regimes fluidodinâmicos na fluidização e propôs um diagrama que relaciona as características físicas da partícula (d_p e ρ_p) e massa específica do fluido (ρ) com tais regimes, conforme ilustra a Figura 11.2.

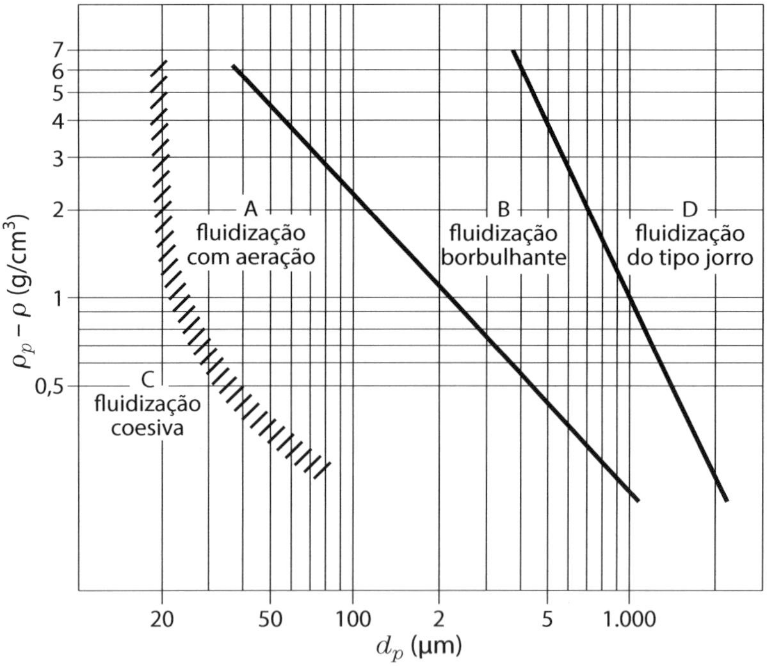

Figura 11.2 Classificação de Geldart para fluidização de partículas no ar em condições ambiente (GELDART, 1986).

Escreve-se, a partir da inspeção dessa figura,

Grupo A – particulados ao serem fluidizados (por gás) acarretam a expansão do leito, apresentam fluidização homogênea ao atingir a velocidade de mínima fluidização, seguido por fluidização borbulhante à medida que se aumenta a velocidade do gás. Partículas de FCC, utilizadas no craqueamento catalítico do petróleo são exemplos desse grupo.

Grupo B – particulados que acarretam somente a fluidização borbulhante. A areia utilizada em construção é o exemplo típico desse grupo.

Grupo C – partículas coesivas (particulados finos e aderentes, como a farinha de trigo) que são quase incapazes de fluidizar, provocando canais preferenciais e/ou *slugs*.

Grupo D – particulados grandes cuja fluidização é levada a termo em leitos de jorro (a ser visto oportunamente). São exemplos de partículas: grãos de produtos agrícolas, tais como arroz, milho, feijão.

11.3 Fluidodinâmica da fluidização

A diferença fluidodinâmica fundamental entre o leito fixo e o fluidizado é que este pode ser tratado, no mínimo, como leito expandido, ou seja, as partículas guardam, entre si, certa distância, diferentemente do que acontece no leito fixo, no qual as partículas sempre estão em contato umas com as outras. No que se refere a um modelo matemático para descrição da fluidização, este é baseado nas equações da continuidade para as fases fluida e particulada, Equações 9.20 e 9.21, respectivamente, e do movimento dessas fases, Equações 9.36 e 9.37, considerando-se nelas o efeito de campo como sendo o gravitacional e direcionada contrária ao escoamento do fluido. Em assim sendo, tais equações são retomadas na forma

Fase fluida (equações da continuidade e do movimento, respectivamente)

$$\frac{\partial \rho \varepsilon}{\partial t} + \vec{\nabla} \cdot \rho \varepsilon \mathbf{u} = 0 \tag{11.1}$$

$$\rho \varepsilon \left[\frac{\partial \mathbf{u}}{\partial t} + \mathbf{u} \cdot \vec{\nabla} \mathbf{u} \right] = -\vec{\nabla} p + \vec{\nabla} \cdot \boldsymbol{\tau} - \mathbf{m} - \rho \mathbf{g} \tag{11.2}$$

Fase particulada (equações da continuidade e do movimento, respectivamente)

$$\frac{\partial \rho_p \varepsilon_p}{\partial t} + \vec{\nabla} \cdot \rho_p \varepsilon_p \mathbf{u}_p = 0 \tag{11.3}$$

$$\rho_p \varepsilon_p \left[\frac{\partial \mathbf{u}_p}{\partial t} + \mathbf{u}_p \cdot \vec{\nabla} \mathbf{u}_p \right] = -\vec{\nabla} p_p + \vec{\nabla} \cdot \boldsymbol{\tau}_p + \mathbf{m} - (\rho_p - \rho) \varepsilon_p \mathbf{g} \tag{11.4}$$

A descrição da fluidodinâmica recai, sobretudo, na identificação do regime da fluidização (Figura 11.1) e, consequentemente, das características das partículas que compõem o leito por meio, por exemplo, da classificação de Geldart (Figura 11.2). A partir dessa classificação é possível prever o comportamento fluidodinâmico da fluidização e, a partir de então, fazer as devidas considerações e simplificações nas Equações 11.1 a 11.4, assim como estabelecer as equações constitutivas, as quais incorporam hipóteses relativas tanto à força resistiva quanto às tensões nas fases fluida e particulada.

Para efeito de apresentação dos modelos que descrevem os regimes de fluidização ilustrados na Figura 11.1, pode-se dividir a fluidização em três grandes famílias: fluidização homogênea, fluidização heterogênea, fluidização com transporte ou arraste de sólidos. Esta última família será abordada no próximo capítulo, o qual versará sobre o arraste de sólidos por fluidos (transporte pneumático e hidráulico); já em relação às fluidizações homogênea e heterogênea pode-se, de maneira muito simples, diferenciá-las quanto à uniformidade da matriz (leito) porosa; a fluidização homogênea apresenta distribuição uniforme de concentração de partículas no leito, ou seja, a matriz porosa é isotrópica; já a fluidização heterogênea é caracterizada, sobretudo, pela matriz porosa ser não isotrópica em termos da concentração de partículas (ou da fração de vazios).

11.3.1 Fluidização homogênea

A fluidização homogênea é encontrada, usualmente, quando o fluido de trabalho é líquido, assim como, por aproximação, quando este fluido se tratar de um gás com velocidade próxima à condição de mínima fluidização, utilizando-se partículas do tipo A e, em alguns casos, partículas do tipo B. Admite-se para a fluidização homogênea, à semelhança do escoamento de fluidos em leitos fixos, as seguintes hipóteses:

a) a fase fluida comporta-se como fluido *newtoniano* e incompressível;

b) regime permanente, o que leva qualquer variação temporal ($\partial / \partial t$) a ser nula;

c) meio poroso isotrópico, acarretando na porosidade (fração volumétrica de vazios) constante ao longo do leito;

d) escoamento uniforme e estabelecido, o que acarreta o campo de velocidade **u** ser uniforme, ocasionando a variação espacial da velocidade ser nula, resultando em $\vec{\nabla} \cdot \boldsymbol{\tau} = 0$ na Equação 11.2;

e) uniformidade do campo de velocidade da fase particulada, a qual, em conjunto com a hipótese (*c*) (meio isotrópico), de modo que p_p = cte e, por consequência, $\vec{\nabla} p_p = \vec{\nabla} \cdot \boldsymbol{\tau}_p = 0$ na Equação 11.14;

f) escoamento unidimensional ($\mathbf{u} = u$, $\mathbf{u_p} = u_p$; $\mathbf{m} = m$; $\mathbf{g} = g$).

De posse dessas hipóteses, as Equações 11.2 e 11.4 são retomadas, respectivamente, como

$$-\frac{dp}{dz} - \rho g = m \tag{11.5}$$

$$m = (1 - \varepsilon)(\rho_p - \rho)g \tag{11.6}$$

Observa-se da Equação 11.6 que a força resistiva iguala-se ao peso aparente da fase particulada por unidade de volume, entendendo-se por peso aparente o das partículas menos o peso do fluido ascendente (empuxo). Na presente situação, a ação gravitacional age em sentido contrário à alimentação de fluido no leito. É importante salientar que o início da fluidização ocorre quando a força resistiva associada à interação entre as partículas expandidas, em virtude do escoamento ascendente do fluido, iguala-se ao peso aparente das partículas. Desse modo, a Equação 11.6 é reescrita na forma

$$m_{mf} = (1 - \varepsilon_{mf})(\rho_p - \rho)g \tag{11.7}$$

na qual o subscrito *mf* indica mínima fluidização.

Queda de pressão em condição de mínima fluidização (homogênea)

Mencionou-se que o início da fluidização ocorre quando a força resistiva iguala-se ao peso aparente das partículas, como escrito na Equação 11.7. Entretanto, pode-se escrever que esse fenômeno caracteriza-se, também, por uma transição (ou intersecção) entre as situações de leito fixo e fluidizado. Tendo em vista as hipóteses de o fluido que atravessa o meio poroso, isotrópico e homogêneo, ser *newtoniano*, escoamento uniforme para o campo de velocidades da fase fluida, pode-se retomar a Equação 11.5, considerando nesta a definição da pressão piezométrica do fluido, P, Equação 10.10 segundo

$$-\frac{dP}{dz} = m \tag{11.8}$$

Ao integrar a Equação 11.8, tem-se, na condição de mínima fluidização,

$$-\frac{\Delta P_{mf}}{H_{mf}} = m_{mf} \tag{11.9}$$

Ressalte-se que o valor da altura do leito H_{mf} não será mais aquele de leito fixo e sim caracterizado por ser *expandido*. Ao se igualar as Equações 11.7 e 11.9 obtém-se a queda de pressão na situação de mínima fluidização por meio do peso aparente do leito

$$-\frac{\Delta P_{mf}}{H_{mf}} = \left(1 - \varepsilon_{mf}\right)\left(\rho_p - \rho\right)g \tag{11.10}$$

ou

$$-\Delta P_{mf} = (1 - \varepsilon_{mf})(\rho_p - \rho)gH_{mf} \tag{11.11}$$

Resultados clássicos apontam, no caso da fluidização homogênea, que a queda de pressão em condição de mínima fluidização, $-\Delta P_{mf}$, relaciona-se com o peso do leito por

$$-\Delta P_{mf} = \frac{g m_p}{Área} \tag{11.12}$$

em que m_p é a massa de partículas contida no leito e $Área = \pi D^2/4$, área da seção transversal do leito, sendo D o diâmetro da coluna. Um resultado em decorrência da igualdade entre as Equações 11.11 e 11.12 é a obtenção do valor da fração de vazios do leito em condições de mínima fluidização, ou

$$\varepsilon_{mf} = 1 - \frac{m_p}{H_{mf}(Área)(\rho_p - \rho)} \tag{11.13}$$

O valor da fração de vazios na mínima fluidização é superior àquele valor referente ao leito fixo, tendo em vista o empacotamento do último. Entretanto, por estar em uma condição de leito expandido (ou, ainda, na iminência da fluidização), considera-se que o valor da velocidade intersticial relativa entre as fases fluida e particulada é igual ao valor da velocidade intersticial da fase fluida. Sendo assim, a força resistiva pode ser descrita pela Equação 10.11, aqui retomada na condição de mínima fluidização como

$$m_{mf} = \frac{\mu}{k}\left[1 + \frac{c\rho\sqrt{k}}{\mu} q_{mf}\right] q_{mf} \tag{11.14}$$

Substituindo-se essa equação, Equação 11.14, na Equação 11.9, resulta em

$$-\frac{\Delta P_{mf}}{H_{mf}} = \frac{\mu}{k}\left[1 + \frac{c\rho\sqrt{k}}{\mu} q_{mf}\right] q_{mf} \tag{11.15}$$

Identificando-se, nessa equação, a constante de permeabilidade k, Equação 10.24, e a constante c, Equação 10.28, e substituindo-as na Equação 11.15, obtém-se

$$-\frac{\Delta P_{mf}}{H_{mf}} = 36\beta\left[\frac{(1-\varepsilon_{mf})^2}{\varepsilon_{mf}^3}\right]\frac{\mu}{(\phi d_p)^2} q_{mf} + 6\beta^{1/2}\Omega\left(\frac{1-\varepsilon_{mf}}{\varepsilon_{mf}^3}\right)\frac{\rho}{(\phi d_p)} q_{mf}^2 \tag{11.16}$$

ou, em termos da equação de Ergun, Equação 10.32,

$$-\frac{\Delta P_{mf}}{H_{mf}} = 150\left[\frac{(1-\varepsilon_{mf})^2}{\varepsilon_{mf}^3}\right]\frac{\mu}{(\phi d_p)^2} q_{mf} + 1{,}75\left(\frac{1-\varepsilon_{mf}}{\varepsilon_{mf}^3}\right)\frac{\rho}{(\phi d_p)} q_{mf}^2 \tag{11.17}$$

Note nas Equações 11.16 e 11.17 a dependência da queda de pressão com a velocidade superficial em condição de mínima fluidização, q_{mf}, a qual será abordada a seguir.

Velocidade superficial em condição de mínima fluidização (homogênea)

Obtém-se, de modo imediato, o valor da velocidade superficial do fluido na condição de mínima fluidização, a partir do conhecimento da massa de partículas que o leito contém, m_p, ao se igualar as Equações 11.12 e 11.16, ou

$$\frac{gm_p}{H_{mf}(Área)} = 36\beta\left[\frac{(1-\varepsilon_{mf})^2}{\varepsilon_{mf}^3}\right]\frac{\mu}{(\phi d_p)^2}q_{mf} + 6\beta^{1/2}\Omega\left(\frac{1-\varepsilon_{mf}}{\varepsilon_{mf}^3}\right)\frac{\rho}{(\phi d_p)}q_{mf}^2 \tag{11.18}$$

ou, em termos da equação de Ergun

$$\frac{gm_p}{H_{mf}(Área)} = 150\left[\frac{(1-\varepsilon_{mf})^2}{\varepsilon_{mf}^3}\right]\frac{\mu}{(\phi d_p)^2}q_{mf} + 1{,}75\left(\frac{1-\varepsilon_{mf}}{\varepsilon_{mf}^3}\right)\frac{\rho}{(\phi d_p)}q_{mf}^2 \tag{11.19}$$

Do mesmo modo, pode se ter como parâmetro a força resistiva. Assim, igualam-se as Equações 11.11 e 11.15, resultando

$$\frac{\mu}{k}q_{mf} + \frac{c\rho}{\sqrt{k}}q_{mf}^2 = (1-\varepsilon_{mf})(\rho_p - \rho)g \tag{11.20}$$

Ao identificar a constante de permeabilidade k, Equação 10.24, e a constante c, Equação 10.28, na Equação 11.20, tem-se

$$36\beta\left[\frac{(1-\varepsilon_{mf})^2}{\varepsilon_{mf}^3}\right]\frac{\mu}{(\phi d_p)^2}q_{mf} + 6\beta^{1/2}\Omega\left(\frac{1-\varepsilon_{mf}}{\varepsilon_{mf}^3}\right)\frac{\rho}{(\phi d_p)}q_{mf}^2 = (1-\varepsilon_{mf})(\rho_p - \rho)g \tag{11.21}$$

ou, em termos da equação de Ergun

$$150\left[\frac{(1-\varepsilon_{mf})^2}{\varepsilon_{mf}^3}\right]\frac{\mu}{(\phi d_p)^2}q_{mf} + 1{,}75\left(\frac{1-\varepsilon_{mf}}{\varepsilon_{mf}^3}\right)\frac{\rho}{(\phi d_p)}q_{mf}^2 = (1-\varepsilon_{mf})(\rho_p - \rho)g \tag{11.22}$$

Como se trata de fluidização homogênea (meio isotrópico), as Equações 11.21 e 11.22 podem ser adimensionalizadas segundo

$$K_1\,\mathrm{Re}_{pmf} + K_2\,\mathrm{Re}_{pmf}^2 = \mathrm{Ar} \tag{11.23}$$

em que o número de Reynolds da partícula na situação de mínima fluidização é

$$\mathrm{Re}_{pmf} = \frac{d_p q_{mf}}{\nu} \tag{11.24}$$

e o número de Arquimedes definido como

$$\mathrm{Ar} = \frac{\rho(\rho_p - \rho) g d_p^3}{\mu^2} \tag{11.25}$$

e as constantes K_1 e K_2, respectivamente

$$K_1 = \frac{36\beta}{\phi^2}\left(\frac{(1-\varepsilon_{mf})^2}{\varepsilon_{mf}^3}\right) \tag{11.26}$$

$$K_2 = \frac{6\beta^{1/2}\Omega}{\phi\varepsilon_{mf}^3} \tag{11.27}$$

Para a equação de Ergun, tais constantes são iguais, respectivamente, a

$$K_1 = \frac{150}{\phi^2}\left(\frac{(1-\varepsilon_{mf})^2}{\varepsilon_{mf}^3}\right) \tag{11.28}$$

$$K_2 = \frac{1{,}75}{\phi\varepsilon_{mf}^3} \tag{11.29}$$

Convém mencionar que Wen e Yu (1966) perceberam que os parâmetros K_1 e K_2 permanecem praticamente constantes para diferentes tipos de partículas em uma ampla faixa de condições ($0{,}001 < \mathrm{Re}_{pmf} < 4.000$), proporcionando estimativas para q_{mf} com desvios relativos da ordem de 34%(LACERDA JR. et al., 2008). O Quadro 11.1 apresenta resultados para os parâmetros K_1 e K_2 encontrados por outros autores.

Quadro 11.1 Valores para as constantes K_1 e K_2 (LACERDA JR. et al., 2008)

Autores	$K_1/2K_2$	$1/K_2$	Observações
Wen e Yu (1966)	33,7	0,0408	A partir de dados encontrados na literatura.
Richardson (1971)	25,7	0,0365	–
Saxena e Vogel (1977)	25,3	0,0571	Material: dolomita; válido para altas pressões e temperatura.
Babu et al. (1978)	25,3	0,0651	A partir de dados encontrados na literatura.
Grace (1982)	27,2	0,0408	–
Chitester et al. (1984)	28,7	0,0494	Materiais: carvão e esfera de vidro; para pressão acima de 64 bar.

Curva característica da fluidização homogênea

Este tipo de curva é construído correlacionando-se a queda de pressão em função da velocidade (superficial ou intersticial) do fluido de trabalho, conforme ilustra a Figura 11.3. Quando se trabalha com baixos valores de velocidade do fluido, a resposta do leito é semelhante à de leito fixo, ou seja, o fluido percola por entre as partículas (segmento OA), as quais não se movimentam umas em relação às outras. Ao aumentar a velocidade do fluido, aumenta-se a queda de pressão, cujo valor pode ser obtido pela Equação 10.32, por exemplo, até a situação de mínima fluidização (ponto B), que se caracteriza por apresentar a máxima queda de pressão no leito. Ao aumentar um pouco (por menor que seja) a velocidade superficial do fluido, o leito de partícula se expande, tendo em vista o distanciamento entre as partículas, provocando a condição de mínima fluidização (ponto F na Figura 11.3).

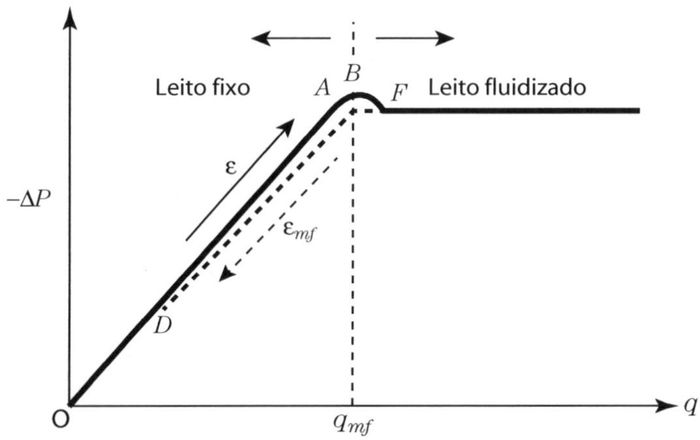

Figura 11.3 Queda de pressão em função da velocidade superficial do fluido.

A fração de vazios no leito aumenta de ε (valor do leito fixo) para ε_{mf} (valor na mínima fluidização). Ao aumentar o valor da velocidade superficial do fluido, o leito, ainda que apresente expansão, mantém a queda de pressão praticamente constante e se estabiliza. Após o leito comportar-se de forma estável e proceder a redução do valor da velocidade superficial do fluido até o limite de mínima fluidização, não se detectará de maneira proeminente o valor máximo da queda de pressão (ponto B), uma vez que o fluido não necessita vencer a resistência do leito para o afloramento de partículas na sua superfície.

Assim, na medida em que diminui a velocidade superficial do fluido, inferior à de mínima fluidização, as partículas se acomodarão e a queda de pressão será governada por equações que descrevem a fluidodinâmica em leito fixo, contudo, apresentando valor de fração de vazios maior do que aquele em leito fixo, e o leito – em tal situação – é reconhecido como leito expandido.

Exemplo 11.1

A gaseificação refere-se à conversão de combustíveis sólidos (ou líquidos) em gasosos por meio de reações termoquímicas, envolvendo vapor quente e ar ou oxigênio, em quantidades inferiores à estequiométrica (mínimo teórico para a combustão). Utilizam-se como matéria-prima materiais geralmente ricos em carbono, como carvão, madeira ou outros tipos de biomassa, como o bagaço da cana-de-açúcar. O gás resultante é uma mistura de monóxido de carbono, hidrogênio, metano, dióxido de carbono e nitrogênio, cujas proporções variam de acordo com as condições do processo, particularmente, quando é usado ar ou oxigênio na oxidação. O processo de gaseificação é muito versátil quanto à sua aplicabilidade como, por exemplo, em motores de combustão interna e turbinas a gás. Pode-se citar, também, a geração de eletricidade em comunidades isoladas das redes de energia elétrica, por meio da queima direta do gás em motores de combustão interna. Outra vantagem da gaseificação é que, sob condições adequadas, produz gás sintético, que pode ser utilizado na síntese de hidrocarbonetos. Há vários tipos de gaseificadores, os mais comuns são os reatores de leito fixo e de leito fluidizado, ilustrado na Figura 1. Independentemente do tipo do reator, são utilizados particulados sólidos como inertes para provocar o contato gás-sólido, mesmo porque o combustível sólido (carvão, por exemplo) será consumido no processo. Dessa maneira, o estudo da fluidodinâmica é baseado no comportamento da interação gás-partículas de inertes. Assim, considere a existência de um gaseificador de bancada do tipo leito fluidizado de 7,8 cm de diâmetro, o qual se utiliza de areia (ρ_p = 2.650 kg/m^3; d_p = 205 μm; ϕ = 0,86), como particulado inerte. Realizou-se um ensaio de fluidização utilizando-se 8,5 kg de areia para obter valores de queda de pressão em função da vazão de ar seco (ρ =1,129 kg/m^3; μ = 1,31 × 10^{-5} Pa·s), cujos resultados para valores decrescentes de vazão estão contidos na Tabela 1. Dessa maneira, pede-se:

a) a classificação de Geldart para a areia;

b) a curva característica da fluidização e, a partir dela, os valores experimentais de queda de pressão, em cm H_2O, a velocidade superficial do gás, em cm/s, e a altura do leito, em cm, em condições de mínima fluidização;

c) o valor da queda de pressão ($-\Delta P$), em cm H_2O, em condição de mínima fluidização, considerando-a igual ao peso aparente do leito (compare o valor obtido com aquele encontrado no item b);

d) o valor da fração de vazios (porosidade do leito) em condições de mínima fluidização, utilizando o resultado obtido no item b;

e) a velocidade superficial do gás na condição de mínima fluidização utilizando-se a equação de Ergun e o valor da queda de pressão obtida experimentalmente.

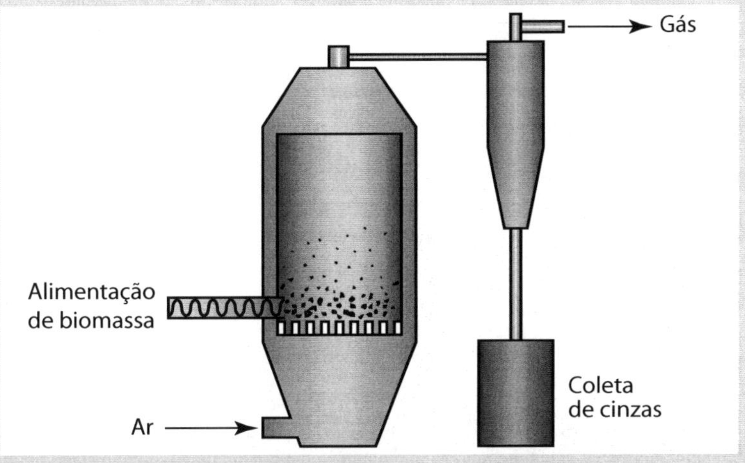

Figura 1 Gaseificação em leito fluidizado (LORA, 2010).

Tabela 1 Dados de ensaios de fluidização

Q (m^3/h)	$-\Delta P$ (cmH_2O)	H (cm)
3,7	178,0	152,0
3,5	178,0	152,0
3,3	177,0	152,0
3,1	171,0	151,0
2,9	164,0	150,0
2,7	156,0	148,0
2,5	144,0	144,0
2,3	132,0	140,0
2,1	120,0	137,0
1,9	110,0	133,0
1,4	80,0	131,0

Solução

a) Utiliza-se a Figura 11.2 para a resposta deste item. Do enunciado, são conhecidos os valores de d_p = 205 μm, o qual é a abscissa da Figura 11.2, bem como os valores das massas específicas do sólido e do fluido, ρ_p= 2,65 g/cm^3 e ρ =1,129 × 10^{-3} g/cm^3, respectivamente, o que acarreta o valor da ordenada igual a

$$\Delta\rho = \rho_p - \rho = 2{,}648 \text{ g/cm}^3 \qquad (1)$$

Com esse valor em conjunto com d_p = 205 μm, verifica-se na Figura 11.2 que a classificação da areia é do *tipo B*.

b) A partir da tabela fornecida neste exemplo, constrói-se a figura q vs. $(-\Delta P)$, conforme apresentado na Figura 2. Desta figura, obtém-se os parâmetros solicitados nas condições de mínima fluidização, queda de pressão e velocidade superficial, respectivamente,

$$-\Delta P_{mf} = 175 \text{ cmH}_2\text{O} \tag{2}$$

$$q_{mf} = 18{,}0 \text{ cm/s} \tag{3}$$

Por inspeção da Tabela 1, a altura do leito em condição de mínima fluidização é aproximadamente igual a

$$H_{mf} = 151{,}5 \text{ cm} \tag{4}$$

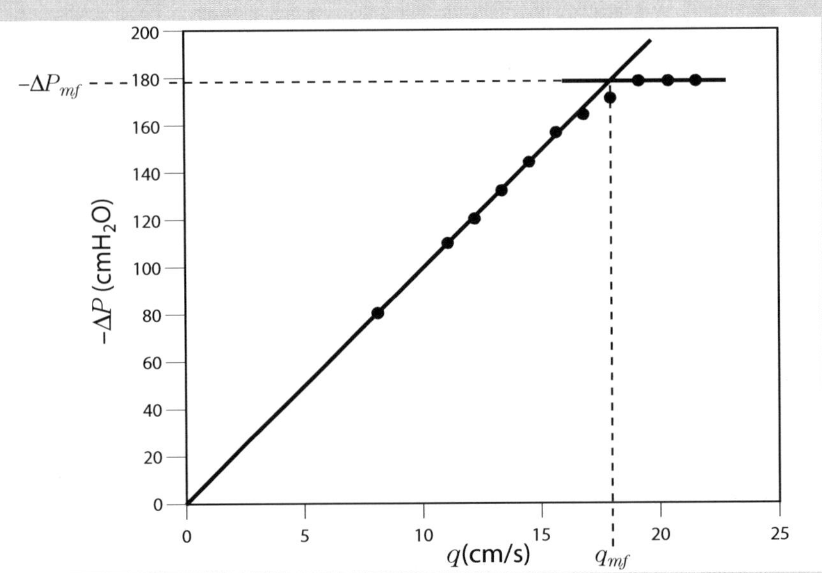

Figura 2 Curva característica da fluidização da areia.

c) Utilização da Equação 11.9

$$-\Delta P_{mf} = \frac{g m_p}{Área} \tag{5}$$

em que, para D = 7,8 cm = 0,078 m

$$Área = \frac{\pi D^2}{4} = \frac{\pi (0{,}078)^2}{4} = 4{,}778 \times 10^{-3} \text{ m}^2 \tag{6}$$

Tendo em vista que g = 9,81 m/s^2 e m_p = 8,5 kg, substituem-se esses valores, em conjunto com (6), na Equação 5.

$$-\Delta P_{mf} = \frac{(9{,}81)(8{,}5)}{\left(4{,}778 \times 10^{-3}\right)} = 17.451{,}86 \text{ N/m}^2 = 177 \text{ cmH}_2\text{O} \tag{7}$$

d) A partir da Equação 11.10, pode-se escrever para a fração de vazios em condição de mínima fluidização

$$\varepsilon_{mf} = 1 - \frac{\left(-\Delta P_{mf}\right)}{H_{mf}\left(\rho_p - \rho\right)g} \tag{8}$$

Do resultado (1), em kg/m^3, tem-se $\rho_p - \rho = 2.648$ kg/m^3. Sabendo que $g = 9{,}81$ m/s^2 e conhecendo-se os resultados (2) que, em N/m^2, é igual a 17.254,125 N/m^2 e (4), em metros, 1,515 m, é possível calcular o valor da fração de vazios ao substituir tais valores na Equação 8,

$$\varepsilon_{mf} = 1 - \frac{(17.254{,}66)}{(1{,}515)(2.648)(9{,}81)} = 0{,}562 \tag{9}$$

e) Para calcular o valor da velocidade superficial do gás em condições de mínima fluidização, em termos da equação de Ergun, utiliza-se a Equação 11.17

$$-\frac{\Delta P_{mf}}{H_{mf}} = 150\left[\frac{\left(1-\varepsilon_{mf}\right)^2}{\varepsilon_{mf}^3}\right]\frac{\mu}{\left(\phi d_p\right)^2}q_{mf} + 1{,}75\left(\frac{1-\varepsilon_{mf}}{\varepsilon_{mf}^3}\right)\frac{\rho}{\left(\phi d_p\right)}q_{mf}^2 \tag{10}$$

Sabendo que são conhecidos: $\mu = 1{,}31 \times 10^{-5}$ Pa · s, $\rho = 1{,}129$ kg/m^3, $d_p = 2{,}05 \times 10^{-4}$ m e $\phi = 0{,}86$, assim como os valores obtidos em (2) e (4), 17.254,125 N/m^2 e 1,515 m, respectivamente, tem-se em (10)

$$11.389{,}22 = 68.623{,}85 q_{mf} + 27.745{,}34 q_{mf}^2$$

ou

$$q_{mf}^2 + 2{,}473 q_{mf} - 0{,}410 = 0 \tag{11}$$

Resolvendo a Equação 11 para a raiz positiva, tem-se

$$q_{mf} = 0{,}156 \text{ m/s} = 15{,}60 \text{ cm/s} \tag{12}$$

11.3.2 Fluidização heterogênea

Como mencionado anteriormente, a fluidodinâmica em leitos fluidizados em regimes heterogêneos é caracterizada pela distribuição não uniforme de concentração de partículas, tendo em vista as propriedades de interação entre as partículas que compõem o leito. Na Figura 11.4 estão ilustradas bolhas decorrentes da fluidização heterogênea, considerando-se a classificação de Geldart para as partículas coesivas (grupo C), aeradas (grupo A) e borbulhante (grupo B). Verifica-se em todos os casos apresentados que existe a variação temporal ($\partial/\partial t$), especialmente na descrição da formação de bolhas (Figura 11.5), ou de vórtices e, consequentemente, a necessária contemplação do tensor tensão na equação do movimento da fase particulada. Além disso, a descrição da fluidização heterogênea, necessariamente, não é unidimensional, tendo em vista a variação de propriedades cinemáticas e de concentração da fase particulada, tanto no raio quanto ao longo da altura do equipamento.

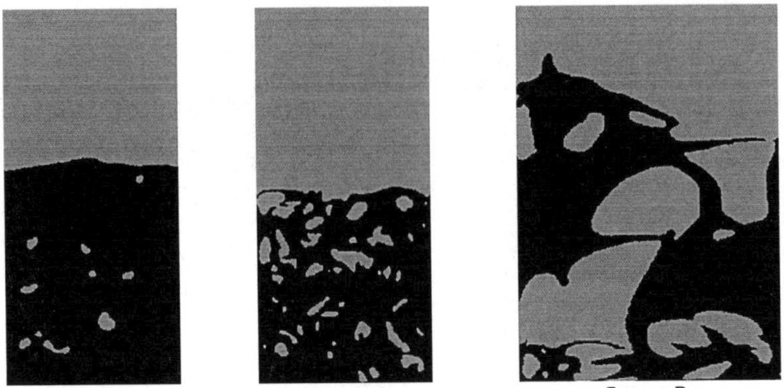

Grupo C Grupo A Grupo B

Figura 11.4 Comparação entre bolhas formadas na fluidização para os grupos C, A e B de Geldart (simulação computacional – GELDERBLOOM et al., 2003).

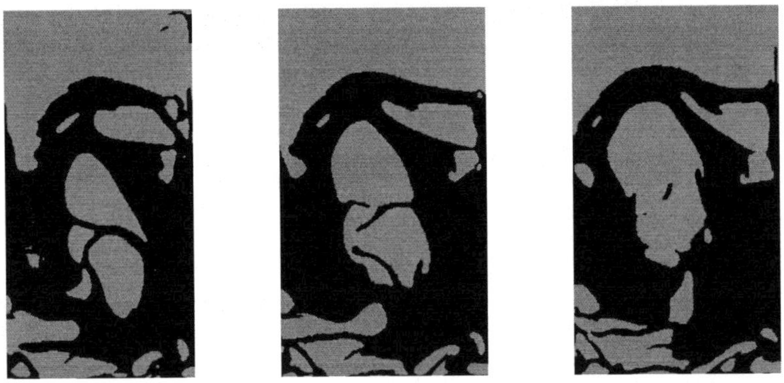

t = 8,08 s t = 8,10 s t = 8,12 s

Figura 11.5 Coalescência de bolhas para o B de Geldart (simulação computacional – GELDERBLOOM et al., 2003).

Assim, as hipóteses que, usualmente, norteiam a fluidização heterogênea (para qualquer regime) são:

a) a fase fluida comporta-se como fluido *newtoniano* e incompressível;

b) regime transiente, $(\partial/\partial t) \neq 0$;

c) meio poroso não isotrópico, acarretando a variação da porosidade (fração volumétrica de vazios), bem como da concentração de particulados;

d) escoamento não uniforme levando à presença do campo de velocidade **u** e, portanto, havendo a variação espacial da velocidade da fase fluida de modo que $\vec{\nabla} \cdot \boldsymbol{\tau} \neq 0$ na Equação 11.2, sendo a tensão viscosa, $\boldsymbol{\tau}$, obtida por meio da Equação 2.18;

e) tendo em vista a hipótese (*c*) (meio não isotrópico), tanto a pressão na fase particulada, p_p, quanto o tensor tensão extra nessa fase, $\boldsymbol{\tau}_p$, não são constantes e, portanto, devem ser considerados na Equação 11.4;

f) escoamento, pelo menos, bidimensional ($\mathbf{u} = \mathbf{u}$, $\mathbf{u}_p = \mathbf{u}_p$; $\mathbf{m} = \mathbf{m}$).

Em se tratando da proposição das equações constitutivas para a força resistiva e para a tensão na fase particulada, considerando-se a variação da concentração de partículas (em termos de fração volumétrica, ε_p) tem-se:

i) Para $\varepsilon \leq 0{,}8$ a *força resistiva* **m** advém da Equação 9.39, sendo esta equação posta em termos da equação de Ergun segundo

$$\mathbf{m} = 150\left[\frac{(1-\varepsilon)^2}{\varepsilon^2}\right]\frac{\mu}{(\phi d_p)^2}\mathbf{U} + 1{,}75\left(\frac{1-\varepsilon}{\varepsilon}\right)\frac{\rho}{(\phi d_p)}\mathbf{U}^2 \qquad (11.30)$$

em que a velocidade relativa das fases fluida e particulada, **U**, é oriunda da Equação 7.18.

ii) Para $\varepsilon > 0{,}8$ a *força resistiva* **m** resulta da Equação 9.40, ou seja considerando-a como sendo a força de arraste, segundo

$$\mathbf{m} = \beta\,\mathbf{U} \qquad (9.40)$$

em que o parâmetro de arraste, β (WEN; YU, 1966)

$$\beta = \frac{3}{4}(1-\varepsilon)C_D\frac{\rho}{(\phi d_p)}|\mathbf{U}|\varepsilon^{-2,65} \qquad (11.31)$$

e o coeficiente de arraste, C_D, obtido, por exemplo, da Equação 7.46, aqui retomada como

$$C_D = \left[\left(\frac{24}{K_1\mathrm{Re}_p}\right)^{0,85} + K_2^{0,85}\right]^{1/0,85} \qquad (11.32)$$

na qual as constantes K_1 e K_2 são dependentes, respectivamente, da esfericidade da partícula, ϕ, por meio de

$$K_1 = 0{,}843\ \log_{10}\left(\frac{\phi}{0{,}065}\right) \qquad (11.33)$$

$$K_2 = 5{,}31 - 4{,}88\phi \qquad (11.34)$$

Re_p é o número de Reynolds da partícula, definido à semelhança da Equação 7.23;

$$\mathrm{Re}_p \equiv \frac{\rho d_p \varepsilon \|\mathbf{U}\|}{\mu} \qquad (11.35)$$

com a norma da velocidade relativa, $\|\mathbf{U}\|$, advinda da Equação 7.21.

iii) O tensor tensão na fase particulada, $\mathbf{T}_p = -p_p\mathbf{I} + \boldsymbol{\tau}_p$, advém ou do *modelo da porosidade do meio* ou do *modelo granular*.

* No caso das partículas dos grupos A e B da classificação Geldart, o tensor tensão na fase particulada pode ser obtido, por exemplo, a partir do *modelo da porosidade do meio* utilizando-se a Equação 9.44, ou

$$p_p(\varepsilon) = 10^{(5{,}43\,-\,8{,}76\varepsilon)}\vec{\nabla}\varepsilon, \quad \text{em N/m}^2 \tag{9.44}$$

* O modelo granular, conforme discutido no Capítulo 9, é mais abrangente na medida em que considera, também, a propriedade coesiva entre as partículas; ou seja, muito indicado para partículas do grupo C da classificação Geldart, além de contemplar as partículas dos grupos A e B. Isso pode ser notado, por exemplo, por meio da Equação 9.48 para a *pressão na fase particulada*, ou

$$\frac{p_p}{\varepsilon_p \rho_p \theta} = 1 + 2(1+e)g_0\varepsilon_p + \left(0{,}73\varepsilon_p + 8{,}957\varepsilon_p^2\right) \tag{9.48}$$

na qual as contribuições de termos cinético, colisional e coesivo estão presentes no primeiro, segundo e terceiro termo, respectivamente, do lado direito da Equação 9.48. As grandezas que aparecem na Equação 9.48 foram apresentadas no Capítulo 9, destacando a temperatura granular, θ, parâmetro seminal para o modelo granular. É importante salientar que o *tensor tensão extra* (ou de cisalhamento) na fase granular, $\boldsymbol{\tau}_p$, resulta da Equação 9.51.

Não é difícil perceber que a solução do modelo que descreve a fluidodinâmica da fluidização heterogênea não é trivial e passa, necessariamente, por soluções numéricas complexas, utilizando-se, por exemplo, a fluidodinâmica computacional (CFD), que é uma ferramenta poderosa e com aplicação em praticamente todos os ramos da engenharia.

A curva característica da fluidização heterogênea

Enquanto a Figura 11.3 ilustra uma fluidização de boa qualidade (fluidização homogênea), as Figuras 11.6 ilustram exemplos de fluidização heterogênea, sendo a Figura 11.6a representativa da fluidização tipo *slug*, na qual existem flutuações de pressão, após a condição de mínima fluidização. A Figura 11.6b é característica de se trabalhar com partículas do tipo C, as quais, por serem coesivas, podem aglomerar-se e, com isso propiciar o surgimento de canais preferenciais para o fluido (mais especificamente gás).

No *grupo C* as forças interpartículas são grandes quando comparadas com a ação das forças inerciais sobre partículas, de modo que as partículas são suportadas pelas forças de arraste e de empuxo, em vez de sê-las completamente pelo fluido. Por conseguinte, o valor da queda de pressão no leito é menor que o peso aparente do leito por unidade área da seção reta.

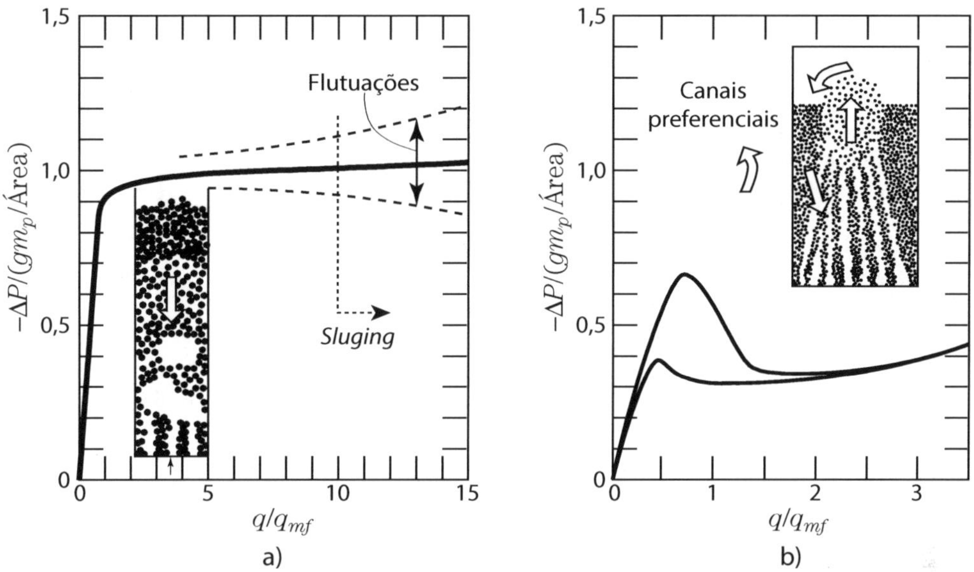

Figura 11.6 Curvas características de fluidização de baixa qualidade (baseada em GAUTHIER et al., 1999).

11.4 Elutriação (arraste de partículas)

Pode-se retomar a ilustração dos regimes de fluidização (Figura 11.1) em termos de curva característica da fluidização, conforme representada na Figura 11.7. Nota-se, nesta figura, que, ao aumentar a velocidade superficial do fluido (nesse caso, gás) além daquela velocidade na qual se detecta a formação de bolhas (ou de *slugs*) e, posteriormente, à condição de fluidização turbulenta. A partir da fluidização turbulenta, um pequeno acréscimo na velocidade superficial do fluido, a partir do ponto M, a ação do arraste do fluido acarreta o carreamento ou elutriação da fase particulada. No regime de elutriação, as partículas menores e/ou menos densas e que apresentam velocidade terminal inferior à velocidade superficial do gás serão arrastadas para além da superfície do leito, provocando distintas regiões fluidodinâmicas, ilustradas na Figura 11.8 e descritas como segue:

Região de respingo: região imediatamente acima da superfície do leito, na qual as partículas maiores retornam ao leito.

Região de desprendimento: a região acima da zona de respingo, caracterizada por apresentar gradiente de concentração da fase particulada e movimento intenso de circulação de partículas no leito.

Região de transporte: região sobre a zona de desprendimento, em que há o transporte (pneumático) ascendente de partículas.

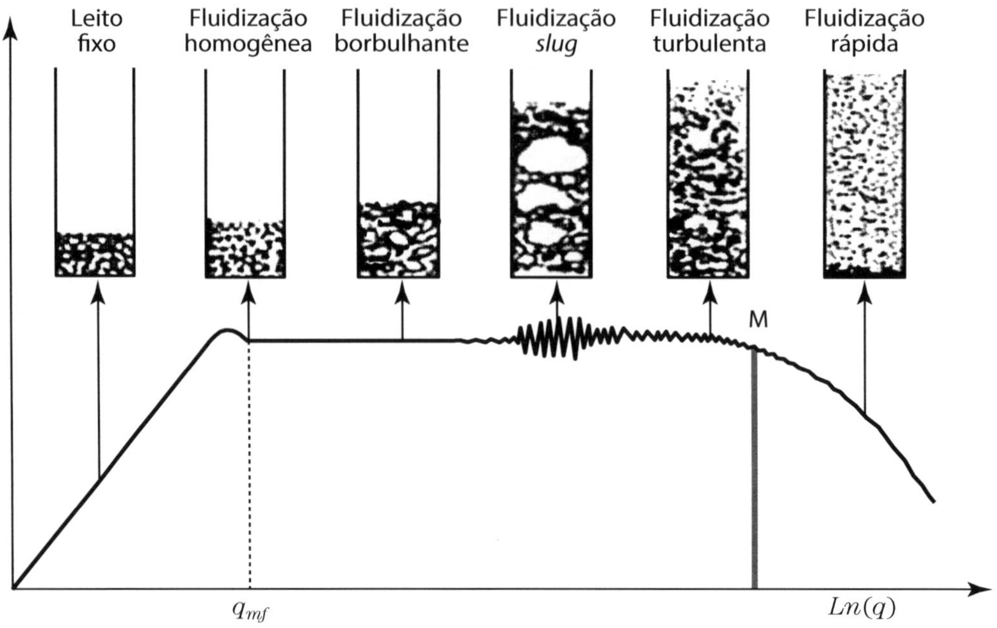

Figura 11.7 Diagrama dos regimes encontrados na fluidização (baseada em KUNII; LEVENSPIEL, 1969).

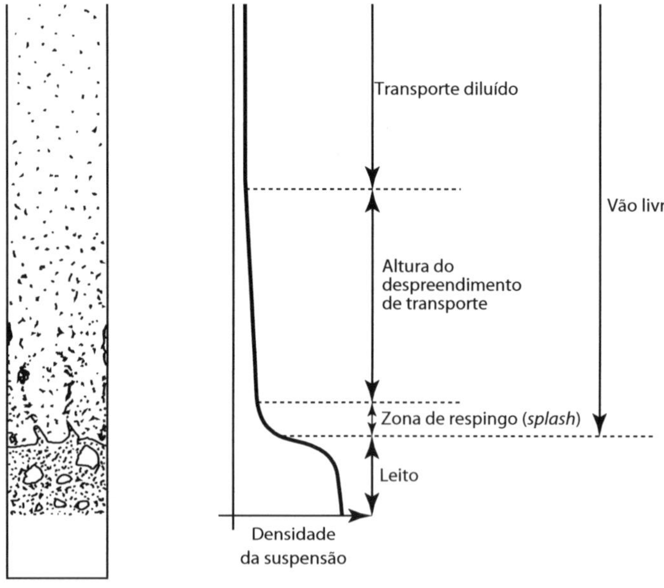

Figura 11.8 Regiões características do regime de elutriação em um leito fluidizado (MELO, 2008).

11.5 Leito de jorro

A técnica do leito de jorro é um caso particular da fluidização, sendo utilizada para a promoção do contato fluido-partículas no caso de partículas excessivamente grandes para o contato normal de fluidização (partículas do tipo D da classificação de Geldart). As suas principais características são: altas taxas de circulação de partículas no leito; mistura intensa das partículas; contato íntimo entre as fases fluida e particulada; altas taxas de transferência de calor e massa. Tais características permitem que esse tipo de contato possa ser utilizado em diversas operações, podendo-se ressaltar a sua aplicação na granulação, recobrimento, reações químicas gás-partículas, combustão, aquecimento e resfriamento de sólidos, secagem de cereais e de pastas.

O leito de jorro é formado em virtude da injeção de um fluido através de um leito de partículas, por meio da sua injeção por um orifício junto à base da coluna, provocando um canal preferencial de escoamento desse fluido no leito de partículas. Esse leito, como no leito fluidizado, fica contido em um vaso, o qual pode ter a configuração cônica ou, mais usualmente, ser constituído de uma coluna cilíndrica assentada sobre uma base tronco-cônica. O fluido, ao ser injetado no sistema a baixas vazões, apenas percolará pelo leito, caracterizando-o como fixo. A partir de um determinado valor para a velocidade superficial do fluido, este provocará o movimento ascendente das partículas, originando uma cavidade central com porosidade (fração de vazios) maior do que aquela encontrada na situação de leito fixo. Tal cavidade aumenta na proporção em que se incrementa o valor da velocidade superficial de fluido, até acarretar a formação de uma fonte de partículas que, por sua vez, proporcionará o retorno dessas partículas para a região anular, estabelecendo um movimento cíclico e caracterizando, classicamente, cinco regiões distintas do contato fluido/partícula, conforme ilustra a Figura 11.9, a saber:

a) região de transporte ascendente e diluído de partículas, conhecida como região de jorro;

b) região de fonte de sólidos;

c) região densa de partículas, as quais escoam em contracorrente à fase fluida conhecida como ânulo, região anular, espaço anular ou zona anular;

d) zona de interface fluido/partícula situada entre as regiões de jorro e anular;

e) região de mistura intensa fluido/partícula situada na base do leito.

Nota-se que, por inspeção da Figura 11.9, existe uma interface entre a região de jorro e o espaço anular. Ao longo dessa interface, as partículas presentes na região de jorro apresentam velocidade superior àquelas contidas na zona anular, causando o atrito entre as partículas presentes em ambas as regiões e provocando a penetração daquelas presentes na interface da região anular para a zona central de jorro, as quais serão carreadas até a fonte de partículas. A maior parte das partículas presentes no espaço anular escoa para baixo até a proximidade do orifício de injeção de fluido para, então, inverterem o sentido do movimento e, desta maneira, retornarem ao escoamento central.

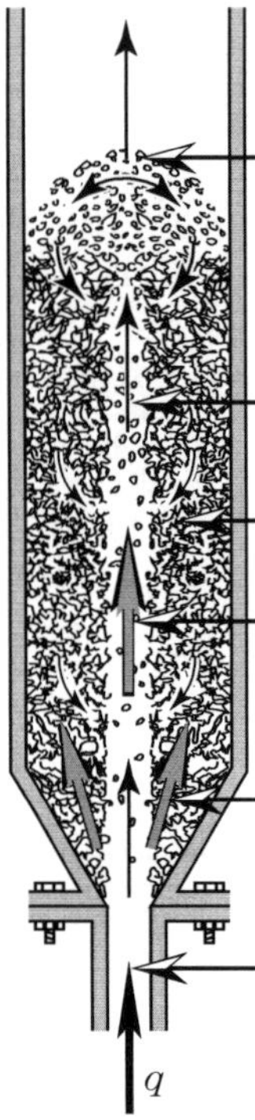

Figura 11.9 Regiões características de um leito de jorro.

11.5.1 Curva característica do leito de jorro

Assim como na fluidização homogênea, o contato em leito de jorro apresenta a sua curva característica, a qual estabelece a relação entre queda de pressão e velocidade superficial do fluido, desde a injeção do fluido a baixa velocidade superficial no leito de partículas, conforme ilustra a Figura 11.10.

O desenvolvimento do jorro com o acréscimo da velocidade superficial de fluido é indicado pela curva de linha contínua (ABCD), e o processo inverso com a redução dessa velocidade, apontado na curva (DEFA). Com baixas vazões, o fluido apenas percola entre as partículas e o sistema se comporta como *leito fixo*. Com o incremento da velocidade superficial do fluido surge nas proximidades do orifício de entrada do leito, uma cavidade, em decorrência da ação do jato de fluido que é o bastante para deslocar as partículas e provocar a mistura entre as fases. Essa cavidade alonga-se à medida que aumenta a velocidade superficial do fluido, originando o *jorro interno*, quando a queda de pressão aumenta até o ponto B, em que se verifica a situação de *queda de pressão máxima* do sistema, $(-\Delta P_{\text{máx}})$. Nesse ponto, a altura do jorro interno é bem maior do que aquela em que as partículas estão compactadas na parte superior do leito, de modo que incrementos no valor da velocidade superficial do fluido acarretam decréscimos na queda de pressão. Continuando com o aumento dessa velocidade, a queda de pressão diminui até o ponto C, o qual corresponde ao *jorro incipiente*, em que existe a instabilidade no jorro interno em virtude da oscilação na sua altura. O jorro está próximo à superfície do leito, mas é instável em decorrência da formação frequente de bolhas na região adjacente mais densa de partículas (região anular). No ponto C, qualquer incremento na velocidade superficial do fluido faz com que a queda de pressão seja brusca até o ponto D, no qual o jorro aflora através da superfície deste leito. A partir desse ponto, incrementos na velocidade superficial do fluido ocasionam a elevação da altura da fonte de partículas e a queda de pressão mantém-se, praticamente, constante.

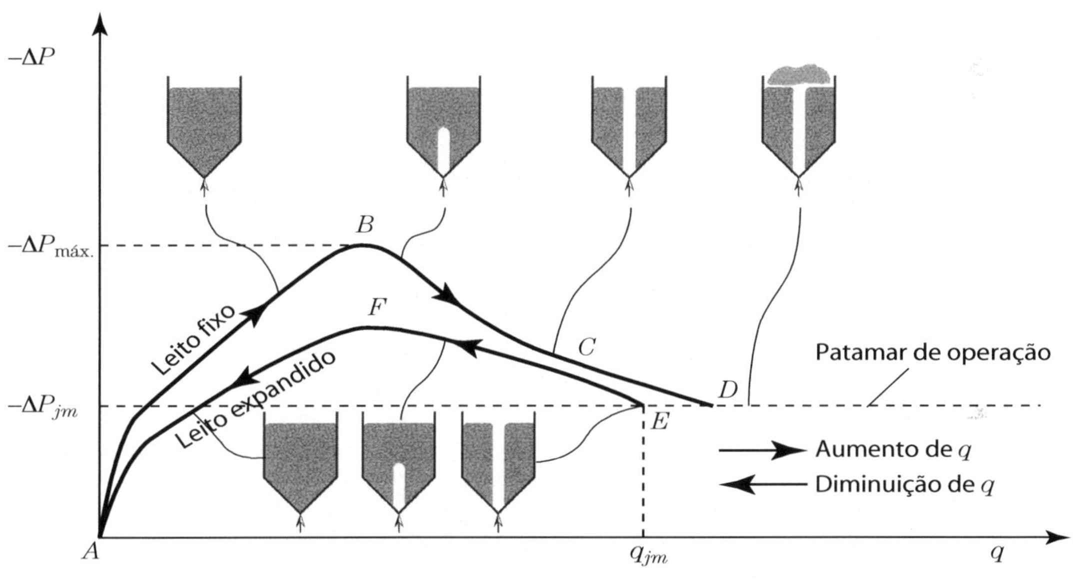

Figura 11.10 Curva característica para o leito de jorro (baseada em COUTINHO, 1983).

No processo inverso, com a redução da velocidade superficial do fluido o jorro se mantém até o ponto E correspondente à situação de *jorro mínimo*, q_{jm}, e a queda de pressão correspondente é $(-\Delta P_{jm})$. Na situação de jorro mínimo tem-se o menor valor para a velocidade superficial do fluido com o qual se pode obter o jorro estável. Prosseguindo a redução dessa velocidade, chega-se ao ponto F, máximo de queda de pressão, cujo valor é menor do que o valor de queda de pressão referente ao ponto D, pois, no processo inverso, a queda de pressão é devida à interação fluido-partículas, não havendo a ruptura do jato de fluido pelo leito. A partir desse ponto, a queda de pressão volta a decrescer à medida que se processam as reduções da velocidade superficial do fluido e o leito, assim como na fluidização, passa a se comportar como leito fixo, em que a sua porosidade é a de um leito expandido.

11.5.2 Fluidodinâmica do leito de jorro em colunas cilíndricas

A descrição da fluidodinâmica do leito de jorro é uma das mais desafiadoras e complexas de sistemas particulados. Diferentemente da fluidização homogênea, na qual existe apenas uma região de contato entre as fases fluida e particulada, na situação de leito de jorro há, no mínimo, cinco regiões conforme apresentado na Figura 11.10, sendo para cada região a aplicação das Equações 11.1 a 11.4 considerando-se as equações constitutivas apropriadas.

Em cada uma dessas regiões as interações entre as fases são totalmente distintas. Por exemplo, enquanto o termo da tensão na fase particulada, Equação 11.4, pode ser desprezado no início da região central, o mesmo não pode ser escrito para a região anular e na fonte de sólidos. Por outro lado, a velocidade relativa na região central pode ser descrita pela Equação 7.18; na região anular, esta mesma velocidade é muito próxima à da fase particulada, de modo a fazer esta região se comportar como um leito deslizante, enquanto, na região central, existe o comportamento de transporte pneumático diluído, concentrando-se à medida que se aproxima da região da fonte. Esta região, concentrada de partículas, assim como a região de reentrada de partículas na base do equipamento, e diluída de partículas, comportam-se como sistemas de misturas, isso sem contar a região da interface ânulo/jorro, a qual é governada, sobretudo, pela atrição entre as partículas presentes em cada seção.

A abordagem mais simples, para estabelecer a fluidodinâmica em um leito de jorro, é considerá-lo como um sistema particulado constituído, tão somente, pelas regiões de jorro e anular (SAMPAIO, 1978). Tendo em vista que, para baixas velocidades superficiais do fluido, o leito comporta-se como fixo até ser expandido, o valor da máxima queda de pressão aproxima-se do valor da queda de pressão em condição de mínima fluidização, cuja constatação experimental para leitos cilíndricos foi observada por Becker (1961) e Malek e Lu (1965) para partículas pequenas e em uma faixa granulométrica estreita. A Equação 11.11 é, portanto, utilizada na estimativa do valor da máxima queda de pressão

$$-\Delta P_{\text{máx}} = (\rho_p - \rho)(1 - \varepsilon_{mf})gH \qquad (11.36)$$

sendo ρ_p a massa específica da partícula; ρ, massa específica do fluido; ε_{mf}, fração de vazios no leito em condição de mínima fluidização; H, altura do leito equivalente à mínima fluidização. De acordo com Sampaio (1978), a queda de pressão em condições de jorro mínimo segue a Equação 11.36 na forma

$$-\Delta P_{jm} = \alpha\,(1 - \varepsilon_{mf})(\rho_p - \rho)gH_{jm} \qquad (11.37)$$

em que $\alpha \cong 2/3$ no caso de leitos de jorro cilíndricos.

Nas condições de altura máxima de jorro estável, a velocidade superficial do fluido é aproximadamente igual à velocidade na situação de mínima fluidização. Deste modo, a partir da Equação 11.21, o valor dessa velocidade advém de

$$36\beta\left[\frac{\left(1-\varepsilon_{mf}\right)^2}{\varepsilon_{mf}^3}\right]\frac{\mu}{\left(\phi d_p\right)^2}q_{jm} + 6\beta^{1/2}\Omega\left(\frac{1-\varepsilon_{mf}}{\varepsilon_{mf}^3}\right)\frac{\rho}{\left(\phi d_p\right)}q_{jm}^2 = \left(1-\varepsilon_{mf}\right)\left(\rho_p-\rho\right)g \qquad (11.38)$$

A Equação 11.38 fornece uma previsão para a estimativa para q_{jm}, com erro na ordem de 20%. É importante ressaltar a complexidade dos fenômenos de interação fluído-partículas que ocorrem em um leito de jorro, tendo em vista as diversas regiões que o caracterizam. Os Quadros 11.2 a 11.4 apresentam correlações clássicas para estimar os parâmetros característicos de um leito de jorro cilíndrico, existindo outras para tais parâmetros, assim como para a estimativa do diâmetro de jorro, altura da fonte de partículas. Além disso, saliente-se que existem outras configurações de leito, conhecidos como não convencionais, cabendo ressaltar: leito cilíndrico com tubo interno; leito cônico-cilíndrico com e sem tubo interno; leito cônico com e sem tubo interno, e leito bidimensional com e sem tubo interno.

Quadro 11.2 Correlação para a predição para a máxima queda de pressão (leitos cilíndricos)

Autor	Correlação	Observações
Becker (1961)	$-\Delta P_{máx} = (\rho_p - \rho)(1 - \varepsilon_{mf})gH$ (11.36)	ρ_p; massa específica da partícula; ρ, massa específica do fluido; ε_{mf}; porosidade do leito em condição de mínima fluidização; H, altura do leito equivalente à mínima fluidização.
Malek e Lu (1965)	$-\Delta P_{máx} = \dfrac{gm_p}{Área}$ (11.39) observe a Equação 11.12.	m_p, massa do leito; g, cte. gravitacional; $Área$, área da seção transversal da coluna; D, diâmetro da coluna cilíndrica: 10,16 cm; 15,24 cm; 22,86 cm; 30,48 cm; base cônica de $\theta = 60°$; $H/D > 1$; H, altura do leito; 0,74 mm $< d_p <$ 3,68 mm; 0,92 g/cm$^3 < \rho_p <$ 2,67 g/cm^3; $0{,}84 < \phi < 1$; 0,95 $< D_i <$ 5,08 cm; sendo: d_p diâmetro médio de partícula; ρ_p, massa específica da partícula; ϕ, esfericidade; D_i, diâmetro do orifício de entrada do fluido.

Quadro 11.3 Correlação para a predição para a queda de pressão em jorro mínimo (leitos cilíndricos)

Autor	Correlação		Observações
Malek e Lu (1965)	$-\Delta P_{jm} = \dfrac{2}{3}(-\Delta P_{máx})$	(11.40)	
Lefroy e Davidson (1969)	$-\Delta P_{jm} = \dfrac{2}{\pi}(\rho_p - \rho)(1 - \varepsilon_{mf})gH_{je}$	(11.41)	H_{je}, altura máxima de leito até a qual é possível obter jorro estável.
Mamuro e Hattori (1968)	$-\Delta P_{jm} = \dfrac{2}{4}(\rho_p - \rho)(1 - \varepsilon_{mf})gH_{je}$	(11.42)	ε_{mf}; fração de vazios do leito em condição de mínima fluidização.
Mathur e Epstein (1974)	$-\Delta P_{jm} = \dfrac{2}{4}(\rho_p - \rho)(1 - \varepsilon_{mf})gH_{je}$	(11.43)	$H_{je} = 0{,}168\left(\dfrac{d_p D^8}{D_i^6}\right)$

Quadro 11.4 Correlação para a predição da velocidade superficial do fluido em jorro mínimo (leitos cilíndricos)

Autor	Correlação	Observações
Mathur e Gishler (1955)	$$q_{jm} = \left(\frac{d_p}{D}\right)\left(\frac{D_i}{D}\right)^{1/3}\left[2gH\left(\frac{\rho_p}{\rho}-1\right)\right]^{1/2} \quad (11.44)$$	$D = 15{,}2$ cm; $D_i = 0{,}95$cm; base cônica de $\theta = 85°$; $0{,}60 \text{ mm} < d_p < 6{,}4 \text{ mm}$; $1{,}10 \text{ g/cm}^3 < \rho_p < 2{,}70 \text{ g/cm}^3$; $\phi = 1$.
Smith e Reddy (1964)	$$\left[\frac{q_{jm}^2}{gd_p}\left(\frac{D}{d_p}\right)\left(\frac{\rho}{\rho_p-\rho}\right)\right]^{1/2} = \left[0{,}64 - 26{,}8\left(\frac{D_i}{D}\right)^2\right]\left(\frac{H}{D}\right)^{\beta} \quad (11.45)$$	$\beta = \frac{1}{2} - 1{,}76\left(\frac{D_i}{D}\right)$
Brunello et al. (1974)	$$q_{jm} = 0{,}0145 d_p^{0{,}741} H^{0{,}592}\left[2g\left(\frac{\rho_p}{\rho}-1\right)\right]^{1/2} \quad (11.46)$$	$D = 30{,}5$ cm; $D_i = 5{,}08$ cm; sorgo, soja e nove diferentes misturas desses materiais.

Exemplo 11.2

O arroz, junto com o feijão, cumpre importantíssimo papel na dieta da população brasileira, pois fornece ricos nutrientes, tais como carboidratos, proteínas, cálcio e vitaminas. Trata-se de um produto sazonal e necessita, portanto, ser armazenado para satisfazer as demandas industriais e comerciais, bem como propiciar aos produtores preços mais elevados para a venda na entressafra. A armazenagem deve ser conduzida de forma adequada, objetivando eliminar a deterioração do produto. Para isso, é importante que o arroz seja armazenado com umidade e temperatura propícias para evitar o ataque de fungos e insetos. Nota-se que a umidade é um dos elementos que governam a qualidade do produto armazenado. Quando ocorre sua maturação fisiológica, o arroz apresenta de 25% a 30% de umidade, em base úmida. Tais valores são elevados em relação à recomendada para a armazenagem segura, cujo valor é de 12%, em base úmida, para o arroz em casca. Ressalte-se que a secagem também é fundamental para a conservação das qualidades nutricionais e organolépticas desenvolvidas durante a fase de campo. Dada a importância da secagem do arroz, considere o seguinte caso: em uma determinada propriedade agrícola foi colhida uma safra de arroz, a qual apresentou, em média, 25% em base úmida. O agricultor imediatamente enviou sacas de arroz a um centro de pesquisa no sentido de avaliar o desempenho de um protótipo de secador. Neste centro, os grãos de arroz foram caracterizados e apresentaram como diâmetro médio de partícula, esfericidade e massa específica os valores de 4,0 mm, 0,8 e 1,21 g/cm^3, respectivamente. Os estudos foram conduzidos em uma unidade experimental como aquela ilustrada na Figura 1. A característica básica dessa unidade é a de apresentar um secador do tipo leito de jorro cilíndrico, cujo diâmetro é igual a 15,24 cm, e o diâmetro do orifício de acesso do fluido ao leito igual a 2,54 cm.

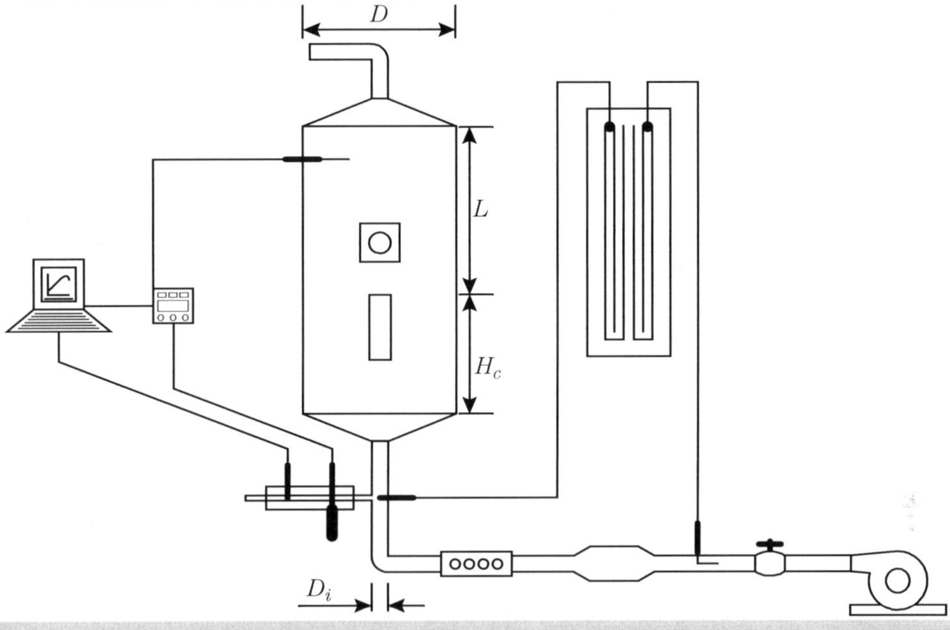

Figura 1 Unidade experimental de secagem.

Antes dos experimentos de secagem, foram realizados estudos sobre a fluidodinâmica do leito de jorro, sabendo-se de antemão, que o valor da porosidade do leito expandido é igual a 0,5 e a altura do leito de partículas em condições de jorro estável é igual a 57 cm. Posto o enunciado e considerando que o ensaio fluidodinâmico realizado foi a frio (ar a 20 °C), pede-se:

a) a classificação de Geldart para a partícula de arroz;

b) o valor da velocidade superficial do gás em condições de jorro mínimo, utilizando a equação de Ergun;

c) o valor da máxima queda de pressão oferecida pelo leito;

d) o valor da queda de pressão em condições de jorro mínimo oferecida pelo leito;

e) forneça o valor da potência do soprador para, apenas, suportar a carga do leito, de rendimento igual a 50%, para vazão de gás 20% superior àquela em condições de jorro mínimo. Compare os valores obtidos com os experimentalmente obtidos por Canesin (1981) para velocidade superficial do gás em condições de jorro mínimo; máxima queda de pressão e queda de pressão em condições de jorro mínimo, que são, respectivamente, q_{jm} = 120,6 cm/s, $-\Delta P_{\text{máx}}$ = 32,8 cmH_2O, $-\Delta P_{jm}$ = 19,8 cmH_2O.

Solução

a) De modo análogo ao Exemplo 11.1, utiliza-se a Figura 11.2 para a resposta deste item. Do enunciado do exemplo, são conhecidos os valores de d_p = 4,0 mm = 4.000 μm, a qual é a abscissa da Figura 11.2, bem como os valores das massas específicas do sólido e do fluido (T = 20 °C), ρ_p= 1,21 g/cm^3 e ρ =1,166 × 10^{-3} g/cm^3, respectivamente, o que acarreta no valor da ordenada igual a

$$\Delta\rho = \rho_p - \rho = 1{,}209 \text{ g/cm}^3 \quad (1)$$

Com esse valor em conjunto com d_p = 4.000 μm, verifica-se na Figura 11.2 que a classificação do arroz é do tipo D.

b) O valor da velocidade superficial do gás em condições de jorro mínimo pode advir da Equação 11.38, que, reescrita em termos da equação de Ergun, toma a seguinte forma

$$150\left[\frac{(1-\varepsilon_{mf})^2}{\varepsilon_{mf}^3}\right]\frac{\mu}{(\phi d_p)^2}q_{jm} + 1{,}75\left(\frac{1-\varepsilon_{mf}}{\varepsilon_{mf}^3}\right)\frac{\rho}{(\phi d_p)}q_{jm}^2 = (1-\varepsilon_{mf})(\rho_p - \rho)g \quad (2)$$

Considerando-se que g = 9,81 m/s^2 e que o ar está a T = 20 °C, portanto, ρ = 1,166 kg/m^3 e μ = 1,82 × 10^{-5} Pa · s; assim como se conhecem os valores de ρ_p= 1.210 kg/cm^3, d_p = 4,0 × 10^{-3} m e ϕ = 0,8, bem como o valor da fração de vazios do leito expandido, que é igual ao da mínima fluidização e, portanto, da condição de jorro mínimo, ε_{mf}= 0,5, tem-se em (2)

$$5.929{,}33 = 532{,}90q_{jm} + 2.550{,}63q_{jm}^2$$

ou

$$q_{jm}^2 + 0{,}209q_{jm} - 2{,}325 = 0 \quad (3)$$

Resolvendo a Equação 3 para a raiz positiva, obtém-se

$$q_{jm} = 1{,}424 \text{ m/s} = 142{,}4 \text{ cm/s} \quad (4)$$

Note que o valor experimental é igual a q_{jm} = 120,6 cm/s.

c) O valor da máxima queda de pressão oferecida pelo leito advém da Equação 11.36,

$$-\Delta P_{\text{máx}} = (\rho_p - \rho)(1 - \varepsilon_{mf})gH \quad (5)$$

Tendo em vista que g = 9,81 m/s^2, ρ =1,166 kg/m^3, ρ_p= 1.210 kg/cm^3, ε_{mf}= 0,5 e a altura do leito de partículas em condições de jorro estável igual a 57 cm = 0,57 m, tem-se em (5)

$$-\Delta P_{\text{máx}} = (1.210 - 1{,}166)(1 - 0{,}5)(9{,}81)(0{,}57) = 3.379{,}72 \text{ N/m}^2 = 34{,}28 \text{ cmH}_2\text{O} \quad (6)$$

O valor experimental é igual a $-\Delta P_{\text{máx}}$ = 32,8 cmH$_2$O.

d) O valor da queda de pressão em condições de jorro mínimo oferecida pelo leito resulta da Equação 11.37,

$$-\Delta P_{jm} = \frac{2}{3}\left(1-\varepsilon_{mf}\right)\left(\rho_p - \rho\right)gH_{jm} = \frac{2}{3}\left(-\Delta P_{\text{máx}}\right) \quad (7)$$

Substituindo o resultado (6) em (7)

$$-\Delta P_{jm} = \frac{2}{3}(34{,}28) = 22{,}85 \text{ cmH}_2\text{O} \quad (8)$$

O valor experimental é igual a $-\Delta P_{jm}$ = 19,8 cmH_2O.

e) O valor da potência do soprador para suportar a carga do leito, de rendimento igual a 50%, para vazão de gás 20% superior àquela em condições de jorro mínimo, advirá de

$$\dot{W}_u = \frac{Q\Delta P}{\eta} = \frac{1{,}2Q_{jm}\left(-\Delta P_{\text{máx}}\right)}{\eta} \quad (9)$$

em que

$$Q_{jm} = q_{jm}(\acute{A}rea) = q_{jm}\left(\frac{\pi D^2}{4}\right) \quad (10)$$

sendo D o diâmetro da seção cilíndrica do leito igual a 15,24 cm = 0,1524 m. Desse modo, substitui-se esse valor em conjunto com aquele obtido em (4) na Equação 10,

$$Q_{jm} = (1{,}424)\left[\frac{\pi(0{,}1524)^2}{4}\right] = 0{,}026 \text{ m}^3/\text{s} \quad (11)$$

Levando os resultados (6) e (11) na Equação 9, obtém-se, para η = 0,50,

$$\dot{W}_u = \frac{(1{,}2)(0{,}026)(3.379{,}72)}{(0{,}50)} = 210{,}70 \text{ W} \quad (12)$$

11.6 Bibliografia consultada

BABU, S. P.; SHAH, B.; TALWALKAR, A. Fluidization correlations for coal gasification materials – minimum fluidization velocity and fluidized bed expansion ratio. **AIChE Symposium Series**, v. 74, p. 176, 1978.

BARROZO, M. A. **Secagem de grãos em leito de jorro não convencional**. Dissertação de Mestrado. Rio de Janeiro: Coppe – Universidade Federal do Rio de Janeiro, 1985.

BECKER, H.A. An investigation of laws governing the spouting of coarse particle. **Chem. Eng. Sci.**, v. 13, p. 245, 1961.

Brunello, G.; Della Nina, G.; Nunes, F. C. S.; Nascimento, C. A. O. Minimum air requirement for spouting mixed particles. **Can. J. Chem. Eng.**, v. 52, p. 170, 1974.

Canesin, J. M. **Estudo da secagem em leito de jorro**. Dissertação de Mestrado. Rio de Janeiro: Coppe – Universidade Federal do Rio de Janeiro, 1981.

Chitester, D. C.; Kornosky, R. M.; Fan, L. S.; Danko, J. P. Characteristics of fluidization at high pressure. **Chemical Engineering Science**, v. 39, p. 253, 1984.

Coutinho, P. L. A. **Secagem de soja em leito de jorro**. Dissertação de Mestrado. Rio de Janeiro: Coppe – Universidade Federal do Rio de Janeiro, 1983.

Cremasco, M. A. **Secagem em batelada de arroz**: leito de jorro cônico. Dissertação de Mestrado. Rio de Janeiro: Coppe – Universidade Federal do Rio de Janeiro, 1986.

Davidson, J. F.; Harrison, D. **Fluidization**. New York: Academic Press, 1971.

Gauthier, D.; Zerguerras, S.; Flamant, G. Influence of the particle size distribution of powders on the velocities of minimum and complete fluidization. **Chemical Engineering Journal**, v. 74, p. 1816, 1999.

Geldart, D. Types of gas fluidization. **Powder Technology**, v. 7, p. 285, 1973.

Geldart, D. **Gas fluidization technology**. New York: John Wiley & Sons, 1986.

Gelderbloom, J. S.; Gidaspow, D.; Lyczkowski, R. W. CFD Simulation of bubbling/collapsing fluidized bed for three Geldart groups. **AIChE Journal**, v. 49, p. 844, 2003.

Gidaspow, D.; Ettehadieh, B. Fluidization in two-dimensional beds with a jet. 2. Hydrodynamic modeling. **Ind. Eng. Chem. Fundam.**, v. 22, p. 193, 1983.

Grace, J. R. Contacting modes and behavior classifications of gas-solid other two--phase suspension. **The Can. J. of Chem. Eng.**, v. 64, p. 353, 1986.

Kunii, D.; Levenspiel, O. **Fluidization engineering**. New York: John Wiley & Sons, 1969.

Lacerda Jr., W. M.; Carvalho, F. M.; Ataíde, C. H. **Caracterização de regimes de fluidização através da análise de flutuação de pressão**. Disponível em: <www.propp.ufu.br/revistaeletronica/edicao2005_2/caracterizacao.pdf>. Acesso em: 06 jul. 2008.

Lefroy, G. A.; Davidson, J. F. The mechanics of spouted beds. **Trans. Inst. Chem. Eng.**, v. 47, T120, 1969.

Lora, E. S. **Gaseificação da biomassa**. Núcleo de Estudos em Sistemas Térmicos. Disponível em: <www.ucentral.edu.co/pregado/ecuelainge/hidricos>. Acesso em: 08 set. 2010.

Malek, M. A.; Lu, B. C. Y. Pressure drop and spoutable bed height in spouted beds. **Ind. Eng. Chem. Process Des. Develop.**, v. 4, p. 123, 1965.

MAMURO, T.; HATTORI, H. Flow pattern of fluid in spouted beds. **J. Chem. Eng. Jap.**, v.1, p.1, 1968.

MASSARANI, G. **Fluidodinâmica em sistemas particulados**. Rio de Janeiro: Editora UFRJ, 1997.

MATHUR, K. B.; GISHLER, P. E. A technique for contacting gases with coarse solid particles. **AIChE J.**, v. 1, p. 157, 1955.

MATHUR, K. B.; EPSTEIN, N. **Spouted beds**. New York: Academic Press, 1974.

MELO, B. A. **Avaliação computacional de um sistema de gaseificação em leito fluidizado utilizando software CSFB**. Dissertação de Mestrado. Itajubá: Universidade Federal de Itajubá, 2008.

SAMPAIO, L. S. V. **Dinâmica do leito de jorro**. Dissertação de Mestrado. Rio de Janeiro: Coppe – Universidade Federal do Rio de Janeiro, 1978.

SAXENA, S. C.; VOGEL, G. J. The measurement of incipient fluidization velocities in a bed of coarse dolomite at temperature and pressure. **Trans. Inst. Chemical Engineering**, v. 14, p. 59, 1977.

SMITH, J. W.; REDDY, K. V. S. Spouting of mixed particle-size beds. **Can. J. Chem. Eng.**, v. 42, p. 206, 1964.

WEN, C. Y.; YU, H. A generalized method for predicting the minimum fluidization, **AIChE J.**, v. 12, p. 610, 1966.

ZABRODSKY, S. S. **Hydrodynamics and heat transfer in fluidized beds**. Cambridge: The M.I.T Press, 1966.

11.7 Nomenclatura

Área	área da seção transversal da coluna	$[L^2]$
$\mathbf{b}$	vetor intensidade de força de campo	$[M{\cdot}L{\cdot}T^{-2}]$
D	diâmetro da coluna	$[L]$
D_i	diâmetro do orifício de acesso à coluna	$[L]$
d_p	diâmetro médio da partícula (ou de aglomerado)	$[L]$
g	aceleração gravitacional; constante gravitacional	$[L{\cdot}T^{-2}]$
$\mathbf{g}$	força gravitacional	$[L{\cdot}T^{-2}]$
H	altura efetiva do leito	$[L]$
k	permeabilidade	$[L^2]$
m	força resistiva	$[M{\cdot}L^{-2}{\cdot}T^{-2}]$
$\mathbf{m}$	força resistiva (vetor)	$[M{\cdot}L^{-2}{\cdot}T^{-2}]$
p	pressão exercida na fase fluida	$[M{\cdot}L^{-1}{\cdot}T^{-2}]$
m_p	massa total de partículas no leito	$[M]$

p_p	pressão exercida na fase particulada	$[M{\cdot}L^{-1}{\cdot}T^{-2}]$
P	pressão piezométrica	$[M{\cdot}L^{-1}{\cdot}T^{-2}]$
q	velocidade superficial do fluido	$[L{\cdot}T^{-1}]$
Q	vazão volumétrica do fluido	$[L^3{\cdot}T^{-1}]$
R_h	raio hidráulico	$[L]$
S_V	superfície específica volumétrica do meio poroso	$[L^2{\cdot}L^{-3}]$
u	vetor velocidade intersticial do fluido	$[L{\cdot}T^{-1}]$
$\mathbf{u}$	vetor velocidade da fase fluida	$[L{\cdot}T^{-1}]$
$\mathbf{u}_p$	vetor velocidade da fase particulada	$[L{\cdot}T^{-1}]$
$\mathbf{U}$	vetor velocidade relativa	$[L{\cdot}T^{-1}]$
$\dot{W}_u$	potência útil	$[M{\cdot}L^2{\cdot}T^{-3}]$
z	distância	$[L]$

Letras gregas

ε	fração de vazios (porosidade do leito, da coluna)	adimensional
ε_p	fração volumétrica da fase particulada	adimensional
ϕ	esfericidade da partícula	adimensional
μ	viscosidade dinâmica	$[M{\cdot}L^{-1}{\cdot}T^{-1}]$
ρ_p	massa específica da partícula	$[M{\cdot}T^{-3}]$
ρ	massa específica da fase fluida	$[M{\cdot}T^{-3}]$
$\boldsymbol{\tau}$	tensor tensão extra exercido na fase fluida	$[M{\cdot}L^{-1}{\cdot}T^{-2}]$
$\boldsymbol{\tau}_p$	tensor tensão extra exercido na fase particulada	$[M{\cdot}L^{-1}{\cdot}T^{-2}]$
θ	temperatura granular	$[L^2{\cdot}T^{-2}]$

Subscritos

je	jorro estável
jm	jorro mínimo
máx	máximo
m	mínima fluidização
p	partícula

Números adimensionais

Ar	número de Arquimedes
Re_p	número de Reynolds da partícula

Capítulo 12

Transporte de sólidos por arraste em fluidos

12.1 Introdução

O transporte de sólidos se refere, como o próprio termo implica, ao arraste da fase particulada, presente em uma coluna ou em uma tubulação, por ação da fase fluida. Esta operação é encontrada em diversos setores industriais. No caso do *transporte pneumático*, em que se emprega gás (usualmente ar) como agente de arraste, é possível encontrá-lo nas indústrias alimentícia, química; na mineração de carvão, de ferro; em fundições, siderurgias e usinas termoelétricas. No caso de *transporte hidráulico*, cujo fluido de trabalho é líquido (normalmente água), pode-se empregá-lo em vários segmentos industriais, como: indústrias químicas; beneficiadoras de areia; na mineração de fosfato; em sistemas de decantação e nas usinas termoelétricas e de processamento de lixo.

Além do transporte de sólidos, tais contactores podem ser empregados em outras operações unitárias, feito a secagem (Figura 12.1). Estes contactores podem ser utilizados como reatores para craqueamento catalítico na indústria do petróleo (Figura 12.2). No caso do contato gás-sólido no transporte pneumático, o tempo de residência das partículas no contactor é relativamente menor quando comparado, por exemplo, ao do leito fluidizado. Essa característica possibilita, no caso dos secadores, a utilização de temperaturas elevadas dos gases de processo (ar de secagem), enquanto a temperatura do sólido permanece em um valor relativamente baixo quando comparado ao do ar de secagem. O secador pneumático, indicado para remoção da umidade superficial, é apropriado para a secagem de sólidos sensíveis a temperaturas elevadas, facilmente oxidáveis, inflamáveis e explosivos. Há uma variedade considerável de materiais que podem ser secos em secadores pneumáticos, tais como: carvão ativado, ácido adípico, ácido bórico, sulfato de alumínio, sulfato de amônia, corante de anilina, farinha de pão, carbonato de cálcio, fosfato de cálcio, cimento, argila, amido, terra diatomácea, dextrose, nitrato de amônia, gesso, óxido de ferro, carbonato de magnésio, caulim, polietileno, poliestireno, polipropileno, acrílico, PVC, cloreto de potássio, leite desnatado em pó, cloreto de sódio, cianeto de sódio, proteína vegetal, flocos de madeira, bagaço de cana, alumina (ROCHA, 1988).

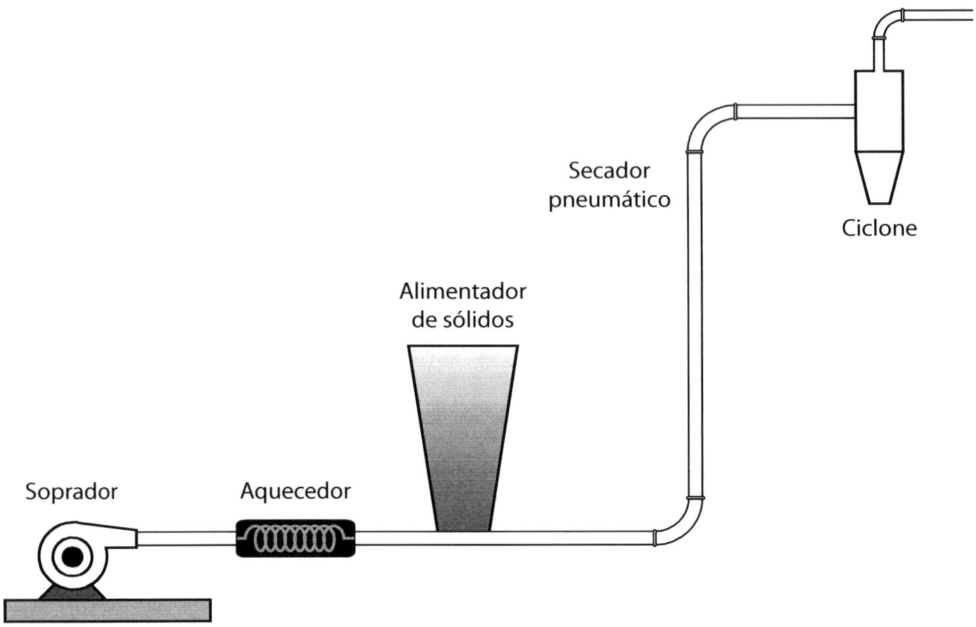

Figura 12.1 Diagrama esquemático de um secador pneumático.

Os leitos fluidizados circulantes (CFB), Figura 12.2, são utilizados em processos de craqueamento catalítico (FCC) para aumentar a produção de gasolina e GLP (gás liquefeito de petróleo) de uma refinaria, por meio da conversão de frações pesadas, provenientes da destilação do petróleo (gasóleo e resíduos), em frações mais leves de hidrocarbonetos. De maneira simplificada, o craqueamento ocorre em um reator em que há a ação do catalisador; um ciclone, para separar as partículas de catalisador dos produtos; e um regenerador, no qual tais partículas são reativadas pela queima do coque depositado sobre a sua superfície. Quanto ao contato gás-sólido na tecnologia FCC, existem dois tipos de reatores: o *riser* e o *downer*.

O reator *riser* se caracteriza como uma seção de transporte vertical em que há o contato em paralelo entre as fases fluida e particulada, escoando contra a ação gravitacional. Já o reator *downer* consiste em uma tecnologia FCC de reatores tubulares com escoamento descendente e co-corrente de catalisadores (fase particulada) e dos reagentes (fase fluida). Tem-se no *downer* uma distribuição mais uniforme da concentração de catalisador, na direção radial em uma dada seção transversal do equipamento. Com isto, há menor segregação radial e axial das fases fluida e particulada, com o comportamento do escoamento próximo ao de um fluxo empistonado, ocasionando menor distribuição de tempo de residência dos particulados quando comparado ao do *riser*.

É possível notar que equipamentos destinados, originalmente, para o transporte de sólidos por arraste em fluido podem ser utilizados como contactores envolvendo a interação sólido-fluido. Independentemente da aplicação desses contactores ou transportadores de sólidos, o estudo da sua fluidodinâmica depende, entre outros, do fluido de arraste, da direção de transporte e da concentração de particulados. Esse transporte, por sua vez, pode ocorrer em tubulações verticais ou horizontais. A fase particulada a ser arrastada pode estar concentrada no fluido ou mesmo diluída.

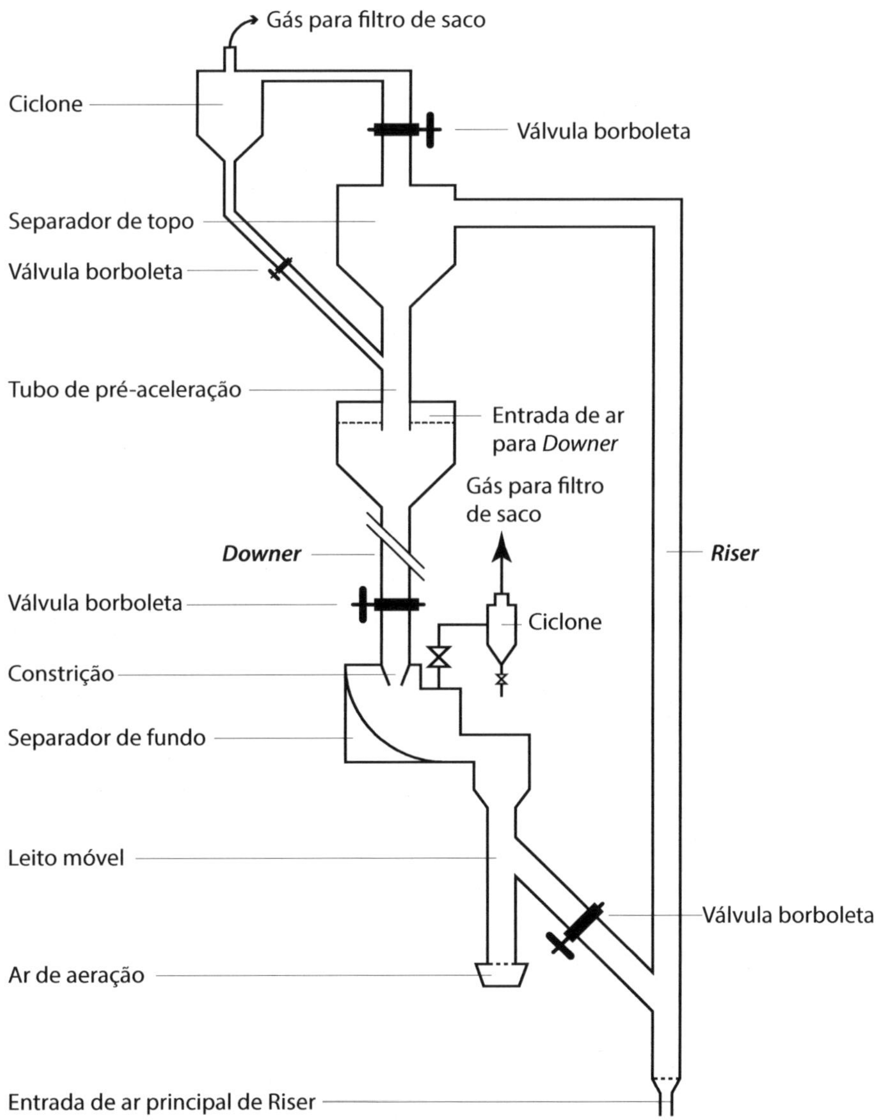

Figura 12.2 Diagrama esquemático da configuração de uma unidade de FCC (BETIOLI, 2007).

A Figura 12.3 ilustra uma classificação simplificada para o transporte de sólidos, tendo como base a natureza do fluido, do leito e da concentração de partículas. Ressalte-se que em tal classificação não estão contempladas, entre outras, o transporte de sólidos em curvas ou seções inclinadas, bem como o tipo de contato entre as fases, para o transporte pneumático vertical, se contracorrente ou em paralelo, ou se as fases escoam a favor ou contrárias à ação gravitacional (*downer* e *riser*, respectivamente).

- Transporte
  - Pneumático
    - Vertical
      - Diluída
      - Concentrada
    - Horizontal
      - Diluída
      - Concentrada
  - Hidráulico
    - Vertical
      - Diluída
      - Concentrada
    - Horizontal
      - Diluída
      - Concentrada

Figura 12.3 Classificação simplificada do transporte de sólidos por arraste em fluido.

12.2 Descrição do transporte vertical

Para um bom entendimento sobre o mecanismo presente no transporte de sólidos por ação de fluidos, pode-se recorrer ao fenômeno elutriação, que ocorre quando se opera com leitos fluidizados. Para tanto, retoma-se à Figura 11.7 na Figura 12.4. A partir do ponto M, a velocidade do gás é suficientemente alta para arrastar as partículas para fora do leito, bem como propicia a circulação dos sólidos junto à parede do equipamento.

Ao estabelecer o contato das fases fluida e particulada no transporte vertical verificam-se diversos tipos de regimes, que são governados pela relação entre as vazões de partículas e de fluido, resultando em diferentes quedas de pressão, por altura do leito, conforme ilustra a Figura 12.5. Nessa figura a curva AB representa a queda de pressão por atrito em virtude do escoamento do fluido isento de partículas em uma linha de transporte vertical. A curva CDE, por sua vez, é para um fluxo de partículas à taxa de alimentação, G_1, enquanto a curva FG é para uma taxa de alimentação mais alta, G_2. No ponto C a velocidade do fluido é alta, a concentração de partículas é baixa, havendo – neste caso – a predominância da resistência do atrito entre o fluido e a parede do tubo. Na região CD há o predomínio da queda de pressão como decorrência do atrito mistura-

-parede, enquanto na DE a queda de pressão ocorre muito mais em função da carga estática (*holdup*) de partículas. Na região DE a velocidade decrescente causa aumento rápido na concentração de partículas e é alcançado um ponto em que o fluido não pode mais arrastar todas as partículas. Nesse ponto, forma-se na linha de transporte um leito fluidizado empistonado (*slugging*). Este ponto crítico (ponto E) é conhecido como *choking* (ou "afogamento") e, usualmente, acompanhado por grandes flutuações de pressão.

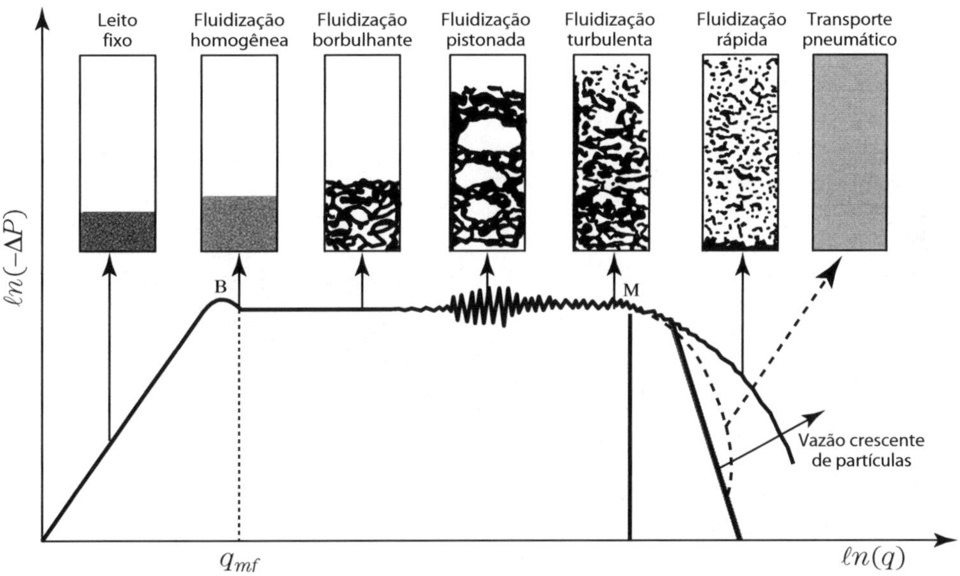

Figura 12.4 Ocorrência do transporte pneumático (baseada em KUNII; LEVENSPIEL, 1969).

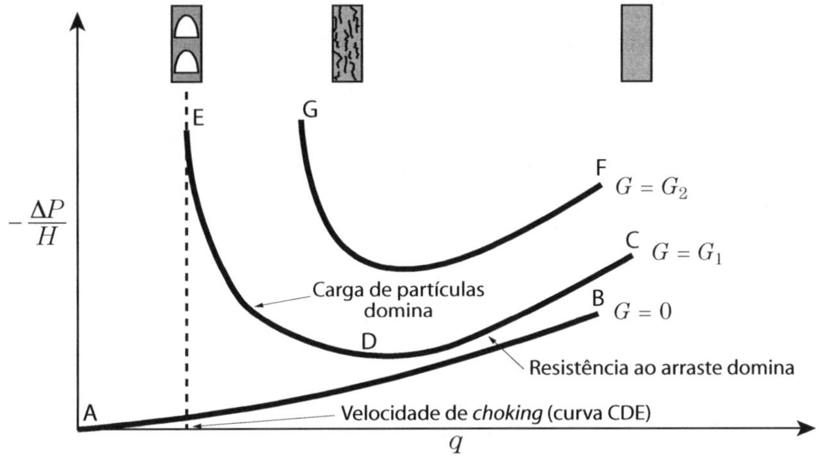

Figura 12.5 Diagrama de fase para transporte vertical, mostrando a relação geral entre a queda de pressão ($-\Delta P/H$) e a velocidade superficial do fluido (baseada em RHODES, 2008).

A partir do que foi, até então, apresentado a respeito do escoamento das fases fluida e particulada no transporte vertical, pode-se definir, basicamente, dois tipos de regimes: diluído e concentrado ou denso; bem como uma condição crítica de transporte, reconhecida como *choking*.

12.2.1 Regime diluído

No transporte em regime diluído, as partículas permanecem totalmente suspensas; é caracterizado por uma velocidade do ar de cerca de 20 m/s, concentrações de sólidos menores que 1% em volume e queda de pressão por unidade de comprimento menor que 50 mmCa/m (SANTOS, 2009). É importante ressaltar que a principal causa de queda de pressão quando do transporte é decorrente do atrito do escoamento da mistura com a parede do equipamento.

12.2.2 Regime denso

Já no transporte da fase particulada em regime denso, cuja concentração da fase particulada é superior a 30% em volume, são utilizadas velocidades de fluido entre 1 e 5 m/s, acarretando queda de pressão maior que 200 mmCa/m (SANTOS, 2009). O escoamento das fases fluida e particulada apresenta circulação interna da fase particulada, com escoamento ascendente na parte central do reator tubular e descendente nas imediações da parede do equipamento. Uma das características marcantes no regime denso, principalmente quando se trata do transporte pneumático, é a formação de aglomerados de partículas ou *clusters*, essencialmente quando se trabalha com leito fluidizado circulante.

Para a compreensão física da formação de aglomerados pode-se utilizar o modelo granular, em particular a temperatura granular, introduzido no Capítulo 9. O mecanismo associado à formação de aglomerados parte do pressuposto de que, em uma região em que a concentração média de partículas eventualmente aumente em decorrência de flutuações dessa concentração, sem correspondente aumento da temperatura granular local (ou seja, mantendo-se praticamente constante o valor da velocidade das partículas naquela região), ocorrerá automaticamente um aumento na frequência de colisões entre as partículas na região considerada em relação à vizinhança. Como decorrência da inelasticidade dessas colisões, a temperatura granular (associada, no caso, à flutuação da velocidade das partículas) na região mais concentrada decrescerá em uma taxa maior do que a da vizinhança, o que contribui para que a pressão na região também caia. O gradiente de pressão resultante provocará a migração das partículas da vizinhança para a região mais densa, o que resultará em aumento da sua concentração e decréscimo de pressão. Como são objetos com temperatura granular relativamente baixa (veja a formulação no Capítulo 9), uma vez criados podem persistir durante longos períodos, a menos que venham interagir com outros aglomerados. O fenômeno da formação de aglomerados, portanto, pode ser compreendido como um processo de quebra de estabilidade fluidodinâmica do meio particulado.

No caso específico do *transporte hidráulico vertical* de partículas finas ($d_p < 100\ \mu m$) e de concentrações elevadas, as partículas e o fluido perdem suas identidades, passando a mistura a se comportar como um fluido homogêneo e não *newtoniano* (SANTANA, 1982). Assim a estimativa do valor da queda de pressão segue os modelos clássicos de Mecânica de Fluidos para fluidos puros, como os apresentados no Capítulo 2.

12.2.3 *Choking*

A condição de *choking* ou de afogamento estabelece o limite de velocidade da fase fluida (gasosa), q_c, para que ocorra o transporte pneumático ascendente da fase particulada sem que ocorra a redução dessa fase (ponto E na Figura 12.5). A partir desse ponto e com a redução da velocidade superficial do fluido haverá a elevação da queda de pressão do sistema, ocorrendo a condição de fluidização agregativa ou *slugging* (ver Capítulo 11). Ao se reduzir a velocidade do fluido, o transporte da fase particulada deixará de existir. Segundo Santana (1986), o *choking* é uma condição de colapso que ocorre quando a velocidade do fluido alcança um valor crítico em que as partículas passam a se mover no sentido descendente. Ou seja, tem início com uma circulação interna das partículas, em que estas ascendem no centro do reator e descem nas regiões próximas à sua parede. Além disso, o *choking* está intimamente associado à formação de *clusters*.

São apresentadas, no Quadro 12.1, algumas correlações para a predição da velocidade crítica (ou de *choking*) do gás para o *transporte pneumático* vertical de particulados, nas quais $\dot{m}_p$ é a vazão mássica de sólidos; ρ_p, massa específica e v_T, velocidade terminal da partícula, respectivamente. No Quadro 12.1 identifica-se a importância do conhecimento do valor da velocidade terminal, que pode ser obtido das equações apresentadas no Capítulo 7, por meio dos Quadros 7.2 e 7.3.

Para o *transporte hidráulico* (fluido de transporte é um líquido), a velocidade de *choking* ou crítica de transporte ocorre, por hipótese, quando o escoamento aproxima-se à condição de mínima fluidização. Dessa maneira, o valor da velocidade superficial crítica advém da Equação 11.23, aqui reescrita por meio de

$$K_1 \,\mathrm{Re}_c + K_2 \mathrm{Re}_c^2 = \mathrm{Ar} \tag{12.6}$$

sendo as constantes K_1 e K_2 fornecidas no Quadro 11.1, e o número de Reynolds da partícula na situação de *choking* definido como

$$\mathrm{Re}_c = \frac{d_p \varepsilon_c U_c}{\nu} \tag{12.7}$$

Quadro 12.1 Correlações para a predição da velocidade de *choking* (BETIOLI, 2007)

Autores	Correlação	
Leung et al. (1971)	$q_c = 32{,}3\dfrac{\dot{m}_p}{\rho_p} + 0{,}97 v_T$	(12.1)
Yousfi e Gau (1974)	$q_c^{1,28} = 32\dfrac{\sqrt{gd_p}}{\mathrm{Re}_\infty^{0,06}}\left(\dfrac{\dot{m}_p}{\rho_p}\right)^{0,28}$, cm/s	(12.2)
Yang (1975)	$\dfrac{q_c}{\varepsilon_c} - v_T = \dfrac{\dot{m}_p}{\rho_p(\acute{A}rea)(1-\varepsilon_c)}; 6{,}81\times 10^5\left(\dfrac{\rho}{\rho_p}\right)^{2,2} = \dfrac{2gD(\varepsilon_c^{-4,7}-1)}{(q_c/\varepsilon_c - v_T)^2}$	(12.3)
Punwani et al. (1976)	$\dfrac{q_c}{\varepsilon_c} - v_T = \dfrac{\dot{m}_p}{\rho_p(\acute{A}rea)(1-\varepsilon_c)}; \rho^{0,77} = \dfrac{2.250D(\varepsilon_c^{-4,7}-1)}{[q_c/\varepsilon_c - v_T]^2}$	(12.4)
Matsen (1982)	$q_c = 1{,}074 v_T\left(\dfrac{\dot{m}_p}{\rho_p}\right)^{0,227}$, cm/s	(12.5)

em que o valor crítico para a fração de vazios é obtido de (SANTANA, 1982)

$$\varepsilon_c = 0{,}40\left(\frac{\rho_p}{\rho} - 1\right)^{0,0032} \mathrm{Ar}^{0,0078} \tag{12.8}$$

O número de Arquimedes, Ar, é definido pela Equação 11.25. Já a velocidade relativa crítica, U_c, advém da Equação 7.18, aqui retomada para escoamento unidimensional, como

$$U_c = u_c - u_{p_c} \tag{12.9}$$

sendo u_{pc} a velocidade intersticial da fase particulada resultante de

$$u_{p_c} = \frac{\dot{m}_p}{\rho_p(\acute{A}rea)(1-\varepsilon_c)} \tag{12.10}$$

em que $\dot{m}_p$ é a taxa mássica da fase particulada; ρ_p, sua massa específica e $(\acute{A}rea)$ o valor da área da seção transversal do equipamento.

12.3 Fluidodinâmica do transporte vertical

É possível descrever a fluidodinâmica do transporte vertical por meio das equações da continuidade e do movimento para cada fase, fluida e particulada, como apresentado no Capítulo 9, associadas às equações constitutivas para os tensores tensão nas fases fluida e particulada, assim como para a força resistiva, além das condições de fronteira apropriadas. Por outro lado, a descrição mais detalhada do escoamento fluido-partículas depende fortemente da natureza da concentração da fase particulada: diluída ou densa, ou ambas, como é o caso da operação em *riser*, o qual pode ser tratado como um leito fluidizado rápido. Nesse tipo de contato, existe concentração menor de partículas na base do equipamento (desde que a fase fluida seja alimentada nesta seção do equipamento), aumentando à medida que as fases ascendem, ou seja, uma distribuição axial de concentração de partículas, caracterizando um meio deformável. Além disso, no escoamento concentrado ou denso, haverá a distribuição radial de concentração de partículas, podendo ocasionar o fenômeno de *slugging* ou mesmo de borbulhamento (em se tratando de gás). Por conseguinte, a descrição para o transporte vertical denso segue a descrição para a fluidização heterogênea apresentada na seção 11.3.2, incluindo as mesmas hipóteses e equações constitutivas, ressaltando que tais equações também são dependentes da natureza do particulado conforme, por exemplo, a classificação de Geldart (Figura 11.2). Assim como na fluidização heterogênea, a solução das equações que embasam o modelo matemático não é trivial e requer soluções numéricas complexas. Por outro lado, em se tratando de sistemas diluídos, o modelo é muito mais simples tendo em vista que, em razão da baixa concentração de particulados, o tensor tensão da *fase particulada p*, $\mathbf{T}_p$, é considerado desprezível, o que facilita muito a solução do modelo matemático proposto para a fluidodinâmica em questão. Dado o exposto, são propostas as seguintes hipóteses:

a) a fase fluida comporta-se como fluido *newtoniano* e incompressível;

b) regime permanente, o que leva qualquer variação temporal ($\partial/\partial t$) a ser nula;

c) escoamento em paralelo das fases fluida e particulada, bem como sujeito ao campo gravitacional $\mathbf{b} = \mathbf{g}$;

d) escoamento unidimensional e ascensional, portanto, contrário à ação gravitacional ($\mathbf{u} = u$, $\mathbf{u}_p = u_p$; $\mathbf{m} = m$; $\mathbf{g} = -g$). Admite-se, desse modo, que não existem distribuições de velocidade das fases envolvidas, como de concentração de partículas na direção radial;

e) no caso de suspensões diluídas considera-se desprezível a contribuição do tensor tensão na fase particulada, $dT_p/dz = 0$. Caso se trate de suspensões concentradas, supõe-se a não existência de aglomerados e, portanto, que não há distribuição radial tanto de concentração de partículas quanto das velocidades das fases envolvidas no transporte. Para tanto, considera-se o *modelo da porosidade do meio*, $dT_p/dz \neq 0$, por meio das Equações 9.43 e 9.44, esta retomada tal como se segue

$$\frac{dT_p}{dz} = G(\varepsilon)\frac{d\varepsilon}{dz} \tag{12.11}$$

com a função $G(\varepsilon) = G_0 10^n$ advinda de uma das correlações apresentadas no Quadro 12.2;

Quadro 12.2 Correlações para a função $G(\varepsilon) = G_0 10^n$ (baseado em GELDERBLOOM et al., 2003)

Autores	Correlação*	
Gidaspow e Ettehadieh (1983)	$G_0 = 1;\ n = -8{,}76\ \varepsilon + 5{,}43$	(12.12)
Bouillard et al. (1989)	$G_0 = 10;\ n = -600(\varepsilon - 0{,}37)$	(12.13)
Syamlal et al. (1993)	$G_0 = 10;\ n = 25\ (\varepsilon - 0{,}45)^{G_0 - 1}$	(12.14)

* Originalmente desenvolvidas para leito fluidizado borbulhante e partículas do tipo C.

f) em se tratando de escoamento diluído ($\varepsilon > 0{,}95$) e conforme a descrição apresentada para a Figura 12.5 (região CD), deverá aparecer na equação do movimento para a fase i (fluida e particulada) uma componente de força relativa à força de superfície em virtude do atrito da fase i com a parede do equipamento. Tais forças, para as fases fluida e particulada, respectivamente, considerando-se escoamento unidimensional, são

$$-F_w = 2 f_w \varepsilon \frac{\rho u^2}{D} \tag{12.15}$$

$$-F_w = 2 f_p (1-\varepsilon) \rho_p \frac{u_p^2}{D} \tag{12.16}$$

Sendo o fator de atrito fase fluida-parede, f_w, coincidente ao fator de atrito de Fanning, cujo valor pode ser obtido a partir da Figura 2.1 ou das correlações apresentadas no Quadro 2.1 (Capítulo 2). No caso do fator de atrito partículas-parede, f_p, encontram-se correlações como aquelas apresentadas no Quadro (12.3).

De posse de tais hipóteses, as equações do movimento para as fases fluida e particulada podem ser postas, respectivamente, como

$$\varepsilon \rho u \frac{du}{dz} = -\frac{dP}{dz} - m - 2 f_w \varepsilon \frac{\rho u^2}{D} \tag{12.25}$$

$$(1-\varepsilon)\left(\rho_p u_p - \frac{G(\varepsilon)}{u_p}\right)\frac{du_p}{dz} = m - (1-\varepsilon)(\rho_p - \rho) g - 2 f_p (1-\varepsilon) \rho_p \frac{u_p^2}{D} \tag{12.26}$$

Nota-se nas Equações 12.25 e 12.26 a necessidade de estabelecer a equação constitutiva para a força resistiva m. Para tanto, pode-se mencionar para os transportes pneumático e hidráulico as seguintes situações:

a) *Transporte pneumático vertical.* A proposição para a equação constitutiva para este tipo de contato é semelhante àquele apresentado para fluidização, considerando, todavia, fluxo unidimensional. Neste caso, tem-se:

Quadro 12.3 Correlações para o fator de atrito partícula-parede (KLINZING, 1981; KMIEC; LESCHONSKI, 1984; BETIOLI, 2007)

Investigador	f_p	
Stemerding (1962)	0,003	(12.17)
Reddy e Pei (1969)	$0{,}046/u_p{}^{(*)}$	(12.18)
Konno e Saito (1969)	$0{,}0285(gD)^{0,5}/u_p$	(12.19)
Van Swaaij et al. (1970)	$0{,}08/u_p{}^{(*)}$	(12.20)
Leung e Wiles (1976)	$0{,}05/u_p{}^{(*)}$	(12.21)
Kimiec et al. (1978)	$0{,}0741/u_p^{0,75\,(*)}$	(12.22)
Yang (1978)	$0{,}00315\left(\frac{1-\varepsilon}{\varepsilon^3}\right)\left[\frac{(1-\varepsilon)v_T}{u-u_p}\right]$	(12.23)
Capes e Nakamura (1979)	$0{,}04825/u_p^{1,22}$	(12.24)

* u_p é dado em m/s.

i) Para $\varepsilon \leq 0{,}8$ a *força resistiva* advém da Equação 11.32, sendo esta equação posta em termos da equação de Ergun segundo

$$m = 150\left[\frac{(1-\varepsilon)^2}{\varepsilon^2}\right]\frac{\mu}{(\phi d_p)^2}U + 1{,}75\left(\frac{1-\varepsilon}{\varepsilon}\right)\frac{\rho}{(\phi d_p)}U^2 \tag{12.27}$$

em que a velocidade relativa das fases fluida e particulada, U, é oriunda da Equação 7.18, retomada como

$$U = u - u_p \tag{12.28}$$

ii) Para $\varepsilon > 0{,}8$ a *força resistiva* resulta da Equação 9.40, retomada na forma

$$m = \beta U \tag{12.29}$$

em que o parâmetro de arraste, β (WEN; YU apud GIDASPOW; ETTEHADIEH, 1983)

$$\beta = \frac{3}{4}(1-\varepsilon)C_D\frac{\rho}{(\phi d_p)}|U|\varepsilon^{-2,65} \tag{12.30}$$

Para o valor do coeficiente de arraste, C_D, Gidaspow e Ettehadieh (1983) sugerem as correlações de Rowe (1961):

$$C_D = \frac{24}{\text{Re}_p}\left(1 - 0{,}15\text{Re}_p^{0,687}\right), \text{ para } \text{Re}_p < 10^3 \tag{12.31}$$

e

$$C_D = 0{,}44, \text{ para } \mathrm{Re}_p \geq 10^3 \tag{12.32}$$

em que

$$\mathrm{Re}_p = \frac{\varepsilon |U| d_p}{\nu} \tag{12.33}$$

b) *Transporte hidráulico vertical*. Nesse caso a equação constitutiva advém da Equação 9.39, reescrita na forma

$$m = \alpha U + \gamma U^2 \tag{12.34}$$

com a velocidade relativa U advinda da Equação 12.28. Massarani e Santana (1979) propuseram as seguintes expressões para os parâmetros α e β presentes na Equação 12.34 para o transporte hidráulico (as quais foram utilizadas, inclusive, para o transporte pneumático por Rocha, 1988).

Para

$$\varepsilon < 0{,}75 \quad \text{e} \quad \mathrm{Re}_p = \frac{d_p U}{\nu} < 70$$

$$\alpha = 18\frac{\mu}{d_p^2} f_1(\varepsilon), \text{ com } f_1(\varepsilon) = (1-\varepsilon)\left[1 + (1-\varepsilon)^{1/3}\right]\exp\left(\frac{1-\varepsilon}{0{,}6\varepsilon}\right) \tag{12.35}$$

e

$$\gamma = 44\frac{\rho}{d_p} f_2(\varepsilon), \text{ com } f_2(\varepsilon) = \frac{1-\varepsilon}{\exp(4{,}7\varepsilon)} \tag{12.36}$$

Para $\varepsilon \geq 0{,}75$ e $\mathrm{Re}_p \geq 70$; faz-se $\alpha = 0$ na Equação 12.34 e utiliza-se o parâmetro γ fornecido pela Equação 12.36. Além disso, considera-se $G(\varepsilon) = 0$ na Equação 12.26.

Para $\varepsilon \geq 0{,}75$ e $\mathrm{Re}_p < 70$, considera-se $G(\varepsilon) = 0$ na Equação 12.26, bem como o parâmetro α é fornecido pela Equação 12.35; e

$$\gamma = 1{,}5\left(\frac{\mu\rho}{d_p^6}\right)^{1/5} U^{4/5} f_3(\varepsilon), \text{ com } f_3(\varepsilon) = (1-\varepsilon)\varepsilon^{9{,}5} \tag{12.37}$$

12.3.1 Queda de pressão no transporte vertical em regime estabelecido

No caso de se assumir regime estabelecido no qual os campos de velocidades das fases fluida e particulada são uniformes (o termo de aceleração é nulo, em que

u = cte. e u_p = cte.). Como decorrência, as Equações 12.25 e 12.26 são retomadas, respectivamente, como

$$-\frac{dP}{dz} = m + 2f_w\varepsilon\frac{\rho u^2}{D} \tag{12.38}$$

$$m = (1-\varepsilon)\left(\rho_p - \rho\right)g + 2f_p(1-\varepsilon)\rho_p\frac{u_p^2}{D} \tag{12.39}$$

Substituindo a Equação 12.39 na Equação 12.38 e integrando o resultado obtido

$$-\frac{\Delta P}{H} = (1-\varepsilon)\left(\rho_p - \rho\right)g + \frac{2}{D}\left[f_w\varepsilon\rho u^2 + f_p(1-\varepsilon)\rho_p u_p^2\right] \tag{12.40}$$

sendo H o valor da distância entre as tomadas de pressão. Os valores das velocidades intersticiais da fase fluida, u, e particulada, u_p, para o regime estabelecido, advêm da integração das equações da continuidade, Equações 9.20 e 9.21, considerando-se regime permanente e escoamento unidimensional, e desde que integradas fornecem

$$u = \frac{\dot{m}}{\rho(Área)\varepsilon} \tag{12.41}$$

e

$$u_p = \frac{\dot{m}_p}{\rho_p(Área)(1-\varepsilon)} \tag{12.42}$$

sendo $\dot{m}$ a taxa mássica do fluido; ρ, sua massa específica. De igual maneira é possível obter o valor da fração de vazios, ε, para o escoamento uniforme, ao igualar as Equações 12.29 e 12.39 para o transporte pneumático, e as Equações 12.35 e 12.40 para o transporte hidráulico, respectivamente, por intermédio de

Transporte pneumático ($\varepsilon_p < 0{,}8$)

$$\beta U = (1-\varepsilon)\left(\rho_p - \rho\right)g + 2f_p(1-\varepsilon)\rho_p\frac{u_p^2}{D} \tag{12.43}$$

Transporte hidráulico

$$\alpha U + \gamma U^2 = (1-\varepsilon)\left(\rho_p - \rho\right)g + 2f_p(1-\varepsilon)\rho_p\frac{u_p^2}{D} \tag{12.44}$$

Outra alternativa para a obtenção do valor da porosidade do leito, em particular, para a situação em que $\varepsilon > 0{,}8$ e na situação de regime estabelecido, é substituir a Equação 7.58 na Equação 12.28, considerando, nesta, as Equações 12.41 e 12.42, de onde resulta

$$v_T\varepsilon^n = \frac{\dot{m}}{\rho(Área)(\varepsilon)} - \frac{\dot{m}_p}{\rho_p(Área)(1-\varepsilon)} \tag{12.45}$$

sendo o valor da velocidade terminal da partícula isolada, v_T, estimado utilizando-se o Quadro 7.2 e o coeficiente n a partir da proposta de Richardson e Zaki (1954), assumindo, para tanto, as partículas como sendo esféricas.

No caso de suspensões muito diluídas, $\varepsilon > 0{,}999$, uma possibilidade de obter o valor da fração volumétrica de vazios é por intermédio da Equação 7.55, ou

$$\varepsilon = 1 - C_V \tag{7.55}$$

em que a concentração volumétrica de partículas, C_V, é definida segundo

$$C_V = \frac{Q_p}{Q_p + Q} \tag{12.46}$$

Q_p e Q são as vazões volumétricas das fases particulada e fluida, respectivamente.

12.3.2 Comprimento da região de aceleração no transporte vertical

Um dos desafios quando do projeto de um transportador pneumático é a obtenção do comprimento de aceleração, ou seja, o valor de H a partir da alimentação da fase particulada em que o regime de escoamento das fases é considerado como estabelecido e uniforme. Para tanto, utiliza-se o mesmo procedimento adotado na Seção 7.5, considerando-se, aqui, a aplicabilidade da Equação 12.26, resultando

$$\int_0^{H_{ac}} dz = \int_0^{u_p^*} \frac{\left(u_p - G(\varepsilon)/\rho_p u_p\right)}{m^* - \left(\rho_p/\rho - 1\right)g - 2\dfrac{f_p}{D}u_p^2}\,du_p \tag{12.47}$$

em que o valor de u_p^* advém da Equação 12.42 e m^* é igual a

$$m^* = \frac{m}{(1-\varepsilon)\rho_p} \tag{12.48}$$

sendo a força resistiva, m, obtida na dependência de o transporte ser pneumático ou hidráulico. Aqui é válido o comentário apresentado após a Equação 7.75: a força resistiva, m, presente na Equação 12.47, contém a variação de ε desde a alimentação de sólidos até a distância H_{ac}, assim como apresenta a variação da velocidade da fase particulada, a qual, nota-se, está presente no argumento da Equação 12.47. Desse modo, a solução da Equação 12.47 dar-se-á por via numérica, utilizando-se, por exemplo, a estratégia semelhante àquela empregada para a solução do Exemplo 7.4.

Exemplo 12.1

Estudou-se a fluidodinâmica de um secador do tipo transporte pneumático vertical (Figura 12.1) de 4 m de comprimento de 5,25 cm de diâmetro, tubo liso, utilizando-se resina acrílica com 0,346 mm de diâmetro médio e massa específica igual a 1,35 g/cm^3, com as vazões mássicas das fases fluida e particulada, respectivamente, $4{,}37 \times 10^{-2}$ kg/s e $3{,}47 \times 10^{-3}$ kg/s, assim como a temperatura de operação de 120 °C ($\rho = 0{,}9286$ kg/m^3; $\nu = 2{,}35 \times 10^{-5}$ m^2/s). Desta maneira, pede-se:

a) Determine as condições de *choking*: velocidade superficial crítica da fase fluida e fração volumétrica crítica de vazios utilizando-se as correlações apresentadas no Quadro 12.1.

b) A fração de vazios do sistema, considerando que se atingiu o regime estabelecido.

c) A queda de pressão supondo regime estabelecido e com tomadas de pressão estática distanciadas, entre si, de 50 cm. Considere tubo liso bem como o valor do fator de atrito partícula-parede fornecido por Stemerding (1962).

Solução

a) Por inspeção do Quadro 12.1, verifica-se que todas as correlações apresentadas dependem da velocidade terminal da partícula isolada, cujo procedimento de cálculo para a obtenção do seu valor é similar ao utilizado nos Exemplos 7.1 e 7.2.

$$\mathrm{Re}_{\infty} = \frac{d_p v_T}{\nu} \tag{1}$$

Conhece-se o valor do diâmetro da partícula, $d_p = 0{,}346$ mm $= 3{,}46 \times 10^{-2}$ cm, e o número de Reynolds a ser calculado por meio da Equação 7.44, ou

$$\mathrm{Re}_{c\infty} = \left[\left(\frac{C_D \mathrm{Re}_{c\infty}^2}{24}\right)^{-0{,}95} + \left(\frac{C_D \mathrm{Re}_{c\infty}^2}{0{,}43}\right)^{-0{,}95/2}\right]^{-1/0{,}95} \tag{2}$$

em que o número de Arquimedes modificado, posto em termos da viscosidade cinemática e do campo externo sendo o gravitacional, segundo

$$C_D \mathrm{Re}_{c\infty}^2 = \frac{4}{3}\frac{(\rho_p/\rho - 1)\, g d_p^3}{\nu^2} \tag{3}$$

Tendo em vista que $\rho_p = 1{,}35$ g/cm^3, $\rho = 0{,}9286 \times 10^{-3}$ g/cm^3 e $\nu = 0{,}235$ cm^2/s assim como o valor da constante da aceleração gravitacional igual a 981 cm/s^2, a Equação 3 resulta em

$$C_D \mathrm{Re}_{c\infty}^2 = \frac{4}{3}\frac{\left[\left(1{,}35/0{,}9286 \times 10^{-3}\right) - 1\right](981)\left(3{,}46 \times 10^{-2}\right)^3}{(0{,}235)^2} = 1.425{,}58 \tag{4}$$

que, substituído na Equação 1, leva ao valor do número de Reynolds,

$$\text{Re}_\infty = 28{,}19 \tag{5}$$

Dessa maneira, conhecendo-se $d_p = 3{,}46 \times 10^{-2}$ cm e $\nu = 0{,}235$ cm²/s, o valor da velocidade terminal advirá da Equação 1,

$$v_T = \frac{\nu \text{Re}_\infty}{d_p} = \frac{(0{,}235)(28{,}19)}{\left(3{,}46 \times 10^{-2}\right)} = 191{,}45 \text{ cm/s} \tag{6}$$

Além do valor da velocidade terminal, são conhecidos os valores de $g = 981$ cm/s², $d_p = 3{,}46 \times 10^{-2}$ cm, $\dot{m}_p = 3{,}47$ g/s, $\rho_p = 1{,}35$ g/cm³ e $\rho = 0{,}9286 \times 10^{-3}$ g/cm³, permitindo o cálculo do valor da velocidade de *choking* de forma direta, utilizando-se as Equações 12.1, 12.2 e 12.5, respectivamente:

Leung et al. (1971)

$$q_c = 32{,}3\,\frac{\dot{m}_p}{\rho_p} + 0{,}97 v_T = (32{,}3)\left(\frac{3{,}47}{1{,}35}\right) + (0{,}95)(191{,}45) = 268{,}73 \text{ cm/s} \tag{7}$$

Yousfi e Gau (1974)

$$q_c = \left[32\,\frac{\sqrt{g d_p}}{\text{Re}_\infty^{0,06}}\left(\frac{\dot{m}_p}{\rho}\right)^{0,28}\right]^{1/1,28} =$$

$$= \left[(32)\left(981 \times 3{,}46 \times 10^{-2}\right)^{1/2}\left(\frac{3{,}47}{0{,}9286 \times 10^{-3}}\right)^{0,28}(28{,}19)^{-0,06}\right]^{1/1,28} =$$

$$= 307{,}15 \text{ cm/s} \tag{8}$$

Matsen (1982)

$$q_c = 1{,}074 v_T \left(\frac{\dot{m}_p}{\rho_p}\right)^{0,227} = (1{,}074)(191{,}45)\left(\frac{3{,}47}{1{,}35}\right)^{0,227} = 254{,}76 \text{ cm/s} \tag{9}$$

Conforme pode ser observado na Equação 12.3, a velocidade superficial crítica da fase fluida (velocidade de *choking*) é obtida de

$$\frac{q_c}{\varepsilon_c} - v_T = \frac{\dot{m}_p}{\rho_p (\acute{A}rea)(1 - \varepsilon_c)} \tag{10}$$

a qual pode ser rearranjada na forma

$$v_T \varepsilon_c^2 - \left[q_c + v_T + \frac{\dot{m}_p}{\rho_p(\acute{A}rea)}\right]\varepsilon_c + q_c = 0 \tag{11}$$

Torna-se necessário calcular o valor da área perpendicular ao escoamento gás-partículas, ou

$$Área = \frac{\pi D^2}{4} \tag{12}$$

Tendo em vista que D = 5,25 cm, tem-se na Equação 12

$$Área = \frac{\pi(5,25)^2}{4} = 22,48 \text{ cm}^2 \tag{13}$$

Além do valor da área, são conhecidos os valores de v_T = 191,45 cm/s, $\dot{m}_p$ = 3,47 g/s e ρ_p = 1,35 g/cm^3, permitindo o cálculo do valor da fração volumétrica de vazios (porosidade do leito) em condições de *choking*. Substituindo os valores conhecidos na Equação 11, obtêm-se, a partir das Equações 12.1, 12.2 e 12.5, respectivamente

Leung et al. (1971)

$$\varepsilon_c = 0,9985280 \tag{14}$$

Yousfi e Gau (1974)

$$\varepsilon_c = 0,9990144 \tag{15}$$

Matsen (1982)

$$\varepsilon_c = 0,9982069 \tag{16}$$

Em se tratando da utilização das Equações 12.3 e 12.4, verifica-se que tais equações podem ser escritas, respectivamente, tal como segue

Yang (1975)

$$\left[\frac{\dot{m}_p}{\rho_p(Área)(1-\varepsilon_c)}\right]^2 = \frac{2gD\left(\varepsilon_c^{-4,7}-1\right)}{6,81\times 10^5\left(\dfrac{\rho}{\rho_p}\right)^{2,2}} \tag{17}$$

Punwani et al. (1976)

$$\left[\frac{\dot{m}_p}{\rho_p(Área)(1-\varepsilon_c)}\right]^2 = \frac{2.250\left(\varepsilon_c^{-4,7}-1\right)}{\rho^{0,77}} \tag{18}$$

São conhecidos os valores de *Área* = 22,48 cm^2, g = 981 cm/s^2, D = 5,25 cm, $\dot{m}_p$ = 3,47 g/s, ρ_p = 1,35 g/cm^3 e ρ = 0,9286 × 10^{-3} g/cm^3, possibilitando o cálculo do valor da fração volumétrica de vazios (porosidade do leito) em condições de *choking*. Substituindo os valores conhecidos nas Equações 17 e 18, obtêm-se, respectivamente

Yang (1975)

$$\varepsilon_c = 0{,}9973386 \tag{19}$$

Punwani et al. (1976)

$$\varepsilon_c = 0{,}9989785 \tag{20}$$

O valor da velocidade superficial crítica da fase fluida (velocidade de *choking*) é obtido da Equação 10, aqui retomada na forma

$$q_c = \varepsilon_c \left[v_T + \frac{\dot{m}_p}{\rho_p (Área)(1 - \varepsilon_c)} \right] \tag{21}$$

Substituindo os valores conhecidos na Equação 21, obtêm-se, para as correlações de Yang (1975) e Punwani et al. (1976), respectivamente, os seguintes valores para a velocidade de *choking*

Yang (1975)

$$q_c = 233{,}79 \text{ cm/s} \tag{22}$$

Punwani et al. (1976)

$$q_c = 303{,}07 \text{ cm/s} \tag{23}$$

O Quadro 1 apresenta o resumo dos resultados para as condições críticas de transporte

Quadro 1 Resumo dos resultados das condições críticas de operação de transporte pneumático

Correlações	q_c (cm/s)	ε_c
Leung et al. (1971)	268,73	0,9985280
Yousfi e Gau (1974)	307,15	0,9990144
Yang (1975)	233,79	0,9973387
Punwani et al. (1976)	303,07	0,9989785
Matsen (1982)	254,76	0,9982069

b) O primeiro desafio para estimar o valor da fração de vazios do sistema é a escolha adequada do modelo para a equação constitutiva para a força resistiva, tendo em vista que tais modelos dependem da faixa tanto do número de Reynolds da partícula quanto da porosidade do leito. Por outro lado, é exatamente o valor da porosidade do meio que se pretende determinar neste item. Entretanto, o valor crítico dessa porosidade, ou seja, o seu menor valor já foi determinado, conforme os resultados apresentados no Quadro 1. Neste caso, necessariamente $\varepsilon > 0{,}997$, o que já elimina a aplicação de alguns modelos, assim como permite utilizar a Equação 12.45, ou

$$v_{T_\infty}\varepsilon^n = \frac{\dot{m}}{\rho(Área)(\varepsilon)} - \frac{\dot{m}_p}{\rho_p(Área)(1-\varepsilon)} \tag{24}$$

Tendo em vista que $\text{Re}_\infty = 28{,}19$, lança-se mão da Equação 7.61, válida para $1 < \text{Re}_\infty \leq 500$,

$$n = 4{,}45\text{Re}_\infty^{-0{,}1} - 1 = (4{,}45)(28{,}19)^{-0{,}1} - 1 = 2{,}1868 \tag{25}$$

São conhecidos, além de $n = 2{,}1868$, os valores de $Área = 22{,}48$ cm^2, $\dot{m}_p = 3{,}47$ g/s, $\rho_p = 1{,}35$ g/cm^3, $\dot{m} = 43{,}7$ g/s, $\rho = 0{,}9286 \times 10^{-3}$ g/cm^3 e $v_T = 191{,}45$ cm/s, que são substituídos na Equação 24, no que resulta

$$(191{,}45)\varepsilon^{2{,}1868} = \frac{(2.093{,}32)}{\varepsilon} - \frac{(0{,}114)}{(1-\varepsilon)} \tag{26}$$

Resolvendo a Equação 26, obtém-se

$$\varepsilon = 0{,}9999399 \tag{27}$$

c) Para a obtenção da queda de pressão, no regime estabelecido, utiliza-se a Equação 12.40, aqui retomada como

$$-\frac{\Delta P}{H} = (1-\varepsilon)(\rho_p - \rho)g + \frac{2}{D}\left[f_w\varepsilon\rho u^2 + f_p(1-\varepsilon)\rho_p u_p^2\right] \tag{28}$$

O valor da velocidade intersticial da fase fluida advém da utilização da Equação 12.41, conhecendo-se $Área = 22{,}48$ cm^2, $\dot{m} = 43{,}7$ g/s, $\rho = 0{,}9286 \times 10^{-3}$ g/cm^3 e $\varepsilon = 0{,}9999399$,

$$u = \frac{(43{,}7)}{\left(0{,}9286\times10^{-3}\right)(22{,}48)(0{,}9999399)} = 2.093{,}55 \text{ cm/s} = 20{,}94 \text{ m/s} \tag{29}$$

O valor da velocidade intersticial da fase particulada, por sua vez, advém da utilização da Equação 12.42, conhecendo-se $Área = 22{,}48$ cm^2, $\dot{m}_p = 3{,}47$ g/s, $\rho_p = 1{,}35$ g/cm^3 e $\varepsilon = 0{,}9999399$,

$$u_{p_c} = \frac{(3{,}47)}{(1{,}35)(22{,}48)(1-0{,}9999399)} = 1.902{,}501 \text{ cm/s} = 19{,}03 \text{ m/s} \tag{30}$$

Sabendo-se que a distância entre as tomadas de pressão é $H = 0{,}5$ m, assim como se conhecem os valores da constante gravitacional, $g = 9{,}81$ m/s^2, $\rho_p = 1.350$ kg/m^3, $\rho = 0{,}9286$ kg/m^3, $\varepsilon = 0{,}9999399$, $D = 0{,}0525$ m, $u = 20{,}94$ m/s, $u_p = 19{,}03$ m/s,

$f_p = 0{,}003$, resta estimar o valor do fator de atrito gás-parede, f_w. Assumindo que a tubulação é lisa, tem-se, da Equação 2.58a

$$f_w = \frac{0{,}079}{\text{Re}^{0{,}25}} \tag{31}$$

com

$$\text{Re} = \frac{uD}{\nu} = \frac{(20{,}94)(0{,}0525)}{\left(2{,}35 \times 10^{-5}\right)} = 47.685{,}13 \tag{32}$$

no que resulta da Equação 31,

$$f_w = \frac{(0{,}079)}{(47.685{,}13)^{0{,}25}} = 0{,}005346 \tag{33}$$

Substituindo-se os resultados conhecidos, em MKS, na Equação 28,

$$\begin{aligned} -\Delta P &= (0{,}5)\{[(1-0{,}999399)(1.350-0{,}9286)]+ \\ &+\frac{2}{(0{,}0525)}[(0{,}005346)(0{,}999399)(0{,}9286)(20{,}94)^2 + \\ &+(0{,}003)(1-0{,}999399)(1.350)(19{,}03)^2]\} - \Delta P = 43{,}54 \text{ N/m}^2 \end{aligned} \tag{34}$$

12.4 Descrição do transporte horizontal

A dependência da queda de pressão, na forma (–ΔP/H), com a velocidade superficial do fluido, em uma linha de transporte pneumático horizontal, pode ser acompanhada por inspeção das diversas curvas q vs. (–ΔP/H), indicadas na Figura 12.6. A linha AB é representativa do escoamento de um fluido sem a presença da fase particulada. A queda de pressão, nesta situação, é obtida por meio de equações clássicas de Mecânica dos Fluidos, utilizando-se, por exemplo, correlações para o coeficiente de atrito, como as apresentadas no Capítulo 2. A curva na qual estão contidos os pontos C, D, E, F representa o fluxo de partículas G_1. Ao se aumentar o fluxo de sólidos de G_1 para G_2, tem-se a curva na qual estão presentes os pontos G e H.

Para efeito de estudo, retoma-se a curva CDEF. No ponto C a velocidade superficial do fluido é suficientemente alta para arrastar as partículas em uma situação diluída. Neste ponto, as partículas não sedimentam na parede inferior da tubulação, e a queda de pressão é regida pelo atrito das fases com a parede da tubulação. Ao reduzir o valor da velocidade do fluido, a concentração da fase particulada aumentará, ocasionando o fenômeno da redução de arraste (o que implica a redução dos efeitos dos vórtices de turbulência) e, como decorrência, o valor de (–ΔP/H) decrescerá. Ao reduzir ainda mais o valor da velocidade do fluido e, consequentemente, acarretar o incremento na concentração da fase particulada, haverá a tendência de as partículas se depositarem na tubulação.

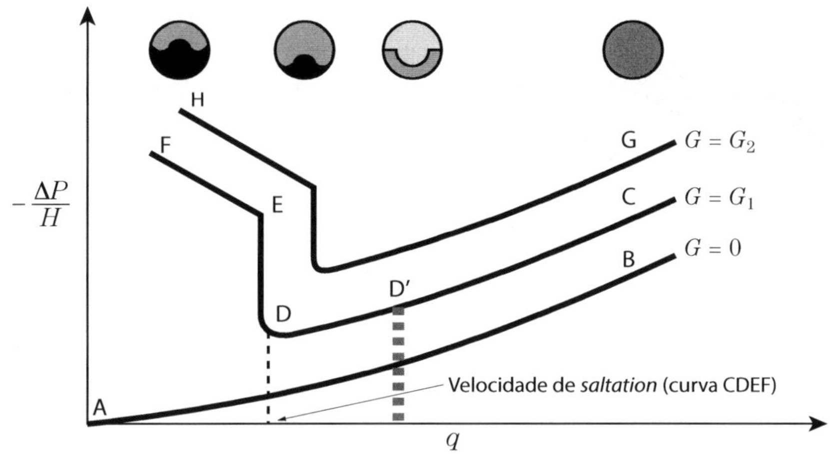

Figura 12.6 Diagrama de fase para transporte pneumático horizontal (baseada em RHODES, 2008).

No ponto D a velocidade superficial do fluido é insuficiente para manter as partículas em suspensão, que começam a sedimentar no fundo da tubulação. A velocidade superficial do fluido em que isto ocorre é denominada velocidade *saltation*, ou de depósito, e que estabelece o limite em que ocorre o transporte pneumático horizontal sem que haja a sedimentação das partículas no duto. Ao reduzir a velocidade do fluido, segmentos DE e EF, a fase particulada apresenta escoamento heterogêneo, podendo ser transportado em fase diluída na seção superior da tubulação e em fase concentrada na seção inferior desta mesma tubulação.

A velocidade crítica de depósito, q_s, pode ser estimada por meio de correlações encontradas na literatura, como aquela de Risk para o *transporte pneumático*

$$q_s = \left[a_1\left(\frac{\dot{m}_p}{\rho_p Área}\right)(gD)^{a_2}\right]^{a_3} \tag{12.49}$$

com

$$a_1 = 10^{1,44d_p+1,96}$$

$$a_2 = 0,55d_p + 1,25$$

$$a_3 = \frac{1}{1,1d_p + 3,5}$$

em tais constantes, utiliza-se o valor do diâmetro médio de partícula em mm.

No caso do *transporte hidráulico*, a velocidade crítica (*saltation*) pode ser obtida a partir da correlação de Santana (1982)

$$q_s = 6,34C_V^{1/3}(gD)^{1/2}\left(\frac{\rho_p}{\rho} - 1\right)^{0,46}\left(\frac{d_p}{D}\right)^{0,077} \tag{12.50}$$

com a concentração volumétrica, C_V, definida segundo a Equação 12.46.

12.5 Fluidodinâmica do transporte horizontal

A ação do campo gravitacional, no escoamento horizontal, provoca a existência de diversos tipos de regimes, como aqueles identificados quando da apresentação da Figura 12.6. Ressalte-se, entretanto, que mesmo a valores de velocidade superficial do líquido acima daquele de *saltation*, existem – pelo menos – dois tipos de regimes de transporte caracterizados pela homogeneidade da suspensão. Uma suspensão homogênea é aquela que não apresenta gradiente de concentração de partículas ao longo da seção transversal, que está representada na Figura 12.6 para valores de velocidade superficial do fluido acima do valor de D' na curva CDEF. Para os valores de velocidade entre os pontos D e D' dessa mesma curva, o regime é heterogêneo, o qual se caracteriza por apresentar uma distribuição não uniforme de concentração de particulados na seção transversal do equipamento. Assim como no transporte hidráulico vertical de partículas finas e de concentrações elevadas, no transporte hidráulico desse tipo de suspensão, se comporta como um fluido homogêneo e não *newtoniano* (SANTANA, 1982).

A descrição do escoamento da mistura das fases fluida e particulada no transporte pneumático horizontal, desde que se opere em *regime diluído*, é semelhante ao transporte vertical, desconsiderando-se a contribuição da força gravitacional, bem como $G(\varepsilon) = 0$. Deste modo, as Equações 12.25 e 12.26 são retomadas da forma que segue

$$\varepsilon\rho u\frac{du}{dz} = -\frac{dp}{dz} - m - 2f_w\varepsilon\frac{\rho u^2}{D} \tag{12.51}$$

$$(1-\varepsilon)\rho_p u_p\frac{du_p}{dz} = m - 2f_p(1-\varepsilon)\rho_p\frac{u_p^2}{D} \tag{12.52}$$

O valor da força resistiva, m, advém do modelo de Massarani e Santana (1979), Equação 12.34, para $\varepsilon \geq 0{,}75$. No caso do fator de atrito fluido-parede, f_w, pode-se utilizar, por exemplo, as correlações presentes no Quadro 2.1. Para o fator de atrito partículas-parede, f_p, pode-se citar a correlação de Yang (1977) (KLINZING, 1981)

$$f_p = 0{,}0293\frac{(1-\varepsilon)}{\varepsilon^3}\left[\frac{(1-\varepsilon)}{(gD)^{1/2}}u\right]^{-1{,}15} \tag{12.53}$$

Para a obtenção do valor da queda de pressão, escreve-se, a partir das Equações 12.51 e 12.52, considerando-se regime estabelecido e suspensões diluídas, as seguintes equações, respectivamente

$$-\frac{dp}{dz} = m + 2f_w\varepsilon\frac{\rho u^2}{D} \tag{12.54}$$

$$m = 2f_p(1-\varepsilon)\rho_p\frac{u_p^2}{D} \tag{12.55}$$

Substituindo-se a Equação 12.55 na Equação 12.54 e integrando-se o resultado obtido

$$-\frac{\Delta P}{H}=\frac{2}{D}\left[f_w\varepsilon\rho u^2+f_p(1-\varepsilon)\rho_p u_p^2\right] \tag{12.56}$$

H, na Equação 12.56, refere-se ao valor da distância entre as tomadas de pressão.

A obtenção do comprimento da região de aceleração, H_{ac}, resulta da Equação 12.47, fazendo nesta $g = 0$ e $G(\varepsilon) = 0$, ou seja,

$$\int_0^{H_{ac}} dz=\int_0^{u_p^*}\frac{u_p}{\dfrac{m}{(1-\varepsilon)\rho_p}-2f_p\dfrac{u_p^2}{D}}du_p \tag{12.57}$$

12.5.1 Queda de pressão no transporte hidráulico de suspensões homogêneas

Ao se transportar uma suspensão concentrada de finos, tal suspensão comporta-se como um fluido homogêneo e não *newtoniano*, cujo comportamento reológico segue a descrição apresentada na seção 2.2. O transporte de suspensões é realizado, segundo Santana (1982), em sua maioria em regime turbulento. A partir de uma abordagem empírica, este autor propôs o seguinte modelo para a determinação da queda de pressão

$$\frac{D(-\Delta p)}{H}=f\frac{V_M^2}{2}\bar{\rho}_T \tag{12.58}$$

em que a velocidade média, V_M, é definida por

$$V_M=\frac{\dot{m}}{\rho Área}+\frac{\dot{m}_p}{\rho_p Área} \tag{12.59}$$

Nessas equações D e H são o diâmetro e a distância entre duas tomadas de pressão na tubulação, respectivamente; ρ e ρ_p são as massas específicas do fluido e da partícula, respectivamente; $\dot{m}$ e $\dot{m}_p$ são as taxas mássicas das fases líquida e particulada, respectivamente; e f é o fator de atrito, cujo valor depende da reologia da suspensão, conforme descrito no Capítulo 2. No caso específico de fluidos que seguem a lei da potência para descrevê-los reologicamente, pode-se utilizar as correlações presentes no Quadro 2.2. Já concentração mássica da suspensão, $\bar{\rho}_T$, advém da Equação 9.3, supondo-se, nesta, as definições presentes nas Equações 9.13 e 9.14, considerando-se, em tais equações, que a fração volumétrica da fase fluida (ainda que possa ser em regime denso) é obtida da Equação 7.55, assumindo-se, nesta, a definição (12.46).

Exemplo 12.2

Uma instalação piloto foi construída para simular o desempenho de um mineroduto destinado ao transporte horizontal de uma suspensão aquosa de hematita (ρ = 2,07 g/cm^3; ρ_p = 4,80 g/cm^3, d_p = 14 μm). Os ensaios experimentais foram conduzidos na unidade piloto, cuja tubulação é de ferro galvanizado de diâmetro interno igual a 7,62 cm e rugosidade relativa igual a 0,003. A vazão volumétrica do líquido é igual a 30 m^3/h, enquanto a vazão mássica de sólido é 70 kg/s. A suspensão comporta-se como um fluido não *newtoniano* e obedece à lei da potência com n = 0,82 e k = 0,11 (dina·s^n·cm^2). Sabendo que a distância entre as tomadas de pressão é igual a 7,0 m, pede-se (a) o valor da queda de pressão; e (b) da velocidade crítica de transporte. Utilize a correlação de Szilas et al. (1981), Equação 2.60d, para a predição do fator de atrito.

Solução

a) A obtenção do valor da queda de pressão advém da utilização da Equação 12.58, aqui retomada na forma

$$\frac{D(-\Delta p)}{H} = f\frac{V_M^2}{2}\bar{\rho}_T \tag{1}$$

São fornecidos os valores de ρ = 2,07 g/cm^3, H = 700 cm e D = 7,62 cm. Por outro lado, são desconhecidos os valores da velocidade média, V_M, e do fator de atrito, f. A obtenção de V_M advém da Equação 12.59 ou

$$V_M = \frac{\dot{m}}{\rho Área} + \frac{\dot{m}_p}{\rho_p Área} \tag{2}$$

O valor da área da seção transversal ao escoamento é igual a

$$Área = \frac{\pi D^2}{4} = \frac{\pi(7,62)^2}{4} = 45,60 \text{ cm}^2 \tag{3}$$

São fornecidos os valores de $\dot{m}_p$ = 70 kg/s = 70.000 g/s, ρ_p = 4,80 g/cm^3 e ρ = 2,07 g/cm^3. Para o cálculo do valor da taxa mássica, $\dot{m}$, esta é obtida de

$$\dot{m} = \rho Q \tag{4}$$

Tendo em vista que Q = 30 m^3/h = 8.333,33 cm^3/s, tem-se

$$\dot{m} = (2,07)(8.333,33) = 17.250 \text{ g/s} \tag{5}$$

O valor da velocidade média será, portanto,

$$V_M = \frac{(17.250)}{(2,07)(45,60)} + \frac{(70.000)}{(4,80)(45,60)} = 502,56 \text{ cm/s} \tag{6}$$

Para a determinação do valor do fator de atrito, f, será utilizada a Equação 2.60d de Szilas et al. (1981)

$$\frac{1}{\sqrt{f}} = -2\log\left[\frac{(10)^{-\beta/2}}{\text{Re}'(f)^{(2-n)/2n}}\right] + \frac{1}{3,71}\left(\frac{e}{D}\right) \tag{7}$$

com

$$\beta = 1{,}51^{1/n}\left(\frac{0{,}707}{n} + 2{,}12\right) - \frac{4{,}015}{n} - 1{,}057 \qquad (8)$$

Foram fornecidos os valores de $n = 0{,}82$ e $k = 0{,}11$ (dina·s^n·cm^2), bem como o valor da rugosidade relativa, $e/D = 0{,}003$. O valor do número de Reynolds modificado, para o modelo reológico que segue a lei da potência, é obtido por meio da Equação 2.59,

$$\text{Re}' = \frac{\rho D^n V_M^{(2-n)}}{\frac{k}{8}\left[\frac{6n+2}{n}\right]^n} \qquad (9)$$

Sabendo-se que $\rho = 2{,}07$ g/cm^3, $V_M = 502{,}56$ cm/s, obtém-se

$$\text{Re}' = \frac{(2{,}07)(7{,}62)^{0{,}82}(502{,}56)^{(2-0{,}82)}}{\frac{(0{,}11)}{8}\left[\frac{(6)(0{,}82)+(2)}{0{,}82}\right]^{0{,}82}} = 213.163{,}49 \qquad (10)$$

O valor de β é calculado mediante a Equação 8,

$$\beta = 1{,}51^{1/0{,}82}\left(\frac{0{,}707}{0{,}82} + 2{,}12\right) - \frac{4{,}015}{0{,}82} - 1{,}507 = -1{,}024 \qquad (11)$$

Substituindo $e/D = 0{,}003$, e os valores obtidos em (10) e (11) na Equação 7 e rearranjando o resultado obtido, chega-se a

$$f = \left[\frac{1}{9{,}634 + 2\log\left(f^{1{,}439}\right)}\right]^2$$

de onde resulta

$$f = 0{,}0341 \qquad (12)$$

A determinação da concentração mássica da suspensão, $\bar{\rho}_T$, advém da Equação 9.3, aqui retomada segundo

$$\bar{\rho}_T = \bar{\rho} + \bar{\rho}_p \qquad (13)$$

a qual escrita em termos das Equações 9.13 e 9.14 fornece

$$\bar{\rho}_T = \varepsilon\rho + \varepsilon_p\,\rho_p \qquad (14)$$

Utilizando-se a Equação 9.12 na Equação 9.14, tem-se

$$\bar{\rho}_T = \varepsilon\rho + (1-\varepsilon)\rho_p \qquad (15)$$

A determinação da fração volumétrica da fase fluida, segundo o modelo de Santana (1982), é obtida por meio da Equação 7.55, considerando-se nesta a Equação 12.46, ou seja,

$$\varepsilon = 1 - C_V \qquad (16)$$

com

$$C_V = \frac{Q_p}{Q_p + Q} \quad (17)$$

Q_p e Q são as vazões volumétricas das fases particulada e fluida, respectivamente. Como $Q = 30\ m^3/h = 8.333{,}33\ cm^3/s$, torna-se necessário o cálculo do valor da vazão volumétrica da fase particulada, a qual será

$$Q_p = \frac{\dot{m}_p}{\rho_p} \quad (18)$$

Como $\rho_p = 4{,}80\ g/cm^3$ e $\dot{m}_p = 70\ kg/s = 70.000\ g/s$, tem-se em (18),

$$Q_p = \frac{70.000}{4{,}80} = 14.583{,}33\ cm^3/s \quad (19)$$

Levando os valores $Q = 8.333{,}33\ cm^3/s$ e $Q_p = 14.583{,}33\ cm^3/s$ na Equação 17, resulta

$$C_V = \frac{(14.583{,}33)}{(14.583{,}33) + (8.333{,}33)} = 0{,}6364 \quad (20)$$

Esse resultado (20) é substituído na Equação 16, decorrendo

$$\varepsilon = 1 - 0{,}6364 = 0{,}3636 \quad (21)$$

Substituindo este valor, em conjunto com $\rho_p = 4{,}80\ g/cm^3$ na Equação 15, tem-se

$$\bar{\rho}_T = (0{,}3636)(2{,}07) + (1 - 0{,}3636)(4{,}8) = 3{,}81\ g/cm^3 \quad (22)$$

Levando os valores $H = 700$ cm, $D = 7{,}62$ cm, $V_M = 502{,}\ 56$ cm/s, $f = 0{,}0341$ e $\bar{\rho}_T = 3{,}81\ g/cm^3$ na Equação 1, obtém-se

$$(-\Delta p) = (0{,}0341)\frac{(2{,}07)(502{,}56)^2}{2}(3{,}81)\left(\frac{700}{7{,}62}\right) = 3.119.885{,}86\ g/cm^2 \cdot s$$

ou

$$(-\Delta p) = 311{,}99\ kPa \quad (23)$$

b) O valor da velocidade na condição de *saltation* advém da Equação 12.50,

$$q_s = 6{,}34 C_V^{1/3}(gD)^{1/2}\left(\frac{\rho_p}{\rho} - 1\right)^{0{,}46}\left(\frac{d_p}{D}\right)^{0{,}077} \quad (24)$$

Aqui, basta substituir os valores g = 981 cm/s^2, $D = 7{,}62$ cm, $\rho_p = 4{,}80\ g/cm^3$, $\rho = 2{,}07\ g/cm^3$ e $d_p = 14\ \mu m = 14 \times 10^{-4}$ cm e $C_V = 0{,}6364$ na Equação 14

$$q_s = (6{,}34)(0{,}6364)^{1/3}(981 \times 7{,}62)^{1/2}\left(\frac{4{,}80}{2{,}07} - 1\right)^{0{,}46}\left(\frac{14 \times 10^{-4}}{7{,}62}\right)^{0{,}077} = 276{,}12\ cm/s \quad (25)$$

12.6 Bibliografia consultada

BETIOLI, M. L. P. **Estudo experimental da distribuição de pressão estática no escoamento gás-sólido em um leito recirculante**. Dissertação de Mestrado. Campinas: Universidade Estadual de Campinas, 2007.

CREMASCO, M. A. Modelo simplificado para o escoamento de ar com particulados em transporte pneumático horizontal de seção retangular variável. **Anais do XXIII Congresso Brasileiro de Sistemas Particulados – XXIII Enemp**, v. 2, p. 609, Maringá, 1995.

DODGE, D. W.; METZNER, A. B. Turbulent flow of non-newtonian system. **Institute of Chemical Engineering Journal**, v. 5, n. 2, p. 189, 1959.

FERREIRA, M. C. Transporte pneumático vertical de partículas. In: FREIRE, J. J.; FERREIRA, M. C. (Orgs.) **Aplicações em sistemas particulados**. São Carlos: Suprema, 2009.

FREIRE, J. T.; SILVERA, A. M.; FERREIRA, M. C. **Transporte pneumático vertical**. Monografia. São Carlos: Universidade Federal de São Carlos, 1993.

GELDERBLOOM, J. S.; GIDASPOW, D.; LYCZKOWSKI, R. W. CFD Simulation of bubbling/collapsing fluidized bed for three Geldart groups. **AIChE Journal**, v. 49, p. 844, 2003.

GIDASPOW, D.; ETTEHADIEH, B. Fluidization in two-dimensional beds with a jet. 2. Hydrodynamic modeling. **Ind. Eng. Chem. Fundam.**, v. 22, p. 193, 1983.

GUARDANI, R.; LIMAVERDE, J. R.; NASCIMENTO, C. A. Previsão de transição de "choking" em transporte vertical gás-sólido através de um modelo de distribuição de concentração de sólidos. **Anais do XIX Encontro sobre Escoamento em Meios Porosos – XIX Enemp**, v. 2, p. 441, Campinas, 1991.

HUILIN, L.; GIDASPOW, D. Hydrodynamics of binary fluidization in a riser: CFD simulation using two granular temperatures. **Chem. Eng. Science**, v. 58, p. 3777, 2003.

KLINZING, G. E. **Gás-solid transport**. New York: McGraw-Hill Book Co., 1981.

KLINZING, G. E. Pneumatic transport (A review and generalized phase diagram approach to pneumatic transport). **Anais do XIV Encontro sobre Escoamento em Meios Porosos – XIV Enemp**, p. 1, Campinas, 1986.

KMIEC, A.; LESCHONSKI, K. An experimental study of the pressure drop of gas-solids suspension flow in vertical pipes. **The Chemical Eng. J.**, v. 29, p. 51, 1984.

KUNII, D.; LEVENSPIEL, O. **Fluidization engineering**. New York: John Wiley & Sons, 1969.

LEUNG. L. S.; WILES, R. J.; NICKLIN, D. I. Correlation for predicting choking flowrates in vertical pneumatic conveyining. **Ind. Chem. Process Des. Dev.**, n. 2, p. 183, 1971.

MARTINS, A. L.; SANTANA, G. Transporte hidráulico horizontal heterogêneo com fluido não newtoniano. **Anais do XVIII Encontro sobre Escoamento em Meios Porosos – XVIII Enemp**, v. 1, p. 123, Nova Friburgo, 1990.

Massarani, G.; Santana, C. C. Força resistiva sólido-fluido em sistemas particulados de porosidade elevada. **Anais do VII Encontro sobre Escoamento em Meios Porosos – VII Enemp**, v. 3, p. 643, Aracaju, 1979.

Metzner, A. B.; Reed, J. C. Flow of non-newtonian fluids – correlation of the laminar, transition and turbulent-flow regions. **Institute of Chemical Engineering Journal**, v. 1, n. 4, p. 434, 1955.

Polito, A. M. M. **O método da função característica empírica aplicado à dinâmica molecular de gases granulares**. Tese de Doutorado. Brasília: Universidade de Brasília, 2006.

Rhodes, M. **Pneumatic transport of powders**. Disponível em: <www.erpt.org/014Q/rhoe-00.htm>. Acesso em: 10 ago. 2008.

Richardson, I. F.; Zaki, W. N. Sedimentation and fluidization: Part I. **Trans. Inst. Chem. Engrs**, v. 32, n. 3, p. 35, 1954.

Rocha, S. C. S. **Contribuição ao estudo da secagem pneumática vertical**: simulação e influência do coeficiente de transferência de calor gás-partícula. Tese de Doutorado. São Paulo: Universidade Estadual de São Paulo, 1988.

Santana, C. C.; Massarani, G.; Ismail, K. A. R. Verificação experimental de um modelo matemático do transporte hidráulico horizontal. **Anais do VII Encontro sobre Escoamento em Meios Porosos – VII Enemp**, v. 3, p. 609, Aracaju, 1977.

Santana, C. C. **Transporte hidráulico de partículas sólidas**. Tese de Doutorado. Rio de Janeiro: Coppe – Universidade Federal do Rio de Janeiro, 1979.

Santana, C. C. Transporte hidráulico e pneumático de partículas. In: **Tópicos especiais de sistemas particulados**. São Carlos: Universidade Federal de São Carlos, 1982.

Santana, C. C. Fenômenos de transporte no contato gás-sólido: leitos móveis em fase diluída. In: Freire, J. J.; Gubulin, J. C. (Eds.) **Tópicos especiais de sistemas particulados**, v. 2. São Carlos: Universidade Federal de São Carlos, 1986.

Santos, S. M. **Projeto de montagem de unidade piloto de transporte pneumático em fase diluída para estudo da relação entre a perda de carga e a distribuição de partículas granulares na seção transversal de dutos industriais**. Tese de Doutorado. Campinas: Universidade Estadual de Campinas, 2009.

Ulson de Souza, S. M. G. **Modelagem e simulação da dinâmica de escoamento gás-sólido vertical contracorrente e concorrente**. Dissertação de Mestrado. Universidade Estadual de Campinas, 1985.

Ulson de Souza, S. M. G.; Santana, G. Predição da velocidade crítica no escoamento gás-sólido vertical a partir de equações fundamentais dos sistemas particulados. **Anais do XIII Encontro sobre Escoamento em Meios Porosos – XIII Enemp**, v. 2, p. 429, São Paulo, 1985.

Vega, R. E; Alvarez, P. I. Transporte de suspensiones sólido-liquido – estúdio teórico-experimental. **Anais do XXI Encontro sobre Escoamento em Meios Porosos – XXI Enemp**, v. 1, p. 201, Ouro Preto, 1993.

12.7 Nomenclatura

$Área$ área da seção transversal da coluna .... $[L^2]$
$\mathbf{b}$ vetor intensidade de força de campo .... $[M{\cdot}L{\cdot}T^{-2}]$
C_D coeficiente de arraste .... adimensional
C_V concentração volumétrica de partículas .... adimensional
D diâmetro da coluna .... $[L]$
d_p diâmetro médio da partícula (ou de aglomerado) .... $[L]$
F_i força de atrito fase i e parede do equipamento .... $[M{\cdot}L^{-2}{\cdot}T^{-2}]$
f fator de atrito .... adimensional
g aceleração gravitacional; constante gravitacional .... $[L{\cdot}T^{-2}]$
$\mathbf{g}$ força gravitacional .... $[M{\cdot}L{\cdot}T^{-2}]$
H distância entre as tomadas de pressão .... $[L]$
k permeabilidade .... $[L^2]$
k índice de consistência .... $[M{\cdot}L^{-1}{\cdot}T^{-1}]$
m força resistiva .... $[M{\cdot}L^{-2}{\cdot}T^{-2}]$
$\mathbf{m}$ força resistiva (vetor) .... $[M{\cdot}L^{-2}{\cdot}T^{-2}]$
$\dot{m}$ a vazão mássica do fluido .... $[M{\cdot}T^{-1}]$
$\dot{m}_p$ a vazão mássica de partículas .... $[M{\cdot}T^{-1}]$
n índice de comportamento do fluido .... adimensional
p pressão exercida na fase fluida .... $[M{\cdot}L^{-1}{\cdot}T^{-2}]$
p_p pressão exercida na fase particulada .... $[M{\cdot}L^{-1}{\cdot}T^{-2}]$
P pressão piezométrica .... $[M{\cdot}L^{-1}{\cdot}T^{-2}]$
q velocidade superficial do fluido .... $[L{\cdot}T^{-1}]$
Q vazão volumétrica do fluido .... $[L^3{\cdot}T^{-1}]$
Q_p vazão volumétrica de partículas .... $[L^3{\cdot}T^{-1}]$
T_p tensor tensão exercido na fase particulada .... $[M{\cdot}L^{-1}{\cdot}T^{-2}]$
u vetor velocidade intersticial do fluido .... $[L{\cdot}T^{-1}]$
$\mathbf{u}$ vetor velocidade da fase fluida .... $[L{\cdot}T^{-1}]$
u_p velocidade da fase particulada .... $[L{\cdot}T^{-1}]$
$\mathbf{u}_p$ vetor velocidade da fase particulada .... $[L{\cdot}T^{-1}]$
U velocidade relativa .... $[L{\cdot}T^{-1}]$
$\mathbf{U}$ vetor velocidade relativa .... $[L{\cdot}T^{-1}]$
V_M velocidade média .... $[L{\cdot}T^{-1}]$
v_T velocidade terminal .... $[L{\cdot}T^{-1}]$
z distância .... $[L]$

Letras gregas

β parâmetro de arraste relativo à interação fluido–partícula;

ε fração de vazios (porosidade do leito, da coluna)........................ adimensional

ε_p fração volumétrica da fase particulada.. adimensional

ϕ esfericidade da partícula.. adimensional

μ viscosidade dinâmica do fluido .... $[M{\cdot}L^{-1}{\cdot}T^{-1}]$

ν viscosidade cinemática do fluido ....$[L^2{\cdot}T^{-1}]$

ρ_p massa específica da partícula.. $[M{\cdot}L^{-3}]$

ρ massa específica da fase fluida... $[M{\cdot}L^{-3}]$

Subscritos

c condição crítica de transporte

p partícula; partícula-parede

S *saltation*

T velocidade terminal

w fluido-parede

∞ velocidade terminal de uma partícula isolada (livre)

Números adimensionais

Ar número de Arquimedes

Re_c número de Reynolds crítico

Re_p número de Reynolds da partícula relativo à velocidade relativa U

Re_T número de Reynolds baseado na velocidade terminal da partícula

Re' número de Reynolds modificado

Capítulo 13

Sedimentação

13.1 Introdução

A sedimentação é uma operação de separação sólido-líquido baseada na diferença entre as concentrações das fases presentes na suspensão a ser processada, sujeitas à ação do campo gravitacional. A decantação (ou sedimentação ou espessamento) da fase particulada ocorre normalmente em tanques cilíndricos, conhecidos como *sedimentadores* (Figura 13.1). É comum classificar os sedimentadores em dois tipos: os *espessadores*, que têm como produto de interesse fase particulada e são caracterizados pela produção de espessados com alta concentração de partículas, e os *clarificadores*, que têm como produto de interesse o líquido e caracterizam-se pela produção de clarificados com baixas concentrações de partículas (AROUCA, 2007). Na indústria de mineração, por exemplo, os sedimentadores são largamente utilizados para: a) obtenção de polpas com concentrações adequadas a um determinado processo subsequente; b) espessamento de rejeitos com concentração elevada de partículas, visando o transporte e descarte mais eficazes; c) recuperação de água para reciclo industrial; e d) recuperação de partículas ou solução de operações de lixiviação, utilizados em processos hidrometalúrgicos (FRANÇA; MASSARANI, 2004).

Ainda que as aplicações tecnológicas, mencionadas no parágrafo anterior, ocorram de forma contínua, o mecanismo da sedimentação pode ser facilmente compreendido por meio do teste de proveta, o qual se baseia no acompanhamento do deslocamento axial da interface superior da suspensão ao longo do tempo (Figura 13.2).

No início do ensaio (t_0), a suspensão apresenta-se homogênea e a concentração da fase particulada é constante em todos os pontos ao longo da altura da proveta. Logo depois, as partículas (aglomerados) maiores (ou mais densas) começam a sedimentar e a formar uma fina camada de partículas no fundo da proveta, que é a *região de compactação*. Tal região é formada por aglomerados mais concentrados e com maior velocidade de sedimentação. Aglomerados finos (menos concentrados) sedimentam mais lentamente, originando uma *região intermediária*, que é a região de sedimentação livre.

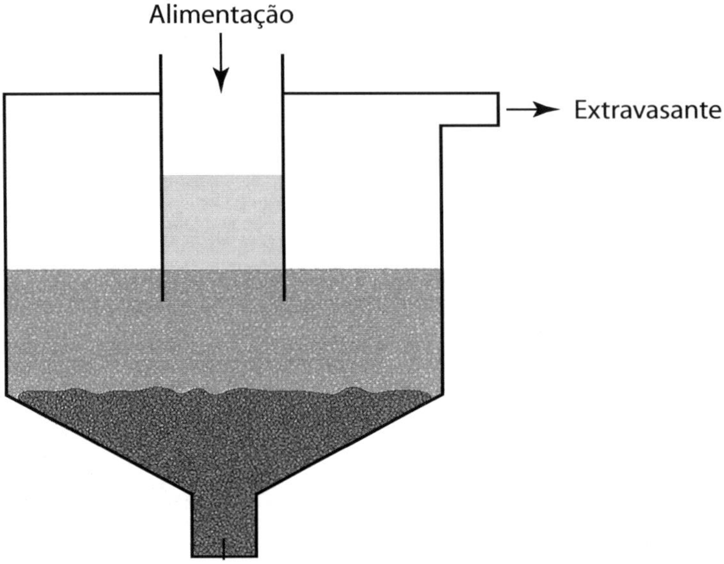

Figura 13.1 Ilustração de um sedimentador.

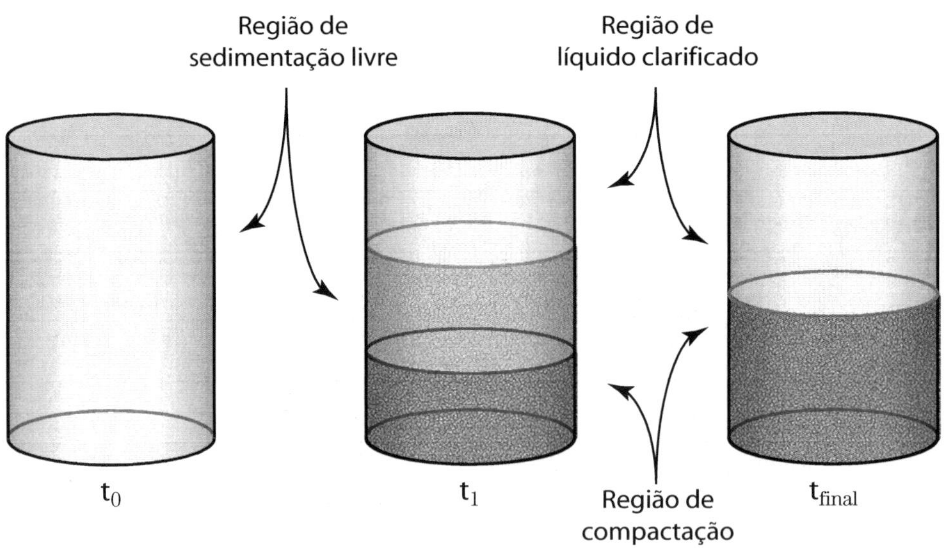

Figura 13.2 Regiões características de um ensaio em batelada de sedimentação.

Quando as partículas começarem a sedimentar, inicia-se a formação de uma *região de líquido clarificado*, isenta de sólidos. Com o decorrer do teste são observadas variações na altura das regiões: as regiões de líquido clarificado e de compactação tornam-se maiores em virtude do desaparecimento da região de sedimentação livre. Atinge-se, em seguida, uma situação na qual existe apenas a região de compactação e a região de líquido clarificado. A partir de então a sedimentação consiste em uma compressão lenta da fase particulada, que expulsa o líquido existente entre as partículas para a região de líquido clarificado. A expulsão do líquido promove a acomodação da fase particulada, que pode ser observada por meio de uma pequena variação na altura da região de compactação.

13.2 Fatores que afetam a sedimentação

A sedimentação tem por base a descrição da fluidodinâmica do contato entre as fases particulada e líquida, sujeita ao campo gravitacional. Por outro lado, pode-se ter uma ideia qualitativa dessa operação unitária por meio da análise da velocidade terminal de uma partícula isolada. Verifica-se que partículas esféricas, maiores em diâmetro e massa específica, apresentarão maior valor para a velocidade terminal e, por conseguinte, decantarão mais rapidamente quando comparadas a partículas não esféricas e de diâmetro e massa específica menores. Para tanto, basta analisar as Equações 8.7 e 8.8. O efeito da dimensão da tubulação e da concentração de sólidos no valor da velocidade terminal pode ser observado por meio das Equações 7.49 e 7.58, respectivamente. Sendo assim, o risco é menor ao supor que, na sedimentação, a concentração da fase particulada, a natureza morfológica e granulométrica das partículas, bem como as características do tanque de sedimentação afetam essa operação unitária.

Uma alternativa para buscar uma esfericidade maior (próxima ao valor unitário) e diâmetro maior das partículas presentes na suspensão é a promoção da aglomeração da fase particulada por meio da técnica de *coagulação/floculação*.

A coagulação se refere à neutralização de cargas negativas das partículas permitindo a sua aproximação entre elas (Figura 13.3). Utilizam-se, para tanto, agentes coagulantes como o sulfato de alumino ($Al_2(SO_4)_3$) e o cloreto férrico ($FeCl_3$). A etapa de coagulação é realizada em um tanque dotado de agitação intensa para facilitar a mistura entre coagulante e partículas.

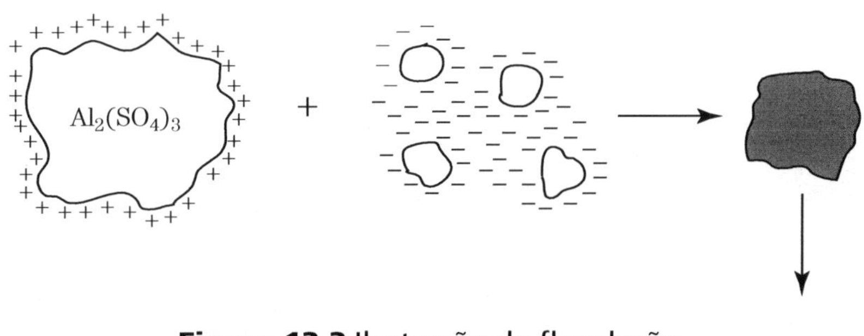

Figura 13.3 Ilustração da floculação.

É importante ressaltar que, de certa maneira, a coagulação está associada à redução do potencial zeta (medida do potencial elétrico entre a superfície externa da camada compacta formada ao redor da partícula e o meio líquido em que está inserida) a valores que permitam a posterior aglutinação de partículas, a qual se refere à etapa de floculação (Figura 13.4). Esta etapa é conduzida em outro tanque agitado, todavia de agitação lenta para que, no tempo em que se promova a aglutinação, não ocorra a eclosão dos aglomerados, caso se utilize agitação intensa.

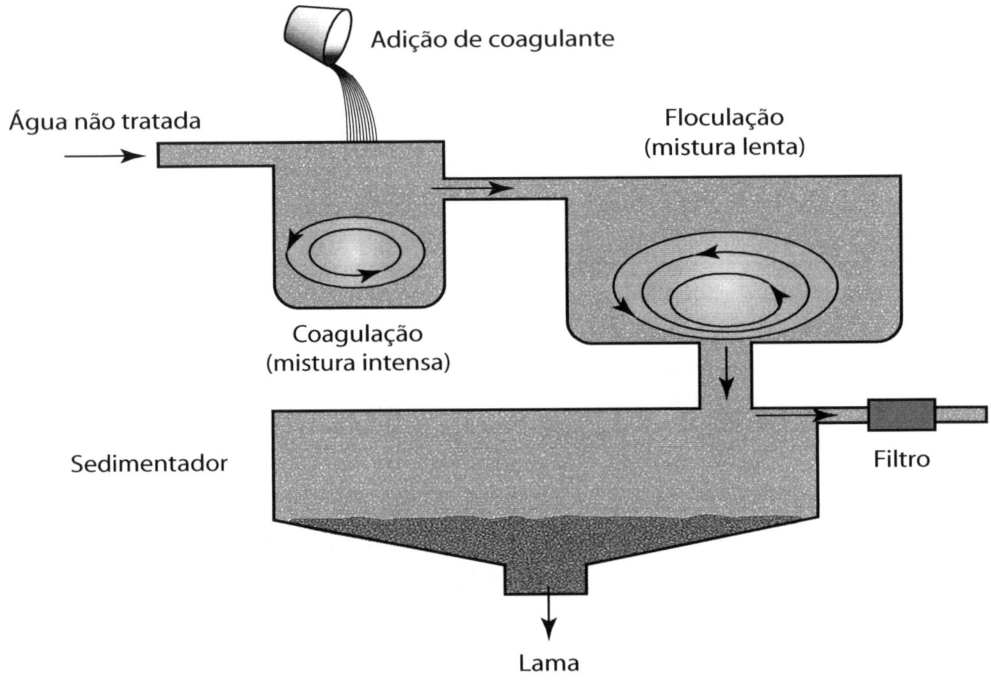

Figura 13.4 Sistema de sedimentação contendo tanques de coagulação e floculação.

13.3 Tipos de sedimentadores

Os sedimentadores podem ser classificados, usualmente, conforme sua geometria e característica de alimentação da suspensão contendo a fase particulada a ser separada. O tanque de sedimentação clássico (Figura 13.5), conhecido como sedimentador contínuo convencional, dispõe de dutos de alimentação da suspensão, de retirada tanto do clarificado (*overflow*) quanto do espessado (*underflow*). Esse tipo de sedimentador é dotado de raspadores que auxiliam no descarte do espessado.

Ao modificar estruturalmente o sedimentador clássico como, por exemplo, adicionando-se lamelas para incrementar a região de compactação sem, contudo, modificar o diâmetro do tanque propriamente dito, tem-se os sedimentadores de alta capacidade. Um exemplo desta categoria é o sedimentador lamelado ou de lamelas (Figura 13.6).

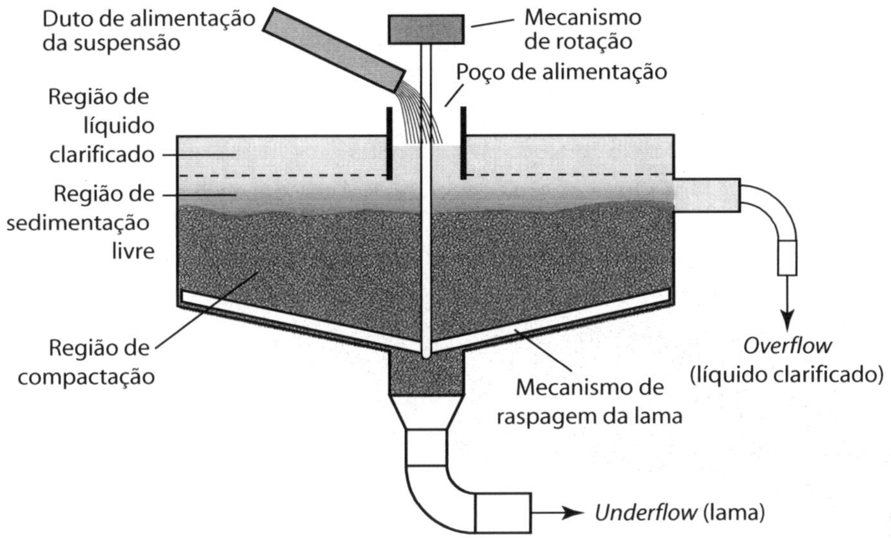

Figura 13.5 Esquema operacional de um sedimentador contínuo convencional (baseada em FRANÇA; MASSARANI, 2004).

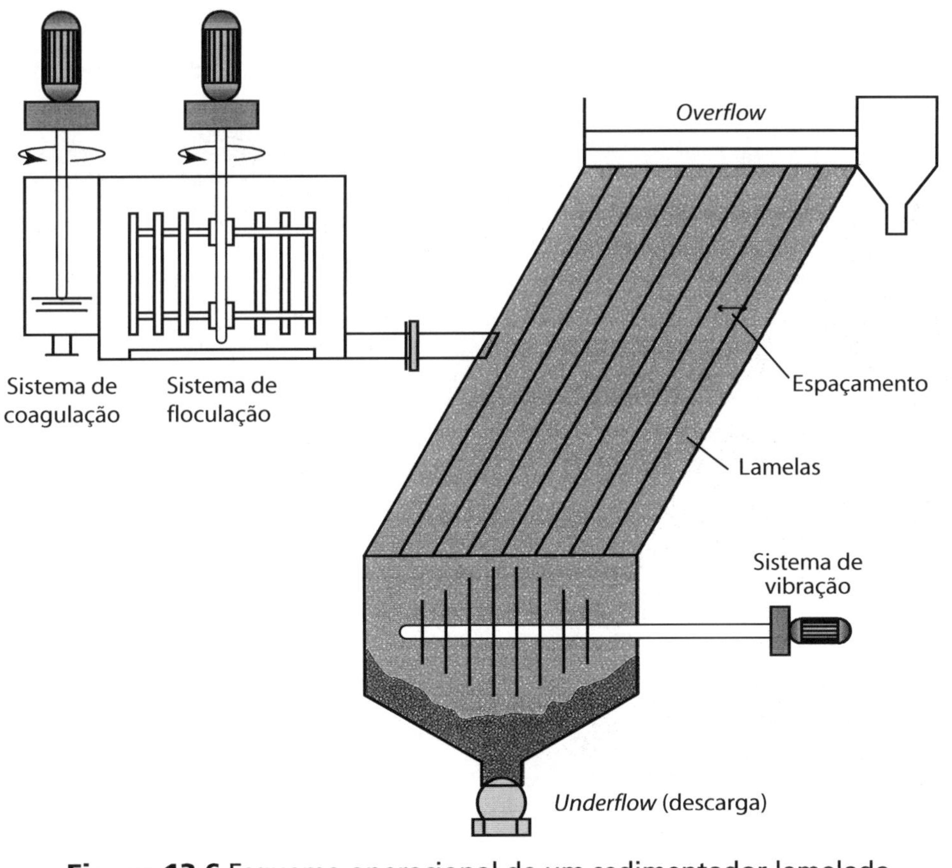

Figura 13.6 Esquema operacional de um sedimentador lamelado (VIDAL; HORN FILHO, 1988).

O *sedimentador lamelado* (ou de lamelas) é caracterizado por apresentar um conjunto de placas inclinadas, lamelas, trazendo um pequeno espaçamento entre si de modo a formar canais preferenciais para o escoamento da suspensão. Essa suspensão pode ser alimentada diretamente no compartimento de alimentação ou na câmara de mistura e floculação. As partículas sedimentam sobre as lamelas e deslizam até o fundo do equipamento, resultando na lama que é, em seguida, bombeada (FRANÇA; MASSARANI, 2004). Para o escoamento e retirada de suspensões concentradas, o sedimentador apresenta um sistema de vibração em substituição aos raspadores rotativos dos espessadores convencionais. Esse tipo de sedimentador pode substituir um do tipo convencional em várias aplicações, como: separação de finos de carvão, de minério de ferro, de ouro; tratamento de água, entre outras aplicações (VIDAL; HORN FILHO, 1988). Por outro lado, a operação de sedimentação, neste tipo de equipamento, parece ser mais instável que no convencional (SOLETTI et al., 2002).

13.4 Fluidodinâmica da sedimentação

A operação de espessamento (ou de sedimentação) de suspensões leva à formação de tortas (lama, lodo, espessado), resultando na variação da concentração da fase particulada (partículas ou aglomerados) no volume do tanque de sedimentação e, em se tratando de operações em batelada, no tempo de operação. Em uma primeira aproximação, pode-se imaginar o processo de sedimentação como descrito pelo modelo da velocidade terminal, em um referencial lagrangeano, de modo a considerá-lo como uma particularidade de separação de partículas sujeitas ao campo gravitacional (Seção 8.3) em um fluido em repouso (líquido, na presente situação). Entretanto, tal simplificação é descartada na medida em que existem várias regiões de distintas concentrações de particulados (ver Figuras 13.2 e 13.5) nas quais, além da variação substancial de tal concentração, haverá a ação importante dos tensores tensão sobre as fases envolvidas, principalmente na fase particulada, de tal modo que o leito é considerado deformável. A formulação para a fluidodinâmica da sedimentação, assim como nas outras operações unitárias anteriormente apresentadas, advém da teoria das misturas da mecânica do contínuo, por meio das equações da continuidade e do movimento para cada fase envolvida na operação e nas constitutivas, conforme descritas no Capítulo 9. Para obter uma formulação, ainda que simplificada, para a descrição da sedimentação, são consideradas as seguintes hipóteses:

a) a fase fluida comporta-se como fluido *newtoniano* e incompressível;

b) o projeto de um sedimentador tem como base a operação em batelada no que acarreta regime transiente ($\partial/\partial t \neq 0$);

c) escoamento unidimensional e em contracorrente das fases fluida e particulada, considerando-se que o valor da velocidade ascensional do líquido deve ser menor ou no máximo igual ao da velocidade de sedimentação, para que não haja partículados no extravasante;

d) a velocidade de sedimentação da fase particulada depende somente da concentração local de sólidos;

e) considera-se o modelo da porosidade do meio para o tensor tensão na fase particulada função tão só da porosidade do meio (fração de vazios), por meio da Equação 9.43, em que $\vec{\nabla} \cdot \mathbf{T}_p$ é retomada como

$$\frac{\partial T_p}{\partial z} = -\left(\frac{\partial p_p}{\partial \varepsilon_p}\right)\left(\frac{\partial \varepsilon_p}{\partial z}\right) \tag{13.1}$$

Para a região de sedimentação livre (D'ÁVILA, 1978)

$$p_p = \varepsilon_p \rho_p v_T^2 \tag{13.2}$$

Para a região de compactação (TILLER; LEU, 1980)

$$p_p(\varepsilon) = \alpha_0\left[\left(\frac{1-\varepsilon}{\alpha_1}\right)^{1/\alpha_2} - 1\right] \tag{13.3}$$

na qual α_0, α_1, α_2 são constantes empíricas.

f) considera-se escoamento de Darcy, de modo a força resistiva, m, ser escrita por (DAMASCENO, 1998)

$$m = \frac{\mu}{k(\varepsilon)}\varepsilon U \tag{13.4}$$

sendo que a permeabilidade do meio, $k(\varepsilon)$, dependente da porosidade do meio, pode ser obtida por uma das correlações apresentadas na Tabela 13.1.

g) admite-se que as suspensões não sejam suficientemente concentradas, de modo a desconsiderar fenômeno da sedimentação impedida. Nesse caso, a velocidade relativa, U, pode ser aproximada como

$$U = u_p \tag{13.5}$$

na qual u_p é a velocidade intersticial da fase particulada.

Dessa maneira, as equações da continuidade e do movimento para a fase particulada, Equações 9.21 e 9.37, respectivamente, podem ser escritas, depois de admitir as hipóteses apontadas anteriormente, assim como se assume que a intensidade do campo externo venha a ser o gravitacional atuando na mesma direção do escoamento da fase particulada da seguinte forma

$$\frac{\partial \varepsilon_p}{\partial t} + \frac{\partial}{\partial z}(\varepsilon_p u_p) = 0 \tag{13.6}$$

$$\rho_p \varepsilon_p \left[\frac{\partial u_p}{\partial t} + u_p \frac{\partial u_p}{\partial z}\right] = -\frac{\partial}{\partial z} p_p(\varepsilon) + \frac{\mu}{k(\varepsilon)} \varepsilon u_p + \varepsilon_p(\rho_p - \rho) g \tag{13.7}$$

Tabela 13.1 Correlações para a permeabilidade do meio (baseada em LEE et al., 1996)

Modelo	Correlação	
Brinkman	$k(\varepsilon_p) = \frac{d_p^2}{72}\left[3 + \frac{4}{\varepsilon_p} - 3\left(\frac{8}{\varepsilon_p} - 3\right)^{1/2}\right]$	(13.8)
Kozeni-Carman	$k(\varepsilon_p) = \frac{d_p^2}{36\beta}\left[\frac{(1-\varepsilon_p)^3}{\varepsilon_p^2}\right], \beta = 5$	(13.9)
Happel (esfera)	$k(\varepsilon_p) = \frac{d_p^2}{6\varepsilon_p}\left(\frac{3 - 4{,}5\varepsilon_p^{1/3} + 4{,}5\varepsilon_p^{5/3} - 3\varepsilon_p^2}{3 + 2\varepsilon_p^{5/3}}\right)$	(13.10)
Happel (material fibroso)	$k(\varepsilon_p) = \frac{d_p^2}{32\varepsilon_p}\left(-\ell n \varepsilon_p + \frac{\varepsilon_p^2 - 1}{\varepsilon_p^2 + 1}\right)$	(13.11)
Davies (material fibroso)	$k(\varepsilon_p) = \frac{d_p^2}{4}\left[\frac{1}{16\varepsilon_p^{3/2}(1 + 56\varepsilon_p^3)}\right]$	(13.12)
Iberall (material fibroso)	$k(\varepsilon_p) = \frac{d_p^2}{16}\left[3\left(\frac{1-\varepsilon_p}{\varepsilon_p}\right)\frac{2 - \ell n \mathrm{Re}_p}{4 - \ell n \mathrm{Re}_p}\right]$, com $\mathrm{Re}_p = \frac{u d_p}{\nu_{\text{líq.}}}$*	(13.13)

* $\nu_{\text{líq.}}$, viscosidade cinemática do líquido.

A solução das equações da continuidade, Equação 13.6, e do movimento, Equação 13.7, são resolvidas adotando-se a condição inicial e, principalmente, as condições de contorno apropriadas para cada região característica presente na sedimentação.

13.5 Projeto de um sedimentador convencional contínuo

O dimensionamento de um sedimentador convencional contínuo, conforme ilustra a Figura 13.7, consta da determinação do valor da sua altura e da área transversal, baseado em dados operacionais de sedimentação em batelada. A curva de sedimentação, que representa a variação da altura da interface da fase particulada com o tempo, fornece dados sobre a taxa de sedimentação, razão de concentração entre a alimentação e o espessado, concentração máxima de espessado, entre outros, necessários ao projeto da unidade contínua.

É importante ressaltar que esses dados fornecem informações sobre a natureza da suspensão, contudo, o comportamento da suspensão pode variar de uma operação de sedimentação a outra. Na realidade, o projeto é uma extrapolação da operação em batelada para a contínua e, com isso, há a necessidade da inclusão de parâmetros de correção ao projeto.

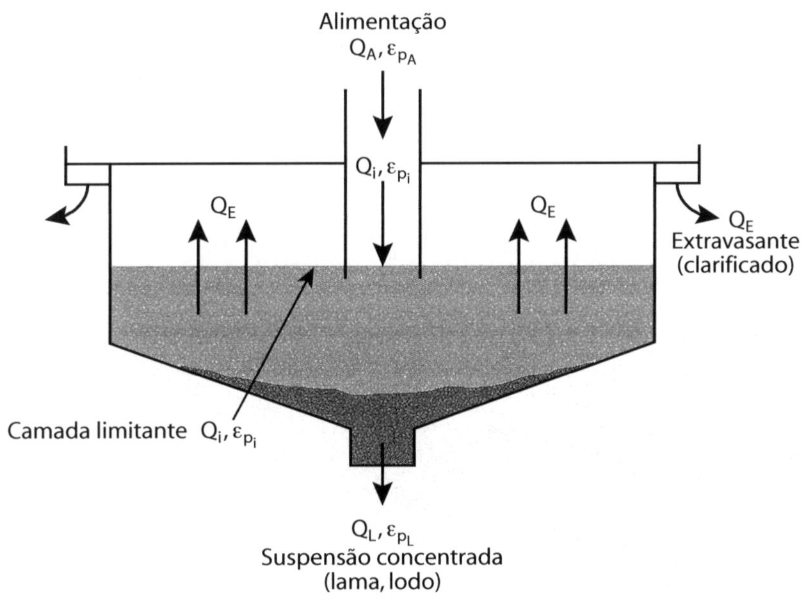

Figura 13.7 Esquema de um sedimentador contínuo.

13.5.1 Cálculo da área do sedimentador

Considere um sedimentador contínuo em operação, com a região de clarificado isenta de sólidos; o balanço de massa (volumétrico) para as fases particulada e líquida pode ser representado tal como segue (ver Figura 13.7).

Balanço de massa da fase particulada

$$Q_A\, \varepsilon_{p_A} = Q_i\, \varepsilon_{p_i} = Q_L\, \varepsilon_{p_L} \qquad (13.14)$$

Q é a vazão volumétrica da suspensão; ε_p, a fração volumétrica de particulados, advinda da Equação 9.14 ($\varepsilon_p = \bar{\rho}_p/\rho_p$, em que $\bar{\rho}_p$ é a concentração mássica da fase particulada e ρ_p é a massa específica das partículas contidas nessa fase). Os subscritos A, i e L referem-se à alimentação, camada limitante, e à lama (lodo, espessado), respectivamente.

Balanço de massa da fase líquida

$$Q_E + Q_L(1 - \varepsilon_{p_L}) = Q_i(1 - \varepsilon_{p_i}) \tag{13.15}$$

Q_E é a vazão volumétrica ascendente extravasante do líquido. Do arranjo das Equações 13.14 e 13.15, tem-se

$$Q_E = Q_i\varepsilon_{p_i}\left(\frac{1}{\varepsilon_{p_i}} - \frac{1}{\varepsilon_{p_L}}\right) \tag{13.16}$$

Identificando a Equação 13.14 na Equação 13.16, esta é retomada segundo

$$Q_E = Q_A\varepsilon_{p_A}\left(\frac{1}{\varepsilon_{p_i}} - \frac{1}{\varepsilon_{p_L}}\right) \tag{13.17}$$

Dividindo a Equação 13.17 pela área transversal do sedimentador (*Área*) e considerando-se que a velocidade ascensional de líquido possa ser expressa por

$$q_E = \frac{Q_E}{Área} \tag{13.18}$$

pode-se escrever a Equação 13.17 em termos dessa velocidade ascendente do líquido na forma

$$q_E = \frac{Q_E}{Área} = \frac{Q_A}{Área}\varepsilon_{p_A}\left(\frac{1}{\varepsilon_{p_i}} - \frac{1}{\varepsilon_{p_L}}\right) \tag{13.19}$$

Segundo D'Ávila (1982), considera-se que o valor da velocidade ascensional do líquido deve ser menor ou, no máximo, igual ao da velocidade de sedimentação q_i, para que não haja particulados no extravasante, permitindo escrever

$$q_i = q_E \tag{13.20}$$

Substituindo a igualdade 13.20 na Equação 13.19, esta é posta como

$$q_i = \frac{Q_A}{Área}\varepsilon_{p_A}\left(\frac{1}{\varepsilon_{p_i}} - \frac{1}{\varepsilon_{p_L}}\right) \tag{13.21}$$

possibilitando explicitar a capacidade do sedimentador e a sua área, respectivamente, segundo

$$\frac{Q_A}{Área} = \frac{q_i}{\varepsilon_{p_A}}\left(\frac{1}{\varepsilon_{p_i}} - \frac{1}{\varepsilon_{p_L}}\right)^{-1} \tag{13.22}$$

ou

$$Área = \frac{Q_A \varepsilon_{p_A}}{q_i}\left(\frac{1}{\varepsilon_{p_i}} - \frac{1}{\varepsilon_{p_L}}\right) \tag{13.23}$$

O funcionamento adequado de um sedimentador requer uma corrente de líquido clarificado isenta de partículas. Para que isso aconteça, é necessário que a velocidade ascensional de líquido clarificado seja menor do que a velocidade de sedimentação da fase particulada, para que não ocorra o arraste dessas partículas. A capacidade do sedimentador é a medida do volume da suspensão que pode ser tratado por unidade de tempo, para a obtenção de um espessado com características predeterminadas. Nota-se na Equação 13.23 e por inspeção da Figura 13.7 que, normalmente, são conhecidos os valores de vazão que entram e abandonam o sedimentador, desconhecendo-se, por outro lado, tais valores relacionados à camada limitante, identificada com o subscrito "i" na Equação 13.23. Existem vários métodos para a determinação do par (q_i, ε_{p_i}), os quais se baseiam, fundamentalmente, em ensaios de proveta em batelada por meio da observação do deslocamento da interface de particulados com o tempo, conforme descrito quando da apresentação da Figura 13.2.

Método de Coe e Clevenger

O método de Coe e Clevenger (1916) foi o primeiro procedimento proposto para o projeto de sedimentadores, tendo sido utilizado por mais de meio século (DAMASCENO, 1998).

Esse método é fundamentado a partir de testes em batelada a diversas concentrações volumétricas, começando com a concentração inicial da suspensão (à de alimentação ε_{p_A}), até a concentração final desejada (correspondente à da lama, ε_{p_L}), ambas definidas como aquelas de projeto. O valor da velocidade da camada limitante, q_i, é obtido da inclinação da curva de sedimentação em $z = z_0$ para determinada concentração ε_p, conforme ilustra a Figura 13.8. Obtêm-se diversos pares (q_i, $\varepsilon_p = \varepsilon_{p_i}$) a partir de $\varepsilon_p = \varepsilon_{p_A}$ até $\varepsilon_p = \varepsilon_{p_L}$, os quais são utilizados na Equação 13.23 para a determinação, para cada par, da área do sedimentador; sendo o maior valor obtido para área, àquele eleito como o valor de projeto.

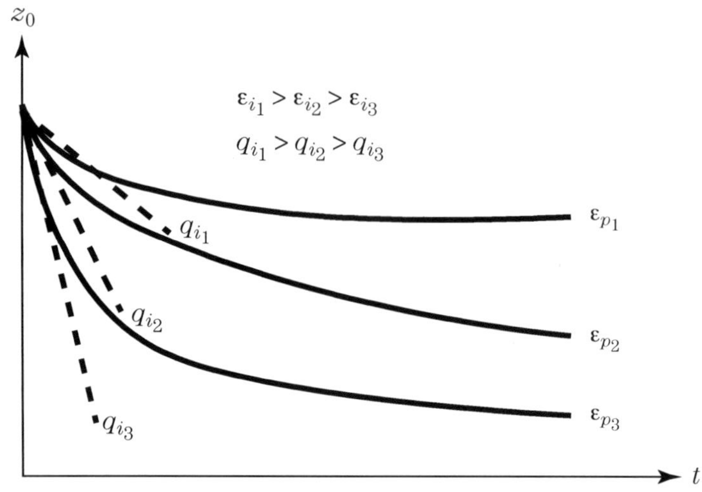

Figura 13.8 Método de Coe e Clevenger (1916).

Método de Kynch

Kynch, em 1952, desenvolveu uma teoria matemática para a sedimentação, a qual permitiu a redução drástica no número de ensaios, relativos ao método de Coe e Clevenger (1916). Com apenas um ensaio de proveta tornou-se possível a obtenção do par (q_i, ε_{p_i}) ao longo da curva que determina o movimento da interface superior (ver Figura 13.2). Lançando mão apenas da equação da continuidade para a fase particulada, Equação 13.6, Kynch (1952) apresentou uma teoria simplificada útil para descrever a sedimentação em batelada (DAMASCENO, 1998). Para tanto, admitiu as seguintes hipóteses: (a) sedimentação unidimensional; (b) a concentração aumenta com o tempo no sentido do fundo do sedimentador; (c) a velocidade de sedimentação tende ao valor zero quando a concentração tende ao seu valor máximo; e (d) a velocidade de sedimentação depende somente da concentração local de partículas; e (e) os efeitos de parede não são considerados. Dessa maneira, a teoria de Kynch (1952) permite escrever a Equação 13.6, em termos da velocidade superficial ($\varepsilon_p u_p$) do sólido, por meio de

$$\frac{\partial \varepsilon_p}{\partial z} - \frac{\partial q_p}{\partial z} = 0 \tag{13.24}$$

A imposição do sinal negativo refere-se à posição vertical z, considerada a partir da base do sedimentador (para atender a hipótese b); q_p é a velocidade superficial da fase particulada em tal posição; t é o tempo transcorrido durante a sedimentação. A partir da hipótese (d), ou seja $q_p = q_p(\varepsilon_p)$, tem-se

$$\frac{\partial q_p}{\partial z} = \left(\frac{\partial q_p}{\partial \varepsilon_p}\right)\left(\frac{\partial \varepsilon_p}{\partial z}\right) \tag{13.25}$$

possibilitando escrever a Equação 13.24 tal como segue

$$\frac{\partial \varepsilon_p}{\partial t} + V(\varepsilon_p)\frac{\partial \varepsilon_p}{\partial z} = 0 \tag{13.26}$$

em que

$$V(\varepsilon_p) = -\frac{\partial q_p}{\partial z} \tag{13.27}$$

$V(\varepsilon_p)$ representa a aceleração de propagação de ondas de concentração de partículas (linhas características) a partir do fundo do sedimentador. Damasceno (1998), após analisar o trabalho de Kynch (1952), propôs as seguintes condições inicial e de contorno para a Equação 13.26

$$\varepsilon_p(t = 0; z = z) = \varepsilon_{p_0} \tag{13.28a}$$

$$\varepsilon_p(t > 0; z = 0) = \varepsilon_{p_m} \tag{13.28b}$$

em que os subscritos 0 e m indicam início da sedimentação e espessado, respectivamente. A solução da Equação 13.26, portanto, conduz a uma única característica, dada por

$$\frac{dz}{dt} = V(\varepsilon_p) \tag{13.29}$$

prevendo, dessa maneira, o movimento de uma única interface.

A Figura 13.9 ilustra uma curva de sedimentação em batelada. Por inspeção dessa figura, verifica-se a existência de uma região delimitada pelos pontos (AOB) na qual o valor da concentração de partículas permanece constante e igual ao da concentração inicial, $\varepsilon_p = \varepsilon_{p_0}$. Já na região (BOC) as curvas características são representadas por linhas retas com inclinações que variam de $V(\varepsilon_{p_0})$ a $V(\varepsilon_{p_m})$. Observa-se a região abaixo da reta (OC), na qual a concentração de partículas atinge o seu valor máximo; e na região acima da curva (AOB) existe a predominância do clarificado. A teoria proposta por Kynch (1952), portanto, prevê a existência de quatro regiões distintas na sedimentação em batelada, conforme ilustra a Figura 13.10:

a) região de líquido clarificado em que não há a presença de partículas ($\varepsilon_p = 0$);

b) região de sedimentação livre, na qual a concentração de partículas é igual à sua concentração inicial e a velocidade de sedimentação é constante ($\varepsilon_p = \varepsilon_{p0}$; $u_p = u_{p0}$);

c) região de transição, em que ocorre o aumento na concentração da fase particulada de ε_{p_0} para ε_{p_m}, e a velocidade de sedimentação decresce desde $u_p = u_{p_0}$ para $u_p = 0$;

d) região de formação de sedimento, em que a concentração de partículas é máxima e a velocidade de sedimentação é nula.

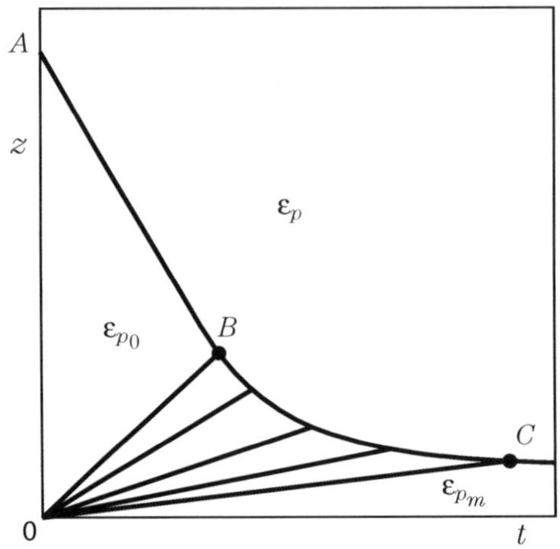

Figura 13.9 Curva de sedimentação em batelada, na qual estão representadas as linhas de equiconcentração previstas pela teoria de Kynch (1952) (AROUCA, 2007).

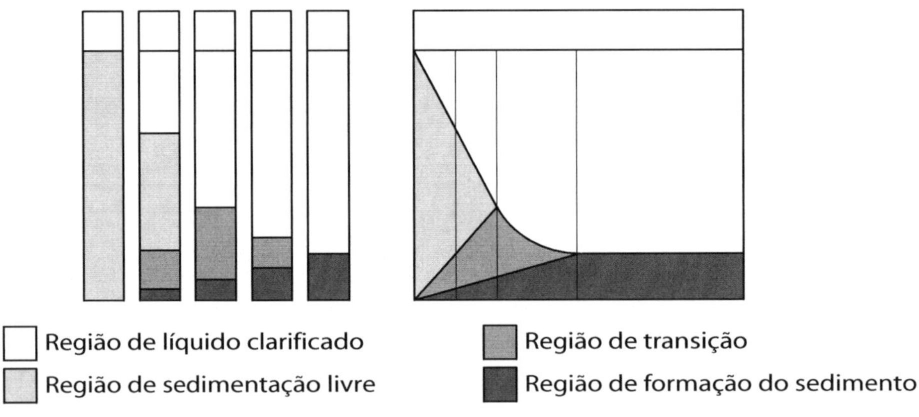

Figura 13.10 Regiões de sedimentação em batelada (AROUCA, 2007).

A partir da teoria de Kynch (1952) é possível obter o par (q_i, ε_{pi}) a ser utilizado na Equação 13.23, a partir de, somente, um ensaio de sedimentação em batelada. Dessa maneira, suponha uma linha de equiconcentração localizada na região BOC da Figura 13.9, situada à distância z_i do fundo do equipamento, ou seja, na interface superior i. O volume total de partículas por unidade de área da seção transversal do recipiente na altura z_i, N_0, que contém a suspensão com a concentração volumétrica adimensional das partículas ε_{pi}, é

$$N_0 = \varepsilon_{p_i} z_i \tag{13.30}$$

Por outro lado, no início do experimento a concentração volumétrica das partículas ε_{p_0} é considerada como distribuída de forma homogênea por todo o volume do recipiente ao longo da altura inicial da interface z_0 (ver Figura 13.11), de forma que, nessa situação o volume total de partículas por unidade de área da seção transversal do recipiente que contém a suspensão com a concentração volumétrica adimensional das partículas ε_{p_0} é

$$N_0 = \varepsilon_{p_0} z_0 \tag{13.31}$$

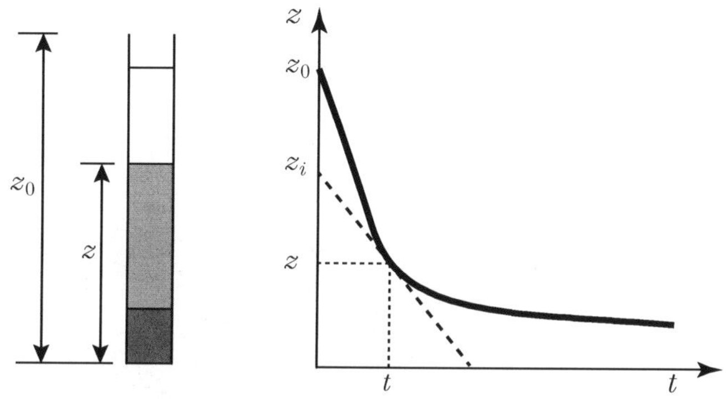

Figura 13.11 Determinação da altura da interface (FRANÇA; MASSARANI, 2004).

Admitindo-se que na zona de clarificado não existam partículas (ou seja, o extravasante é isento dessa fase), pode-se igualar as Equações 13.30 e 13.31, resultando

$$\varepsilon_{p_i} = \varepsilon_{p_0} \frac{z_0}{z_i} \tag{13.32}$$

em que z_i é a intersecção da tangente à curva de sedimentação, no tempo em questão, para $t = 0$ (Figura 13.11).

Desta maneira, com um único ensaio de proveta iniciando-se *à concentração final*, ε_{pm} (concentração da lama, ε_{pL}, no caso de projeto), o valor da velocidade de sedimentação é obtido a cada ponto ao longo da curva da altura da interface *vs.* tempo de sedimentação localizada na região BOC (Figura 13.9).

Para calcular o valor da capacidade do sedimentador, Equação 13.22, ou a sua área, Equação 13.23, obtém-se, para cada tangente no ponto (z,t) dentro da região BOC, um valor para z_i (Figura 13.12). De posse desse valor, calcula-se a fração volumétrica na interface superior utilizando-se a Equação 13.32. O valor da velocidade de sedimentação da camada limitante, q_i, é obtido a partir da inclinação de cada reta obtida na região analisada.

Para cada par (q_i, ε_{p_i}) calcula-se o valor da área do sedimentador por meio da Equação 13.23. O maior valor encontrado para a área do sedimentador será aquele considerado como o valor de projeto.

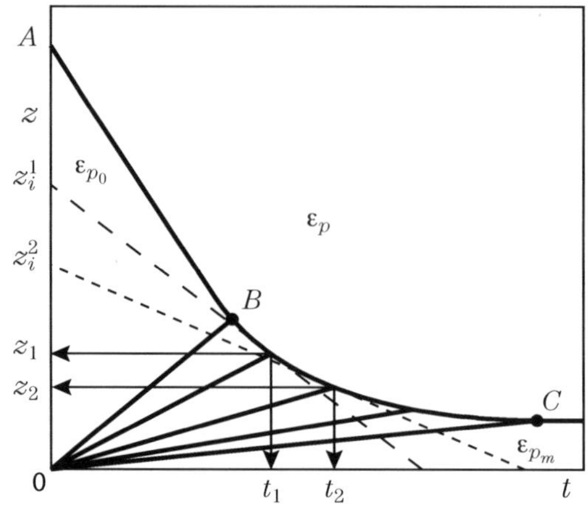

Figura 13.12 Ensaio de proveta na versão Kynch (1952).

Exemplo 13.1

Ademir Demarchi foi convocado para avaliar a etapa de clarificação de um licor branco bruto (LBB), bem como o sistema de tratamento para o espessado advindo de um tanque de sedimentação, visando à obtenção do óxido de cálcio (cal viva) para o seu reaproveitamento nas etapas de reação de caustificação, presente na produção da pasta de papel pelo processo *kraft*. Ademir propôs um conjunto de processos e operações unitárias para o tratamento do LBB, entre os quais a clarificação do licor branco bruto em um tanque de sedimentação, conforme ilustrado na Figura 1. O gestor de processo solicitou que Ademir estimasse o valor do diâmetro do sedimentador. Para tanto, o gestor apresentou as seguintes informações: o clarificador deve operar com 30 m^3/h de uma suspensão de LBB, na qual a concentração de sólidos na alimentação é 60 (g de sólido)/(L de suspensão) e a lama final (espessado) contém 170 (g de sólido)/(L de suspensão). Ademir fez um ensaio de proveta, tendo como base a concentração do espessado, cujos resultados encontram-se na Tabela 1. Os valores da massa específica do líquido e da partícula são iguais, respectivamente, a 1,10 g/cm^3 e 2,70 g/cm^3.

Tabela 1 Ensaio de sedimentação

t (min)	z (cm)	t (min)	z (cm)
0	40,0	25	11,2
5	32,8	30	9,6
10	25,5	35	6,6
15	18,8	40	5,2
20	14,2	45	4,0

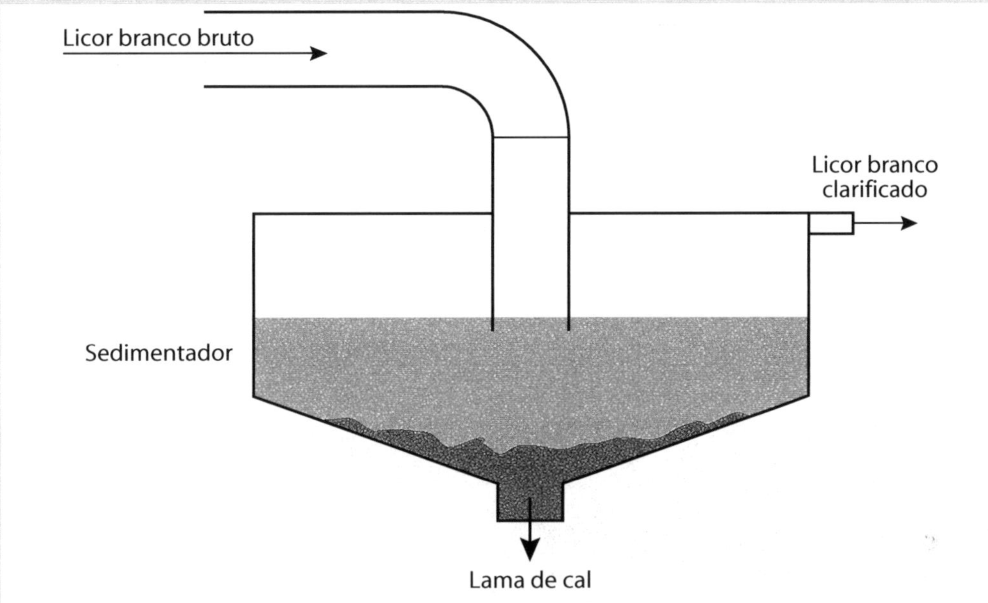

Figura 1 Etapa de clarificação do LBB.

Solução

A solução desse exemplo advém da Equação 13.23, retomada como

$$D = \left[\frac{4}{\pi}\frac{Q_A \varepsilon_{p_A}}{q_i}\left(\frac{1}{\varepsilon_{p_i}} - \frac{1}{\varepsilon_{p_L}}\right)\right]^{1/2} \tag{1}$$

O valor da vazão volumétrica foi fornecido e é igual a Q = 30 m^3/h = 500 mil cm^3/min. Do mesmo modo, foi fornecido o valor da altura da interface a partir do fundo da proveta (altura da interface em $t = 0$), $z_0 = 40$ cm. Foram fornecidos os valores da concentração de partículas na alimentação, $\bar{\rho}_{p_0} = 60$ g/L = 0,06 g/cm^3, e no espessado $\bar{\rho}_{p_L} = 170$ g/L = 0,17 g/cm^3. Tendo em vista que $\rho_p = 2{,}70$ g/cm^3,

$$\varepsilon_{p_0} = \frac{\bar{\rho}_{p_0}}{\rho_p} = \frac{0{,}06}{2{,}70} = 0{,}0222 \tag{2}$$

$$\varepsilon_{p_L} = \frac{\bar{\rho}_{p_L}}{\rho_p} = \frac{0{,}17}{2{,}70} = 0{,}0630 \tag{3}$$

É necessário conhecer os valores da velocidade de sedimentação e da concentração de partículas na camada limitante (q_i, ε_{p_i}), lembrando que essa camada situa-se na região BOC, ilustrada na Figura 13.9, em que é delimitada pela altura crítica na qual a sedimentação deixa de ser constante e por aquela na qual se atinge a concentração da lama. É possível notar na Tabela 1 que não foram fornecidos os valores de concentração volumétrica de partículas associados ao par (z, t). Sendo assim, constrói-se a curva de sedimentação z vs. t, que está apresentada na Figura 2.

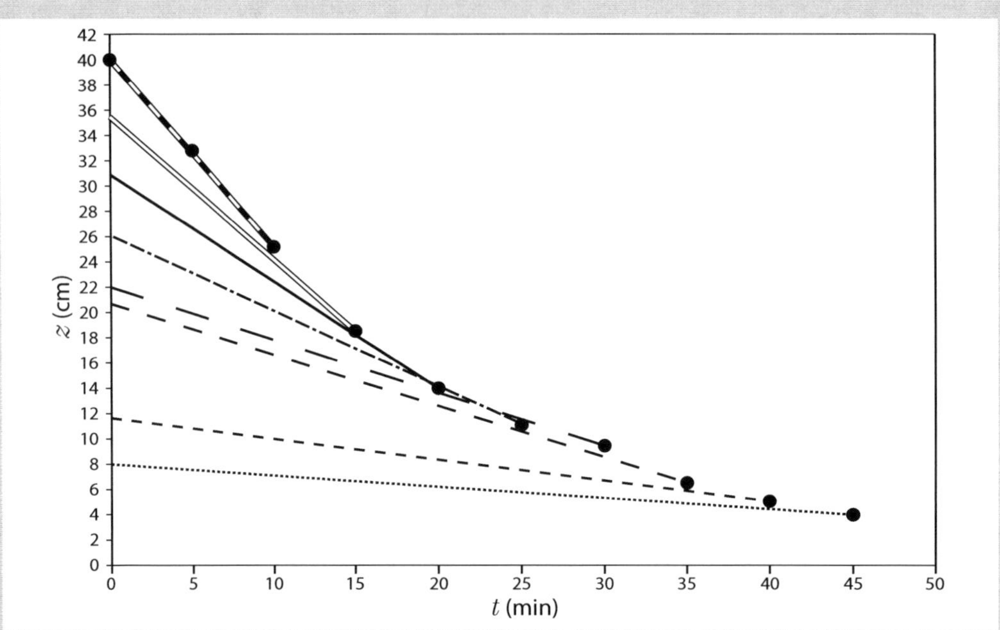

Figura 2 Obtenção de z_i.

Traça-se, na curva obtida, para cada par (z, t), uma reta tangente, obtendo-se, à semelhança da Figura 13.12, o valor z_i no prolongamento dessa reta até a sua intersecção com o eixo das ordenadas. Os resultados obtidos estão contidos na terceira coluna da Tabela 2. Com os valores de $z_0 = 40$ cm e $\varepsilon_{p_0} = 0{,}0222$, assim como os valores de z_i, calcula-se a concentração adimensional correspondente utilizando-se a Equação 13.32, ou

$$\varepsilon_{p_i} = \frac{(0{,}0222)(40)}{z_i} = \frac{0{,}888}{z_i} \tag{4}$$

Na quarta coluna na Tabela 2 estão apresentados os valores de ε_{p_i}.

O valor de cada q_i, referente ao seu respectivo z_i, é resultado da inclinação de cada reta apresentada na Figura 2, cujos resultados estão apresentados na quinta coluna da Tabela 2.

Observe que em $t > 40$ min, $\varepsilon_{p_i} > \varepsilon_{p_L}$ acarreta valor negativo no argumento da raiz da Equação 1, o qual, portanto, não será considerado. Tendo em vista que $Q_A = 500$ mil cm^3/min, $\varepsilon_{p_A} = \varepsilon_{p_0} = 0{,}0222$, $\varepsilon_{p_L} = 0{,}063$ e os pares (q_i, ε_{p_i}), pode-se substituir tais valores na Equação 1, cujos resultados para o diâmetro do sedimentador, em metro, estão contidos na sexta coluna da Tabela 2. Verifica-se, dessa coluna, que o resultado para o diâmetro do sedimentador é

$$D = 5{,}66 \text{ m} \tag{5}$$

Tabela 2 Obtenção do tempo de residência da fase particulada no espessado

t (min)	z (cm)	z_i (cm)	ε_{p_i}	q_i (cm/s)	D (m)
0	40,0	40,0	0,0222	1,45	5,33
5	32,8	40,0	0,0222	1,45	5,33
10	25,5	40,0	0,0222	1,45	5,33
15	18,8	35,8	0,0248	1,13	5,53
20	14,2	31,0	0,0287	0,84	5,65
25	11,2	26,0	0,0342	0,59	5,66
30	9,6	22,0	0,0404	0,41	5,53
35	6,6	20,5	0,0434	0,40	5,03
40	5,2	11,5	0,0773	0,16	-
45	4,0	8,0	0,1111	0,088	-

Uma alternativa para a determinação do valor do diâmetro máximo é obter uma função do tipo $D = D(\varepsilon_p)$, a partir da qual se faz $D' = D'(\varepsilon_p) = 0$ e obtém-se o valor que satisfaça essa derivada. Este valor é utilizado na função original obtendo $D_{máx}$. Para este exemplo, com o coeficiente de determinação $r^2 = 0{,}997$, foram obtidas as seguintes funções

$$D = -34{,}68 + 5{,}14 \times 10^3\, \varepsilon_p - 2{,}45 \times 10^5 \varepsilon_p^2 + 5{,}20 \times 10^6 \varepsilon_p^3 - 4{,}12 \times 10^7 \varepsilon_p^4 \qquad (6)$$

$$\frac{dD}{d\varepsilon_p} = 5{,}14 \times 10^3 - 4{,}90 \times 10^5 \varepsilon_p + 15{,}60 \times 10^6 \varepsilon_p^2 - 16{,}48 \times 10^7 \varepsilon_p^3 \qquad (7)$$

Fazendo-se $dD/d\varepsilon_p = 0$ na Equação 7 e resolvendo a equação cúbica encontra-se

$$\varepsilon_p = 0{,}032 \qquad (8)$$

que substituído na Equação 6 resulta para o diâmetro do sedimentador

$$D = 6{,}11 \text{ m} \qquad (9)$$

Método de Biscaia Jr.

O inconveniente do método de Kynch (1952) está na necessidade de explorar a curva de sedimentação, na região de transição, para obter o máximo valor para a área do sedimentador. Biscaia Jr. (1997) propôs uma simplificação ao procedimento de Kynch (1952) e à minimização de $Q_A/Área$, Equação 13.22, baseado no fato de que a curva de sedimentação resulta na combinação de uma reta com uma exponencial (MASSARANI, 1997), ou

$$\left(\frac{Q}{Área}\right)_{proj.} = \frac{z_0}{t_{min}} \tag{13.33}$$

o valor de t_{min} é o tempo correspondente a

$$z_{min} = z_0 \frac{\varepsilon_{p_0}}{\varepsilon_{p_L}} \tag{13.34}$$

conforme ilustra a Figura 13.13.

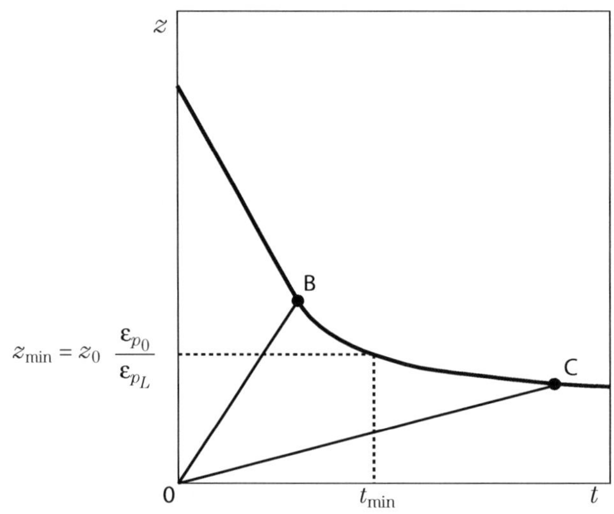

Figura 13.13 Simplificação de Biscaia Jr. (1997).

Exemplo 13.2

Resolva o exemplo anterior utilizando o método de Biscaia Jr.

Solução

A determinação do diâmetro do sedimentador advém da Equação 13.33, retomada como

$$Área_{proj.} = \frac{Q}{(z_0/t_{min})} \tag{1}$$

como $Área_{proj.} = \pi D^2/4$, a Equação 1 pode ser reescrita em termos do diâmetro do sedimentador segundo

$$D = \left[\frac{4Q}{\pi(z_0/t_{min})}\right]^{1/2} \tag{2}$$

O valor da vazão volumétrica foi fornecido e é igual a Q = 500 mil cm^3/min. Do mesmo modo, foi fornecido o valor da altura da interface a partir do fundo da proveta (altura da interface em t = 0), z_0 = 40 cm. Resta calcular o valor de $t_{min.}$, que corresponde a

$$z_{min} = z_0 \frac{\varepsilon_{p_0}}{\varepsilon_{p_L}} \tag{3}$$

Do exemplo anterior: $\varepsilon_{p_A} = \varepsilon_{p_0} = 0{,}0222$ e $\varepsilon_{p_L} = 0{,}0630$. Substituindo-se esses valores em conjunto com z_0 = 40 cm na Equação 3, resulta em

$$z_{min} = (40)\frac{(0{,}022)}{(0{,}063)} = 13{,}97 \text{ cm} \tag{4}$$

Para determinar o valor de t_{min} a ser utilizado na Equação 2, pode-se utilizar a Tabela 1, do exemplo anterior, de modo a ajustar a curva z vs. t. Dessa maneira, para z_0 = 40 cm e coeficiente de determinação r^2 = 0,997, encontrou-se

$$z = 40e^{-0{,}0506t} \tag{5}$$

Substituindo o resultado (4) na Equação 5, tem-se

$$t_{min} = -\frac{1}{(0{,}0506)}\ell n\left(\frac{13{,}97}{40}\right) = 20{,}79 \text{ min.} \tag{6}$$

Substituindo z_0 = 40 cm, t_{min} = 20,59 min. e Q = 500.000 cm^3/min na Equação 2, obtém-se o valor do diâmetro do sedimentador

$$D = \left[\frac{(4)(500.000)}{\pi(40/20{,}79)}\right]^{1/2} = 575{,}22 \text{ cm} = 5{,}75 \text{ m} \tag{7}$$

Ressalte-se que a obtenção do $t_{min.}$ também pode ser realizada por um procedimento semelhante ao ilustrado na Figura 13.13, a partir da Figura 1 construída no Exemplo 13.1.

13.5.2 Cálculo da altura do sedimentador

Considere um sedimentador em operação contínua, como representado na Figura 13.14. Pavlov et al. (1981) propuseram o cálculo da altura do sedimentador mediante a soma das parcelas indicadas nessa figura (apud FRANÇA; MASSARANI, 2004), ou

$$H = H_1 + H_2 + H_3 \tag{13.35}$$

em que H_1 é a altura da região de líquido clarificado, que pode variar entre 0,45 e 0,75 m; H_2 é a altura da região de espessamento; e H_3 é altura do fundo do sedimentador.

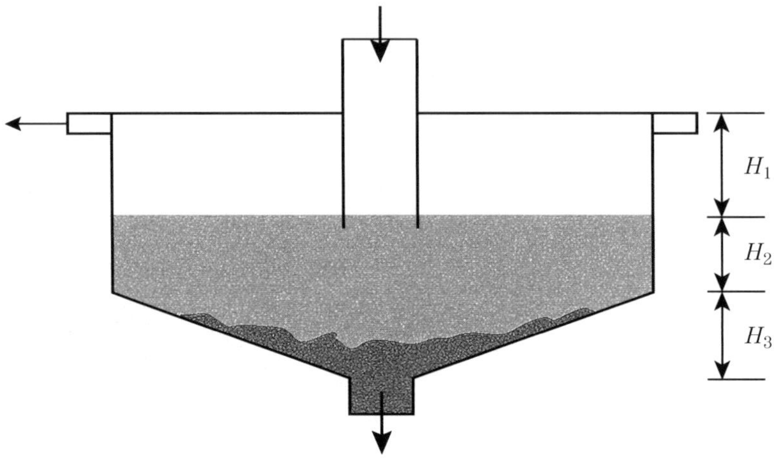

Figura 13.14 Esquema de alturas de um sedimentador convencional.

A altura da região de espessamento, H_2, pode ser estimada valendo-se de um balanço material nessa região (ORR, 1966),

$$H_2 = \frac{4}{3}\frac{Q_A}{Área_{\text{proj.}}}\varepsilon_{p_0}\left(\frac{\rho_p - \rho}{\overline{\rho}_L - \rho}\right)t_R \tag{13.36}$$

sendo ρ_p e ρ as massas específicas da partícula e do líquido presentes no espessado, respectivamente; $\overline{\rho}_L$ é a concentração mássica do espessado, cujo valor pode ser obtido a partir da Equação 9.3, aqui retomada na forma

$$\overline{\rho}_L = \overline{\rho}_p + \overline{\rho} \tag{13.37}$$

lembrando que $\overline{\rho}_p$ e $\overline{\rho}$ são as concentrações mássicas das fases particulada e líquida no espessado, respectivamente. Utilizando-se a Equação 9.13 na Equação 13.37, tem-se

$$\overline{\rho}_L = \overline{\rho}_p + \varepsilon\rho \tag{13.38}$$

Lançando-se mão das definições (9.12) e (9.14) na Equação 13.38, assim como rearranjando o resultado obtido, chega-se a

$$\overline{\rho}_L = \overline{\rho}_p\left(1 - \frac{\rho}{\rho_p}\right) + \rho \tag{13.39}$$

ou

$$\bar{\rho}_L - \bar{\rho} = \frac{\bar{\rho}_p}{\rho_p}(\rho_p - \rho) \tag{13.40}$$

Identificando a definição (9.14) na Equação 13.40, tem-se, para a região do espessado

$$\bar{\rho}_L - \rho = \varepsilon_{p_L}\left(\rho_p - \rho\right) \tag{13.41}$$

A Equação 13.41 pode ser substituída na Equação 13.36, da qual resulta

$$H_2 = \frac{4}{3}\frac{Q_A}{\acute{A}rea}\left(\frac{\varepsilon_{p_0}}{\varepsilon_{p_L}}\right)t_R \tag{13.42}$$

ou, identificando a Equação 13.33 na Equação 13.42,

$$H_2 = \frac{4}{3}z_0\left(\frac{\varepsilon_{p_0}}{\varepsilon_{p_L}}\right)\left(\frac{t_R}{t_{\min}}\right) \tag{13.43}$$

ou, ainda, reconhecendo a Equação 13.34 na Equação 13.43

$$H_2 = \frac{4}{3}z_{\min}\left(\frac{t_R}{t_{\min}}\right) \tag{13.44}$$

O fator 4/3 presente na Equação 13.36 objetiva corrigir a imprecisão do uso da concentração mássica do espessado em vez da concentração média na região de espessamento. Esse mesmo fator é identificado nas Equações 13.42, 13.43 e 13.44; t_R é o tempo de residência da fase particulada na região de compactação, o qual corresponde ao tempo consumido entre o final do período de sedimentação a velocidade constante e o momento em que o substrato atinge a concentração requerida no projeto. Este valor pode ser estimado por método gráfico, conforme ilustra a Figura 13.15.

Na situação em que a concentração requerida de projeto, ε_{p_L}, é menor do que a concentração da lama obtida no final do ensaio de sedimentação em batelada, ε_{pm} (ou $\varepsilon_{p_L} < \varepsilon_{pm}$), faz-se o seguinte procedimento: a partir da curva t vs. z, traça-se reta tangente a cada par (t, z), obtendo-se z_i à semelhança da Figura 13.12, obtendo-se a concentração equivalente utilizando-se a Equação 13.32. O final do período de sedimentação à velocidade constante corresponde à situação na qual a concentração deixa de ser constante, ou seja, ε_{p_0}. A partir dos resultados obtidos é possível identificar o tempo no qual se atinge o valor de ε_{p_L}.

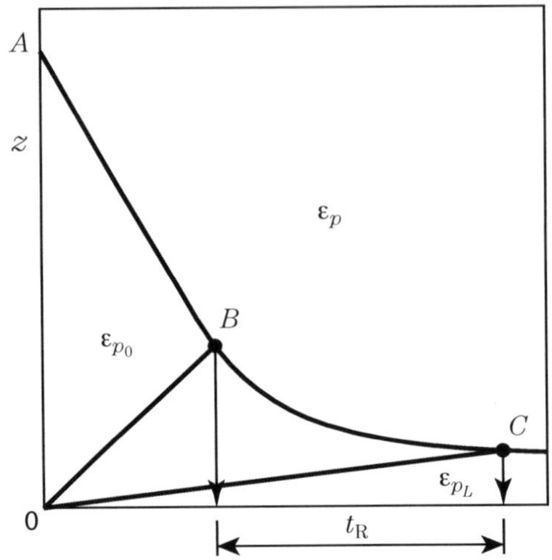

Figura 13.15 Determinação do tempo de residência na região de espessamento.

A altura do *fundo do sedimentador*, por sua vez, é obtida de (FRANÇA; MASSARANI, 2004)

$$H_3 = 0{,}073 \times D \tag{13.45}$$

em que D é o diâmetro do sedimentador.

Exemplo 13.3

Obtenha o valor da altura do sedimentador referente ao Exemplo 13.2.

Solução

O cálculo do valor do sedimentador advém da utilização da Equação 13.35,

$$H = H_1 + H_2 + H_3 \tag{1}$$

O valor da altura da região de líquido clarificado, H_1, situa-se entre 0,45 e 0,75 m. No caso, assume-se o maior valor

$$H_1 = 0{,}75 \text{ m} \tag{2}$$

Já o valor da altura do fundo do sedimentador advém da Equação 13.45,

$$H_3 = 0{,}073 \times D \tag{3}$$

Tendo em vista que o diâmetro do sedimentador, calculado no exemplo anterior, é igual a $D = 5{,}72$ m, tem-se em (3)

$$H_3 = (0{,}073)(5{,}72) = 0{,}418 \text{ m} \tag{4}$$

Considerando que se conhecem, do Exemplo 13.2, os valores de z_{min} = 14,11 cm = 0,141 m e t_{min} = 20,59 min., o valor da altura da região de espessamento, H_2, pode ser estimado por meio da Equação 13.44

$$H_2 = \frac{4}{3} z_{min} \left(\frac{t_R}{t_{min}} \right) \tag{5}$$

Resta estimar o valor do tempo de residência da partícula, t_R. Para tanto, pode-se utilizar a metodologia de Kynch (1952) empregada para a construção da Figura 1 do Exemplo 13.1. Nota-se, por inspeção da Tabela 2 desse exemplo, que a concentração é constante até t = 10 min e varia a partir de t = 15 min. Dessa maneira, assume-se que ao final do período de sedimentação a velocidade constante está entre 10 min e 15 min. Para tanto, toma-se o valor médio, ou t = 12,5 min. Do exercício anterior tem-se que a concentração de projeto é igual a ε_{p_L} = 0,0630. Por inspeção da Tabela 2 do Exemplo 13.1, verifica-se que esta concentração situa-se entre os tempos 35 min e 40 min. Tomando o valor médio, t = 37,5 min,

$$t_R = 37{,}5 - 12{,}5 = 25 \text{ min.} \tag{6}$$

Finalmente, pode-se substituir os valores conhecidos na Equação 5,

$$H_2 = \frac{4}{3}(0{,}141)\left(\frac{25}{20{,}59} \right) = 0{,}228 \text{ m} \tag{7}$$

Obtém-se a altura do sedimentador, após substituir os resultados (2), (4) e (7) na Equação 1,

$$H = 0{,}75 + 0{,}228 + 0{,}418 = 1{,}40 \text{ m} \tag{8}$$

Outra alternativa para a determinação do t_R é aquela encontrada em Massarani (1997), que se baseia na identificação do tempo crítico de sedimentação, t_c, ou seja, aquele tempo em que a sedimentação deixa de ser livre, e o tempo para se atingir a concentração de sólidos no espessado, t_L, considerando tal concentração a partir do modelo de Biscaia Jr. (1997), Equação 13.34, de modo ser o tempo de residência obtido segundo

$$t_R = t_L - t_c \tag{9}$$

Pode-se, portanto, retomar a Figura 1 do Exemplo 13.1 considerando nesta a metodologia recém descrita, conforme ilustrado na Figura 1 do presente exemplo. Dessa figura, obtêm-se t_c = 11 min e t_L = 38 min, os quais substituídos na Equação 9 resultam

$$t_R = 38 - 11 = 27 \text{ min.} \tag{10}$$

Finalmente, podem-se substituir os valores conhecidos na Equação 5,

$$H_2 = \frac{4}{3}(0{,}141)\left(\frac{27}{20{,}59} \right) = 0{,}246 \text{ m} \tag{11}$$

Obtém-se a altura do sedimentador, após substituir os resultados (2), (4) e (11) na Equação 1,

$$H = 0{,}75 + 0{,}246 + 0{,}418 = 1{,}41 \text{ m} \tag{12}$$

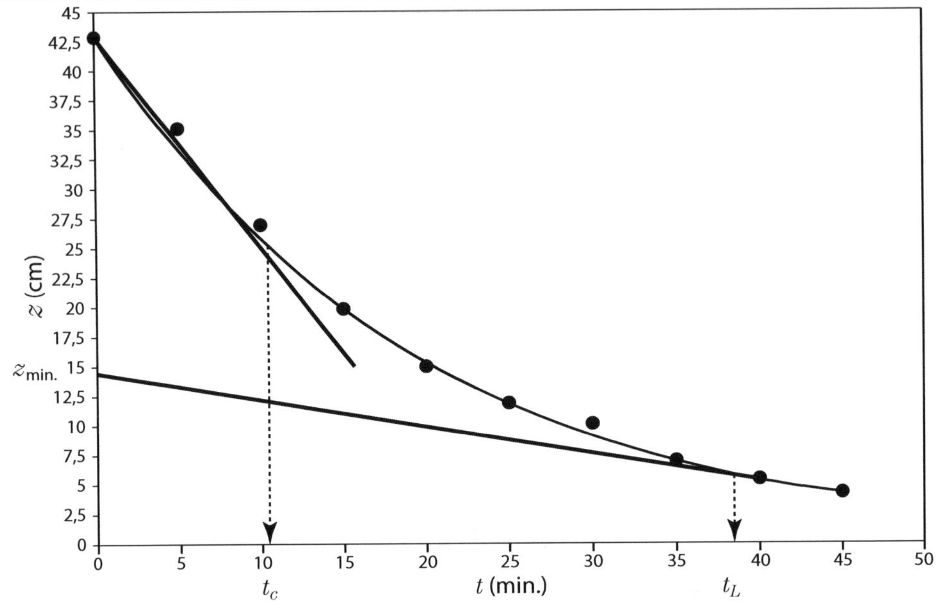

Figura 1 Método de Massarani (1997) para a determinação de t_R.

13.6 Bibliografia consultada

Arouca, F. O. **Uma contribuição ao estudo da sedimentação gravitacional em batelada**. Tese de Doutorado. Uberlândia: Universidade Federal de Uberlândia, 2007.

Biscaia Jr., E. C. **Simplificação matemática do método de Kynch**. Comunicação pessoal, 1982. Apud MASSARANI, G. **Fluidodinâmica em sistemas particulados**. Rio de Janeiro: Editora UFRJ, 1997.

Coe, H. S.; Clevenger, G. H. Methods of determining the capacities of slime settling tanks. **Trans. Am. Inst. Min. Engrs**., v. 55, p. 356, 1916.

D'Ávila, J. S. **Um modelo matemático para a sedimentação**. Tese de Doutorado. Rio de Janeiro: Coppe/UFRJ, 1978.

D'Ávila, J. S. Sedimentação. In: **Tópicos especiais de sistemas particulados**. São Carlos: Universidade Federal de São Carlos, 1982.

DAMASCENO, J. J. R. **Uma contribuição ao estudo do espessamento contínuo**. Tese de Doutorado. Rio de Janeiro: COPPE – Universidade Federal do Rio de Janeiro, 1992.

DAMASCENO, J. J. R.; MASSARANI, G. Uma análise do método Kynch para o projeto de sedimentadores. **Anais do XVIII Encontro sobre Escoamento em Meios Porosos – Enemp**, v. 2, p. 451, Nova Friburgo, 1990.

DAMASCENO, J. J. R.; MASSARANI, G. Projeto de clarificadores e espessadores contínuos. **Anais do IX Congresso Brasileiro de Engenharia Química**, v. 1, p. 147. Salvador, 1992.

DAMASCENO, J. J. R. Sedimentação de partículas em campo gravitacional. In: **Tópicos especiais de sistemas particulados**, v. 4. São Carlos: Universidade Federal de São Carlos, 1998.

FRANÇA, S. C.; MASSARANI, G. Separação sólido-líquido. In: FREIRE, J. J.; SILVEIRA, A. N. (Eds.) **Tratamento de minérios**. Comunicação Técnica – CETEM. Rio de Janeiro, 2004.

KYNCH, G. J. A theory of sedimentation. **Trans. Faraday Soc.**, v. 48, p. 166, 1952.

LEE, D. J.; CHEN, G. W.; LIAO, Y. C.; HSIEH, C. C. On the free-settling test for estimating activated sludge floc density. **Wat. Res.**, v. 30, n. 3, p. 541, 1996.

LUNA, C. L.; LOPES, C. E.; MASSARANI, G. Separação de *Bacillus thuringiensis* var. *isaraelensis* por floculação/sedimentação. **Anais do XXX Congresso Brasileiro de Sistemas Particulados – Enemp**, CD ROM, São Carlos 2002.

MASSARANI, G. **Problemas em sistemas particulados**. São Paulo: Editora Edgard Blücher, 1984.

MASSARANI, G. **Fluidodinâmica em sistemas particulados**. Rio de Janeiro: Editora UFRJ, 1997.

MEDINA, D.; MASSARANI, G. Análise de desempenho de sedimentador lamelado II. **Anais do XIII Encontro sobre Escoamento em Meios Porosos – Enemp**, v. 1, p. 33, São Paulo, 1985.

NUNES, J. F. **Estudo da sedimentação gravitacional de suspensões floculentas**. Dissertação de Mestrado. Uberlândia: Universidade Federal de Uberlândia, 2008.

ORR, C. **Particulate technology**. New York: The Macmillan Co, 1966.

SOLETTI, J. I.; SILVA, B. W. S.; CARVALHO, S. H V. Análise do desempenho do sedimentador piloto, frente à separação da cepa floculenta da levedura *Saccharomyces cerevisae* do mosto fermentado. **Anais do XXX Congresso Brasileiro de Sistemas Particulados – Enemp**, CD ROM. São Carlos, 2002.

TILLER, F. M.; D'ÁVILA, J. S. Zonas de compressão em sedimentação. **Anais do VIII Encontro sobre Escoamento em Meios Porosos – Enemp**, v. 2, p. 270, Aracaju, 1980.

TILLER, F. M.; LEU, W. Basic data fitting in filtration. **Journal Chin. Inst. Chem. Engrs.**, p. 61, 1980.

VIDAL, F. W. H.; HORN FILHO, F. X. Tratamento de efluentes de carvão através de espessador de lamelas. In: **Tecnologia Mineral**, n. 43 – Cetem, Brasília, 1988.

13.7 Nomenclatura

$Área$	área da seção transversal do sedimentador	$[L^2]$
D	diâmetro do sedimentador	$[L]$
d_p	diâmetro médio da partícula (ou de aglomerado)	$[L]$
g	aceleração gravitacional; constante gravitacional	$[L \cdot T^{-2}]$
H	altura total do sedimentador	$[L]$
k	permeabilidade	$[L^2]$
m	força resistiva	$[M \cdot L^{-2} \cdot T^{-2}]$
p_p	pressão exercida na fase particulada	$[M \cdot L^{-1} \cdot T^{-2}]$
N_0	volume total de partículas por unidade de área da seção transversal do recipiente	$[L^3 \cdot L^{-2}]$
q	velocidade superficial do fluido	$[L \cdot T^{-1}]$
Q_i	vazão volumétrica da suspensão na região i	$[L^3 \cdot T^{-1}]$
t	tempo	$[T]$
T_p	tensor tensão exercido na fase particulada	$[M \cdot L^{-1} \cdot T^{-2}]$
u_p	velocidade da fase particulada	$[L \cdot T^{-1}]$
U	velocidade relativa	$[L \cdot T^{-1}]$
v_T	velocidade terminal	$[L \cdot T^{-1}]$
z	altura; distância	$[L]$

Letras gregas

ε	fração volumétrica da fase líquida	adimensional
ε_p	fração volumétrica da fase particulada	adimensional
μ	viscosidade dinâmica da suspensão	$[M \cdot L^{-1} \cdot T^{-1}]$
ρ_p	massa específica da partícula	$[M \cdot L^{-3}]$
$\overline{\rho}$	concentração mássica da fase líquida	$[M \cdot L^{-3}]$
$\overline{\rho}_p$	concentração mássica da fase particulada	$[M \cdot L^{-3}]$
ρ	massa específica da fase fluida	$[M \cdot L^{-3}]$

Subscritos

A	alimentação
c	crítico

E	extravasante
i	interface
L	lama, lodo
m	espessado
min.	mínimo
p	fase particulada
proj.	projeto
T	velocidade terminal
0	inicial
1	altura da região de líquido clarificado
2	altura da região de espessamento
3	altura do fundo do sedimentador

Capítulo 14

Filtração

14.1 Introdução

A operação unitária de filtração se refere à separação mecânica entre as fases particulada e fluida, presente em uma determinada suspensão, utilizando-se um meio poroso, o qual retém a fase particulada e é permeável à fase fluida (Figura 14.1). Na filtração o meio poroso é chamado *filtro* ou *meio filtrante*, enquanto o fluido que abandona o filtro é reconhecido como *filtrado*. Na dependência da suspensão a ser processada, a fase particulada poderá acumular-se sobre o filtro, atuando também como meio filtrante, e recebendo a denominação *torta de filtração*. A fase particulada característica da torta apresentará gradiente de concentração de partículas e o meio, assim constituído, é deformável.

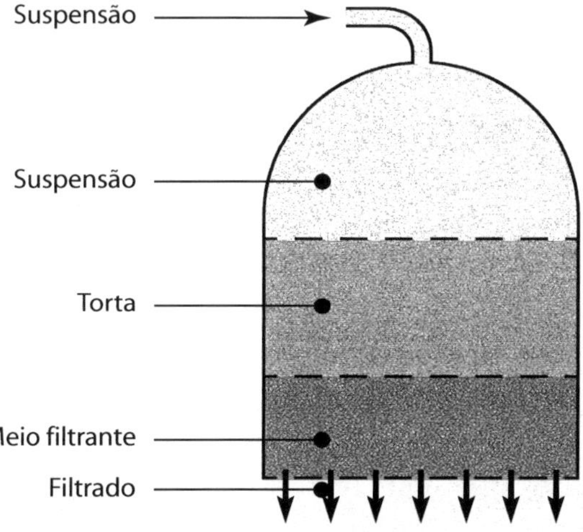

Figura 14.1 Representação da filtração.

A filtração é largamente encontrada em diversos tipos de processamento nas indústrias químicas e correlatas, podendo-se citar: nas indústrias de papel, cervejeira e sucroalcooleira, bem como no tratamento de efluentes industriais e domésticos.

Na filtração, o produto desejado pode ser tanto o fluido *clarificado*, como no caso das estações de tratamento de água, ou a própria *torta*. Convém distinguir a *filtração simples* daquela *centrífuga*. Na primeira, utiliza-se pressão para forçar a suspensão percolar tanto a torta de filtração quanto o meio filtrante; já no segundo, utiliza-se a força centrífuga para tanto. Há situações, por sua vez, que empregam ambos os tipos de filtração.

14.2 Tipos de filtros

Os equipamentos de filtração, ou filtros, podem ser operados em batelada, em que a torta é retirada a cada ensaio de filtração, e de forma contínua. Entre as várias possibilidades de classificação, pode-se classificar os tipos de filtros como de *pressão* e *filtração a vácuo*.

14.2.1 Filtros de pressão ou simples

Os filtros de pressão, normalmente, são equipamentos que operam em batelada ou de modo contínuo, incluindo lavagem do meio filtrante e a forma de descarga da torta ao final do ciclo de filtração, excetuando o filtro do tipo de pressão de tambor rotativo.

Os filtros que operam em batelada podem operar fechados, como são os casos dos filtros que apresentam placas horizontais, folhas verticais, velas, cartuchos (filtro tipo *Nutsch*), e abertos como o filtro prensa. Já os filtros de pressão contínuos, como a própria denominação indica, operam pressurizados, como é o caso do filtro de tambor rotativo a pressão.

Entre os filtros contínuos, o mais empregado é o do tipo leito poroso granular ou leito fixo (Figura 14.2). Tais filtros são caracterizados por apresentar uma ou mais camadas (altura específica) de material granular (antracito, areia, cascalho, por exemplo). São utilizados, usualmente, em estações de tratamento de água, em que se busca a clarificação do líquido, na existência de pequenas quantidades de particulados a serem separados e que estão presentes em grandes volumes de suspensão. Tais equipamentos também são utilizados para a reciclagem da água e no tratamento de rejeitos industriais.

Os filtros granulares apresentam mecanismos de filtração governados por características físicas e químicas da suspensão a ser filtrada, das camadas de material granulado, que atua como meio filtrante, e do método de operação dos filtros (DIOGO, 2010). À medida que aumenta o volume de material depositado no elemento filtrante, a velocidade intersticial do líquido aumenta, tendo em vista a redução da porosidade dos aglomerados que compõem o meio filtrante, aumentando a queda de pressão do equipamento até um determinado limite, no qual se exigirá a lavagem do meio filtrante através da inversão do fluxo do filtrado (água) ou retrolavagem. Para tanto, injeta-se o filtrado na base do equipamento com tal fluxo que se permita a fluidização do meio filtrante.

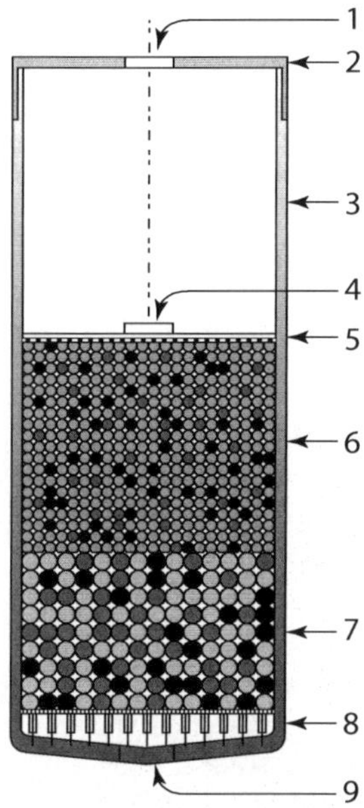

Figura 14.2 Filtro de areia em dupla camada: 1) orifício de entrada do efluente a ser tratado; 2) tampa do filtro de areia; 3) espaço a ser ocupado do efluente a ser tratado; 4) placa de distribuição; 5) rede de suporte; 6) camada de areia de menor granulometria; 7) camada de areia de maior granulometria; 8) crepina; e 9) orifício de saída do filtrado (baseada em DIOGO, 2010).

Na maioria dos filtros, o material granular é disposto de maneira estratificada, de modo que o particulado de maior diâmetro repousa junto da grade de suporte, na base do equipamento, decrescendo em tamanho à medida que se direciona para o topo do filtro. Tal disposição do material granular é justificada para facilitar a fluidização quando da retrolavagem. Algumas vantagens e desvantagens dos filtros granulares são apresentadas no Quadro 14.1.

Entre os filtros de pressão em batelada, o mais utilizado é o *filtro prensa de quadros e placas* (Figura 14.3). Este tipo de filtro caracteriza-se por apresentar quadros e placas, que são separadas entre si pelo meio filtrante. No filtro prensa a suspensão é bombeada à prensa e escoa pelas armações. As partículas, por sua vez, acumulam-se dentro da armação, levando à formação da torta. O filtrado escoa entre o meio filtrante e as placas pelos canais de passagem e sai pela parte inferior de cada placa. A filtração prossegue até que o espaço interno da armação esteja completamente preenchido por particulados. Segue-se a lavagem da torta. Em seguida, o filtro é aberto e a torta descarregada, sendo a operação, normalmente, conduzida em batelada. O Quadro 14.2, apresenta algumas vantagens e desvantagens dos filtros prensa.

Quadro 14.1 Vantagens e desvantagens dos filtros granulares (baseado em PAZ, 2007)

Vantagens	Desvantagens
Os filtros não apresentam problemas de pressão inferior à atmosférica.	Na dependência da suspensão a ser tratada, precisa sofrer um tratamento prévio antes de ser filtrada.
As unidades permitem maior disponibilidade de carga, considerando a pressão em que o filtrado abandona o equipamento.	Apresentam problemas operacionais tendo em vista a dificuldade de observar as condições do meio filtrante, como falta ou mistura das distintas camadas de material granular.
São produzidos líquidos límpidos por meio da circulação do filtrado.	
Podem ser automatizados.	

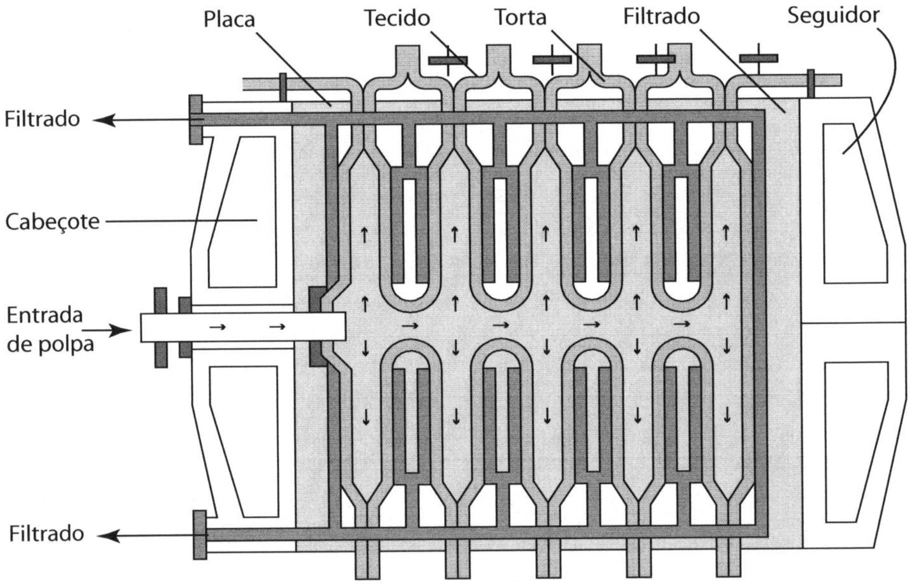

Figura 14.3 Filtro tipo prensa (CARVALHO, 2007).

14.2.2 Filtros a vácuo

A filtração a vácuo é conduzida de tal modo que a alimentação da suspensão pode ocorrer no fundo ou no topo do equipamento. Destacam-se, entre os filtros a vácuo com a alimentação na base do equipamento, os filtros rotativos do tipo *tambor* e o do tipo a *disco*. No caso dos filtros com a alimentação no topo do equipamento, pode-se citar os filtros tipo *horizontal*, *mesa*, *bandeja inclinada* e o *Nutsch*. Cabe ressaltar que mesmo o filtro granular também pode operar sob vácuo para aumentar a sua capacidade de filtração.

Quadro 14.2 Vantagens e desvantagens dos filtros prensa (baseado em PAZ, 2007)

Vantagens	Desvantagens
A unidade precisa de menor área de implantação, quando comparada aos métodos naturais de tratamento.	A eficiência da filtração é muito sensível às variações das características dos resíduos.
As tortas resultantes apresentam baixo conteúdo de umidade.	Difícil lavagem e manutenção do meio filtrante, assim como do interior do equipamento. Trata-se de uma desvantagem preocupante no caso do processamento de alimentos e de fármacos.
São produzidos líquidos límpidos por meio da circulação do filtrado.	As placas podem sofrer fissuras ou romper-se.
Podem ser automatizados.	A técnica de filtração necessita de energia elétrica e de técnicos qualificados para a sua operação.

Entre os filtros mais utilizados na indústria, está o *filtro contínuo de tambor rotativo a vácuo*, Figura 14.4. Estes equipamentos são os filtros usualmente utilizados na indústria sucroalcooleira no Brasil, em decorrência do tipo de tratamento utilizado na clarificação do caldo de cana, que é a sulfitação. A operação do filtro rotativo a vácuo caracteriza-se por produzir tortas secas de pequena espessura (inferior a 1 cm) e operar continuamente e sob queda de pressão reduzida (inferior a 0,8 atm). A filtração é realizada sobre o meio filtrante que recobre a superfície cilíndrica do equipamento.

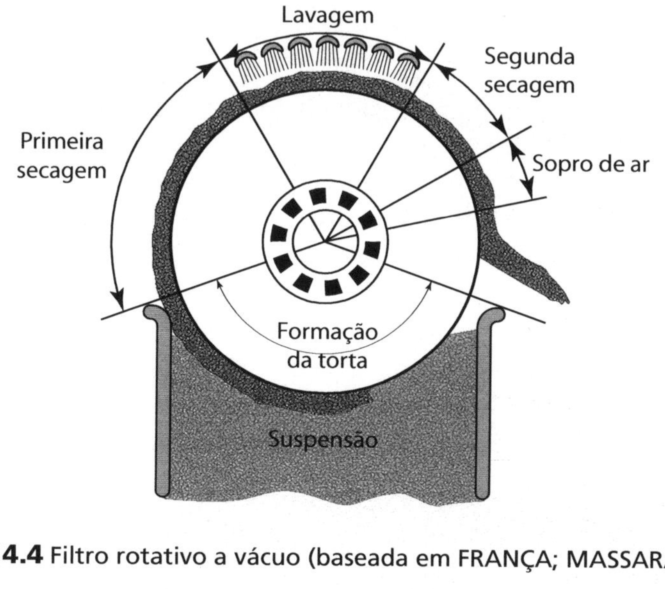

Figura 14.4 Filtro rotativo a vácuo (baseada em FRANÇA; MASSARANI, 2004).

O filtrado alimenta a câmara adjacente ao meio filtrante e é drenado pela parte central do filtro através de dutos sob vácuo. Formada a torta durante o contato cilindro-suspensão, seguem-se as seguintes operações ao longo de uma rotação do filtro: drenagem a vácuo do líquido da torta, lavagem da torta com o auxílio de um chuveiro, nova drenagem de líquido e retirada da torta que fica em contato com o meio filtrante (FRANÇA; MASSARANI, 2004). No Quadro 14.3 encontram-se algumas vantagens e desvantagens dos filtros rotativos horizontais a vácuo.

Quadro 14.3 Vantagens e desvantagens dos filtros rotativos a vácuo (baseado em PAZ, 2007)

Vantagens	Desvantagens
A unidade precisa de menor área de implantação, quando comparada aos métodos naturais de tratamento.	As tortas apresentam maior conteúdo de umidade residual quando comparado ao conteúdo de umidade obtido nos filtros de pressão.
A torta é removida com facilidade.	O meio filtrante requer lavagem constante.
Controle fácil dos parâmetros operacionais, tais como a espessura da torta e a lavagem desta.	Consumo elevado de energia (potência) tendo em vista a utilização de vácuo.
Baixo custo de manutenção.	Construção de difícil vedação para permitir a presença de gases.

14.3 Meios filtrantes

Independentemente do tipo de filtração, a escolha adequada do meio filtrante é essencial, pois a qualidade do produto obtido depende, em grande parte, da eleição correta desse material. A escolha adequada do meio filtrante deve ser baseada na sua capacidade, entre outras, para: produzir filtrado límpido; possibilitar retirada fácil da torta; ser resistente o suficiente para não sofrer fissuras, romper-se ou para não sofrer ataque químico dos constituintes presentes na suspensão a ser tratada; apresentar boa e adequada distribuição de poros de modo a não comprometer o curso da filtração e que apresente baixo custo e de fácil limpeza. São utilizados diversos tipos de materiais para o meio filtrante, cabendo citar: algodão, polímeros sintéticos resistentes a produtos químicos e tolerantes à temperatura, metais (refratários). No caso de filtros granulares, como já citado, são empregados cascalho, areia, antracito, carvão ativado.

14.4 Fluidodinâmica da filtração

A descrição da fluidodinâmica da filtração é governada, sobretudo, pelas características da suspensão a ser processada e do filtro a ser empregado para dar efeito à separação entre as fases fluida e particulada. Pelo já apresentado, verifica-se quão vasta é a operação de filtração.

Na filtração granular, as partículas em suspensão são transportadas até as proximidades da primeira camada de meio filtrante por diversos mecanismos, tais como: sedimentação, efeitos de inércia, difusão, entre outros mecanismos. Caso essas partículas apresentem-se suficientemente diluídas na suspensão ($\varepsilon_p \rightarrow 0$) e não apresentem interação com o material filtrante de modo a não obstruírem os poros do material granular, a fluidodinâmica da filtração é semelhante àquela vista no Capítulo 10, considerando-se a altura específica de cada camada de material granular no interior do filtro. A filtração, nesta situação, é conhecida como *filtração rápida*.

Na situação em que a remoção efetiva de tais partículas, no meio filtrante, depende de mecanismos de retenção que, por sua vez, estão associados a forças de interação entre tais partículas e o material de que é feito o meio filtrante (forças repulsivas, atrativas) e de mecanismos de transporte como a difusão (à semelhança da difusão molecular em poros, encontrada em transferência de massa), de exclusão por tamanho (*size exclusion*), tem-se a *abordagem microscópica*. No caso de tais mecanismos não serem descritos ou/e identificados, os seus efeitos são implicitamente considerados em um fator de captura do material granular, λ, e a abordagem é dita *macroscópica*. Seja qual for a abordagem, microscópica ou macroscópica, ambas caracterizam a filtração em leitos profundos (*deep bed filtratation*) ou *filtração lenta* encontrada em filtros granulares. É importante ressaltar que, na situação de filtração lenta, as partículas em suspensão são parcial e progressivamente retidas pelo material granular, alterando a velocidade intersticial do líquido ao longo da altura de determinada camada, como também no decorrer do tempo.

A operação da retrolavagem dos filtros granulares, conforme mencionado anteriormente, pode ser abordada como um caso de *fluidização*, considerando-se a alteração da velocidade intersticial de mínima fluidização, em virtude da diferença granulométrica nas camadas de material granular. Já os filtros a pressão e a vácuo apresentam, no curso da filtração, a formação de tortas sobre o meio filtrante, que podem ter gradiente de concentração de partículas ao longo da espessura da torta à semelhança da *sedimentação*. Entretanto, difere da filtração lenta em filtros granulares, pelo fato de tal torta ser formada a partir da própria fase particulada, não interagindo substancialmente com o material filtrante, de modo que a resistência oferecida à filtração, por tal meio, é praticamente desprezível quando comparada à resistência oferecida pela torta em si.

Qualquer que seja o tipo de filtração, a sua descrição generalizada pode ser apresentada segundo o Quadro 14.4.

Quadro 14.4 Descrição da fluidodinâmica da filtração

Equação da continuidade da fase fluida	$\frac{\partial}{\partial t}(\rho\varepsilon)+\vec{\nabla}\cdot(\rho\varepsilon\mathbf{u})=-\Phi$	(14.1)
Equação da continuidade da fase particulada	$\frac{\partial}{\partial t}(\rho_p\varepsilon_p)+\vec{\nabla}\cdot(\rho_p\varepsilon_p\mathbf{u}_p)=\Phi$	(14.2)
Equação do movimento da fase fluida	$\frac{\partial}{\partial t}(\rho\varepsilon\mathbf{u})+\vec{\nabla}\cdot(\rho\varepsilon\mathbf{u}\mathbf{u})=\vec{\nabla}\cdot\mathbf{T}-\beta(\mathbf{u}-\mathbf{u}_p)+\rho\mathbf{b}$	(14.3)
Equação do movimento da fase particulada	$\frac{\partial}{\partial t}(\rho_p\varepsilon_p\mathbf{u}_p)+\vec{\nabla}\cdot(\rho_p\varepsilon_p\mathbf{u}_p\mathbf{u}_p)=\vec{\nabla}\cdot\mathbf{T}_p+\beta(\mathbf{u}-\mathbf{u}_p)+\varepsilon_p(\rho_p-\rho)\mathbf{b}$	(14.4)

A grandeza Φ, presente nas Equações 14.1 e 14.2, refere-se ao fluxo de captura, por meio do material granular, das partículas presentes na suspensão a ser filtrada. Esta grandeza é considerada na situação da filtração lenta em filtro granular. O Quadro 14.5 apresenta as equações para este parâmetro, ressaltando que na abordagem microscópica é considerada apenas o mecanismo difusivo e, neste caso, o coeficiente efetivo de difusão, D_{ef}, do modo como é apresentado, não é função da concentração da fase particulada na suspensão (difusão fickiana). Na abordagem macroscópica, o fator de captura, λ, depende, além das características físicas da suspensão (incluindo as partículas nela presentes), da velocidade intersticial do fluido, $\mathbf{u}$.

Quadro 14.5 Descrição do parâmetro relativo ao fluxo de captura

Abordagem microscópica	$\Phi=D_{ef}\nabla^2(\rho_p\varepsilon_p)$	(14.5)
Abordagem macroscópica	$\Phi=\left(\frac{\rho_p\varepsilon_p}{\delta}\right)\mathbf{u}\lambda$	(14.6)

A contribuição do fluxo de captura pode ser considerada desprezível nas demais operações de filtração: filtração granular rápida; filtração com ou sem formação de torta deformável (neste caso, a resistência do meio filtrante é considerada desprezível face àquela oferecida pela torta).

É importante observar no Quadro 14.4 o termo de campo, $\mathbf{b}$. Este será definido à medida que se adotar qual filtro será utilizado na operação: gravitacional ou rotativo, por exemplo. Por outro lado, independentemente do tipo de filtração, o tensor tensão da fase fluida, **T**, presente na Equação 14.3, em via de regra, é suficientemente descrito pela componente de pressão, p, nesta fase, ou

$$\mathbf{T} = -p\mathbf{I} \tag{14.7}$$

O coeficiente de interação entre as fases fluida e particulada ou o parâmetro de arraste, β, refere-se à parcela tão somente da contribuição *darcyniana* do escoamento, uma vez que as velocidades das fases envolvidas não são tão elevadas a ponto de não se considerar o termo cinemático na equação de quadrática de Forchheimer, ou

$$\beta = \frac{\mu}{k(\varepsilon)}\varepsilon \tag{14.8}$$

em que o valor da permeabilidade, $k(\varepsilon)$, pode ser obtido por uma daquelas correlações presentes na Tabela 13.1, sendo que a correlação mais empregada é a de Koseny-Carman, Equação 13.9. Em decorrência da baixa velocidade da fase fluida, o valor do termo convectivo nessa fase é desprezível na Equação 14.3, $\vec{\nabla}\cdot(\rho\varepsilon\mathbf{uu}) = 0$, assim como na fase particulada, Equação 14.4, $\vec{\nabla}\cdot(\rho_p\varepsilon_p\mathbf{u}_p\mathbf{u}_p) = 0$. Já o tensor tensão para a fase particulada, $\mathbf{T}_p = -p_p\mathbf{I} + \boldsymbol{\tau}_p$, acaba sendo importante desde que surjam gradientes de concentração nessa fase, como no caso de filtração com formação de tortas e mesmo na situação da filtração lenta em filtros granulares, mas em havendo, também, a formação de tortas em decorrência do acúmulo da fase particulada sobre o material filtrante, com o aparecimento de camadas de particulado sobre o meio filtrante. O fenômeno é similar à descrição da região de compactação na sedimentação. Sendo assim, o termo do tensor tensão na torta, $\mathbf{T}_p$, pode ser descrito em função da concentração da fase particulada (ou da fração volumétrica de uma das fases: ε ou ε_p), na forma

$$\mathbf{T}_p = -p_p\mathbf{I} \tag{14.9}$$

na qual o valor da pressão na fase particulada pode ser obtido por correlações empíricas à semelhança da Equação 9.45.

Outra característica comum aos vários tipos de operação de filtração é o de admitir a hipótese de o valor da velocidade da fase particulada ser bem menor do que o valor da velocidade da fase fluida, $\mathbf{u} >> \mathbf{u}_p$. Sendo assim, a velocidade relativa, **U**, é aproximada por

$$\mathbf{U} = \mathbf{u} \tag{14.10}$$

Há de se notar que a descrição da fluidodinâmica da operação de filtração passa, necessariamente, pela definição do tipo de filtro a ser utilizado. Além disso, é fundamental o conhecimento de informações adicionais, tais como as características físicas e químicas das fases, da reologia da suspensão (fluido-partículas), da natureza do meio filtrante. A solução do modelo matemático resultante usualmente não é trivial, demandando a utilização de pacotes numéricos, que foge do escopo deste livro. Por outro lado, além das hipóteses já aventadas, existem outras sempre com o intuito de simplificar o modelo matemático de forma a descrever, minimamente, o fenômeno. Neste sentido, apresentamos o exemplo que segue.

Exemplo 14.1

O futuro do(a) profissional de tecnologia não aponta, apenas, para a competência técnica, mas também para a consciência crítica capaz de atuar na transformação social visando ao bem comum. Dois conceitos para tanto são importantes: a responsabilidade social e a sustentabilidade. A responsabilidade social é tida como um modo de conduta, um valor instrumental para alcançar e manter a sustentabilidade, enquanto valor terminal, em seus pilares econômico, social e ambiental. A sustentabilidade, cuja premissa entende que qualquer desenvolvimento deve satisfazer às necessidades da geração presente sem comprometer as das gerações futuras. Sob este aspecto, um dos indicadores sobre a vulnerabilidade de uma sociedade, ao longo da história da humanidade, é a gestão da água, que se for negligenciada inviabiliza a própria sobrevivência. A gestão da água, tratamento, reaproveitamento em processos é vital desde indústrias de grande porte, como o caso de refinarias, até pequenos criadores de aves, suínos etc.

Assim, considere a situação na qual se objetiva avaliar o desempenho de um filtro granular a ser utilizado para remover macronutrientes e material carbonáceo remanescente de um sistema de lagoas de estabilização. Nesse caso, utilizou-se um filtro granular de dupla camada, ilustrado na Figura 14.2. O diâmetro do filtro é igual a 40 cm, enquanto as características da dupla camada de material filtrante são apresentadas na Tabela 1, sendo a massa específica para a areia (menor e maior) igual a 2,65 g/cm^3.

Tabela 1 Características do meio filtrante (areia)

	Menor	Maior
Diâmetro médio, d_p (mm)	0,56	0,88
Esfericidade (ϕ)	0,80	0,85
Porosidade da camada (ε)	0,40	0,435
Altura específica da camada (m)	0,40	0,30

Sabendo que a vazão volumétrica de filtrado é igual a 2,8 m^3/h, assim como a queda de pressão relativa aos acessórios ao filtro, relativos à entrada e saída, bem como placa de distribuição, crepina, corresponde a 15% do valor total da queda de pressão. Admitindo que o filtro opere de maneira contínua, assim como é suposto que se trata de filtração rápida, obtenha o valor da queda de pressão total do filtro em análise. Para tanto, considere o efeito do campo gravitacional desprezível, que o escoamento venha a ser unidimensional e que a fase fluida se comporte como fluido *newtoniano* e incompressível, com viscosidade dinâmica e massa específica iguais a 0,92 cP e 0,998 g/cm^3, respectivamente.

Solução

A queda de pressão total é obtida da soma das contribuições das parcelas de queda de pressão envolvidas no sistema, ou seja,

$$(-\Delta p)_T = \sum_i^3 (-\Delta p)_i \tag{1}$$

ou

$$(-\Delta p)_T = (-\Delta p)_1 + (-\Delta p)_2 + (-\Delta p)_3 \tag{2}$$

em que $(-\Delta p)_1$ refere-se à contribuição da camada de areia 1 (areia de menor granulometria), $(-\Delta p)_2$ diz respeito à camada de areia 2 (areia de maior granulometria), e $(-\Delta p)_3$ refere-se aos acessórios do filtro e que correspondem a 15% do valor total da queda de pressão no sistema. Dessa maneira, a Equação 2 é retomada segundo

$$(-\Delta p)_T = (-\Delta p)_1 + (-\Delta p)_2 + 0{,}15(-\Delta p)_T \tag{3}$$

ou

$$(-\Delta p)_T = \frac{1}{0{,}85}\left[(-\Delta p)_1 + (-\Delta p)_2\right] \tag{4}$$

Os valores de $(-\Delta p)_1$ e $(-\Delta p)_2$ advêm da análise da fluidodinâmica da filtração em um leito granular rápido. Assim, considerando-se as hipóteses que geraram as Equações 14.7, 14.8, 14.10, bem como assumindo $\vec{\nabla}\cdot(\rho\varepsilon\mathbf{uu}) = 0$, a equação do movimento da fase fluida reduz-se a

$$\frac{\partial}{\partial t}(\rho\varepsilon\mathbf{u}) = -\vec{\nabla}p - \beta\mathbf{u} + \rho\mathbf{b} \tag{5}$$

Tendo em vista que se considerou força de campo gravitacional desprezível, $\mathbf{b} = \mathbf{g} = 0$, assim como a operação contínua,

$$\frac{\partial}{\partial t}(\rho\varepsilon\mathbf{u}) = 0$$

e o escoamento, unidirecional, tem-se

$$-\frac{dp}{dz} - \beta u = 0 \tag{6}$$

ou

$$-\frac{dp}{dz} = \beta u \tag{7}$$

substituindo-se a Equação 14.8 na Equação 7

$$-\frac{dp}{dz} = \frac{\mu}{k(\varepsilon)}\varepsilon u \tag{8}$$

Identificando-se o valor da velocidade superficial, $q = \varepsilon u$, na Equação 8

$$-\frac{dp}{dz} = \frac{\mu}{k(\varepsilon)} q \tag{9}$$

tem-se a que é reconhecida como a *lei de Darcy*, para as camadas de material filtrante, cujo valor de ε é constante em cada camada de meio filtrante (pois se trata de um filtro granular rápido). Consequentemente, o valor da permeabilidade, em cada camada, será constante e obtido, por exemplo, a partir de Ergun, Equação 10.31, ou

$$k = \frac{(\phi d_p)^2}{150} \left[\frac{\varepsilon^3}{(1-\varepsilon)^2} \right] \tag{10}$$

Depois de se substituir a Equação 10 na Equação 9, e integrando-se dentro da altura efetiva ou espessura da camada filtrante δ_i, tem-se na camada i

$$(-\Delta p)_i = 150 \delta_i \left[\frac{(1-\varepsilon_i)^2}{\varepsilon_i^3} \right] \frac{\mu}{(\phi_i d_{p_i})^2} q \tag{11}$$

ou

$$(-\Delta p)_i = 150 \psi_i \mu q \tag{12}$$

com

$$\psi_i = \frac{\delta_i}{(\phi_i d_{p_i})^2} \left[\frac{(1-\varepsilon_i)^2}{\varepsilon_i^3} \right] \tag{13}$$

Há de se notar que, em se tratando de filtração rápida, o valor da velocidade superficial, q, se mantém (praticamente) constante em ambas as camadas de areia, sendo obtida por intermédio de

$$q = \frac{Q}{Área} \tag{14}$$

com

$$Área = \frac{\pi D^2}{4} \tag{15}$$

Assim

$$q = 4 \frac{Q}{\pi D^2} \tag{16}$$

Desse modo, a Equação 4 é retomada como

$$(-\Delta p)_T = \frac{150}{0,85}[\psi_1 + \psi_2]\mu q \quad (17)$$

Tendo em vista D = 40 cm e Q = 2,8 m³/h = 777,8 cm³/s, tem-se na Equação 16

$$q = (4)\frac{(777,78)}{\pi(40)^2} = 0,619 \text{ cm/s} \quad (18)$$

Da Tabela 1 para a camada de areia 1, têm-se as seguintes informações: ϕ_1 = 0,80, d_{p_1} = 0,56 mm = 0,056 cm, δ_1 = 0,40 m = 40 cm e ε_1 = 0,4. Substituindo-as na Equação 13

$$\psi_1 = \frac{(40)}{(0,80 \times 0,056)^2}\left[\frac{(1-0,40)^2}{(0,40)^3}\right] = 112.105,40 \quad (19)$$

De igual forma, para a camada de areia 2, tem-se da Tabela 1: ϕ_2 = 0,85, d_{p_2} = 0,88 mm = 0,088 cm, δ_2 = 0,30 m = 30 cm e ε_2 = 0,435. Substituindo-as na Equação 13

$$\psi_2 = \frac{(30)}{(0,85 \times 0,088)^2}\left[\frac{(1-0,435)^2}{(0,435)^3}\right] = 20.794,44 \quad (20)$$

Sabendo que μ = 0,92 cP = 0,0092 g/cm·s, substitui-se este valor em conjunto com os resultados (18), (19) e (20) na Equação 17,

$$(-\Delta p)_T = \frac{150}{0,85}[112.105,40 + 20.794,44](0,0092)(0,619) = 133.500 \text{ g/cm}\cdot\text{s}^2 = 13,35 \text{ kPa} \quad (21)$$

14.5 Filtração com formação de torta: teoria simplificada da filtração

A operação de filtração de suspensões que resulta na formação de tortas caracteriza-se por exibir variação de porosidade da matriz porosa (torta) ao longo do tempo e da sua estrutura, causada pela percolação do fluido, ocasionando – à semelhança da sedimentação – o meio poroso deformável. A formulação para a fluidodinâmica, neste caso, advém da análise do Quadro 14.4, considerando-se nula a contribuição do fluxo de captura, ou seja: $\Phi = 0$. São consideradas todas as hipóteses que resultaram nas Equações 14.7 a 14.10. Além disso, são estabelecidas as seguintes hipóteses para a filtração com formação de torta: a) a fase fluida comporta-se como fluido *newtoniano* e incompressível; e b) escoamento unidimensional, de onde resulta, para a velocidade relativa

$$U = u = \frac{q}{\varepsilon} \quad (14.11)$$

na qual u é a velocidade intersticial da fase fluida, enquanto q é a velocidade superficial dessa fase.

A formação da torta se dá ao longo do tempo, de forma que esta variação é convencionada na direção contrária à alimentação da suspensão (ver Figura 14.5). Assim, a equação da continuidade, Equação 14.1, é retomada segundo

$$\frac{\partial \varepsilon}{\partial t} - \frac{\partial}{\partial z} q = 0 \tag{14.12}$$

Outra hipótese adicional é que os efeitos de aceleração e do campo externo são desprezíveis em ambas as fases.

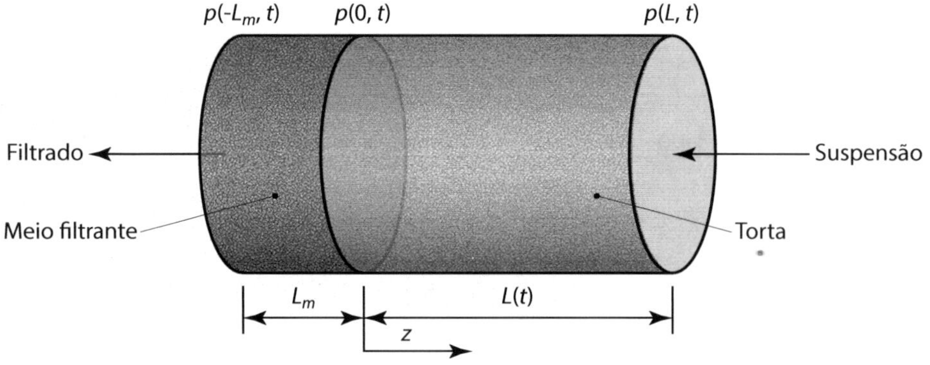

Figura 14.5 Filtração plana com formação de torta (MASSARANI, 1997).

Em vista de todas as hipóteses consideradas, as equações do movimento para as fases fluida e particulada são postas, respectivamente, como

$$\frac{\partial p}{\partial z} = \frac{\mu}{k(\varepsilon)} q \tag{14.13}$$

e

$$-\frac{\partial p_p}{\partial z} = \frac{\mu}{k(\varepsilon)} q \tag{14.14}$$

Na teoria simplificada da filtração, admite-se que a velocidade superficial da fase fluida é função apenas do tempo de filtração, $q = q(t)$, o que é razoável na situação em que a torta venha a ser moderadamente compressível. Desse modo, tem-se a equação do movimento, a qual será fundamental para futuros projetos de filtro, tendo como base a teoria simplificada da filtração por meio da igualdade entre as Equações 14.13 e 14.14,

$$-\frac{\partial}{\partial z} p_p(z,t) = \frac{\partial}{\partial z} p(z,t) = \frac{\mu}{k(\varepsilon)} q(t) \tag{14.15}$$

No caso do meio filtrante, é importante considerar o escoamento do *filtrado* e, portanto, da fase fluida. Logo, a equação do movimento da fase fluida no *meio filtrante*, ou seja, de $z = 0$ a $z = -L_m$, na Figura 14.5, pode ser posta, a partir da Equação 14.15, como

$$\frac{p(0,t) - p(-L_m,t)}{L_m} = \frac{\mu}{k_m} q(t) \tag{14.16}$$

ou

$$p(0,t) - p(-L_m,t) = R_m \mu q(t) \tag{14.17}$$

com

$$R_m = \frac{L_m}{k_m} \tag{14.18}$$

em que L_m, k_m e R_m são a espessura, permeabilidade e resistência, respectivamente, do meio filtrante. Ressalte-se que o meio filtrante pode ser considerado como um meio não deformável e dependente de suas características físicas. O valor da permeabilidade do meio filtrante pode ser obtido à semelhança de um leito fixo de altura L_m, por meio da Equação 10.24.

Em se tratando da região do filtro relativa à formação da torta, na região $0 < z < L$ na Figura 14.5, é importante que se considere a deformação do meio poroso, o qual é relativo à fase particulada deformável. Para tanto, considera-se a massa de sólido, m_p, presente na torta, como

$$dm_p = \rho_p \varepsilon_p (Área) dz \tag{14.19}$$

em que ρ_p, ε_p são a massa específica e a fração volumétrica da fase particulada na torta, respectivamente; *Área* é a área da superfície de filtração. Substituindo a Equação 14.15 na Equação 14.19

$$-dp_p = \frac{1}{\rho_p \varepsilon_p k(\varepsilon)} \frac{\mu q}{Área} dm_p$$

ou

$$-dp_p = \alpha(\varepsilon) \frac{\mu q}{Área} dm_p \tag{14.20}$$

identificando a resistividade local na torta, $\alpha(\varepsilon)$, na forma

$$\alpha(\varepsilon) = \frac{1}{\rho_p \varepsilon_p k(\varepsilon)} \tag{14.21}$$

assim como integrando a Equação 14.20, tem-se (MASSARANI, 1997)

$$-\int_{p(L,t)-p(0,t)}^{0}\frac{dp_p}{\alpha}=\frac{p_p(L,t)-p_p(0,t)}{\langle\alpha\rangle}=\frac{\mu q}{Área}m_p \qquad (14.22)$$

na qual L é o comprimento da torta no tempo t; $\langle\alpha\rangle$ é a resistividade média relativa à queda de pressão $p(L, t) - p(0, t)$, obtida de

$$\langle\alpha\rangle=\frac{p(L,t)-p(0,t)}{\int_{0}^{p(L,t)-p(0,t)}\frac{dp_p}{\alpha}} \qquad (14.23)$$

A Equação 14.22 é retomada, considerando-se a Equação 14.23, segundo

$$p(L,t)-p(0,t)=\Delta p=\langle\alpha\rangle\frac{\mu q}{Área}m_p \qquad (14.24)$$

A torta e o meio filtrante são meios porosos percolados em série pela suspensão, acarretando a queda de pressão total no filtro posta como

$$p(L,t)-p(-L_m,t)=\Delta p=\Delta p_{\text{meio filtrante}}+\Delta p_{\text{torta}} \qquad (14.25)$$

A expressão para a queda de pressão no filtro advém, portanto, das Equações 14.16 e 14.24 substituídas na Equação 14.25, tal como segue

$$p(L,t)-p(-L_m,t)=\Delta p=\left[\langle\alpha\rangle\frac{m_p}{Área}+R_m\right]\mu q \qquad (14.26)$$

A velocidade superficial do fluido, q, e a massa de sólido, m_p, na torta estão relacionadas ao volume de filtrado, V, ao tempo t, e à área de filtração $Área$ por

$$q=\frac{1}{Área}\frac{dV}{dt} \qquad (14.27)$$

Para a obtenção do valor da massa de sólido presente na torta de filtração, define-se a fração mássica absoluta de sólido, s_p (massa de sólido na torta por massa de líquido), tal como segue

$$s_p=\frac{m_p}{m_\ell} \qquad (14.28)$$

em que a massa de sólido na torta é

$$m_p=\bar{\rho}_p V_t \qquad (14.29)$$

sendo $\overline{\rho}_p$ a concentração mássica da fase particulada na torta, a qual obedece a Equação 9.14, e V_t o volume da torta, esta resultante de

$$V_t = V_{\text{sólido}} + V_{\ell.\ \text{retido}} \tag{14.30}$$

$V_{\text{sólido}}$ é o volume de sólido na torta; $V_{\ell.\ \text{retido}}$, o volume de líquido retido no meio filtrante. A massa de líquido presente na Equação 14.28 decorre da massa de líquido presente no filtrado, $m_{\ell.\ \text{filtrado}}$, e a massa de líquido retido na torta, $m_{\ell.\ \text{torta}}$, ou

$$m_\ell = m_{\ell.filtrado} + m_{\ell.torta} \tag{14.31}$$

Tendo em vista que o filtrado é isento de particulados ($\varepsilon = 1$) e a quantidade de massa de líquido na torta depende da presença de partículas ($\varepsilon = 1 - \varepsilon_p$), a Equação 14.31 é vista como

$$m_\ell = \rho V + \left(1 - \varepsilon_p\right)\rho V_t$$

ou

$$m_\ell = \rho V\left[1 + \left(1 - \varepsilon_p\right)\frac{V_t}{V}\right] \tag{14.32}$$

na qual ρ é a massa específica do filtrado; $V = V_{\ell.\ \text{filtrado}}$ é o volume de líquido no filtrado, e lembrando que a concentração mássica de partículas relaciona-se com a fração volumétrica de partículas, ε_p, por meio da Equação 9.14,

$$\varepsilon_p = \frac{\overline{\rho}_p}{\rho_p} \tag{14.33}$$

Substituindo a Equação 14.32 na Equação 14.28, tem-se para a massa de sólido presente na torta

$$m_p = s_p \rho V\left[1 + \left(1 - \varepsilon_p\right)\frac{V_t}{V}\right] \tag{14.34}$$

Denominando γ como fator de captura,

$$\gamma = 1 + \left(1 - \varepsilon_p\right)\frac{V_t}{V} \tag{14.35}$$

é possível obter a *equação da filtração* por meio da substituição das Equações 14.27 e 14.35 na Equação 14.26, bem como rearranjando o resultado obtido, de acordo com

$$\frac{dt}{dV} = \frac{\mu}{Área(\Delta p)}\left[\langle\alpha\rangle s_p \rho\gamma \frac{V}{Área} + R_m\right] \tag{14.36}$$

sendo a resistividade média identificada na forma

$$\langle\alpha\rangle = \Gamma(\Delta p)\frac{dt}{dV} \tag{14.37}$$

14.6 Filtração com tortas compressíveis

No caso de tensões mecânicas atuarem sobre a torta, comprimindo-a, facilitando a filtração (Figura 14.6), observa-se que a fração volumétrica da fase particulada, ε_p, e a resistência específica, $\langle\alpha\rangle$, variam com a posição no interior da torta (Figura 14.7). Admite-se a existência de uma pressão compressiva, p_S, dependente tanto de ε_p quanto de $\langle\alpha\rangle$ segundo

$$p_S = p - p' \tag{14.38}$$

em que p é a pressão exercida na cabeça da torta, e p' corresponde à pressão na seção imediatamente anterior ao meio filtrante. A resistividade média, $\langle\alpha\rangle$, na Equação 14.23, é reescrita em termos da pressão compressiva,

$$\langle\alpha\rangle = \frac{p_S}{\int_0^{p(L,t)-p(0,t)} \frac{dp_p}{\alpha}} \tag{14.39}$$

A equação da filtração é posta, a partir da Equação 14.36, segundo

$$\frac{dt}{dV} = \frac{\mu}{Área(\Delta p)}\left[\langle\alpha\rangle s_p \rho\gamma \frac{V}{Área} + R_m\right] \tag{14.40}$$

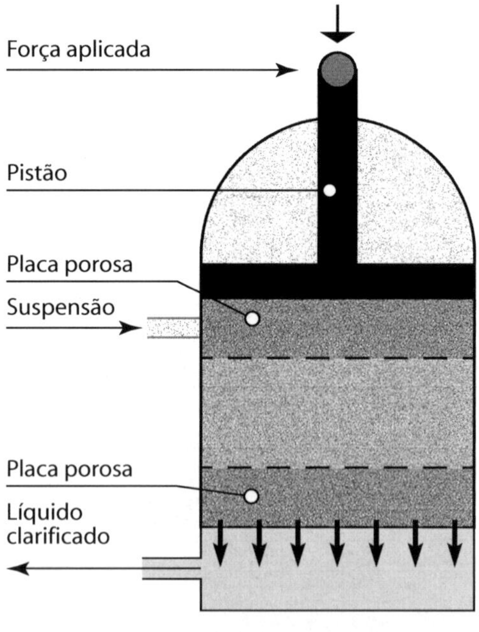

Figura 14.6 Filtração sob ação de tensão externa.

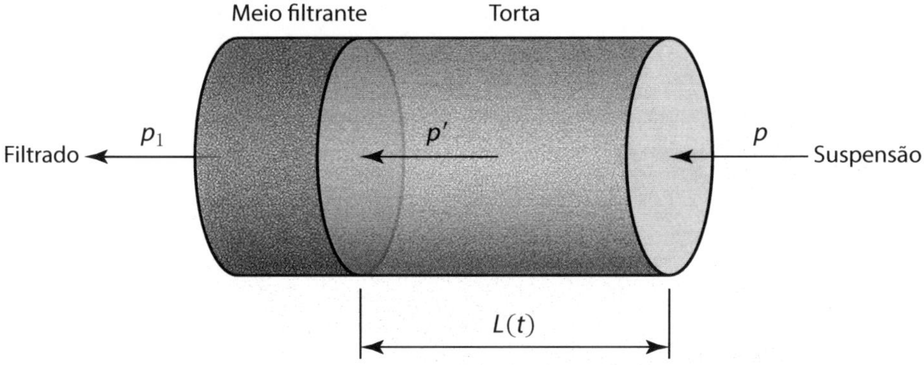

Figura 14.7 Ilustração da deformação da torta decorrente da pressão compressiva.

Obtém-se o valor da resistividade média, $\langle\alpha\rangle$, a partir de ensaios de filtração, considerando-se a variação do volume de filtrado (V) ao longo do tempo (t), modificando-se, de ensaio para ensaio, o valor da diferença de pressão Δp (ver Figura 14.7) na forma

$$\Delta p = p - p_1 \tag{14.41}$$

Ao se fixar, portanto, o valor da diferença de pressão para cada ensaio, ou seja, mantendo-se constante a Equação 14.41, a Equação 14.40, depois de integrada, é retomada como

$$\frac{t}{V} = \frac{\mu}{Área\,(\Delta p)}\left[\langle\alpha\rangle s_p \rho\gamma \frac{V}{2(Área)} + R_m\right] \tag{14.42}$$

a qual pode ser reescrita segundo

$$\frac{t}{V} = \frac{\mu}{Área(\Delta p)}R_m + \frac{s_p}{2(Área)^2}\frac{\rho\mu}{(\Delta p)}\gamma\langle\alpha\rangle V \tag{14.43}$$

ou

$$\frac{t}{V} = \beta + \alpha V \tag{14.44}$$

em que

$$\alpha = \frac{s_p}{2(Área)^2}\frac{\rho\mu}{(\Delta p)}\gamma\langle\alpha\rangle \tag{14.45}$$

e

$$\beta = \frac{\mu}{Área(\Delta p)}R_m \tag{14.46}$$

Assim, é possível obter, para cada ensaio experimental e fixando-se o valor de Δp, valores da resistividade média da torta, $\langle\alpha\rangle$, assim como o valor relativo à resistência do meio filtrante, R_m, a partir das Equações 14.45 e 14.46, respectivamente. A Figura 14.8 ilustra a obtenção de tais parâmetros. É importante ressaltar que a resistência do meio filtrante pouco varia com a pressão, enquanto a resistividade média da torta mostra-se como função da pressão de filtração, normalmente, na forma (MASSARANI, 1985)

$$\langle \alpha \rangle = \alpha_0 (\Delta p)^n \tag{14.47}$$

sendo α_0 a resistividade da torta dependente tão só das características da torta, enquanto n representa o índice de compressibilidade da torta.

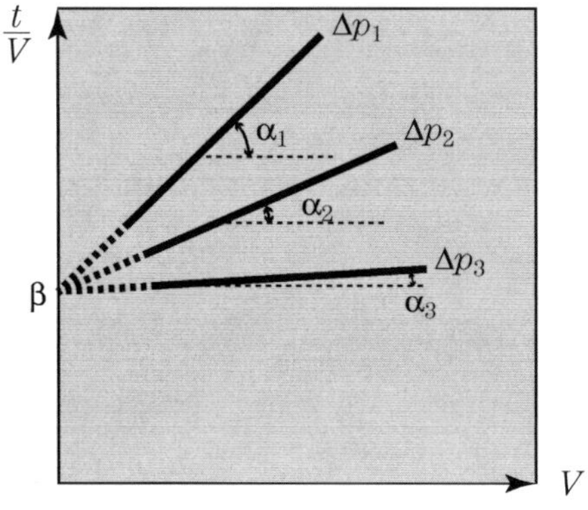

Figura 14.8 Obtenção de $\langle \alpha \rangle$ e R_m para filtração a pressão constante com torta incompressível.

14.7 Filtração com tortas incompressíveis

A resistência oferecida pela torta, como apresentado, depende da sua compressibilidade. Todavia, na maioria das situações de interesse industrial a filtração é conduzida sob queda de pressão constante. Consequentemente, a Equação 14.40 é retomada como

$$\frac{t}{V} = \frac{\mu}{Área(\Delta p)} \left[\langle \alpha \rangle s_p \rho \gamma \frac{V}{2(Área)} + R_m \right] \tag{14.48}$$

Na situação em que há formação de torta incompressível, ou seja, em que $\langle \alpha \rangle = \alpha_0 = \text{cte}$, é possível obter, a partir de ensaios experimentais, os valores da resistividade média da torta, $\langle \alpha \rangle$, assim como o valor relativo à resistência do meio filtrante, R_m, assim como quando se apresentaram as Equações 14.45 e 14.46, para a filtração a *pressão constante*, conforme ilustra a Figura 14.9.

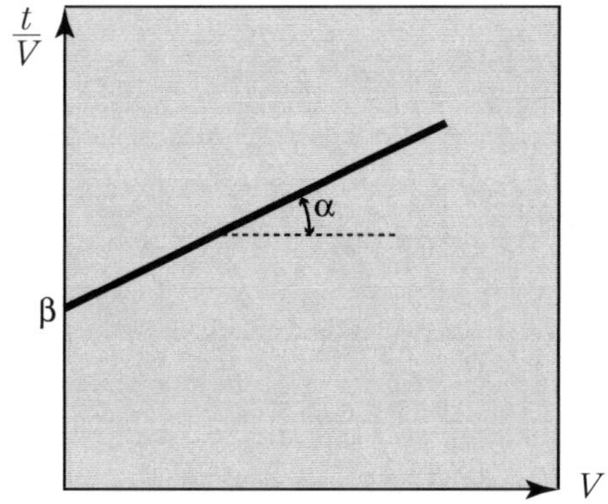

Figura 14.9 Obtenção de $\langle\alpha\rangle$ e R_m para filtração a pressão constante com torta incompressível.

No caso de o filtro operar a *vazão constante* e a torta vir a ser incompressível, pode-se retomar a Equação 14.36, utilizando-se a Equação 14.27, segundo

$$\frac{1}{q}=\frac{\mu}{Área(\Delta p)}\left[\langle\alpha\rangle s_p\rho\gamma\frac{V}{Área}+R_m\right] \tag{14.49}$$

resultando

$$\Delta p=q\mu\left[\langle\alpha\rangle s_p\rho\gamma\frac{V}{Área}+R_m\right] \tag{14.50}$$

Tendo em vista ser a vazão constante e, por conseguinte, a velocidade superficial de a fase fluida ser constante, tem-se

$$q=\frac{1}{Área}\frac{dV}{dt}\cong\frac{1}{Área}\frac{V}{t} \tag{14.51}$$

a qual, substituída na Equação 14.50, resulta

$$\Delta p=\langle\alpha\rangle\mu s_p\rho\gamma q^2 t+R_m\mu q \tag{14.52}$$

lembrando que a vazão volumétrica do filtrado, Q, é

$$Q=q\times(Área) \tag{14.53}$$

Desse modo, a Equação 14.52 é reescrita como

$$\Delta p=\alpha'+\beta' t \tag{14.54}$$

sendo

$$\alpha'=\frac{R_m\mu Q}{Área} \tag{14.55}$$

e

$$\beta' = \langle\alpha\rangle \mu\rho s_p \gamma \left(\frac{Q}{Área}\right)^2 \tag{14.56}$$

A Figura 14.10 ilustra a obtenção de α' e β', a partir dos quais é possível obter os valores de $\langle\alpha\rangle$ e R_m na situação em que o filtro opera a *vazão constante*. A integração da Equação 14.36 fornece resultados para diversas situações que são descritas pela filtração com formação de torta, conforme exposto a seguir (MASSARANI, 1997).

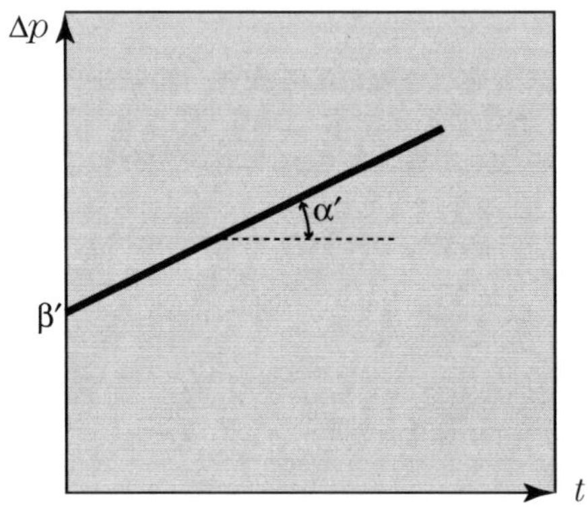

Figura 14.10 Obtenção de $\langle\alpha\rangle$ e R_m para filtração a pressão constante com torta incompressível.

14.7.1 Filtro prensa

Um ciclo completo de operação em um filtro prensa compreende três etapas: a filtração no tempo t, a lavagem da torta no tempo t_L (ocasionalmente desnecessária) e a descarga, limpeza e montagem do filtro no tempo t_D. A produção ou capacidade do filtrado, C, é expressa por

$$C = \frac{V}{t + t_L + t_D} \tag{14.57}$$

em que: V é o volume de filtrado e $(t + t_L + t_D)$ o tempo de um ciclo completo. Para avaliar o tempo necessário para a lavagem da torta, considere a filtração e a lavagem conduzidas na mesma queda de pressão. Em tais condições, o *tempo de filtração*, t, advém da Equação 14.48, enquanto o tempo de lavagem será (MASSARANI, 1985)

$$t_L = 4V_L = \frac{\mu}{Área(\Delta p)}\left(\langle\alpha\rangle s_p \rho\gamma \frac{V}{Área} + R_m\right) \tag{14.58}$$

sendo V_L o volume do líquido utilizado na lavagem. O resultado expresso pela Equação 14.58 pode ser conhecido sabendo-se que, quando o filtro está aparelhado com placas de lavagem, a vazão do líquido é

$$Q_L = \frac{V_L}{t_L} = \frac{1}{4}\left(\frac{dV}{dt}\right) \tag{14.59}$$

É importante salientar que os tempos de descarga, limpeza e montagem do filtro não estão relacionados com a teoria da filtração, e dependem de fatores de operação dos filtros (MASSARANI, 1985). O filtro prensa leva à formação de tortas de espessura superior a uma polegada. Por tal motivo, a resistência oferecida pelo meio filtrante só é significativa no início da filtração.

Exemplo 14.2

Na intenção de avaliar a filtração em batelada da lama oriunda da clarificação do lodo branco ilustrado no Exemplo 13.1, procurou-se avaliar o desempenho de uma unidade experimental de filtração com fração mássica absoluta de sólido igual a 0,106 (g sólido/g líquido). Para verificar a influência da pressão, foram realizados dois ensaios experimentais em um filtro prensa de área igual a 0,35 m^2 que forneceram os resultados de volume de filtrado ao longo do tempo, apresentados na Tabela 1. O gestor de processo Mauro Faccioni solicitou ao profissional Ademir Demarchi, que projetara o sedimentador apresentado nos exemplos do capítulo anterior, que este estimasse a capacidade do filtro, C, de 50 litros de filtrado, sabendo que tal filtro opera a Δp = 12 bar, e que foram utilizados 2 litros de líquido de lavagem, bem como foram despendidos 5 min para descarga, limpeza e montagem do filtro. Considere μ = 2,0 cP e ρ = 1,11 g/cm^3, assim como o volume de filtrado produzido venha a ser muito maior do que o volume da torta.

Tabela 1 Ensaios de filtração em laboratório

V_{filtrado} (Litro)	1,0	1,5	2,0	2,5	3,0	3,5	4,0	4,5	5,0
t(s) (Δp_1 = 2,0 bar)	14,0	24,2	37,0	51,7	69,0	88,8	110,0	134,0	160,0
t(s) (Δp_2 = 3,5 bar)	9,5	16,3	24,6	34,7	46,1	59,0	73,6	89,4	107,3

Solução

Este exemplo refere-se à avaliação do ciclo completo de operação em batelada em um filtro prensa por meio da utilização da Equação 14.57, esta retomada como

$$C = \frac{V}{t + t_L + t_D} \tag{1}$$

No enunciado, foram fornecidos os valores do volume de filtrado, V = 50 litros = 5,0 × 10^4 cm^3, assim como o tempo que independe da filtração, ou seja t_D = 5 min. Resta obter os valores do tempo de filtração e o de lavagem do filtro, resultantes, respectivamente, das Equações 14.43 e 14.58,

$$\frac{t}{V} = \frac{\mu}{Área(\Delta p)} R_m + \frac{s_p}{2(Área)^2} \frac{\rho \mu}{(\Delta p)} \gamma \langle \alpha \rangle V \tag{2}$$

$$t_L = 4V_L \frac{\mu}{Área(\Delta p)} \left[\langle \alpha \rangle s_p \rho \gamma \frac{V}{Área} + R_m \right] \tag{3}$$

ou

$$t_L = 4V_L \left(\frac{dt}{dV} \right) \tag{4}$$

Foram fornecidos os valores da viscosidade dinâmica, da massa específica do líquido, da fração mássica absoluta de sólido, assim como a área de filtração,

$$\mu = 2\ cP = 0{,}02\ \text{g/cm·s} \tag{5}$$

$$\rho = 1{,}11\ \text{g/cm}^3 \tag{6}$$

$$s_p = 0{,}106\ g\ \text{sólido}/g\ \text{líquido} \tag{7}$$

$$Área = 0{,}35\ \text{m}^2 = 3.500\ \text{cm}^2 \tag{8}$$

$$\gamma \cong 1, \text{ tendo em vista que } V \gg V_t \tag{9}$$

São desconhecidos, por sua vez, os valores da resistividade média, $\langle \alpha \rangle$, e da resistência do meio filtrante, R_m. Entretanto, são fornecidos dois ensaios de filtração, nos quais se verificam a variação do volume de filtrado (V) ao longo do tempo (t), modificando-se, de ensaio para ensaio, o valor da diferença de pressão Δp. Para cada ensaio, procurar verificar a existência de uma reta na forma

$$\frac{t}{V} = \beta + \alpha V \tag{10}$$

em que

$$\alpha = \frac{s_p}{2(Área)^2} \frac{\rho \mu}{(\Delta p)} \langle \alpha \rangle \tag{11}$$

e

$$\beta = \frac{\mu}{Área(\Delta p)} R_m \tag{12}$$

Dessa maneira, a partir da Tabela 1, pode-se construir a Tabela 2.

Tabela 2 Resultados advindos dos ensaios de filtração

V (litro)	t_1 (s)	t_2 (s)	V (cm³)	t_1/V (s/cm³)	t_2/V (s/cm³)
1,0	14,0	9,5	1.000	$1{,}400 \times 10^{-2}$	$9{,}500 \times 10^{-2}$
1,5	24,2	16,3	1.500	$1{,}613 \times 10^{-2}$	$1{,}087 \times 10^{-2}$
2,0	37,0	24,6	2.000	$1{,}850 \times 10^{-2}$	$1{,}230 \times 10^{-2}$
2,5	51,7	34,7	2.500	$2{,}068 \times 10^{-2}$	$1{,}388 \times 10^{-2}$
3,0	69,0	46,1	3.000	$2{,}300 \times 10^{-2}$	$1{,}537 \times 10^{-2}$
3,5	88,8	59,0	3.500	$2{,}537 \times 10^{-2}$	$1{,}686 \times 10^{-2}$
4,0	110,0	73,6	4.000	$2{,}750 \times 10^{-2}$	$1{,}840 \times 10^{-2}$
4,5	134,0	89,4	4.500	$2{,}978 \times 10^{-2}$	$1{,}987 \times 10^{-2}$
5,0	160,0	107,3	5.000	$3{,}200 \times 10^{-2}$	$2{,}146 \times 10^{-2}$

De posse das três últimas colunas contidas na Tabela 2, constrói-se a Figura 1.

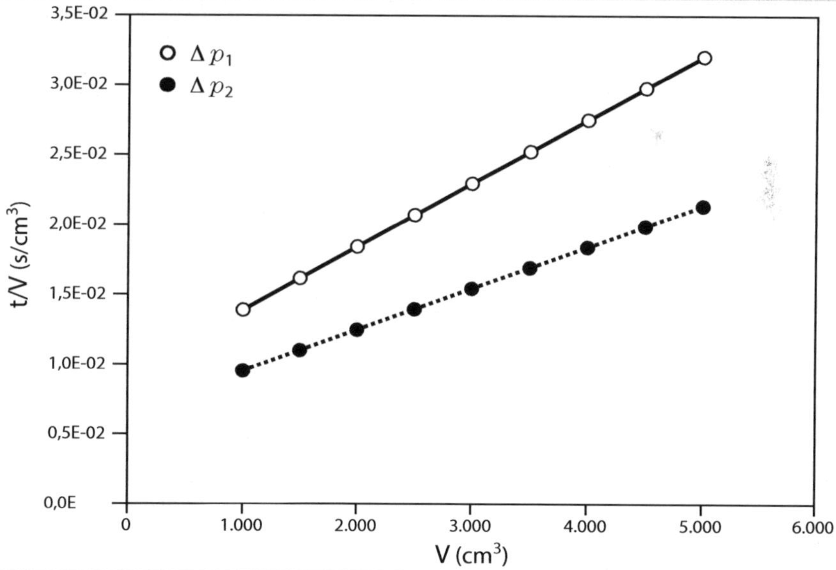

Figura 1 Obtenção de $\langle\alpha\rangle$ e R_m para filtração a pressão constante com torta compressível.

Para $\Delta p_1 = 2{,}0$ bar, obteve-se (com $r^2 = 0{,}9999$)

$$\alpha = 4{,}521 \times 10^{-6} \text{ s/cm}^6 \tag{13}$$

e

$$\beta = 9{,}433 \times 10^{-3} \text{ s/cm}^3 \tag{14}$$

Para $\Delta p_2 = 3{,}5$ bar, obteve-se (com $r^2 = 0{,}9998$),

$$\alpha = 3{,}001 \times 10^{-6}\ \text{s/cm}^6 \tag{15}$$

e

$$\beta = 6{,}387 \times 10^{-3}\ \text{s/cm}^3 \tag{16}$$

O valor para a resistividade média, $\langle\alpha\rangle$, para $\Delta p_1 = 2{,}0$ bar $= 2{,}0 \times 10^6$ g/cm·s^2, é obtido substituindo-se este valor em conjunto com (5), (6), (7), (8) e (13) na Equação 11, resultando

$$\langle\alpha\rangle = 9{,}41 \times 10^{10}\ \text{cm/g} \tag{17}$$

Já o valor da resistência do meio filtrante, R_m, para $\Delta p_1 = 2{,}0 \times 10^6$ g/cm·s^2, é obtido levando-se este valor em conjunto com (5), (8) e (14) na Equação 12, acarretando

$$R_m = 3{,}30 \times 10^9\ 1/\text{cm} \tag{18}$$

Procedimento análogo é utilizado para $\Delta p_2 = 3{,}5$ bar $= 35 \times 10^6$ g/cm·s^2; o valor de $\langle\alpha\rangle$ é obtido substituindo Δp_2 em conjunto com (5), (6), (7), (8) e (13) na Equação 11, resultando os seguintes valores para a resistividade média, $\langle\alpha\rangle$, e para a resistência do meio filtrante, R_m, respectivamente,

$$\langle\alpha\rangle = 1{,}093 \times 10^{11}\ \text{cm/g} \tag{19}$$

$$R_m = 3{,}912 \times 10^9\ \text{s/cm} \tag{20}$$

Observa-se que a resistividade média, $\langle\alpha\rangle$, e a resistência do meio filtrante, R_m, podem ser expressos como

$$\langle\alpha\rangle = \alpha_0\,(\Delta p)^n \tag{21}$$

$$R_m = R_{m0}\,(\Delta p)^n \tag{22}$$

Com procedimento semelhante ao que originou a Figura 1, têm-se os valores (17) e (18) para $\Delta p_1 = 2{,}0$ bar, assim como os valores (19) e (20) para $\Delta p_2 = 3{,}5$ bar, levando a

$$\langle\alpha\rangle = 7{,}816 \times 10^{10}(\Delta p)^{0{,}268} \tag{23}$$

$$R_m = 2{,}672 \times 10^9(\Delta p)^{0{,}304} \tag{24}$$

com Δp em bar, para o presente exercício. Tendo em vista que se visa a produção de 50 litros de filtrado, a $\Delta p = 12$ bar, pode-se obter os valores de $\langle\alpha\rangle$ e de R_m, respectivamente, segundo

$$\langle\alpha\rangle = 7{,}816 \times 10^{10}(12)^{0{,}268} = 1{,}521 \times 10^{11}\ \text{cm/g} \tag{25}$$

$$R_m = 2{,}672 \times 10^9(12)^{0{,}304} = 5{,}687 \times 10^9\ 1/\text{cm} \tag{26}$$

O tempo de filtração é obtido, desta feita, com a substituição de V = 50 litros = $5{,}0 \times 10^4$ cm^3, Δp = 12,0 bar = $12{,}0 \times 10^6$ g/cm·s^2, em conjunto com (5), (6), (7), (8), (25) e (26), na Equação 2 para $\gamma = 1$,

$$\frac{t}{V} = \frac{(0{,}02)(5{,}687 \times 10^9)}{(3.500)(12 \times 10^6)} +$$

$$+ \frac{(0{,}106)(1{,}11)(0{,}02)(1{,}521 \times 10^{11})(5{,}0 \times 10^4)}{(2)(3.500)^2(12 \times 10^6)} =$$

$$= 5{,}755 \times 10^{-2} \text{ s/cm}^3 \quad (27)$$

$$t = (5{,}755 \times 10^{-2})(5{,}0 \times 10^4) = 2.877{,}50 \text{ s} \quad (28)$$

Para o cálculo do tempo de lavagem, utiliza-se a Equação 14.58. Para tanto, torna-se necessário o emprego da Equação 14.36, aqui retomada na forma numérica como

$$\frac{dt}{dV} = \frac{(0{,}02)(5{,}867 \times 10^9)}{(3.500)(12 \times 10^6)} + \frac{(0{,}106)(1{,}11)(0{,}02)(1{,}521 \times 10^{11})(5{,}0 \times 10^4)}{(3.500)^2(12 \times 10^6)} = 0{,}112 \text{ s/cm}^3 \quad (29)$$

Considerando que o volume do líquido de lavagem do filtro é V = 2 litros = $2{,}0 \times 10^3$, o tempo de lavagem do filtro é obtido substituindo-se este valor em conjunto com (29) na Equação 4,

$$t_L = (4)\ (2.000)\ (0{,}112) = 896 \text{ s} \quad (30)$$

Sabendo-se que o tempo de preparação da operação de filtração é t_D = 5 min = 300 s, o tempo total será

$$t + t_L + t_D = 2.877{,}50 + 896 + 300 = 4.075{,}50 \text{ s} = 1{,}132 \text{ h} \quad (31)$$

Como o volume do filtrado é V = 50 litros, o valor da capacidade do filtro será obtido substituindo-se este valor em conjunto com (31) na Equação 1,

$$C = \frac{50}{1{,}132} = 44{,}17\ \ell/\text{h} \quad (32)$$

14.7.2 Filtro a vácuo de tambor rotativo

A teoria simplificada da filtração, a qual resultou na Equação 14.36, válida para tortas compressíveis e incompressíveis, também pode ser aplicada na operação de filtros a vácuo de tambor rotativo. No presente caso, a produção ou capacidade do filtrado, C, é expressa por

$$C = V \cdot N \quad (14.60)$$

sendo N o número de rotações por unidade de tempo; V, o volume de filtrado retirado em um ciclo (ou seja, em uma rotação do tambor). O tempo de um ciclo, por sua vez, é $1/N$, sendo que, nesse período, haverá uma fração de filtro, I (θ/360), imersa na suspensão, conforme ilustra a Figura 14.11. O tempo de filtração, t, é definido em decorrência da fração imersa e do número de rotação por unidade de tempo na forma

$$t \equiv \frac{I}{N} \qquad (14.61)$$

Os resultados advindos da operação em filtros dessa natureza, normalmente, são oriundos de informações sobre a capacidade de filtração, C, e do número de rotações, N. Ao se conhecer a fração imersa, I, basta transformar tais informações em termos de volume de filtrado, V, por meio da Equação 14.60, e de tempo de filtração, t, por meio da Equação 14.61, utilizando-os na Equação 14.43, ou

$$I = \frac{\mu}{\acute{A}rea(\Delta p)} R_m C + \frac{s_p}{2(\acute{A}rea)^2} \frac{\rho \mu}{(\Delta p) N} \gamma \langle \alpha \rangle C^2 \qquad (14.62)$$

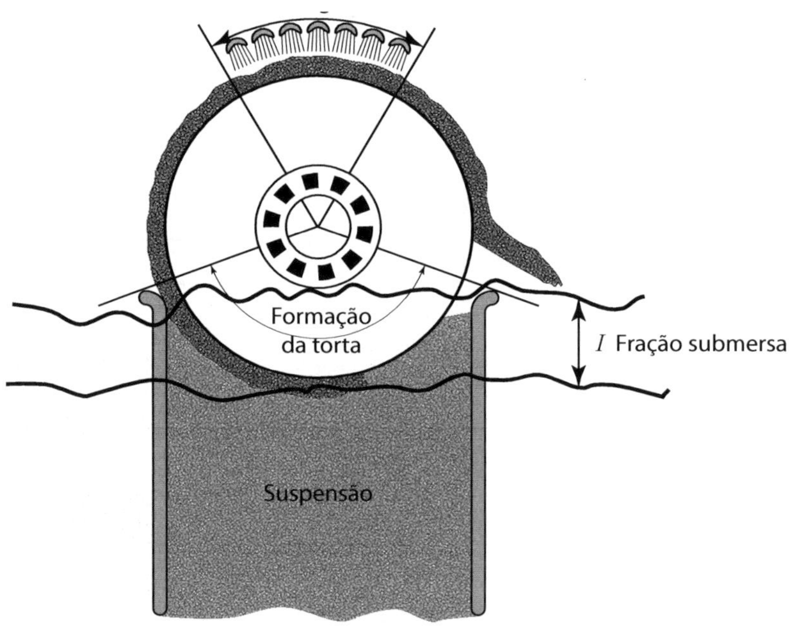

Figura 14.11 Filtro de tambor rotativo.

Exemplo 14.3

O Brasil possui grandes reservas de bauxita, além de ser um dos maiores produtores desse minério no planeta. A importância desse minério está, a partir dele, na obtenção de alumínio metálico e de seus compostos, como o hidróxido de alumínio. Encontra-se a aplicação do hidróxido de alumínio nas indústrias de papel, tintas, vidros, produtos farmacêuticos, cremes dentais; na fabricação de zeólitas e outros catalisadores. Sendo assim, considere a seguinte situação: em uma determinada unidade de processamento de bauxita, esta passou por diversas operações unitárias, entre as quais o espessamento do qual foi gerado um espessado cuja fração volumétrica é 0,43 de $Al(OH)_3$. No sentido de avaliar a possibilidade da utilização de um filtro rotativo a vácuo de 0,29 m^2 de área de filtração, foram realizados ensaios experimentais a 10 psi e ângulo de imersão igual a 90°, cujos resultados estão apresentados na Tabela 1, no qual se procurou manter a produção do volume do filtrado em 20 vezes o volume da torta. Estime o valor da capacidade desse filtro em termos de volume de filtrado por área de filtração, mantendo-se a mesma relação V/V_T, na operação do filtro a Δp = 10 psi; 1,2 rpm, sabendo-se que a suspensão apresenta μ = 0,72 cP e ρ = 0,998 g/cm^3, enquanto a massa específica do sólido é igual a 2,40 g/cm^3.

Tabela 1 Ensaios de filtração

N (rpm)	0,011	0,046	0,110	0,370	0,520
C (litros/min)	0,50	0,94	1,25	1,77	2,0

Solução

Este exemplo refere-se à utilização de um filtro do tipo tambor rotativo no espessamento de uma borra rica em hidróxido de alumínio. Em termos de cálculos, trata-se de uma oportunidade para avaliar a aplicabilidade da Equação 14.62

$$I = \frac{\mu}{Área(\Delta p)} R_m C + \frac{s_p}{2(Área)^2} \frac{\rho\mu}{(\Delta p)N} \gamma \langle \alpha \rangle C^2 \quad (1)$$

Tendo em vista que se busca conhecer o valor da capacidade do filtro por área de filtração, a Equação 1 é posta como

$$\frac{s_p}{2} \frac{\rho\mu}{(\Delta p)N} \gamma \langle \alpha \rangle \varphi^2 + \frac{\mu}{(\Delta p)} R_m \varphi - I = 0 \quad (2)$$

em que

$$\varphi = \frac{C}{Área} \quad (3)$$

é o resultado desejado para este exemplo e coincidente com o valor positivo da solução da Equação 2

$$\varphi = \frac{-b + \sqrt{b^2 - 4ac}}{2a} \quad (4)$$

sendo

$$a = \frac{s_p}{2}\frac{\rho\mu}{(\Delta p)N}\gamma\langle\alpha\rangle \tag{5}$$

$$b = \frac{\mu}{(\Delta p)}R_m \tag{6}$$

$$c = -I \tag{7}$$

Do enunciado:

$$\mu = 0{,}72\ cP = 0{,}0072\ \text{g/cm·s} \tag{8}$$

$$\rho = 0{,}998\ \text{g/cm}^3 \tag{9}$$

$$N = 1{,}2\ \text{rpm} = 0{,}02\ \text{rps} \tag{10}$$

$$\Delta p = 10\ \text{psi} = 689.473{,}33\ \text{g/cm·s}^2 \tag{11}$$

$$I = \frac{90}{360} = 0{,}25 \tag{12}$$

O valor da fração mássica absoluta de sólido na torta, s_p, é fornecido a partir da Equação 14.28, considerando-se nesta as Equações 14.29 e 14.32

$$s_p = \frac{\bar{\rho}_p V_t}{\rho V + \left(1 - \varepsilon_p\right)\rho V_t} \tag{13}$$

ou

$$s_p = \left(\frac{\rho_p}{\rho}\right)\left[\frac{\varepsilon_p}{(1 + V/V_t) - \varepsilon_p}\right] \tag{14}$$

Do enunciado, verifica-se que $\varepsilon_p = 0{,}43$, $\rho_p = 2{,}40$ g/cm^3, $V/V_T = 20$, os quais, em conjunto com (9), podem ser substituídos na Equação 14, no que acarreta

$$s_p = \left(\frac{2{,}40}{0{,}998}\right)\left[\frac{(0{,}43)}{(20 + 1) - (0{,}43)}\right] = 0{,}05027 \tag{15}$$

O valor de γ advém da Equação 14.35, aqui retomada como

$$\gamma = 1 + \left(1 - \varepsilon_p\right)\frac{V_t}{V} \tag{16}$$

Sabendo que $\varepsilon_p = 0{,}43$; $V/V_T = 20$, tem-se na Equação 16

$$\gamma = 1 + (1 - 0{,}43)\left(\frac{1}{20}\right) = 1{,}0285 \tag{17}$$

Assim como o Exemplo 14.1, são desconhecidos os valores da resistividade média, $\langle\alpha\rangle$, e da resistência do meio filtrante, R_m. Por outro lado, são fornecidos resultados oriundos de ensaios de filtração, nos quais se verifica a variação da produção de filtrado (C) em decorrência do número de rotações do tambor (N), modificando-se, de ensaio para ensaio, o valor da diferença de pressão Δp. Para cada ensaio, procurar verificar a existência de uma reta na forma

$$\frac{t}{V} = \beta + \alpha V \tag{18}$$

ou reescrita em termos das Equações 14.60 e 14.61,

$$\frac{I}{C} = \beta + \alpha\left(\frac{C}{N}\right) \tag{19}$$

com $\theta = 90°$, que leva à fração imersa igual a 0,25, e

$$\alpha = \frac{s_p}{2(Área)^2}\frac{\rho\mu}{(\Delta p)}\gamma\langle\alpha\rangle \tag{20}$$

e

$$\beta = \frac{\mu}{Área(\Delta p)}R_m \tag{21}$$

Desse modo, a partir da Tabela 1, constrói-se a Tabela 2,

Tabela 2 Resultados advindos dos ensaios de filtração

N (rpm)	Q (litro/min)	N (rps)	C (cm³/s)	C/N (cm³)	I/C
0,011	0,50	$1{,}833 \times 10^{-4}$	8,333	45.461,0	$3{,}00 \times 10^{-2}$
0,046	0,94	$7{,}667 \times 10^{-4}$	15,667	20.434,3	$1{,}60 \times 10^{-2}$
0,110	1,25	$1{,}833 \times 10^{-3}$	20,833	11.365,5	$1{,}20 \times 10^{-2}$
0,370	1,77	$6{,}167 \times 10^{-3}$	29,500	4.783,5	$8{,}47 \times 10^{-3}$
0,520	2,00	$8{,}667 \times 10^{-3}$	33,333	3.845,9	$7{,}50 \times 10^{-3}$

De posse das duas últimas colunas contidas na Tabela 2, constrói-se a Figura 1. Obteve-se (com $r^2 = 0{,}9983$)

$$\alpha = 5{,}323 \times 10^{-7} \text{ s/cm}^6 \tag{22}$$

$$\beta = 5{,}644 \times 10^{-3} \text{ 1/cm}^3 \tag{23}$$

O valor para a resistividade média, $\langle\alpha\rangle$, para $Área$ = 0,29 m² = 2.900 cm², é obtido substituindo-se este valor em conjunto com (8), (9), (11), (15), (17) e (22) na Equação 20, resultando

$$\langle\alpha\rangle = 1{,}662 \times 10^{10} \text{ cm/g} \tag{24}$$

O valor da resistência do meio filtrante, R_m, para $Área$ = 2.900 cm², é obtido substituindo-se este valor em conjunto com (8), (11) e (23) na Equação 21, acarretando

$$R_m = 1{,}567 \times 10^9 \text{ 1/cm} \tag{25}$$

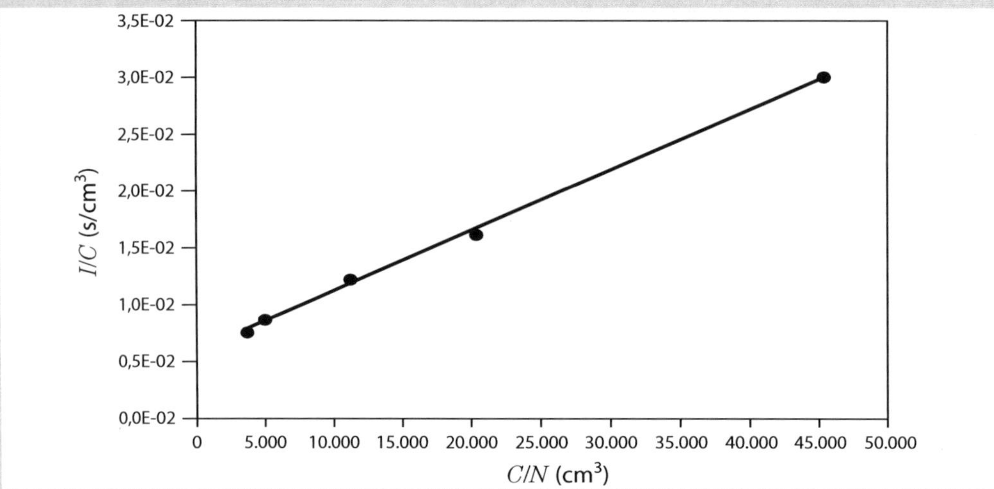

Figura 1 Obtenção de $\langle \alpha \rangle$ e R_m para filtração a pressão constante com torta incompressível.

Para determinar o valor de φ, a partir da Equação 4, deve-se calcular os valores das constantes a, b, c. O valor da constante a é obtido substituindo (8), (9), (10), (11), (15) e (24) na Equação 5, resultando a = 223,89. O valor da constante b, por sua vez, é obtido levando (8), (11) e (25) na Equação 6, obtendo-se b = 16,34. O valor da constante c é igual à fração imersa referente a 90°, ou seja c = – 0,25. Substituindo tais constantes na Equação 4, obtém-se

$$\frac{C}{\acute{A}rea} = \varphi = \frac{-(16{,}34) + \sqrt{(16{,}34)^2 + 4(223{,}89)(0{,}25)}}{(2)(223{,}89)} = 0{,}0130\ \mathrm{cm^3/s{\cdot}cm^2} \qquad (26)$$

14.8 Bibliografia consultada

Bagdasarian, A.; Cheng, K. S; Tiller, F. M. Bench scale filter for studying thin-cake formation. **Filtration & Separation**, jan./fev., p. 32, 1983.

Carvalho, L. P. **Portal de operações unitárias**. Disponível em: <www.ufrnet.br/~lair>. Acesso em: 15 maio 2007.

Diogo, L. A. **Sistema de potabilização de água**. Projeto de curso. Mabuto: Universidade Eduardo Mondlane, 2010.

Dong, K. J.; Yang, R. Y.; Zou, R. P.; Yu, A. B.; Roach, G.; Jamieson, E. Simulation of the cake formation and growth in sedimentation and filtration. **Proceedings of the 3th International Conference in the Mineral and Process Industries**, p. 189, Melbourne, Australia, 2003.

França, S. C.; Massarani, G. Separação sólido–líquido. In: **Tratamento de minérios**. Comunicação Técnica – Cetem. Rio de Janeiro, 2004.

Massarani, G. Expressão mecânica de tortas de filtração. **Anais do VI Congresso Brasileiro de Engenharia Química**, v. 2, p. 387. Campinas, 1984.

Massarani, G. **Filtração**. Número especial da RBE – Revista Brasileira de Engenharia, 1985.

Massarani, G. **Fluidodinâmica em sistemas particulados**. Rio de Janeiro: Editora UFRJ, 1997.

Melo, M. A. F.; Tavares, F. A. Influência da quantidade do auxiliar de filtração na filtrabilidade do açúcar bruto. **Anais do XVII Encontro sobre Escoamento em Meios Porosos – Enemp**, v. 2, p. 27, São Carlos, 1989.

Paz, L. P. S. **Modelo conceitual de seleção de tecnologias de tratamento de água para abastecimento de comunidades de pequeno porte**. Tese de Doutorado. São Carlos: Universidade de São Paulo, 2007.

Pires, E. C.; Springer, A. M.; Kumar, V. Aplicação das equações de filtração ao estágio de formação da manta de papel. **Anais do XVI Encontro sobre Escoamento em Meios Porosos – XVI Enemp**, v. 2, p. 333, Petrópolis, 1988.

Pires E. C.; Escada, M. A. S.. Aplicação das equações de filtração ao estágio de formação da manta de papel. **Anais do XVII Encontro sobre Escoamento em Meios Porosos – Enemp**, v. 2, p. 15, São Carlos, 1989.

14.9 Nomenclatura

$Área$ área da superfície de filtração .... $[L^2]$

b vetor intensidade de força de campo .... $[M{\cdot}L{\cdot}T^{-2}]$

C produção ou capacidade do filtrado .... $[L^3{\cdot}T^{-1}]$

D_{ef} coeficiente efetivo de difusão na filtração .... $[L^2{\cdot}T^{-1}]$

d_p diâmetro médio da partícula (ou de aglomerado) .... $[L]$

H altura ou comprimento efeito do filtro .... $[L]$

I fração do filtro imersa na suspensão (θ/360); θ em graus .... adimensional

k permeabilidade .... $[L^2]$

L espessura da torta no tempo t .... $[L]$

L_m espessura do meio filtrante .... $[L]$

m força resistiva .... $[M{\cdot}L^{-2}{\cdot}T^{-2}]$

M_p massa de sólido presente na torta .... $[M]$

M_ℓ massa de líquido .... $[M]$

N número de rotações por tempo .... $[T^{-1}]$

p pressão exercida na fase líquida .... $[M{\cdot}L^{-1}{\cdot}T^{-2}]$

p_p pressão exercida na fase particulada .... $[M{\cdot}L^{-1}{\cdot}T^{-2}]$
p_S pressão compressiva .... $[M{\cdot}L^{-1}{\cdot}T^{-2}]$
P pressão piezométrica .... $[M{\cdot}L^{-1}{\cdot}T^{-2}]$
q velocidade superficial do fluido .... $[L{\cdot}T^{-1}]$
Q vazão volumétrica .... $[L^3{\cdot}T^{-1}]$
R_m resistência do meio filtrante .... $[L^{-1}]$
s_p fração mássica absoluta de sólidos .... adimensional
t tempo; tempo de filtração .... $[T]$
T tensor tensão exercido na fase fluida .... $[M{\cdot}L^{-1}{\cdot}T^{-2}]$
T_p tensor tensão exercido na fase particulada .... $[M{\cdot}L^{-1}{\cdot}T^{-2}]$
u velocidade da fase líquida .... $[L{\cdot}T^{-1}]$
$\mathbf{u}$ velocidade da fase i .... $[L{\cdot}T^{-1}]$
U velocidade relativa .... $[L{\cdot}T^{-1}]$
V volume do filtrado .... $[L^3]$
V_t volume da torta .... $[L^3]$
z comprimento; espessura; distância .... $[L]$

Letras gregas

α resistividade da torta .... $[L^{-6}{\cdot}T]$
$\langle\alpha\rangle$ resistividade média da torta .... $[L^{-6}{\cdot}T]$
δ espessura ou altura da camada filtrante .... $[L]$
ε fração volumétrica da fase líquida .... adimensional
ε_p fração volumétrica da fase particulada .... adimensional
ϕ esfericidade da partícula .... adimensional
ϕ fluxo de captura .... $[M{\cdot}L^{-3}{\cdot}T^{-1}]$
γ fator de captura .... adimensional
μ viscosidade dinâmica da suspensão .... $[M{\cdot}L^{-1}{\cdot}T^{-1}]$
ρ_p massa específica da fase particulada .... $[M{\cdot}L^{-3}]$
$\bar{\rho}$ concentração mássica da fase líquida .... $[M{\cdot}L^{-3}]$
$\bar{\rho}_p$ concentração mássica da fase particulada .... $[M{\cdot}L^{-3}]$
ρ massa específica da fase fluida .... $[M{\cdot}L^{-3}]$

Subscritos

D relativo a descarga
ℓ líquido
L relativo a lavagem
m meio filtrante
p fase particulada

Exercícios propostos

1. Considere o enunciado do Exemplo 2.1 supondo a tubulação esquematizada na Figura 2.2, sabendo que a válvula de retenção, na vertical, é do tipo portinhola, e a válvula de regulagem é do tipo esfera. Assume-se que os diâmetros nominais dos acessórios são iguais ao do tubo presente no exemplo citado. Os comprimentos dos trechos retilíneos são iguais a $L_1 = L_2 = 40$ cm, $L_3 = L_5 = 50$ cm e $L_4 = 200$ cm.

R: $h_L = 5{,}02$ m.

2. Determine o valor da perda de carga total no esquema da Figura 1, utilizando a expressão $h_L = k_f\,(u^2/2g)$ para o cálculo da perda localizada.

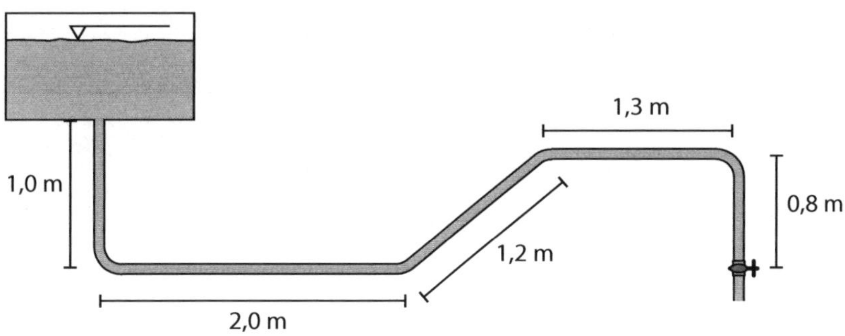

Figura 1 Exercício proposto 2.

Dados: fluido = água a 25 °C; material = PVC; diâmetro = 19 mm; vazão volumétrica = 0,4 litros/s. Acessórios: entrada de borda ($k_f = 0{,}90$); duas curvas de 90° raio longo; duas curvas de 45°; uma válvula gaveta na saída.

R: $h_L = 1{,}17$ m.

3. Deseja-se transportar água a 20 °C com vazão de 800 litros/min do reservatório S para o reservatório D (Figura 2). A tubulação é de aço comercial com diâmetro de 4" Schedule 40, rugosidade relativa igual a 0,00045, com seis joelhos padrão 90°, sendo um na linha de sucção e cinco na de descarga e uma válvula globo, aberta, que se encontra instalada na linha de descarga. Calcule as perdas de carga nas linhas de sucção e de descarga e a potência útil da bomba.

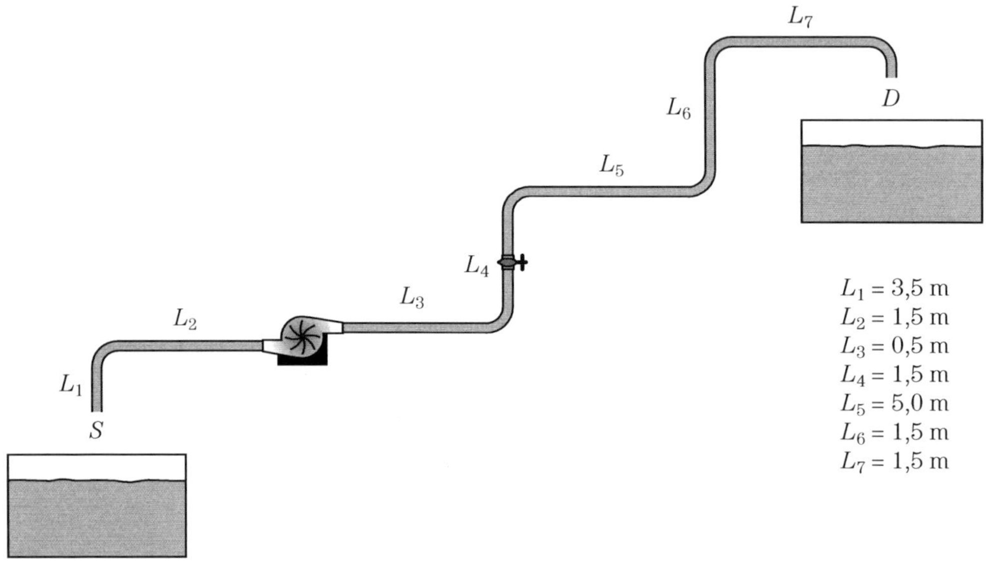

Figura 2 Exercício proposto 3.

R: $h_{L\ \text{Sucção}} = 0{,}22$ mCa; $h_{L\ \text{Descarga}} = 1{,}57$ mCa; $\dot{W}_u = 0{,}24$ HP.

4. Supondo que a bomba utilizada no Exemplo 3.1 venha a ser do tipo centrífuga, cuja curva característica é aquela fornecida pela Figura 3.15, eleja a configuração da bomba em termos do diâmetro do rotor (em polegadas), rendimento (%), potência (em HP), bem como verificar se existe possibilidade de haver cavitação.

R: $D = 9$ in; $\eta = 57\%$; $\dot{W}_u = 7{,}5$ HP; não há cavitação.

5. Especifique uma bomba centrífuga, a partir da Figura 3.15, em termos de potência, rendimento e diâmetro do rotor, para uma unidade de tratamento de água ($\rho = 0{,}997$ g/cm^3 e $\mu = 0{,}917$ cP), ilustrada na Figura 3, a qual é constituída por um filtro (A) e uma coluna de troca iônica (B). A capacidade de instalação é de 40 m^3/h e o comprimento total da tubulação é de 35 m. A tubulação é feita de aço comercial de 3", rugosidade relativa igual a 0,001 e dispõe de uma válvula globo (aberta) e 9 cotovelos (longos) de 90°.

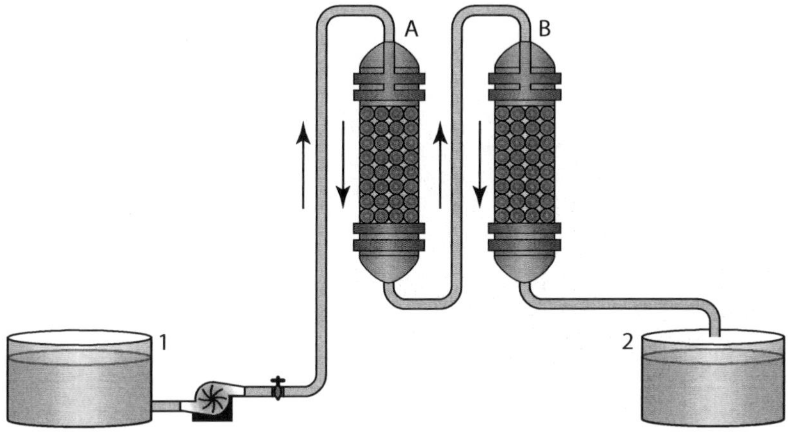

Figura 3 Exercício proposto 5.

O desnível entre os pontos 1 e 2 pode ser considerado nulo, enquanto as cargas relativas às colunas A e B são, respectivamente, iguais a 16 m e 4 m.

R: $D = 9$ in; $\eta = 57\%$; $\dot{W}_u = 7{,}5$ HP.

6. Uma bomba deve alimentar 30 m³/h de água a 22 °C em um tanque aberto para a atmosfera, situado a 9,5 m acima do eixo da bomba a partir de um tanque de sucção, também aberto para a atmosfera e situado a 2 m acima do eixo da bomba. O tubo de sucção é de aço carbono com costura, diâmetro interno de 62,43 mm e tem 10 m de comprimento geométrico. O recalque também é de aço carbono, diâmetro interno 52,32 mm, e 16 m de comprimento. Há um cotovelo na secção de sucção e dois na seção de recalque, havendo ainda, nesta tubulação, uma válvula de retenção e uma válvula gaveta de 50 mm. Pede-se: obtenha a altura total e a potência útil necessária. Dados: e = 0,05 mm; diâmetros internos: D_S (sucção) = 62,43 mm e D_R (recalque) = 52,32 mm. Áreas das secções transversais: $A_1 = 0{,}00306$ m²; $A_2 = 0{,}00215$ m²; massa específica da água = 1.000 kg/m³; viscosidade dinâmica 10^{-3} Pa·s; Pressão = 1 atm; vazão volumétrica = 0,0083 m³/s.

R: $H = 16{,}55$ m; $\dot{W}_u = 1{,}35$ kW.

7. Uma bomba centrífuga, cujas características estão apresentadas na Tabela 1, é usada para elevar água (T = 27 °C) pelo sistema representado pela Figura 4, composto de 8 m de tubulação de ferro fundido de 2,5" (Schedule 40) na sucção e de 65 m de 2" (Schedule 40) na descarga. Considere as válvulas do tipo globo, totalmente abertas, e cotovelos padrão 90°. Obtenha:

a) o valor da vazão de água que escoa pela tubulação;

b) a potência consumida pela bomba para $\eta = 20\%$.

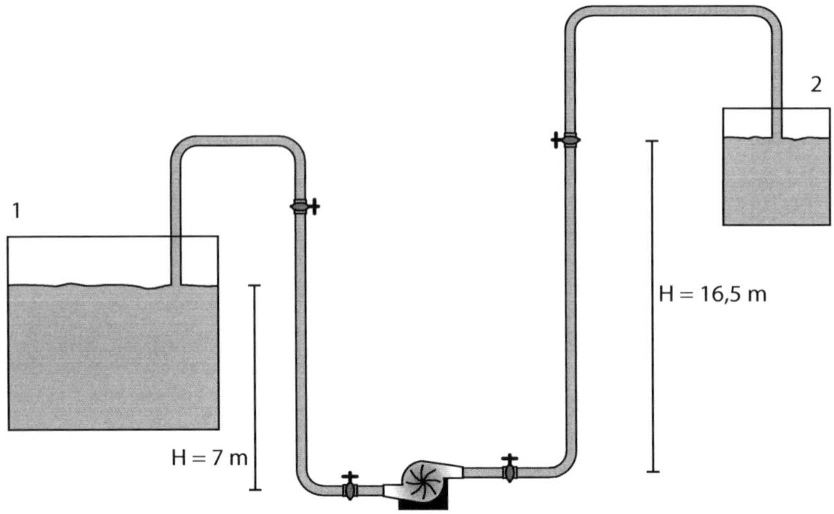

Figura 4 Exercício proposto 7.

Tabela 1 Curva característica da bomba

Vazão (litro/min)	0,0	37,8	75,6	151,6	227,0	264,4	302,5
Carga (m)	36,6	36,4	35,7	32,8	28,4	25,9	23,5
Rendimento (%)	0,0	13,0	23,5	37,5	42,5	41,7	39,5

R: a) Q = 17,3 m^3/h; b) $\dot{W}_u$ = 1,84 kW.

8. Em um sistema para insuflar o ar de um forno foi utilizado um soprador de 1.800 rpm. Para a queima do combustível são necessários 4 m^3/s de ar, sendo que o forno está à pressão atmosférica local, que é igual a 1 atm. A curva característica do soprador é fornecida pela Figura 5, a qual foi desenvolvida para T = 20 °C, P = 1 atm. Sabendo que a curva do sistema pode ser expressa como $P_T = 0{,}173Q^2$, sendo a vazão em m^3/s e o resultado da pressão em mmH$_2$O, pede-se:

a) obtenha o ponto de operação do soprador, bem como sua potência;

b) considerando a mesma pressão total de operação, verifique qual é a nova vazão, carga e rotação do soprador quando utilizado para inflar o ar a: b.1) 25 °C; b.2) 30 °C; b.3) 35 °C;

c) considerando a mesma vazão de operação, verifique qual é a pressão total, carga e rotação do soprador quando utilizado para inflar o ar a: c.1) 25 °C; c.2) 30 °C; c.3) 35 °C.

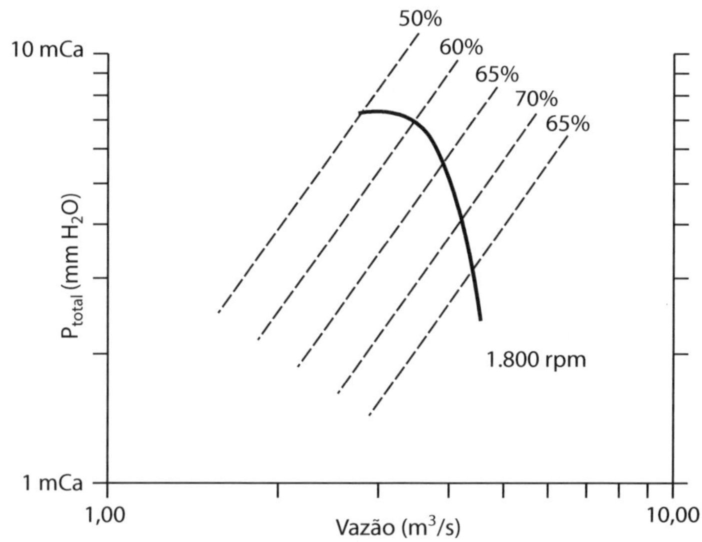

Figura 5 Exercício proposto 8.

R: a) $P_T = 2{,}77$ mmH_2O; $\eta = 65$ %; $\dot{W}_u = 170{,}3$ kW.

b)

b.1)	b.2)	b.3)
$Q = 4{,}03$ m³/h	$Q = 4{,}07$ m³/h	$Q = 4{,}10$ m³/h
$H = 2.341$ m	$H = 2.380$ m	$H = 2.412{,}5$ m
$N = 1.816$ rpm	$N = 1.830$ rpm	$N = 1.842$ rpm

c)

c.1)	c.2)	c.3)
$P_T = 2{,}79$ mmH_2O	$P_T = 2{,}84$ mmH_2O	$P_T = 2{,}88$ mmH_2O
$Q = 4{,}0$ m³/h	$Q = 4{,}0$ m³/h	$Q = 4{,}0$ m³/h
$N = 1.800$ rpm	$N = 1.800$ rpm	$N = 1.800$ rpm

9. Em um tanque de agitação deve-se aquecer um óleo que apresenta viscosidade dinâmica igual a 14 cP e massa específica igual a 1.550 kg/m³. Calcule a potência consumida pelo sistema de agitação considerando turbina de pás retas com as seguintes dimensões para o tanque agitado: $T = 2{,}1$ m; $D = 0{,}7$ m; $h = 0{,}7$ m; $H = 2{,}1$ m; $N = 60$ rpm: (a) com chicanas; (b) sem chicanas.

R: a) $\dot{W}_u = 1.042$ W; b) $\dot{W}_u = 234{,}5$ W.

10. Deseja-se misturar ácido acético e água em batelada. Testou-se, em laboratório, um sistema de agitação utilizando-se um impelidor do tipo turbina de seis pás retas. Os dados do sistema de agitação em laboratório (menor escala) são: $T = 0{,}25$ m; $T/D = H/D = 3$; $h/D = 1$; $W/D = 0{,}1$. As características para a melhor condição encontrada no laboratório foram: $\dot{W}_u$ = 3,7 W; N = 8 rps; N_{Po} = constante para Re ≥ 2.000. Projete um sistema industrial para misturar 4 m^3 de ácido acético com água por meio do sistema de agitação estudado em laboratório.

R: T = 1,72 m; D = 0,57 m; H = 1,72 m; h = 0,57 m; W = 0,057 m.

11. Em um experimento de laboratório foram obtidos os seguintes dados durante a inversão de um xarope de 40% de sacarose a 30 ºC: ρ = 1.050 kg/m^3; μ = 4 cP; N = 750 rpm; turbina com seis pás retas; 4 chicanas; H/D = 3; T= 0,333 m; T/D = 3; h/D = 0,75; W/D = 0,17. Calcule:

a) a potência útil;

b) a potência útil, a rotação e as dimensões para um sistema industrial com 50 mil litros de xarope, operando na mesma potência por metro cúbico do item (a).

R: a) $\dot{W}_u$ = 138,2 kW; N = 2,39 rps;

b) T = 4,0 m; D = 1,33 m; H = 4,0 m; h = 1,0 m; W = 0,23 m.

12. Obtenha o valor da potência útil associada à agitação de um certo óleo essencial de origem amazônica (μ = 38 cP e ρ = 0,92 g/cm^3), sabendo-se que o impelidor é do tipo turbina de Rushton, que opera a 240 rpm. O tanque agitado segue as medidas padrão e o nível de agitação é igual a 1,9 HP/m^3.

R. $\dot{W}_u$ = 1,32 HP.

13. Intenta-se projetar um sistema para concentrar biomassa de levedura (*Saccharomyces cerevisiae*) oriunda de uma solução residuária de uma indústria cervejeira. Para tanto, esta solução deve ser bombeada para um reservatório. Após tal operação, a solução deve ser conduzida a um tanque agitado para promover a homogeneização da solução (antes de submetê-la à operação de concentração). Sendo assim, projete o sistema de agitação para um tanque de 10 litros, considerando-o em medidas padrão, de modo que o seu volume venha a ser 35% maior do que o volume do líquido a ser agitado. O impelidor a ser utilizado é do tipo turbina de Rushton. Sabe-se, também, que o nível de agitação é igual a 0,2 HP/m^3, assim como a suspensão apresenta μ = 1,435 cP e ρ = 0,998 g/cm^3.

R: T = 22 cm; D = 7,4 cm; H = 22 cm; h = 7,4 cm; B = 2,2 cm; W = 1,5 cm; L = 1,9 cm; N = 7,1 rps.

14. Refaça o Exemplo 6.1 considerando-se grãos de painço, com amostra de 500 grãos, os quais apresentam o formato de esferoide prolato, em que a média do raio menor é de 1,076 mm, e a média do raio maior, de 1,566 mm. No sentido de avaliar a massa da amostra, utilizou-se um cadinho de massa igual a 28,550 g que, após a adição dos 500 grãos, acusou 31,268 g. Com o objetivo de obter a massa específica do painço, utilizou-se a técnica de picnometria, lançando-se mão de um picnômetro de 50 ml e massa de 21,072 g. Ao enchê-lo com água, a 29 °C, verificou-se que o recipiente acusou massa de 72,949 g. No sentido de avaliar o volume de água deslocado, que está associado ao da amostra de interesse, adicionaram-se os grãos, encontrando-se a massa de 73,090 g, a qual corresponde à massa do picnômetro adicionada à de água e à da amostra.

R. a) $\rho_{H_2O} = 1{,}038$ g/cm^3; b) $m_{H_2O} = 2{,}58$ g; c) $\rho_p = 1{,}094$ g/cm^3;

d) $d_p = 0{,}212$ cm; e) $d_p = (8ab^2)^{1/3}$; f) $d_p = 0{,}224$ cm;

g) $d_{pS} = \left[2b^2 + 2\left(\frac{a \times b}{e}\right)\text{sen}^{-1}(e)\right]^{1/2}$; h) $d_{pS} = 0{,}247$ cm; i) $\phi = 0{,}779$.

15. Determine o valor do diâmetro de Sauter para uma amostra de areia de massa igual a 106,47 g, que apresentou a análise granulométrica apresentada na Tabela 2.

Tabela 2 Massa retida relativa ao exercício proposto 15

Sistema (*mesh*)	massa retida (g)
–10 +12	8,69
–12 +14	18,51
–14 +16	60,76
–16 +20	12,99
–20 +24	5,52
–24 +28	0

R. $d_{pS} = 1.099{,}69\ \mu$m.

16. Trinta e dois gramas de uma amostra de café solúvel, de formato esférico e massa específica igual a 1,5 g/cm^3, apresentaram a análise granulométrica indicada na Tabela 3. Pede-se:

a) a distribuição granulométrica;

b) a distribuição de frequência;

c) o modelo mais apropriado para descrever a distribuição granulométrica;

d) o diâmetro médio de Sauter da amostra;

e) o diâmetro médio de Sauter segundo o modelo de distribuição adequado.

Tabela 3 Massa retida relativa ao exercício proposto 16

Mesh	m_i (g)
–35 + 42	5,2
–42 + 65	9,3
–65 + 100	12,4
–100 + 250	4,0
–250 + fundo	1,1

R. c) RRB; d) d_{pS} = 0,210 mm; e) d_{pS} = 0,251 mm.

17. Uma amostra de 48 gramas de cristais de KCl, advindas de um cristalizador, apresentou a análise granulométrica indicada na Tabela 4.

Tabela 4 Distribuição granulométrica relativa ao exercício proposto 17

Mesh	10	12	14	16	20	24	28	32	35	42	48	60
m_i (g)	1,5	2,0	4,5	5,0	6,5	6,5	6,5	5,0	4,0	3,0	2,5	1,0

Pede-se:

a) a distribuição granulométrica;

b) a distribuição de frequência;

c) o modelo mais apropriado para descrever a distribuição granulométrica;

d) o diâmetro médio de Sauter da amostra.

R. c) RRB; d) d_{pS} = 640,22 μm.

18. Obtenha o valor da velocidade terminal das gotas de chuva de 1 mm de diâmetro, que caem pelo ar a 25 °C. Considere a gota com esfericidade igual a 1.

R. v_T = 4,22 m/s.

19. Estime o valor do diâmetro de uma partícula de galena, que apresenta massa específica 7,5 g/cm^3 e esfericidade igual a 0,75, que cai em água a 30 °C. Em tais condições a velocidade terminal da partícula é igual a 4 cm/s.

R. d_p = 0,118 mm.

20. Obtenha o valor da velocidade terminal de uma partícula isolada e esférica submetida à queda livre em uma proveta de 7 cm de diâmetro, contendo o óleo essencial de origem amazônica (μ = 38 cP e ρ = 0,92 g/cm^3). A partícula apresenta massa específica cujo valor é o dobro do valor da massa específica do óleo essencial. O valor do diâmetro médio da partícula advém da distribuição granulométrica que segue o modelo de Gates, Gaudin e Schumann (GGS) na forma:

$$X_i = \left(\frac{D_i}{0,4}\right)^{2,0}$$, com o diâmetro em cm.

R. $v_T = 4,0$ cm/s.

21. Determine o valor da velocidade de queda de uma partícula de massa específica igual a 3,8 g/cm^3, diâmetro de 120 micra (diâmetro da esfera de igual volume que a partícula) e esfericidade 0,806 em um elutriador que opera com a velocidade ascendente de líquido igual a 0,25 cm/s. O líquido apresenta viscosidade dinâmica igual a 1 cP e massa específica igual a 1,0 g/cm^3. Considere o sistema com uma concentração volumétrica de partículas igual a 10% para o cálculo da velocidade terminal. Despreze o efeito das paredes do tubo.

R. $u_p = 0,84$ cm/s.

22. Em um estudo preliminar do escoamento gás-partículas, a frio, em um reator *riser*, utilizou-se ar como fluido de arraste com massa específica e a viscosidade cinemática, respectivamente, iguais a 1,091 kg/m^3 e 1,75 × 10^{-5} m^2/s. O sólido de trabalho foram partículas de catalisador FCC, que apresenta massa específica 2,15 g/cm^3 e diâmetro médio igual a 74,4 μm. Pede-se:

a) obtenha o valor da velocidade terminal da partícula esférica de catalisador FCC;

b) avalie o efeito da presença do diâmetro da tubulação do *riser*, D = 7,30 cm, no valor da velocidade terminal obtido no item (a);

c) avalie o efeito da concentração volumétrica de partículas, por meio das expressões de Richardson e Zaki (1954), que é igual a 0,023 cm^3/cm^3, no valor da velocidade terminal obtido no item (a).

R. a) $v_T = 28,5$ cm/s; b) $v_T = 28,8$ cm/s; c) $v_T = 26,4$ cm/s.

23. Considere o enunciado do Exemplo 7.3, considerando-se:

a) partícula: semente de painço (d_p = 1,90 mm; ϕ = 0,96; ρ_p = 1,17 g/cm^3), meio estagnado: ar a 25 °C;

b) partícula: semente de painço (d_p = 1,90 mm; ϕ = 0,96; ρ_p = 1,17 g/cm^3), meio estagnado: água a 25 °C;

c) partícula: microesfera de vidro (d_p = 1,90 mm; ϕ = 1,0; ρ_p = 2,70 g/cm^3), meio estagnado: água a 25 °C;

d) partícula: microesfera de vidro (d_p = 1,90 mm; ϕ = 1,0; ρ_p = 2,70 g/cm^3), meio estagnado: água a 25 °C.

R. a) L = 0,96 m; b) L = 0,63 mm; c) L = 3,0 m; d) L = 3,27 mm.

24. A Tabela 5 apresenta os resultados obtidos na elutriação, Figura 6, de 25 g de um pó industrial, com água a 20 °C, com vazão igual 37 cm^3/min. Obtenha a distribuição granulométrica da amostra em termos do diâmetro de Stokes sabendo que a massa específica do sólido é igual a 1,8 g/cm^3.

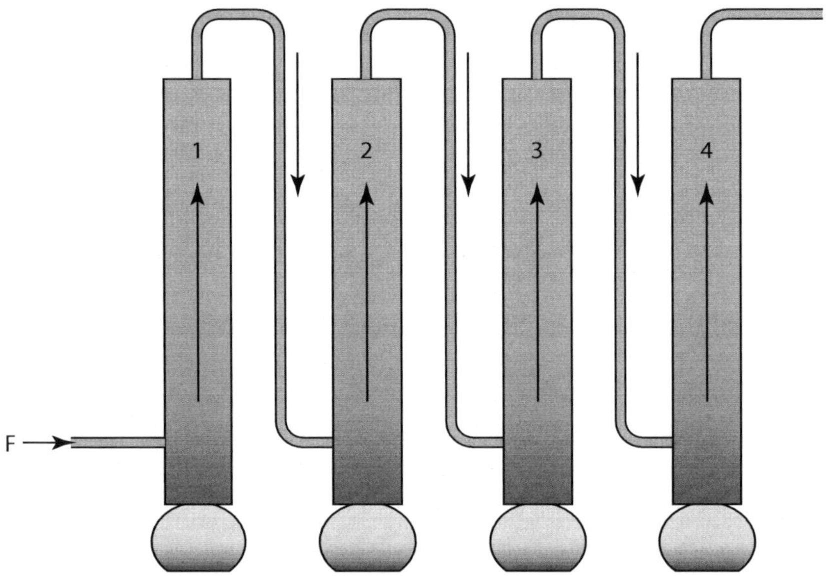

Figura 6 Exercício proposto 24.

Tabela 5 Massa recolhida relativa ao exercício proposto 24

Elutriador	Diâmetro do tubo (cm)	Massa recolhida (g)
1	3,0	4,62
2	4,0	6,75
3	6,0	7,75
4	12,0	4,43

R. Tubo 1: $d_p > 45,71$ μm; Tubo 2: $34,20 < d_p \leq 45,71$ μm.
Tubo 3: $22,86 < d_p \leq 34,20$ μm. Tubo 4: $11,43 < d_p \leq 22,86$ μm.

25. A Tabela 6 apresenta os resultados obtidos na elutriação (Figura 6) de 5,03 g de partículas esféricas de catalisador FCC, recolhidos no fundo de um conjunto de peneiras, com água a 30 °C e vazão de 20 cm^3/min. Obtenha a distribuição granulométrica da amostra em termos do diâmetro de Stokes. A partir dos resultados, obtenha o diâmetro médio de Sauter.

Tabela 6 Massa recolhida relativa ao exercício proposto 25

Elutriador	Diâmetro do tubo (cm)	Massa recolhida (g)
1	3,0	1,02
2	4,0	1,43
3	6,0	1,61
4	12,0	0,89

R. $d_{pS} = 12{,}67\ \mu m$.

26. Intenta-se avaliar o desempenho de um ciclone do tipo Lapple de 50 cm de diâmetro da seção cilíndrica, utilizado na separação de catalisador FCC, cuja massa específica é igual a 1,5 g/cm^3. A fase particulada, de concentração volumétrica 0,005 m^3/m^3, está presente em uma corrente de ar, a qual alimenta o ciclone à vazão de 15 m^3/min. Sabendo que as propriedades do ar são: massa específica igual a 1,091 kg/m^3 e viscosidade cinemática, $1{,}75 \times 10^{-5}$ m^2/s, assim como a distribuição granulométrica, admitindo-se que obedece ao modelo Rosin-Rammlet-Bennet e obtida em um conjunto de elutriadores com base no diâmetro de Stokes, presente na Tabela 7, pede-se:

a) os parâmetros n e D' relativos ao modelo de Rosin-Rammlet-Bennet;

b) a eficiência global de separação;

c) queda de pressão no ciclone.

Tabela 7 Distribuição de massa retida *vs.* diâmetro de Stokes

d_{St} (mm)	118	103	92	69	59	55	41
m_i (g)	20	8	3	17	34	20	22

R. a) $n = 2{,}57$ e $D' = 86{,}04\ \mu m$; b) $\eta = 97{,}6\%$; c) $-\Delta P = 276{,}3$ Pa.

27. Deseja-se especificar uma bateria de ciclones Lapple, em paralelo, para operar com a vazão total do sistema de 2,423 m^3/min de gás carregado com cinzas de carvão (massa específica: $\rho_p = 2{,}3$ g/cm^3). As propriedades do gás são as seguintes: $\rho = 1{,}026 \times 10^{-3}$ g/cm^3 e $\mu = 0{,}035$ cP. Será requerida uma eficiência global de coleta igual a 90% e a queda de pressão em cada ciclone deverá ser de 120 Pa. Pede-se:

a) diâmetro de corte das partículas;

b) diâmetro do ciclone;

c) número de unidades em paralelo.

Despreze o efeito da concentração de sólidos e da relação entre as vazões do fluido no *underflow* e na alimentação. A distribuição granulométrica das partículas é dada por:

$$X_i = 1 - \exp\left[-\left(\frac{D_i}{37{,}7}\right)^{1{,}5}\right] \quad \text{com } D_i \text{, diâmetro da partícula } i \text{, em } \mu\text{m.}$$

R. a) $D^* = 4{,}07\ \mu$m; b) $D = 8{,}15$ cm; c) $N = 9$.

28. Após os cálculos necessários, escolha, entre os ciclones do tipo Lapple e Stairmand, aquele que apresenta o maior valor agregado, o qual pode ser posto na forma

$$\$VA \cong \frac{\bar{\eta}}{\dot{W}}$$

em que $\bar{\eta}$ é a eficiência global de coleta do ciclone; $\dot{W}$, a potência do motor, em cavalo-vapor (cV), do ciclone (considerando rendimento elétrico de 50%). Para tanto, dispõe-se de um cilindro de 40 cm, que será utilizado na fabricação do equipamento. Este operará com vazão de ar igual a 24 m^3/min a 30 °C para separar partículas de catalisador FCC que apresenta concentração volumétrica no ar de 4×10^{-3} m^3/ m^3 e massa específica igual a 1,5 g/cm^3. No intuito de levantar a distribuição granulométrica (modelo de Rosin, Rammler e Bennet), tendo como base o diâmetro de Stokes para a partícula, utilizou-se de um conjunto de elutriadores em série, do qual foram obtidos os resultados apresentados na Tabela 8, a partir de 230 g de catalisador, utilizando-se água a 25 °C com vazão igual a 960 cm^3/min. Determine, também, o diâmetro médio de Sauter da amostra analisada. Utilize a correlação de Briggs (1946) para a correção da queda de pressão em razão da influência da concentração de particulados.

Tabela 8 Resultados obtidos da elutriação

Elutriador	Diâmetro do tubo (cm)	Massa recolhida (g)
1	7,0	10
2	8,0	8
3	9,0	3
4	12,0	17
5	13,0	18
6	14,0	25
7	15,0	20
8	20,0	33

Propriedades dos fluidos utilizados

	AR (30 °C)	Água (25 °C)
Massa específica (kg/m^3)	1,129	996,8
Viscosidade cinemática (m^2/s)	$0{,}166 \times 10^{-4}$	$0{,}92 \times 10^{-6}$

R. Diâmetro médio = 99,44 μm. Lapple: $\$VA = 0{,}59$; Stairmand: $\$VA = 0{,}49$.

29. A agricultura irrigada depende de quantidade e qualidade da água. Entretanto, o aspecto da qualidade tem sido desprezado em virtude de que, no passado, as fontes de água eram, em geral, abundantes, de boa qualidade e de fácil utilização. Para minimizar problemas oriundos do uso da água de baixa qualidade é importante que exista planejamento efetivo que assegure melhor uso possível dessa água, a qual, a ser utilizada na agricultura, pode conter contaminantes indesejáveis, tais como sais dissolvidos, sedimentos suspensos, elementos tóxicos de ocorrência natural; agentes patogênicos. Contaminantes físicos e partículas orgânicas podem acarretar efeitos adversos aos sistemas de irrigação. Quando presentes, torna-se necessário o uso de filtros para efetuar sua remoção. Sedimentos carregados pela água reduzem a vida útil dos componentes dos sistemas de irrigação em virtude do desgaste que proporcionam. Diferentes tipos de filtros podem ser utilizados para minimizar o problema causado pela presença de sedimentos em suspensão na água de irrigação, bem como a utilização de equipamentos destinados à separação sólido-fluido, como é o caso dos hidrociclones. Tais equipamentos são utilizados de maneira diversificada nas indústrias química, metalúrgica, têxtil, petroquímica, de alimento etc. Tendo em vista a versatilidade desse tipo de equipamento, deseja-se projetar um sistema (Figura 7) que envolva um hidrociclone tipo Rietema que possibilite, no mínimo, apresentar 98% de eficiência global de separação de partículas de areia presentes em suspensão em água. Neste sistema, também se deseja projetar um tanque agitado com quatro chicanas, utilizando-se um impelidor do tipo turbina de pás inclinadas de 45º para um tanque de 25 litros, considerando-o em medidas padrão de modo que o seu volume venha a ser 20% maior do que o volume do líquido a ser agitado. Na condução dos ensaios, a vazão da suspensão de água e areia foi de 1.800 litros/h, e a relação entre as vazões de fluido no *underflow* e na alimentação, igual a 0,34. A concentração volumétrica do sólido foi de $1{,}0 \times 10^{-3}$ (cm^3 de sólido/cm^3 suspensão), em que a suspensão apresenta massa específica e viscosidade dinâmica iguais a 0,996 g/cm^3 e 0,95 cP, respectivamente, enquanto a areia apresenta formato esférico, massa específica de 2,65 g/cm^3, e distribuição granulométrica segundo a Tabela 9, a qual se ajusta ao modelo RRB.

Tabela 9 Análise granulométrica da areia

D_i (μm)	545,0	460,0	358,5	273,5	244,0	199,5	127,0	89,5	63,5
X_i	1	0,952	0,86	0,717	0,632	0,523	0,27	0,114	0

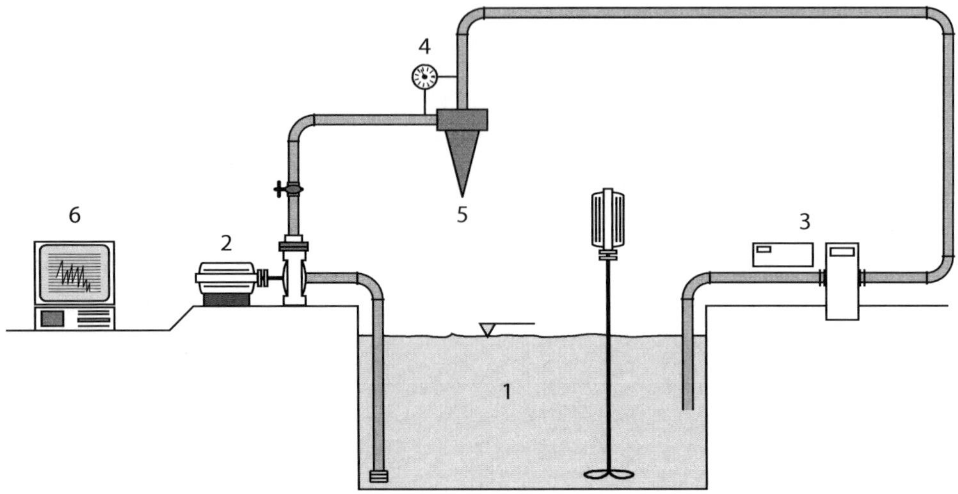

Figura 7 Sistema experimental, com: (1) tanque agitado; (2) bomba; (3) medidor de vazão; (4) sensor de pressão; (5) hidrociclone; (6) microcomputador (SOCCOL et al., 2005).

Além de obter os parâmetros do modelo RRB, deseja-se projetar o hidrociclone e o tanque agitado, para o qual se assume que a vazão volumétrica de bombeamento, Q_p, é a mesma que aquela que alimenta o hidrociclone. Intenta-se conhecer, também, o valor da queda de pressão do hidrociclone, em kPa, considerando-se o efeito da concentração mássica de sólidos ($2{,}67 \times 10^{-3}$ g de sólido/g de suspensão) por meio da correção de Casal (1988).

R. *Modelo RRB:* $X_i = 1 - \exp\left[-\left(\frac{D_i}{208}\right)^{1{,}92}\right]$ com D_i, diâmetro da partícula i, em μm

Hidrociclone:

D = 5 cm; D_i = 1,4 cm; D_e = 1,7 cm; H = 25 cm; S = 2,0 cm; B = 1,15 cm; $-\Delta P$ = 29,94 kPa.

Sistema de agitação:

T = 30 cm; D = 10 cm; H = 30 cm; h = 10 cm; W = 30 cm; L = 2,5 cm.

30. Procurou-se estudar a fluidodinâmica de um reator *downer* para utilizá-lo no craqueamento catalítico de petróleo visando a produção de gasolina. Para tanto, fez-se um ensaio experimental a frio, utilizando-se ar seco ($\rho = 0{,}929 \times 10^{-3}$ g/cm^3 e $\nu = 0{,}235$ cm^2/s) e partículas de FCC, considerando-as esféricas, de diâmetro médio de Sauter igual a 75 μm e massa específica igual a 1,5 g/cm^3. Sabendo que a fase particulada é alimentada com metade da velocidade terminal da partícula isolada na entrada do reator, procurou-se avaliar a velocidade da fase particulada à distância de 1 metro da entrada do *downer*; para tanto foram consideradas as seguintes hipóteses:

a) ar estagnado;

b) regime permanente;

c) os efeitos de aceleração e de campo são desprezíveis quando comparados à força resistiva e do tensor tensão na fase particulada;

d) escoamento unidimensional na direção z;

e) a força resistiva é posta segundo $m = K_1 u_p^2$, com $K_1 = 1{,}75\dfrac{\rho}{d_p}$;

f) a pressão na fase particulada pode ser aproximada por $p_p = K_2 v_T^2[1 + \ell n(\overline{\rho}_p)]$, com $K_2 = 18$, resultando p_p em dyna/cm^2.

R. $u_p = 9{,}61$ cm/s.

31. Refaça o Exemplo 10.2 considerando a separação de tirosina presente em uma solução aquosa via adsorção, na qual se utilizou uma coluna de 12,5 cm de comprimento efetivo e 1,5 cm de diâmetro, empacotada com resinas poliméricas que atuam como adsorventes de diâmetro médio de 360 μm. Antes de avaliar a separação propriamente dita, é essencial o conhecimento dos valores de frações de vazio da coluna, assim como da porosidade do adsorvente. Para tanto, utilizou-se a técnica do pulso cromatográfico. Para a obtenção da porosidade da coluna lançou-se mão de uma solução aquosa diluída de azul de dextrana, enquanto, para a determinação da porosidade da partícula, utilizou-se uma solução aquosa diluída de NaCl. Foram realizados, para cada caso, três ensaios experimentais de pulsos cromatográficos, utilizando-se as vazões das soluções aquosas a 25 °C, conforme apresenta a Tabela 10. Foram obtidos os tempos de retenção, cujos resultados também estão apresentados nessa tabela. Antes da injeção de cada pulso, o solvente escoou pelo leito fixo, o qual apresentou, para cada vazão, queda de pressão. Obtenha o valor da queda de pressão pela equação de Ergun para cada vazão presente na Tabela 10.

Tabela 10 Ensaios de pulso cromatográfico

	Q (mL/min)	1,5	2,0	2,5
azul de dextrana	t_R (min)	5,0	4,0	3,0
NaCl	t_R (min)	10,7	7,5	6,3

R.

ε	ε_p	Q (mL/min)	1,5	2,0	2,5
0,346	0,547	$-\Delta P$ (kPa)	1,13	1,51	1,89

32. Determine os valores da permeabilidade e do fator c a partir dos dados obtidos por permeametria, conforme valores apresentados na Tabela 11. Estime, também, os valores da queda de pressão referentes a cada velocidade apresentada nesta tabela utilizando-se a equação de Ergun. Dados: Água: ρ = 1,0 g/cm^3; μ = 1,8 cP.

Meio poroso: granulometria da areia: –14 + 20 # Tyler; comprimento do meio: 2,1 cm; área da seção transversal: 16,8 cm^2; porosidade do meio: 0,37; esfericidade: 0,7.

Tabela 11 Ensaios de permeametria

Q (cm/s)	6,33	7,47	10,2	12,7	15,2	17,7	20,3	23,9
$-\Delta P$ (cmHg)	4,69	6,24	10,4	15,2	21,2	28,0	35,9	48,9

R. $k = 1{,}087 \times 10^{-7}$ cm^2; $c = 1{,}507$.

33. Intenta-se analisar uma estratégia para separar um determinado princípio ativo, empregado na indústria farmacêutica, encontrado em certo óleo essencial de origem amazônica (μ = 38 cP e ρ = 0,92 g/cm^3), utilizando-se um sistema de adsorção conforme ilustrado na Figura 8. Antes da separação propriamente dita, é necessário conhecer o valor da potência da bomba desse sistema. Sendo assim, pede-se: calcule o valor da potência consumida (em HP) da bomba ilustrada na Figura 8, que apresenta rendimento de 65,5%, para transportar óleo essencial do reservatório 1 ao reservatório 2, entre os quais existe uma coluna de adsorção de diâmetro igual a 0,18 m e altura específica igual a 0,27 m. A capacidade de instalação é de 60 m^3/h. A carga relativa a tubulação e acessórios é igual a 13,5 m.

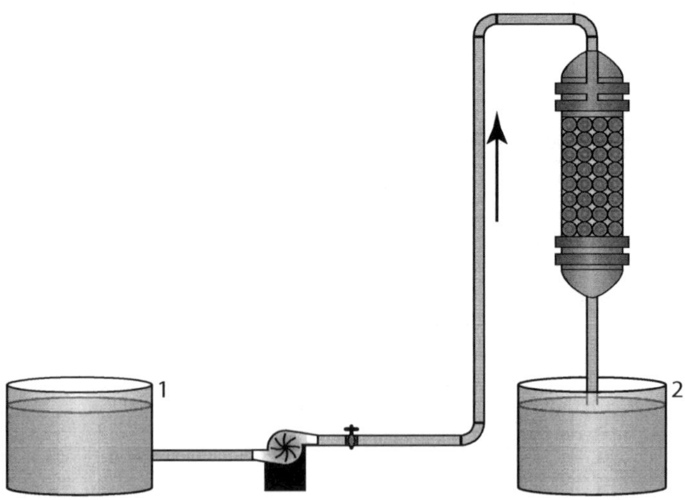

Figura 8 Sistema de adsorção (não está em escala).

A coluna de adsorção é do tipo leito fixo, cuja fração de vazios é igual a 0,57, e a distribuição granulométrica das partículas sólidas do adsorvente segue o modelo de Gates, Gaudin e Schumann (GGS) na forma

$$X_i = \left(\frac{D_i}{0{,}4}\right)^{1{,}8}, \text{ com o diâmetro em cm.}$$

R: $\dot{W}_u = 23{,}05$ HP.

34. Uma torre de absorção deve operar com anéis de Raschig de 2 in com queda de pressão de 40 mmH_2O/m de recheio. A alimentação do líquido e do gás, com as propriedades de água e ar a 20 °C e 1 atm é de 4.536 kg/h e 680 kg/h, respectivamente. Pede-se:

a) obtenha o valor do diâmetro da torre;

b) até que valor de vazão do gás é possível operar a coluna sem que se atinja a inundação, mantendo a relação L'/G'?;

c) calcule o valor da potência do soprador para altura específica de recheio de 3 m.

R. a) $D = 0{,}36$ m; b) $G' = 0{,}27$ kg/s; c) $\dot{W}_s = 390{,}82$ W.

35. Determine o valor do diâmetro da coluna de absorção recheada com anéis metálicos de Pall de 2 polegadas, que opera com fluidos que apresentam as propriedades do ar e da água a 20 °C e 1 atm. Considere que a queda de pressão pelo comprimento efetivo da coluna é 83 mmH_2O/m de recheio. As vazões mássicas das fases gasosa e líquida são iguais a 2.000 kg/h e 88.450 kg/h, respectivamente.

R. $D = 0{,}61$ m.

36. Uma coluna de absorção com recheio de super Intalox com fator de empacotamento igual a 33 deve operar com queda de pressão de 40 mmH_2O/m de recheio. As vazões mássicas das fases gasosa e líquida são 350 kg/h e 20.680 kg/h, respectivamente. Determine o valor para o diâmetro da coluna, bem como o valor da potência do soprador para operar com altura específica de recheio igual a 3 m de altura. Dados: líquido: $\rho = 998{,}7$ kg/m^3, $\mu = 0{,}98$ cP; gás: $\rho = 1{,}197$ kg/m^3.

R. a) $D = 0{,}40$ m; b) $\dot{W}_s = 85{,}23$ W.

37. Um leito cilíndrico de diâmetro interno de 0,7 m com 550 kg de partículas de 0,8 mm de diâmetro e esfericidade 0,87 opera com ar a 25 °C na condição de mínima fluidização, correspondendo a uma fração de vazios de 0,47.

Determine:

a) altura do leito em condições de mínima fluidização;

b) queda de pressão em condições de mínima fluidização;

c) velocidade superficial do fluido em condições de mínima fluidização.

Dados: Fluido $\rho = 2{,}5$ kg/m^3 , $\mu = 1{,}8 \times 10^{-5}$ kg/m·s. Partícula: $\rho_p = 1.100$ kg/m^3.

R. a) $H_{mf} = 2{,}46$ m; b) $-\Delta P_{mf} = 14{,}02$ kPa; c) $q_{mf} = 0{,}248$ m/s.

38. Em uma experiência de laboratório, utilizou-se um leito fluidizado de partículas de diâmetro igual a 43 μm, massa específica 3,2 g/cm^3 e esfericidade 0,7. O leito tem 12 cm de diâmetro e deve ser fluidizado com ar a 20 °C e 1 atm. A porosidade do leito na mínima fluidização é 0,49. Encontrar (a) altura do leito na mínima fluidização; e (b) a massa de partículas para se obter uma queda de pressão no leito igual a 70 cm de coluna de água.

R. a) $H_{mf} = 0{,}429$; b) $m_p = 7{,}91$ kg.

39. Os resultados referentes à fluidização com ar (20 °C e 1 atm) em tubo de 10 cm de diâmetro preenchido com 5.380 g de dolomita ($d_p = 0{,}18$ mm; $\phi = 0{,}6$; $\rho_p = 2{,}6$ g/cm^3) são apresentados na Tabela 12 (MASSARANI, 1997). Pede-se:

a) determinar, por meio dos dados experimentais, o valor da fração de vazios e a velocidade superficial do fluido em condições de mínima fluidização;

b) verificar o resultado clássico da fluidização: $-\Delta P = W/Área$; em que $(-\Delta P)$ é a queda de pressão no leito, W é o peso aparente da fase particulada e *Área* é a área da seção de fluidização;

c) Estimar o valor da velocidade superficial do fluido em condições de mínima fluidização a partir da equação válida para escoamento darcyniano.

Tabela 12 Ensaio de fluidização

Vazão de ar (litro/min)	$(-\Delta P)$ (cm de coluna de água)	H_{leito} (cm)
21,3	74,4	57,3
17,2	73,0	55,3
14,3	71,7	54,3
11,4	69,3	51,2
9,54	67,6	50,2
7,20	51,0	50,2
5,30	37,6	50,1
3,20	22,7	50,0

R. a) $\varepsilon_{mf} = 0{,}48$; b) $q_{mf} = 2{,}0$ cm/s; c) $q_{mf} = 2{,}06$ cm/s.

40. Ensaios realizados em um leito de jorro cilíndrico, cujo diâmetro é igual a 20,4 cm e o diâmetro do orifício de acesso do fluido ao leito, igual a 3,4 cm, foram utilizados para avaliar a sua fluidodinâmica a frio (ar a 25 °C), utilizando-se partículas de soja como material de teste, as quais apresentaram, como diâmetro médio de partícula, esfericidade e massa específica, os valores de 6,0 mm, 0,98 e 1,19 g/cm^3, respectivamente. Sabe-se que o valor da porosidade do leito expandido é igual a 0,41 e a altura do leito de partículas em condições de jorro estável igual a 35 cm. Posto o enunciado, pede-se:

a) o valor da velocidade superficial do gás em condições de jorro mínimo;

b) o valor da máxima queda de pressão oferecida pelo leito;

c) o valor da queda de pressão em condições de jorro mínimo oferecida pelo leito;

d) forneça o valor da potência do soprador somente para suportar a carga do leito, de rendimento igual a 57%, para vazão de gás 30% superior aquela em condições de jorro mínimo.

Utilize a equação de Ergun, assim como correlações apropriadas para os cálculos.

R. a) q_{jm} = 144,44 cm/s; b) $-\Delta P_{\text{máx}}$ = 24.082,50 g/cm·s^2;

c) $(-\Delta P_{jm})$ = 16.055,00 g/cm·s^2; d) $\dot{W}_s$ = 259,2 W.

41. Refaça o Exercício 40 considerando-se partículas de arroz, as quais apresentam: diâmetro médio de partícula, esfericidade e massa específica nos valores de 4,0 mm, 0,80 e 1,11 g/cm^3, respectivamente. Sabendo que o valor da porosidade do leito expandido é igual a 0,55 e a altura do leito de partículas em condições de jorro estável, 37 cm.

R. a) q_{jm} = 157,70 cm/s; b) $-\Delta P_{\text{máx.}}$ = 18.110,91 g/cms·s^2;

c) $-\Delta P_{jm}$ = 12.073,94 g/cm·s^2; d) $\dot{W}_s$ = 7,20 W.

42. Estudou-se o escoamento da mistura ar-partículas FCC (65 micra e 1,55 g/cm^3) em um reator *riser* de 5 m de comprimento e 2,54 cm de diâmetro, operando com ar a 20 °C. Foram realizados dois ensaios, mantendo-se fixa a velocidade do ar em 10,4 m/s e utilizando-se fluxos mássicos da fase particulada iguais a 140 e 210 kg/(s·m^2). Dessa maneira, pede-se:

a) a fração de vazios em cada ensaio;

b) a queda de pressão no *riser* em cada ensaio.

R. a) ε = 0,9785; ε = 09693; b) $-\Delta P$ = 192,3 N/m^2; $-\Delta P$ = 259,8 N/m^2.

43. Refaça os itens (b) e (c) do Exemplo 12.1, considerando-se a areia como material de teste (d_p = 0,188 mm; ρ_p = 2,656 g/cm^3; $-\Delta P$ = 192,3 N/m^2; ϕ = 1). Com as vazões mássicas das fases particulada e fluida iguais a, respectivamente, 31,21 g/s e 5,02 g/s.

R. b) ε = 0,9995423; c) $-\Delta P$ = 50,67 N/m^2.

44. Considere o enunciado do Exercício 29. Por outro lado, suponha que foi realizado um estudo em que se objetivou avaliar o desempenho de um hidrociclone tipo Bradley para reter areia suspensa em água de irrigação (Figura 9). O diâmetro da tubulação que alimenta o hidrociclone é igual a 1,20 cm, a vazão da mássica da areia foi estimada em 15 g/s, enquanto o valor da velocidade superficial da água em seis vezes maior do aquele em condições de *choking*, bem como a relação entre as vazões de fluido no *underflow* no hidrociclone e na alimentação igual a 0,15. A água tem massa específica e viscosidade dinâmica iguais a 0,996 g/cm^3 e 0,95 *cP*, respectivamente, enquanto a areia apresenta-se no formato arredondado, massa específica igual a 2,65 g/cm^3 e distribuição granulométrica advinda do Exercício 29.

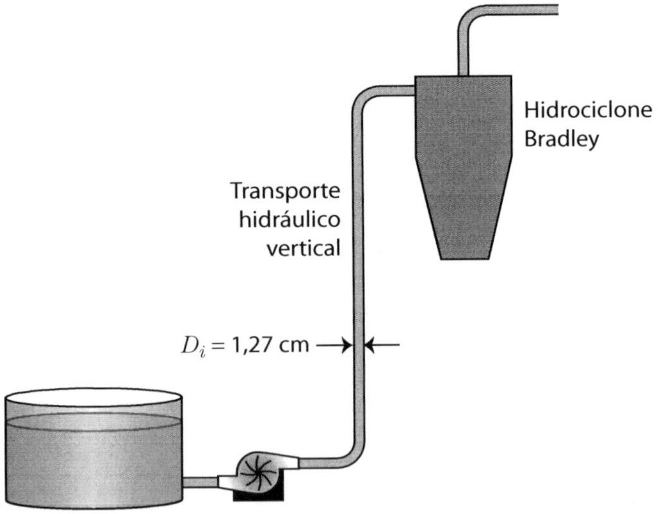

Figura 9 Exercício proposto 44.

Pede-se a eficiência global de separação do hidrociclone, em %, e a queda de pressão do hidrociclone, em kPa, considerando-se o efeito da concentração mássica de sólidos por meio da correção de Briggs (1946).

R. $\bar{\eta}$ = 99%; $-\Delta P$ = 169,1 kPa.

45. Uma solução de rocha fosfatada em água com uma concentração de 35% em massa é transportada em um duto horizontal (aço comercial) de 8,5 cm de diâmetro. Sabendo que a velocidade de transporte está 20% acima da velocidade crítica e que a vazão mássica de sólidos é de 30 ton/h, obtenha:

a) a velocidade de transporte;

b) vazão mássica de líquido no escoamento.

R. a) q = 3,06 m/s; b) $\dot{m}$= 15,48 kg/s.

46. Deseja-se projetar um sistema para o estudo do transporte hidráulico vertical de uma solução com biomassa de levedura, considerando que a vazão mássica dessa biomassa é igual a 1,8 kg/h. Para tanto, determine o valor da vazão da fase fluida em uma tubulação de 5,25 cm de diâmetro interno e 2 metros de comprimento para que a velocidade da fase fluida venha a ser quatro vezes maior do que o valor encontrado em condições de *choking*.

Dados: μ = 1,435 cP; ρ = 0,998 g/cm^3; ρ_p = 1,39 g/cm^3; d_p = 32 μm; ϕ = 0,65.

R. 6,1 cm^3/s.

47. Deseja-se projetar um sistema para o estudo do transporte hidráulico horizontal da solução com biomassa de levedura apresentada no Exercício 13, considerando que contenha 0,05 g de sólido/g de solução. Para tanto, determine o valor da vazão da solução em uma tubulação de 5,25 cm de diâmetro interno e 2 m de comprimento para que a velocidade da suspensão venha ser 35% maior do que o valor da velocidade em que ocorre depósito de sólidos na tubulação. Estime, também, o valor da queda de pressão e, para tanto, considere tubo liso. Dados: μ = 1,435 cP; ρ = 0,998 g/cm^3; ρ_p = 1,39 g/cm^3; d_p = 5,3 μm.

R. Q = 5,08 m^3/h; $-\Delta P$ = 51,4 Pa.

48. Com a intenção de avaliar a influência da concentração mássica de partículas no projeto mencionado no exercício anterior, refaça-o para as concentrações mássicas iguais a 0,02 g de sólido/g de solução, 0,04 g de sólido/g de solução, 0,06 g de sólido/g de solução, 0,08 g de sólido/g de solução e 0,1 g de sólido/g de solução.

R.

C_M (g de sólido/g de solução)	0,02	0,04	0,06	0,08	0,1
Q (m^3/h)	3,73	4,71	12,6	12,9	13,2
$-\Delta P$ (Pa)	30,0	45,1	57,3	68,0	77,7

49. Um teste de proveta conduzido a 25 °C com uma suspensão de borra de carbureto (ρ_p = 2,6 g/cm^3) de 50 g de sólido/litro de suspensão conduziu aos resultados apresentados na Tabela 13. Obtenha a área do sedimentador com capacidade de

33 m^3/h de modo a obter uma lama de concentração igual a 200 g de sólido/litro de suspensão.

Tabela 13 Ensaio de sedimentação em batelada em uma proveta

t (min)	0	2	5	10	15	20	25	30	35
altura da interface, z (cm)	41	38	33,0	24,5	16,4	13,4	12,1	11,8	11,5

R. $Área = 46{,}95\ m^2$

50. Determine a área de um sedimentador, cujo ensaio de proveta está apresentado na Tabela 14, para operar com 10 litros/h de $CaCO_3$ (ρ_p = 2,9 g/cm^3) de 50 g de sólido/litro de suspensão. A lama deve ter 280 g de sólido/litro de suspensão.

Tabela 14 Ensaio de sedimentação em batelada em uma proveta

t (min)	0	1	2	3	4	5	6	9	12	15	18	22	26	30	36	42	50	60	70
z (cm)	33,5	30,9	28,4	26,1	24,0	21,9	18,3	15,6	13,3	11,6	10,1	8,7	7,5	6,7	6,1	5,7	5,3	5,0	4,8

R. $Área = 159{,}20\ m^2$.

51. Uma suspensão de $CaCO_3$ contendo 5 kgH_2O/kg sólido deve ser espessada em uma lama contendo 1,5 kgH_2O/kg sólido. Calcule a área do sedimentador para produção de 2.177 kg/h. Ensaios com proveta foram realizados, fornecendo os resultados apresentados na Tabela 15.

Tabela 15 Ensaio de sedimentação em batelada em uma proveta

concentração inicial (kgH_2O/kg sólido)	5,0	4,2	3,7	3,1	2,5
velocidade de sedimentação (m/h)	0,61	0,36	0,29	0,21	0,15

R. $Área = 33{,}64\ m^2$.

52. Calcular o diâmetro do tanque de sedimentação destinado a processar 40 ton/h de uma suspensão de resíduos metalúrgicos (ρ_p = 4,44 g/cm^3), a qual deve ser concentrada de 186 g/litro a 1.200 g/litro. Dados experimentais realizados em batelada em uma proveta estão apresentados na Tabela 16.

Tabela 16 Ensaio de sedimentação em batelada em uma proveta com suspensão de 236 g/litro

t (h)	0,00	0,10	0,25	1,00	2,00	4,00
altura da interface z (cm)	91,4	60,9	42,6	14,6	7,6	3,0

R. $D = 6{,}87$ m.

53. No estudo da sedimentação, em bancada e em batelada, de um licor branco bruto (LBB) verificou-se que o ensaio em proveta, tendo como base a concentração mássica do espessado, conduziu a resultados que puderam ser expressos por:

$$z = z_0 e^{-\gamma t}$$

sendo t em horas, z, a altura da interface a partir do fundo da proveta, em cm.

Pede-se

a) Demonstre que o valor da *Área* do sedimentador é expresso pela seguinte equação:

$$Área = \frac{Q}{\gamma z_0} \ell n\left(\frac{\varepsilon_{p_L}}{\varepsilon_{p_0}}\right)$$

b) Obtenha o valor da capacidade, Q, do clarificador em m^3/h, para a obtenção de espessado com 170 (g de sólido)/(L de suspensão), sabendo que a concentração de sólidos na alimentção é 53 (g de sólido)/(L de suspensão) e a *Área* do sedimentador é igual a 25 m^2. Os valores da massa específica do líquido e do sólido são iguais, respectivamente, a 1,10 g/cm^3 e 2,70 g/cm^3. O ensaio de proveta permitiu uma expressão igual à Equação 1, com $z_0 = 40$ cm (altura da interface em $t = 0$ h) e $\gamma = 3{,}035$ h^{-1}.

R. b) 26 m^3/h.

54. Tem-se a intenção de avaliar uma estratégia que visa ao projeto de um filtro granular a ser utilizado no tratamento de águas residuárias de suinocultura. Para tanto, utilizou-se um tambor cilíndrico de 60 cm de diâmetro e nele foram dispostas camadas de areia como material filtrante, conforme a ilustração apresentada na Figura 10, na qual estão representados os valores dos diâmetros médios de cada material filtrante, bem como as espessuras da primeira e terceira camadas. As três camadas apresentam areias de mesmas características (massa específica e esfericidades iguais a 2,65 g/cm^3 e 0,81, respectivamente), e a fração volumétrica de vazios é aproximadamente a mesma entre tais camadas, apresentando valor médio igual a 0,42. Para efeito de análise preliminar, fez-se percolar água (0,92 cP e 0,998 g/cm^3), de modo que o filtro operasse de modo contínuo, em filtração rápida, com vazão volumétrica igual a 3,0 m^3/h. O filtro, em tais condições, apresentou o valor de queda de pressão total igual a 352 cm Ca. Pede-se, qual o valor da espessura da segunda camada filtrante?

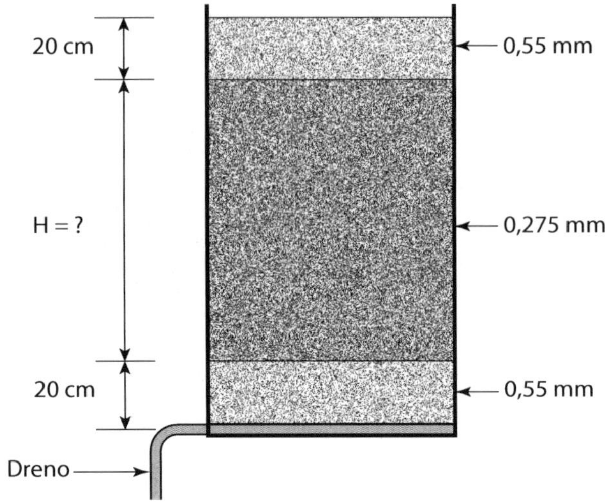

Figura 10 Exercício proposto 54 (baseada em Magalhães et al., 2006).

R. H =1,5 m.

55. Os resultados advindos da filtração realizada em um filtro prensa com placas de 1 m^2 são apresentados na Tabela 17. Utilizou-se uma lama advinda da sedimentação de uma suspensão de carbonato de cálcio, a qual continha 13,9 g de carbonato de cálcio para cada 100 cm^3 de licor mãe. Sabendo que μ_{filtrado} = 0,86 cP; ρ_{filtrado} = 1,0 g/cm^3; ρ_p = 2,63 g/cm^3, pede-se o valor da resistência específica da torta para 3,5 atm.

Tabela 17 Ensaio de filtração em laboratório

t (s)	0	26	98	211	361	555	788	1.083
kg de filtrado	0	2.270	4.540	6.810	9.080	11.350	13.620	15.890

R. $\langle\alpha\rangle = 2{,}48 \times 10^7$ m/kg.

56. A equação de filtração a pressão constante a 38,7 psia é $t/V = 6{,}10 \times 10^{-5}V + 0{,}01$, em que t está em segundos, V em litros. A resistência específica da torta é independente da pressão. Caso a filtração venha a ser realizada a uma vazão constante de 10 litros/s, qual o tempo necessário para que a diferença de pressão alcance 50 psia?

R. t = 3,26 min.

57. Em um filtro prensa foi realizado um ensaio com uma suspensão aquosa de 80 g sólido/litro de água a uma diferença de pressão de $5{,}4 \times 10^5$ [(g·cm/s^2)/cm^2]. Os dados experimentais obtidos foram ajustados na forma $t/V = 3{,}94 \times 10^{-6}V + 0{,}0137$ e mostraram que a relação entre a massa de torta úmida e a massa de torta seca foi 1,8. Determine o valor da resistividade média da torta. Sabe-se, ainda, que a massa específica da partícula é $\rho_p = 2{,}9$ g/cm^3 e que a resistência do meio filtrante é 10^8 cm^{-1}.

Dados da água: $\rho = 1{,}0$ g/cm^3, $\mu = 0{,}9$ cP.

R. $\langle \alpha \rangle = 8{,}75 \times 10^7$ cm/g.

58. Ensaios realizados em filtros rotativos de 2.900 cm^2 de área, operando a 10 psi, conduziram aos resultados apresentados na Tabela 18 para uma suspensão de $Al(OH)_3$, com 5% de sólido em massa na suspensão.

Tabela 18 Ensaios de filtração em filtros rotativos

N (rpm)	0,0106	0,046	0,109	0,374	0,518
Vazão de filtrado (Q) em cm^3/min	470,06	914,63	1.141,17	1.656,54	1.866,08

O ângulo de imersão do tambor é de 90°. Calcule a capacidade da unidade industrial (m^3 de filtrado/m^2·h) operando com a mesma suspensão e o mesmo meio filtrante a 35 °C ($\mu = 0{,}722$ *cP*), 10 psi, 1 rpm e imersão de 120°.

R. C/Área = 0,756 m^3/m^2·h.

59. Produz-se, no Brasil, volume considerável de biomassa de levedura (*Saccharomyces cerevisiae*) como subproduto das indústrias produtoras de etanol, de cerveja. Essa biomassa advém da centrifugação do vinho ou a partir do fundo das dornas de fermentação. No caso da produção de etanol, para cada litro de álcool produzido, gera-se um excedente de 25 a 30 g de leveduras, obtendo-se cerca de 420 mil toneladas de levedura por ano, somente para este segmento industrial, que devem ser reutilizadas, uma vez que, como resíduo, o seu descarte provoca problemas ambientais. Por outro lado, a biomassa residuária resultante pode ser considerada uma *commercial commodity* aproveitada como complemento nutricional em virtude de seu alto teor proteico e, também, como bioadsorvente, dada a sua capacidade de acumular metais pesados. Independentemente do emprego da biomassa, torna-se fundamental a sua concentração para, a seguir, passar pela operação de secagem. Tal método de concentração pode ser feito por diversas operações unitárias, tais como filtração e centrifugação. No sentido de escolher um filtro prensa, eleja, por meio de cálculos adequados, o modelo do conjunto filtrante, assim como o número de placas e a correspondente área filtrante, para uma configuração que opera a 7 bar. O volume de filtrado é 142,5 litros, sendo este volume 1,5 vezes maior do que o volume da torta (que apresenta concentração volumétrica adimensional de partículas igual a 0,6 e resistividade média $1{,}5 \times 10^9$ cm/g). Sabe-se que o tempo de filtração é de 30 segundos e a suspensão apresenta $\mu = 1{,}435$ *cP* e $\rho = 0{,}998$ g/cm^3, enquanto a massa específica da levedura de recuperação é 1,39 g/cm^3. Desconsidere o efeito da resistência do meio filtrante.

Conjuntos filtrantes:

Modelo 1: placas de 400 × 400 mm; tortas com espessura de 30 mm; modelos com 5, 10, 15, 20, 30 ou 40 placas; volumes de extração de torta entre 9,1 e 124 litros; área filtrante entre 1,1 e 8,8 m².

Modelo 2: placas de 630 × 630 mm; tortas com espessura de 25 mm; modelos com 5, 10, 15, 20, 30, 40 ou 50 placas; volumes de extração de torta entre 36 e 360 litros; área filtrante entre 2,7 e 27 m².

Modelo 3: placas de 630 × 630 mm; tortas com espessura de 25 mm; modelos com 5, 10, 15, 20, 30, 40, 50 ou 60 placas; volumes de extração de torta entre 45 e 540 litros; área filtrante entre 2,76 e 33,1 m².

R. Modelo 1 com 15 placas, Área = 2,14 m².

60. Um(a) profissional de engenharia foi convocado(a) para avaliar a etapa de espessamento de uma suspensão de carbonato de cálcio ($CaCO_3$), bem como o sistema de tratamento para o espessado. Esse(a) profissional propôs as operações unitárias ilustradas na Figura 11, as quais consistem, basicamente, do espessamento da suspensão de $CaCO_3$ e da filtração do espessado em um filtro rotativo a vácuo. O gestor de processo solicitou que o(a) engenheiro(a) apresentasse um memorial de cálculo preliminar que contivesse: a área do sedimentador (em m²) e o volume de filtrado (em litros).

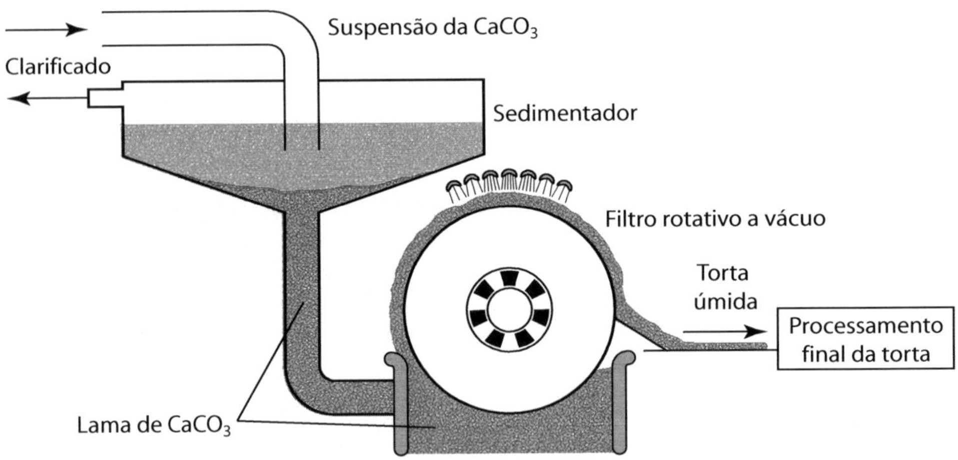

Figura 11 Etapas de tratamento da suspensão de carbonato de cálcio.

Para tanto, o gestor apresentou as seguintes informações:

a) O sedimentador deve operar com 40 litros/min. de uma suspensão de $CaCO_3$, na qual a concentração de partículas na alimentação é

245 (g de sólido)/(litros de suspensão) e a lama final (espessado) contém 650 (g de sólido)/(litros de suspensão). O ensaio de sedimentação em proveta, tendo como base a concentração mássica do espessado, conduziu a resultados que puderam ser expressos por: $z = z_0 e^{-\gamma t}$, sendo t em horas; z, a altura da interface a partir do fundo da proveta, em cm; $z_0 = 34{,}5$ cm (altura da interface em $t = 0$ h) e $\gamma = 0{,}45\ h^{-1}$. Os valores da massa específica do líquido e do sólido são iguais a 0,997 g/cm^3 e 2,63 g/cm^3, respectivamente.

b) O filtro produz 4,5 litros de torta, V_t, com espessura de torta, e, igual a 30 mm, operando a 0,83 bar, 1,2 rpm, fração imersa igual a 120°, resistividade da torta igual a $\langle \alpha \rangle = 1{,}5 \times 10^9$ cm/g, resistividade do meio filtrante considerada desprezível e a viscosidade dinâmica do filtrado igual a 0,9 cP. O gestor ressaltou que a suspensão processada no filtro é aquela oriunda do espessado, portanto, apresenta a mesma concentração mássica. Além disso, o gestor lembrou que a área efetiva de filtração, $Área$, advém de $V_t = Área.\ (e/2)$, assim como sugeriu, para efeitos de cálculo, que $V \gg V_t$.

R. $Área = 15{,}08\ m^2$; $V = 6{,}07$ litros.

Bibliografia consultada

MAGALHÃES, M.A., MATOS, A.T., DENICULI, W., TINOCO, I. F. F. Operação de filtros orgânicos utilizados no tratamento de águas residuárias de suinocultura. **R. Bras. Eng. Agr. Amb**., v. 10, n. 2, p. 472, 2006.

MASSARANI, G. **Fluidodinâmica em sistemas particulados**. Rio de Janeiro: Editora UFRJ, 1997.

SOCCOL, O. J.; BOTREL, T. A.; GERVÁSIO, E. S.; ULLMANN, M. N. Avaliação de um hidrociclone de Rietema para remoção de areia da água de irrigação. **R. Bras. Eng. Agr. Amb.**, v. 9, n. 4, p. 464, 2005.

Índice remissivo